Kurt Meyer

庫特・麥爾——著　滕昕雲——譯

擲彈兵

GRENADIERS

裝甲麥爾的戰爭故事

THE WAR STORY OF KURT "PANZER" MEYER

庫特・麥爾黨衛軍少將
（1910 年 12 月 23 日至 1961 年 12 月 23 日）。

草創時期的阿道夫・希特勒親衛隊，後來改編成第一黨衛裝甲師，麥爾就是從這裡開始了他在二戰的經歷。

波蘭第一場攻擊前後。

麥爾以破舊漁船成功渡海，組成敢死隊突襲收復了納夫帕克托斯，是麥爾著名的作戰事蹟。

渡海的漁船僅在船頭布上機槍，橫渡15公里的海峽，沒有防備的英軍就此被擒獲了。

1943 年 3 月 13 日，第一黨衛裝甲團推進至卡爾可夫。

戰場上的黨衛軍官兵，他們的特色之一就是迷彩野戰服。

希特勒青年師所使用的 75 公厘戰防砲。

烏曼包圍戰期間的麥爾。

裝甲邁爾最為人所知的照片，這是在希臘戰役中下達命令的模樣被相機捕捉到的畫面。

希特勒授予邁爾在騎士鐵十字勳章上加飾「橡樹葉片」。

1943 年冬季戰鬥期間在蘇聯。

位於半履帶牽引車上視察演習。（右起）倫德斯特元帥、胡伯・邁爾少校、迪特里希上將、維特准將、庫特・麥爾上校。

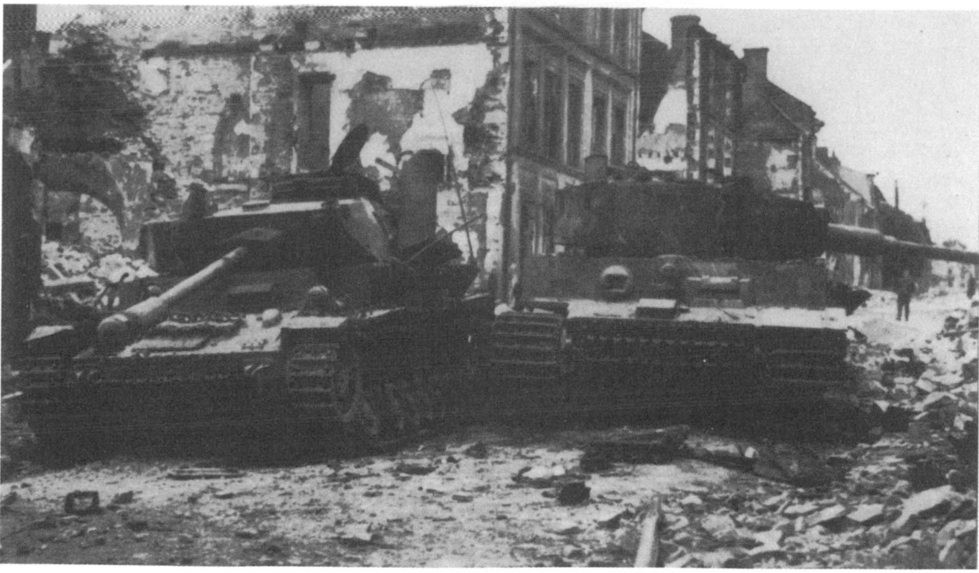

1944 年 7 月，岡城內被摧毀的德軍戰車。

攻入岡城的加拿大軍。

在諾曼第戰場上機動的希特勒青年師的官兵與車輛。

麥爾在加拿大的戰犯法庭上聆聽判決。

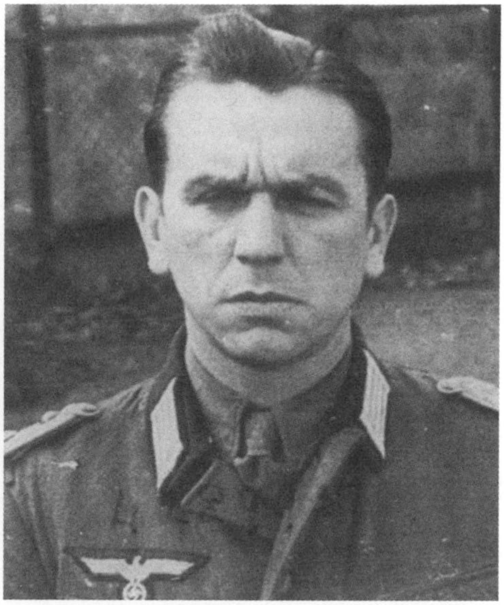
被俘之後的裝甲邁爾，偽裝成第 2 裝甲師陸軍上校的身分，攝於 1944 年 9 月。

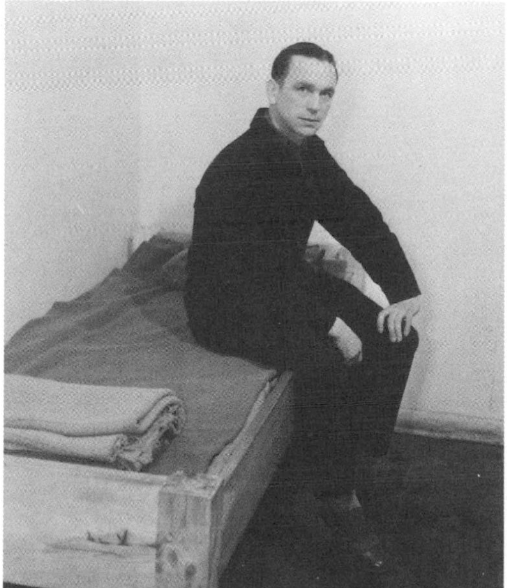
1945 年 12 月審判期間，裝甲邁爾關押在奧里希的牢房。

裝甲邁爾在羅素少校（皇家溫尼伯步槍團第 4 營）的戒護下，前往出庭的途中，攝於 1945 年 11 月。

戰後位於諾曼第的拉康布地區（La Cambe）的德軍公墓，其中許多的黨衛軍官兵長眠於此。

戰爭中激起的仇恨
自陣亡者的墳墓中消散了
惟有他們犧牲的崇高意義
贏得了支撐生命的力量

目錄

序

作為裝甲部隊的指揮官，我在戰爭期間經常與黨衛軍（Waffen-SS）部隊並肩作戰，他們是你可以依靠的對象。

在入侵戰線（Invasionsfront）[1]艱難的五個星期中，本書第二部提到的第十二黨衛裝甲師[2]歸我指揮。他們的師長即是本書作者，黨衛軍少將庫特・麥爾（Generalmajor der Waffen-SS Kurt Meyer）。在戰爭結束之前，我們也在英格蘭的恩菲爾德（Enfeld）戰俘營共處了幾個月。

一九四五年十二月，我飛往奧里希（Aurich）出席加拿大軍事法庭對庫特・麥爾的聽證會。我是唯一獲准為他作證辯護的德國軍人。在被判處死刑後，我和他的一些戰友也是獲得機會能短暫陪伴他。

在減刑為無期徒刑後，我立刻聯繫他與他的妻子。直到他英年早逝為止，我們一直維持著朋友關係。

所以我很了解庫特・麥爾少將和他的希特勒青年師。我在他們兵強馬壯時認識了他們，而他

1 編註：即一九四四年六月六日盟軍於諾曼第登陸所開闢的第二戰場。
2 編註：同稱希特勒青年師。

們在局勢惡劣的時候更是讓我刮目相看。

《擲彈兵》一書，記載了第二次世界大戰中「裝甲麥爾」（Panzer-Meyer）與其指揮之黨衛軍部隊在波蘭、法國、巴爾幹半島、俄羅斯，以及諾曼第的戰鬥歷程。書中描述這些部隊的英勇、袍澤情誼、騎士精神以及愛國熱誠，代表了黨衛軍各師乃至整個德國軍隊的軍事紀律、犧牲奉獻及其表現。歷經九年牢獄生涯的麥爾，出獄後立即寫成此書。透過這本書為那些倖存的戰士、把他當作父親一般敬仰的士兵挺身而出，同時緬懷黨衛軍和陸軍各師的那些陣亡者。對他而言這是重要的事情。

希特勒青年師（本書相當篇幅用於講述該師）在入侵展開期間面對著蒙哥馬利集團軍[3]集中投入的物資和人力，於攻勢關鍵位置奮戰十個星期，並在大多數時間阻擋住了敵軍攻勢。在這個過程中，該師幾乎遭到摧毀。他們的表現總是超出預期，如此傑出的表現是無法由一支被認為訓練成只會盲目服從的部隊展現出來。這些年輕士兵接受的是自主採取行動的訓練，這歸功於自實際戰地經驗所發展出的訓練模式，而在背後支撐這些年輕士兵的，則是他們對家鄉的熱愛。

希特勒青年師的成功，必須歸功於該師三十四歲師長個人的優越能力。敏銳思維搭配對危險的靈敏感知及採取正確決策的能力，使他能夠在對的時刻親身投入於關鍵地點。他的意志和榜樣給了戰士們堅守和反擊的力量，影響範圍並不限於他所指揮的師。當他看到弟兄們陣亡時，其悲慟有如自身喪子一般。

於一九四五年底在奧里希面對由勝利者所組織的軍事法庭，麥爾表現出的無所畏懼的風度，以及聽到不公正的死刑判決時的鎮定，遠超出了純粹的勇士精神。在此向加拿大將軍致敬，這位將軍於必要時展現出勇氣與騎士精神，他並沒有簽署死刑判決，而是將其改為無期徒刑。也向我們的麥爾致敬，即使置身於死囚牢房和罪犯環伺的監獄中，他仍然維持著身為一個德國軍官的尊嚴，一如他在戰場上那樣。

對麥爾來說，另一個沉重的負擔是對他的妻子以及五個孩子的掛念。在被監禁的九年時間中，他的家人僅能依賴國家的福利補助維持生計。

無論是在監禁期間或獲釋之後，麥爾都未懷有仇恨之心。在老戰友的幫助下，他迅速為自己建立了新的生活。雖然身體因戰傷、疾病和監禁而變得虛弱，他依然感到有義務為死去的戰友、他們的遺孀及遺眷、倖存者挺身而出，維護他們的名譽，這就是本書的由來。出於同樣的原因，他承擔起「前黨衛軍成員互助協會」（ＨＩＡＧ）首任發言人的重任[4]。

黨衛軍所屬三十六個師，參與戰爭者達到九十萬名士兵，其中約有四十萬人陣亡或失蹤。倖存者中，約莫一半的人都受過一次或多次的戰傷。這些數字不言自明，如果將他們的家人計算在內，前黨衛軍成員就相當於數百萬的德國公民。從長遠來看，任何民主體制若缺乏了這些人民的積極參與，將會產生嚴重的問題。而這些人已經如此清楚地證明，他們願意為家鄉做出犧牲。出於對祖國始終如一的熱愛，以及戰時和戰後的深刻觀察，麥爾作為ＨＩＡＧ的首位發言人以身作則，帶領老戰友們發自內心地參與我們的民主。儘管前黨衛軍士兵及在全國各州的親屬沒有得到與第二次世界大戰其他戰士相同的待遇，但他依然採取前述的作為。直到今天，麥爾的遺孀既沒

---

3 編註：英軍將領蒙哥馬利所指揮的第二十一集團軍，一九四四年六月諾曼第登陸時下轄英軍第二軍團、美軍第一軍團和加拿大第一軍團。

4 譯註：全稱 Hilfsgemeinschaft auf Gegenseitigkeit der Angehörigen der ehemaligen Waffen-SS，英文：Waffen-SS Mutual Aid Society。

有領過養老金，也沒有收到戰爭遺孀的撫卹金。

一九四五年之後，仇恨的洪流席捲了黨衛軍。對這些前武裝部隊成員所作的指控，基本上是經不起檢驗的。不僅在國外，即便一部分的國人，也將黨衛軍戰士與「黨衛隊保安處」（SD）[5]和「一般黨衛隊」（Allgemeine SS）[6]成員混為一談。本書的目的，是要用事實真相來反駁這類誹謗。以這種方式，吾人得以確保黨衛軍這支部隊的性質和成就，能得到歷史的客觀認可。此外，本書向黨衛軍戰士的子輩們，不失真地展示他們父親的行為，他們能夠為自己父親的勇敢、堅定、正直以及對國家的熱愛而感到自豪。同時間，他們也能從書中得知戰爭的可怕。

裝甲麥爾的逝世，德國軍人失去了一位在勇氣、騎士精神以及責任感都足堪楷模的裝甲部隊指揮官。他在法官面前、在獄中與獲釋後所展現的人性典範，使他成為其奉獻一生的德意志民族的榜樣。

韓希埃・艾貝爾巴赫裝甲兵上將

（Heinrich Eberbach General der Panzertruppe a.D.）

---

5 編釋：Sicherheitsdienst，簡稱SD，親衛隊屬下的情報機關，是納粹黨成立的第一個情報機關，與蓋世太保關係密切。一九三九年，與內政部下屬的治安警察合併為親衛隊國家安全部。

6 編釋：納粹德國的準軍事組織「親衛隊」旗下規模最為龐大的部份，由親衛隊中央行政部指揮統轄，是親衛隊中的非戰鬥兼行政單位。

第一部　從波蘭至蘇聯的東線作戰

波蘭

「注意！戰車前進！」

我們待命準備，盯著手錶，等待這一刻的到來。現在戰爭已然展開，一切都全速開動。戰車引擎在黎明隆隆作響，我們以越來越快的速度向邊境進軍。在昏暗的光線之下，我全神貫注地聆聽，第一批砲彈隨時會開始它們向前飛去的致命路線，為吾等開啟通往東方的道路。砲彈的呼嘯聲、嘶嘶聲，以及嚎叫聲就在頭頂上越過，讓我們每條神經都更為繃緊，感受到逐漸加快的前進速度。在突進的過程中，可以瞥見我方的突擊部隊衝向邊境障礙物（Grenzsperren），使用集束炸藥將它們炸得稀爛。機槍火力沿道路掃射，手榴彈爆炸時發出的瞬間火光，指引出攻擊目標的所在。戰車在哥拉（Gola）的鄉野以全速衝鋒，雖然波蘭部隊已經準備好隨時爆破普羅斯納河（Prosna）上的橋梁，該橋卻已經被我軍的步兵突擊隊完好無損地拿下了。村莊也在不久後完成占領。波蘭士兵從其陣地中爬出來，困惑茫然地高舉雙手、向我們走來。僅僅在開戰之後不到十分鐘，戰爭對他們而言就已經結束了。

頓時在眼前，我來到了一具陣亡的波蘭軍官屍骸前，喉部的彈孔奪去了他的性命，猶有餘溫的鮮血自其傷口湧出。這就是戰爭！初次目睹的死亡，在我的腦海裡深深留下了殘酷現實的印象。

但我們必須繼續前進！連根拔起的樹木、冒濃煙的房舍都使得推進變得困難。濃霧結合被毀建築物的煙硝，讓我們幾乎看不到前方。

我無法繼續停留在團部。我謹慎地通過了哥拉的郊區，追隨偵察部隊行進。當然身為戰車獵兵連（Panzerjägerkompanie）連長的我，有著與此完全不同的任務，由於很難預測敵方戰車攻擊可能來自何方，因此我的戰車獵兵連被分割、配屬至各營之中。我對這種作戰方式極度不適應，於是偷偷緊跟著戰車行動。自一九三四年起，我即在都柏利茲-艾爾斯葛倫德（Döberitz-Elsgrund）以及聞斯多夫-佐森（Wunsdorff -Zossen）歷經了戰車兵種的發展，現在卻發現自己成為了一員戰車獵兵，相對於以前的經歷而言，實在是走上了一條毫無前途的道路。

當濃煙盤旋升起瀰漫，我在克羅新（Chróścin）後方不遠處，遇到兩輛我軍的重型裝甲偵察車，還有一個機車步兵排。裝甲偵察車自濃霧中緩緩向前行進，能見度不到三百公尺。突然，波蘭戰防砲的射擊打破了四周的寂靜。第一輛裝甲車竄出濃煙，當該輛車的車輪還在滾動之際，第二輛也挨上了砲彈。波蘭軍的戰防砲陣地在這兩輛裝甲車前方僅僅一百五十公尺外，陣地偽裝非常良好，很難被辨識發現。

一發又一發砲彈貫穿了裝甲車的鋼板，機槍陣地也向馬路中央掃射，迫使我們臥倒、掩護。我們聽到自裝甲車中傳來、困在車裡的戰車兵的呼救聲，卻無能為力。每當砲彈一次又一次貫穿裝甲，就聽得到負傷戰友更為淒厲的哭喊聲。我們嘗試接近裝甲車，將已經逃出車外的戰友拖離敵人戰防砲的射界範圍，卻根本無法靠近。敵人機槍對著公路掃射，殺死設法逃出車外的裝甲兵（Panzeraufklarer），車內的呻吟聲也越來越弱了。我在一堆亂石後方臥倒，失神地看著第一輛裝甲車的邊門縫隙中流出的鮮血。我整個人僵住了。在還沒有看到一個活生生戰鬥的波蘭兵之前，我的戰友卻已然死去，一切就在我的面前發生。

波蘭騎兵從煙幕中一躍而出，直直向著我們衝鋒，我的衝鋒槍射擊根本阻止不了他們。直到機車步兵排開火射擊，擊倒了幾匹戰馬之後，這群聲勢嚇人的騎兵這才衝回原來的煙霧之中。正當一個裝甲擲彈兵營（Panzergrenadiere）官兵向敵陣發起攻擊之際，砲兵對我們前方的山丘開火。年輕的擲彈兵們[1]向前推進，就像在教練場一般，無論機槍火力或者砲擊都無法阻止他們。整個戰場雖然看起來空無一人，但事實上無數的士兵正朝向敵人躍進。

我驚訝地看著前方的攻擊悄無聲息地展開，裝甲擲彈兵如機械般精準地衝鋒前進。當其以無比的聲勢展開攻擊，波蘭部隊即從他們的陣地被逐出。攻擊如此銳不可擋，無論是敵人或那些不利的地形均無法阻止。這些優秀士兵們都堅信這場戰爭的正當性，並且毫無猶豫地願為自己人民的權益獻出生命。即使如此，你不會聽到戰場上有歡呼聲。堅定不移的年輕戰士們正執行他們的任務，並以無比的熱誠犧牲自己。對這些戰士而言，這場對波蘭的戰爭絕非侵略之戰，而是為洗雪恥辱的不公不義。他們要掃除《凡爾賽和約》帶給德國百姓的壓迫，他們的力量正來自這股純正的熱情。不管是歷史上的鄉土民兵（Landsknecht）還是政治傭兵，都做不出這般為人民的未來甘冒生命危險的舉措。

這群年輕戰士是國家的菁英，他們選拔自數以千計的志願人員，且受過了四年的紮實訓練。當戰爭爆發時，「阿道夫．希特勒」黨衛親衛（摩托化）步兵團（The Leibstandarte SS „Adolf

---

1 編註：擲彈兵實質相當於摩托化步兵，只是名稱上的變化。

Hitler“（mot.））是由剛滿十九歲以上的士兵及約二十五歲的士官幹部組成[2]。這些年輕人顯然並非受到一九三三年政治事件的影響，他們在一九三三年時仍只是學生，正值追求理想且願意為理想付出奉獻的年紀。然而，他們卻是得到了何種回報？受到了何等的污辱？如今又是如何被對待的？然而在一九三九年九月一日這天，這群裝甲擲彈兵絲毫不知他們將會成為可惡政客的代罪羔羊。他們是軍人，依照普魯士軍事傳統履行他們的職務。

經過了慘烈城鎮戰以及繼之而來的一次兇猛攻擊之後，波勒斯拉維茨（Boleslawez）約在一〇〇〇時投降了。敵人的砲兵轟擊如雨點般落在鎮上，造成了平民的傷亡。在日落前我們已逼近維魯紹夫（Wieruszow），並為明日的攻勢預作計畫。阿道夫·希特勒黨衛隊步兵團將配屬予國防軍第十七步兵師（17. Infanterie Division），抵禦波蘭騎兵旅對該師右翼的威脅。

黑夜的降臨掩蓋住了白晝時所造成的破壞只有在鄰近火光照映下，才得以窺見戰場上的悲涼。地平線上顯現出燃燒的村莊輪廓，濃煙籠罩這片遭到蹂躪的土地。我們無語地倚在一堵破敗的牆而坐，努力讓歷經第一天戰鬥的情緒平復。我們凝視著在此之前還是座農舍的前方的火光，聆聽希特勒所作的那場歷史性演說：「我決心解決但澤以及波蘭走廊的歷史問題，並尋求能改善德意志與波蘭之間的關係，使兩國和平共存成為可能。」他的話音迴盪在我們的耳中良久。

本團作為第十七步兵師的一部投入瓦爾特河（Warthe）戰線，向巴比亞尼策（Pabianice）前進。九月七日，我們在一〇〇〇時抵達巴比亞尼策外圍，這時接到命令，要本團沿著連綿於爾茨哥夫－伏拉（Rzgow-Wola）、拉柯瓦（Rakowa）、洛次（Lodz）的山脊，建立起面向南方的阻塞陣地。強大並配備反裝甲武器的敵軍部隊，正據守巴比亞尼策。第二十三戰車團第一營方才發動的攻擊遭到波蘭守軍擊退，損毀的戰車橫陳於戰場上，這些都是被波蘭戰防步槍所摧毀的車輛。

本團接替了戰車團的任務，立刻展開了攻擊。ＬＡＨ團第一連與第二連突入鎮內，各營隨後跟上。激烈的戰鬥迫使波蘭人退往鎮中心，隨後對ＬＡＨ團暴露的側翼發動了一次猛烈的逆襲。

第四十六砲兵團第二營的砲陣地遭到波蘭步兵攻擊，陷入艱苦的自衛戰鬥之中。到處都是作戰前線。自西面重新湧現的波蘭部隊，展開了不顧傷亡代價的攻勢。猛然間，團指揮所成為了敵人攻擊的重點，所有的勤務雜役人員被迫為保命而戰。波蘭人經由馬鈴薯田逼近團指揮所，枝葉正好提供了良好的隱蔽與偽裝，直到迫近至手榴彈投擲距離才發現了他們。我們阻擋不了敵人步兵，他們越逼越近。

我一躍而起，站立著向馬鈴薯田開火，這是唯一能夠擊中波蘭兵的方法。在我右側，一名第十三連的戰士像在靶場射擊般向著敵人射擊，一發接著一發。我們的「打靶射擊」並未持續多久。突然間，我發現自己跌落在壕溝底，一顆子彈擦過了我的肩膀並將我推入戰壕。旁側的這名士兵已經陣亡了，一顆子彈擊中了他的頸部。今後我再也不會站著直挺挺、在所有人看得一清二楚的狀況下向進攻的敵人射擊了。德波雙方均以堅定的戰志進行著戰鬥，一直到午後稍晚波蘭人才喪失其攻擊動能。數以百計的波蘭士兵投降，走向了其漫長的戰俘之途。同時間，第十六裝

2 編註：從一九二三年成立的衝鋒隊本部警衛隊（SA Stabswache）改編而來，一九三四擴編至團級規模，後於一九三八年改成摩托化步兵團，其兵力已經相當於小規模的摩托化師。最後在一九四年巴巴羅莎作戰之前，改編成第一黨衛裝甲師，簡稱ＬＳＳＡＨ或ＬＡＨ。

甲軍（XVI. Armme-Korps）已經推進至華沙的大門前，包圍華沙守軍與自西方向東潰逃的敵軍部隊。軍長霍普納將軍（Erich Hoepner）在納達爾欽（Nadarzyn）視導了本團的先頭部隊。我們將配屬給第四裝甲師。

ＬＡＨ團接到命令，確保卡普提—奧爾塔策伏—多瑪米伏（Kaputy-Oltarzew-Domomiew）之線，並阻絕敵人自西方退往華沙。

行進途中，第一營接到變更行軍方向命令，向北前往奧爾塔策伏。機車步兵與裝甲偵察車先行，車載步兵隨之跟進，所有人車皆消逝於蒼茫的暮色中。

霍普納將軍對於波蘭的戰局表達了信心，不過他預期第十六裝甲軍將會遭遇重大的戰鬥。他認為位於華沙以西的波蘭部隊，將會用盡一切手段突破我軍的封鎖線。在行進數公里之後，本夜將迎來艱苦的戰鬥可說是顯而易見。我們費盡心力經由華沙郊區進向主大街，而自奧爾塔策伏方面傳來重大的戰鬥聲響。ＬＡＨ團第一營進抵了敵人的主要撤退路線，並和有力之敵接戰。波蘭部隊的行軍縱隊在公路上相互糾纏，引發了交通阻塞，這些部隊於夜間遭到完全殲滅。數以百計的死者倒臥在殘骸中，大砲、武器還有彈藥佈滿路面。殘酷無情的戰鬥一直持續至早晨，雙方都精疲力竭了，都在等待天亮後以釐清確實的狀況。

第一道曙光顯露出了殘酷的景象。路上的死者不僅有波蘭士兵，還有大量的難民也遭戰火屠戮。已死的和垂死的馬匹，等待人們給予仁慈的最後一槍。婦孺在殘暴的戰爭中被炸得粉身碎骨。哭泣的孩童抱著死去的媽媽身軀不放，也有悲戚的母親擁著死去的兒女哭號。傷者在殘骸中爬行，哭喊著要求救助。野戰救護所的收容很快就超過負荷，波蘭人和德國人共同努力以減輕這些苦痛。戰爭暫時休止，不再聽到一聲槍響。難民受到了極大的苦難，他們來自波森（Posen），被安排入波蘭軍的行軍縱隊中來替部隊提供保護。

這個夜晚首度向我們揭示了戰爭赤裸裸的面貌，士兵和平民之間不再有所區別，現代武器對他們一視同仁地無情殺戮。我並沒有看到任何一個德國士兵因這條位於奧爾塔策伏的「死亡公路」而發笑，戰場的恐怖場景同樣給予了他們深刻的震撼。九月耀眼的陽光重新照映在這條血腥的公路上，使原來的毀滅之地轉變為大片蒼蠅飛舞的場所。一千多名戰俘被指派來清除這條路上的殘骸，六百名戰俘則被送返波蘭戰線去傳達「華沙陷落」的訊息。

我連一門戰防砲擊毀了一列波蘭的裝甲列車。裝載彈藥的車廂炸飛至空中、發出巨大聲響，連帶完全摧毀整列列車。在接下來兩日中，強大的敵軍向第三十三步兵團第二營、第三十五戰車團第二營以及本團所構成的阻塞陣地展開攻擊，均被德軍擊退。

我請求ＬＡＨ團指揮官分派一些不同的任務，以使我能夠參與更活躍的戰鬥行動，但沒有得到正面答覆。我已經受夠了指揮這個以排為單位、分割配屬給全團不同部隊的戰車獵兵連。一有機會，我就提醒我的指揮官，我是一名戰車兵，也是一名機車步兵，覺得現在的職務完全無法讓我發揮。完全沒有用，我依然留在戰車獵兵的現職上。

九月十二至十三日之間的夜晚，敵人以強大的兵力突入了ＬＡＨ團第二營據守的陣地，遭到完全突破似乎是遲早的事。今晨稍早，我們接獲消息，第六連遭到敵人衝破，連長陣亡。我與這位連長十分親近，自一九二九年起，我倆就同在一個部隊服役。我們認為這個敵人即將獲致突破的消息令人難以置信，我們就是覺得敵人應無法突破我們的防禦陣地。

於是我接獲指示，前往核實該報告的可信度。我即跳上摩托車駕駛座，由普費佛黨衛軍中尉（Pfeifer）坐上機車邊車座位，往布羅尼（Blonie）疾馳而去。普費佛日後在指揮豹式戰車連時於戰鬥中陣亡。我們以最大速度飆車前進，以求盡速擺脫糾纏的飛蟲、脫離這條「瘟疫公路」。死馬的屍體發出令人作嘔的惡臭。

在施威齊策（Swiecice）前方數百公尺，我見到兩名波蘭士兵與第六連的一名成員蹲伏在一座小橋後方。這三個人的形跡讓我感到很困惑。於是我緊急煞車，自機車跳下，然後向跪在壕溝裡的這群人走去。直到我來到壕溝邊緣，這才發現為何這個德國士兵的舉止如此奇怪——他已經成為波蘭人的戰俘了。當我獨自一人走向他們時，這名德國人大吃一驚地看著我。天啊，幸運之神再次眷顧於我，若不是有普費佛的衝鋒槍，我已經被波蘭人送上西天了。第六連遭到衝垮是千真萬確的事，連長的屍首倒臥於幾百公尺外的壕溝中。普費佛和我繼續前往施威齊策，很快找到了這員陣亡的戰友。他的胸膛被子彈貫穿。塞培・朗恩（Seppel Langen），以一名傑出的戰士身分作戰殉職，我們永不會遺忘他。

歷經白晝的戰鬥，我們殲滅突破陣地之敵方部隊，並奪回了原先的戰線。

ＬＡＨ團與第四裝甲師被投入至布楚拉戰區（Bzura Abschnitt），以阻絕波蘭軍團的一部東渡布楚拉河撤退。波蘭人以極度頑強的姿態攻擊，且一再證明了他們懂得如何成就軍人壯烈的死亡。我們無法否認這些波蘭部隊的戰鬥勇氣，布楚拉河的戰鬥是既激烈又狂暴。波蘭最優秀的鮮血染紅了河水，他們損失極其慘重。所有的突破企圖皆在我軍的防禦火網下歸於失敗。

九月十八日，該股波蘭兵力崩潰了，於是我們受命前往攻擊莫德林要塞（Festung Modlin），在莫德林以南的森林地區爆發了激烈的交戰。ＬＡＨ團第一營遭到敵人優勢兵力攻擊，並陷入了敵人的包圍。

九月十九日〇七〇〇時，第四裝甲師萊茵哈特中將（Georg-Hans Reinhardt）下令攻擊以解第一營之圍，並向維斯杜拉河（Weichsel）突進。本次攻擊將由第三十五戰車團第二營提供支援。

在深厚的沙質路面上，輪型車輛只能緩慢的行進，這使得行軍極為困難。再一次，雙方爆發了激烈的戰鬥，即便情勢已經無望，波蘭人仍不願投降，他們要戰到最後一槍一彈。

在攻擊過程中，我們發現了布魯赫曼黨衛軍中尉（Bruchmann）以及一位第一營的黨衛軍中士殘缺的屍體，兩員均在包圍期間負傷後被波蘭人俘虜，然後被殘忍地殺害、肢解了。布魯赫曼是我連上的排長，在戰爭爆發前兩個星期甫完成終身大事。

莫德林舊要塞之戰以猛烈的砲擊與斯圖卡（Stuka）俯衝轟炸機攻擊做為開端，這是我們第一次體驗了俯衝轟炸機毀滅性打擊的效果，很難想像面對著如此猛烈的打擊，波蘭守軍竟然還能支撐下去。與我們的期望相悖，在莫德林的波蘭守備部隊非常頑強地抵抗，並擊退了所有的攻擊。事實上，該要塞直到波蘭戰役的最後階段才陷落。

九月二十五日，希特勒前往第一線視導，並在古佐夫（Guzow）校閱ＬＡＨ團的第十五連。

在莫德林地區，各步兵師與戰車、摩托化部隊換防。摩托化部隊已經為攻略華沙作好準備，攻擊由針對築城工事與軍事據點之轟炸與集中砲火轟擊揭開序幕。對城區的主要轟炸直到九月二十六日午後才展開。波蘭人並未考慮投降，將必須透過戰鬥來完結一切。仍有十二萬波蘭士兵在城區內抗爭。

波蘭人頑抗至九月二十七日下午方才同意投降。當日午後，前線所有的戰鬥行動均告終止，波蘭戰役於焉結束。九月二十八日，波蘭司令與第八軍團布拉斯柯維茲上將（Johannes Blaskowitz）簽訂了投降協議。我們訝異於德方在協議中同意的寬大條件，波蘭軍官允許保留佩劍，而所有淪為戰俘的士官與士兵，應在短時間內獲得釋放。

很快的，ＬＡＨ團在十月一日接到向西方行軍的命令。我們都認為應該會一路行軍至萊茵河畔。結果我們錯了。我們於十月四日抵達布拉格，然後在這座黃金城市停留了數個星期。本團在布拉格受到德國住民的熱烈歡迎，當我們抵達溫塞斯拉斯廣場（Wenzelsplatz）時，數千人向我們歡呼。年邁的保護長官（Reichsprotektor）馮・牛拉特（Freiherr von Neutrath）[3]也致上祝福詞。

在布拉格，我再次向團長提出報告，深切懇求派我其他職務。我在波蘭的經驗讓我感到不太滿意，很怕我會擔任戰車獵兵連連長直至戰爭結束。可能是我已經把他纏得夠久了，到十月底，我接掌了機車步兵連連長（SS-Kradschutzen-Kompanie），我將擔任ＬＡＨ團的尖兵。雖然這個調職乃我期望已久，但要離開戰車獵兵連，還是讓人感到不捨。該連於一九三六年由我一手創立，我覺得與連上官兵早已結為一體。儘管如此，讓我感到高興的事情是，我可以挑選一位排長與數位士官幹部（SS-Unterfuhrer）一同上任，此外，我那可靠的駕駛，也將隨同我一起到第十五連。

最終來到我屬意的單位了。我們日復一日辛勤訓練，機車步兵們熱情參與訓練，並且給予我完全的支持。我的口號：「引擎就是最好的武器！」已經完全為弟兄們接受並付諸實踐。僅僅數週的時間，已經贏得了這個新連隊對我的信任，而且知道自己能夠信賴連上的任何一位士兵。我們抱持著極大的關注，期待在西線上有進一步的發展。

3 編註：一九三九年三月，德國併吞捷克斯洛伐克的原捷克領土，成立波希米亞和摩拉維亞保護國（Protectorate of Bohemia and Moravia），馮・牛拉特被任命為首任波希米亞和摩拉維亞保護長官，在保護國名義之下由德國進行實質的統治。

從布拉格到西線

在波蘭的閃擊戰讓部隊懷抱著希望，期望這場不幸戰爭能夠透過政治手段來終結，以避免與西方同盟國的軍事衝突。但當十月初，我們聽到了西方盟國粗率地拒絕了希特勒提出的和平倡議之後，我們這個企求和平的幻夢，迅速地破滅了。從這個時候開始，部隊裡的人都明白，只有透過揮劍才能夠取得決定性的結果。如何以軍事手段壓倒西方盟國，這個問題如今盤據在從最年輕士兵直至最具經驗的部隊指揮官的思緒中。所有的人都同意，維持防禦態勢不可能獲致軍事上的決定性結果。從軍人的觀點而言，若政治的妥協已不可能，就只有一次大規模的攻勢能夠在軍事上帶來決定性結果。

十一月中旬，部隊轉移至柯布倫茲（Koblenz）地區，隸屬於古德林將軍（Heinz Guderian）麾下。我們充分利用了波蘭戰役的經驗來訓練部隊，以迎接新的使命。兵棋推演與部隊實兵訓練，均獲得了極大的成果。麾下士兵們的熱忱，一次次地讓我感到訝異，無論是艱苦的訓練，還是寒冷的冬日，都無法抑制他們的熱情。訓練在這句口號下持續實施：「流汗避免流血，寧可挖十公尺深的壕溝，也不願掘一公尺深的墓穴。」

我連駐紮於艾姆斯泉（Bad Ems）的空房舍中，得知ＬＡＨ團將跟隨古德林部隊[1]穿越阿登森

1 編註：即第十九裝甲軍。

林（Ardennes Forest），必須克服如同目前在西森林（Westerwald）遭遇的類似困難地形。因此這裡的不良地形十分適合我們從事訓練。

古德林關注所有連隊。他的圖上兵棋推演引起我們的關注，而他在各個方面的觀點均引領著趨勢。古德林說：「戰車引擎一如大砲，就是你們的武器。」依循這位著有成就的裝甲兵指揮官的原則，我們全速準備著無法避免的西方戰役。

一九三九年十二月二十四日，希特勒前來艾姆斯泉視察。他對全團講話，闡明對我們的信任，暗示我們可能很快就要邁向戰場，追隨著父輩的足跡，為永續和平以及一個繁榮的歐洲而奮戰。

一九四〇年二月，我們改配屬波克（Fedor von Bock）集團軍並轉駐紮於萊茵地區。這突如其來的改組讓人有些錯愕，情願待在古德林麾下。

部署至萊茵地區開啟訓練的嶄新階段。本團配屬第二二七步兵師，受命作為突破荷蘭邊境警戒防務的快速部隊，以進抵艾瑟爾線（Ijssel Line）。這項作戰任務要求部隊以全速推進，確保占領眾多運河上的無數橋梁，尤其是必須完好無損地奪取艾瑟爾河的那些橋。我們持續演練渡過河川與運河的動作。很快地，我們已模擬各種可能的戰鬥情境，有自信能夠勝任各種任務。

我和部隊駐紮在薩爾茲貝爾根（Salzbergen），我則住在神職人員宿舍裡。我在五月一日於此地認識了知名的主教加稜伯爵（Graf von Galen），他在後來支助了我的生活，並引導我的法官有關基督教的法律觀。加稜伯爵也給予我的連隊祝福。

隨著利於作戰的季節來臨，作戰展開的日子也越來越近了。這些日子，我們都在等待「研讀安統」（Studiere Anton）暗號的發佈。一九四〇年五月九日，暗號終於下達，部隊開始備戰。〇二〇五時，又接到最新的暗號「但澤」，隨之而來者，即為對荷蘭邊境築城要塞的攻擊命令。我們在深夜中離開薩爾茲貝爾根，於夜暗中靜默進軍。當地住民站在街道兩側向我們揮手致意，祝我們好運並且能盡速平安返鄉。

我們在〇四〇〇時完成攻擊的最後準備。再一次召集手下年輕的機車步兵（Kradschutze）戰士到身旁，提醒他們作戰的基本原則。在宿命的五月十日這天的破曉之時，我向擲彈兵們承諾，本戰鬥群的軍官將一貫立於前線指揮，實踐迄今所宣揚的領導原則。在我的士兵面前，我和所有的軍官握手立誓，再次重申了我的承諾。

〇五三〇時整，攻擊展開了。突擊隊攻擊了狄波普（De Poppe）的一個警戒哨所，俘虜了驚駭莫名的荷蘭士兵。突擊隊及時切斷了炸藥引線，橋梁完整無損地落入我們手中。

頭頂上，大群的Ju52運輸機隊洪流向西飛去，第二十二空運師（22. Luftlandedivision）與第一傘兵團的戰友們正飛往他們的目標區。戰鬥機像老鷹般在空中盤旋，對著發現的目標俯衝而去。

每個人無不熱血沸騰。甚至當邊境的障礙物尚未移除、橋梁方才確保，我們已像開賽車般，在平坦公路上風馳電掣。第一排排長馬克斯・溫舍（Max Wünsche）一馬當先，以極大的熱忱帶領著部下向前。我跟在溫舍排之後前進，很訝異竟然未遭遇任何抵抗。我們以最快的速度衝向奧登查爾（Oldenzaal），繼之朝亨格羅（Hengelo）前進。反裝甲水泥工事以及橋面障礙物均未有人把守，有些遭爆破的橋梁僅受到輕微損失，可以繞越而過。

我們未發一槍一彈就抵達了波內布羅克（Bornerbroek），荷蘭住民站在路旁，看著部隊快速推進。在波內布羅克不遠處，一座通往運河的橋梁被敵人工兵爆破了，這是我們首次遭遇到的敵方抵抗。包括農舍門板以及其他材料，都被我們用來當作渡河用具。我們在數分鐘內渡過運河。

速度至關重要。所有的摩托車派往追逐敵人的爆破隊，防止他們爆破下一座橋梁。第二排排長克拉斯中尉（Hugo Kraas）負責執行追逐敵人戰鬥工兵的任務。在此同時，一座足夠堅固讓摩托車，與其附掛邊車通行的便橋完成搭設，戰防砲由摩托車拖曳過河，迅捷的追擊於是再次展開。可惜的是，裝甲偵察車必須留在後方。這些裝甲車為認真作業、忙著在運河上面架設突擊橋的工兵們提供警戒。

很不幸，我們無法阻止敵人的爆破隊進行破壞。一些事先鋪設炸藥的橋梁被炸上半空。即使有這些爆破成功的案例，也無法妨礙我們的進程，向茨沃勒（Zwolle）的推進並未受到太大的延誤。

約在一一三〇時，前衛尖兵已經在茨沃勒外圍等待了，這意味著我們已經深入敵人領土內達八十公里。先頭排（由羅伊斯領導）進到該鎮以南的鐵路路堤，並決定在路堤後方下車徒步進軍。下一分鐘帶來了偌大的驚喜。道路兩側的板栗樹被砍斷用以構成進入鎮內的障礙，然而，即便是最好的障礙物，若沒有充分戰備的士兵防守，又有何用呢？

這些路障以北約數百公尺外，我們看到機槍和戰防砲碉堡，然而奇中之奇的是，操作這些武器的士兵，脫下了上衣坐在碉堡頂部，平靜地吃著午餐。他們正享受這誘使他們離開陰濕地堡的五月陽光。

樹木路障的阻礙，導致無法直向掩體前進對荷軍展開奇襲。我們將以奇襲火力攻擊坐在掩體頂端的荷蘭士兵來制壓碉堡線，以利擲彈兵通過毫無掩蔽的開闊地。

在荷蘭人意識到發生什麼事情以前，機車步兵已進抵碉堡，並將守軍繳械。樹木路障經過一番周折才清除完畢，裝甲偵察車拖曳砍倒的巨木至路兩側。清除路面障礙物耗費太多的時間，我們一定要繼續維持奇襲狀態，決不能讓敵人回過神來。我毫不猶豫地跳上一輛荷蘭的參謀車，在溫舍中尉與塞倫溫特二兵（Seelenwinter）的伴隨下，往茨沃勒方向馳進。艾里希上士（Erich）也坐上一輛擄獲的荷蘭機車一同前往。我打算用迅雷不及掩耳的行動，將城防指揮官打個措手不及、結束這場戰鬥。

荷蘭士兵呆若木雞站在道路兩旁，我們朝著他們大喊，指著樹木路障向他們示意。他們丟下武器，朝著障礙物走去。我們越往市內深入，越對這趟「騎行」感到不安，我實在很想就此回頭，但現在已經太遲了，我必須將這場賭局玩到底。

在碉堡掩體一帶戰鬥的聲響，並未傳到市中心去。出來享受著這愉悅的五月日常生活的男男女女，就像在老鷹陰影威脅下而受到驚嚇的母雞般四散奔逃。儘管身處如此令人不安的狀況，我們仍然因為荷蘭人的反應而被逗樂了。村中心一棟壯觀的市鎮建築物，有許多穿著制服的人進進出出，我們決心在此試試運氣。我們直接開進人群，車輛在尖銳的煞車聲中差一點傾覆。一瞬間我們拔出武器對著這些疑惑的荷蘭人，而荷蘭人呆若木雞般站著。一位外表體面穿著便服的年老紳士，向我們自介是「荷蘭女王的代表」，並說他可以要求當地的荷蘭守軍停止抵抗。這位男士兌現了他的承諾，茨沃勒再也沒聽到一聲槍響。

帶著數位擄獲的軍官，我們趕忙回到樹木路障處。茨沃勒已落入我軍之手，然而不幸地，我們無法阻止艾瑟爾河上的大橋遭到破壞。兩座橋梁均在今晨稍早被炸毀。

當我來到了被移開的樹木路障處時，我幾乎要氣到中風。在輕率的戒備之下，我的下屬和幾位荷蘭年輕人，正一起坐著旋轉木馬盡情玩耍。

在此同時，ＬＡＨ團第三營被迫在楚芬（Zurphen）被毀的鐵路大橋以南八百公尺處渡過依瑟爾河去攻擊胡恩（Hooen）。在營長特拉班特少校（Trabandt）的指揮下，我軍在一四〇〇時拿下了胡恩。荷蘭憲兵團（Regiment "Gendarmes"）的四名軍官與兩百名士兵被俘。我軍的損失極度輕微。指派給本團所有戰鬥群的任務均告完成，我們進抵艾瑟爾河，並在多點完成渡河。我的這支戰鬥群僅有一名傷員，擲彈兵福萊希（Fleischer）在樹木路障處小腿遭到射穿。

本日夜間，我團由二二七步兵師轉置第十八軍團轄下。二二七步兵師師長齊克沃夫少將（Friedrich Zickwolf）表彰了本團快速而成功的推進。

克拉斯中尉接受齊克沃夫少將授予一級鐵十字勳章，這是本連的第一人。克拉斯指揮他的加強排向艾瑟爾河突進了約六十公里，並擄獲了七名敵人軍官、一百二十名士官兵。

鹿特丹的戰鬥

在伊瑟爾戰線的戰鬥行動結束之後，本團接獲了新的任務，要途經海爾托根布施（Hertogenbusch）往格特尼登堡（Geertnidenborg）推進，以與第九裝甲師接觸。和荷蘭步兵發生了小規模衝突後，我們於五月十三日抵達了海爾勒伊登貝格（Geertruidenberg），並與第九裝甲師會合。

第二天〇四〇〇時，我們開始朝摩爾迪克（Moerdijk）的馬士河大橋前進。該橋已經由傘兵攻下，現在完好無恙確保在德國人手中。

在大橋高堤兩側的曠野上，四處散落著脫下的降落傘。一些勇敢的傘兵陣亡於碉堡掩體前，但是我們仍然達到奇襲效果，敵人毫無機會摧毀這些極為重要的橋梁，通往荷蘭堡壘之路已經敞開。

第九裝甲師正往鹿特丹（Rotterdam）港口突進，以與堅守該處的第十六空運團第二營會合，一個連以滑翔機空降先行攻占了這些橋梁，堅守並擊退了荷軍對於橋梁的連續攻擊。

本團的任務如下：「經加強的ＬＡＨ團，在第九裝甲師之後穿越鹿特丹市區，或者繞越鹿特丹前進，以救援在德爾夫特／鹿特丹（Delft／Rotterdam）地區遭圍困的空降部隊，然後繼續朝向格拉芬哈格（海牙）（Gravenhage〔Haag〕）推進。」

ＬＡＨ團在卡騰德瑞希特（Kartendrecht）進行攻擊準備，並於一三三〇時進入攻擊準備位置。

攻擊前，應先對鹿特丹實施砲兵攻擊準備射擊及空軍斯圖卡機轟炸，然後於一四四〇時正式展開攻擊。我的先遣隊一口氣衝至鹿特丹港，然後在一艘荷蘭大型客輪旁側停下來。這艘客輪自五月十日起就一直燃燒，上面裝載的貨物是美造汽車。

我們於一四〇〇時得知，將與荷蘭守軍進行投降談判，雙方參與談判的代表是司徒登將軍（Kurt Student）、第二十二空運師的霍提茲中校（Dietrich von Choltitz）[2]，以及荷蘭夏羅上校（P. W. Scharroo）。談判期間，司徒登將軍頭部受到嚴重槍傷，因而必須後送處理。

荷軍接受投降的要求，但必須經過荷蘭統帥部的認可。

一五二五時，接到軍部傳來命令停止對鹿特丹的攻擊。溫克曼將軍（Henri Winkelman）有可能成為荷蘭統帥部的全權代表。這時，數波次的He 111轟炸機朝向鹿特丹飛來，我和一群軍官

2 編註：被法國人譽為「巴黎的救星」，因為時任巴黎軍政長官的霍提茲將軍，拒絕執行希特勒下令焚毀巴黎的命令。

站在橋上觀看。轟炸機遭到荷軍防空火砲的射擊，這破壞了停火協議。我們所有人都盡力發射信號彈，嘗試引起飛行員的注意，以阻止這場攻擊。我們正位於攻擊目標之上，直到最後一刻，我們都以為能夠阻止這場空襲。後來聽說，由於燃燒的客輪冒出的厚重濃煙，掩蓋了整個城市的上空，以致飛行員無法看到我們發射的信號彈。直到聽見炸彈落下的尖銳呼嘯聲，我們這才趕忙自橋上撤出，進入最近的掩蔽部。一切都已成定局，攻擊不可能制止了，鹿特丹現在已是一片火海。約一五四五時，最後一枚炸彈落下。

我們震驚於所目睹的蔓延燃燒大火，這是第一次體驗到轟炸所帶來的巨大毀滅性暴力。大火在我們面前就像一堵無法穿透的銅牆鐵壁，使得整個街道近乎無法通行。不過想要解決街上問題的想法馬上就被新的命令打消了，我們接到立刻出發的命令，前往歐佛斯希（Overschie）和第二十二空運師會合。

我們在被瓦礫阻塞、難以辨識的市街上推進，試圖找出前往歐佛斯希的道路。我們摀著臉，持續深入燃燒中的鹿特丹市街。人們紛紛湧向港口區，試圖逃脫這個煉獄。

我的機車步兵瘋狂地在狹小巷弄中疾進。耳邊響起商店玻璃的爆裂聲，燃燒的裝潢映出穿著衣物的人形模特兒，呈現出一幅怪異的圖像。越往城區深入，街上也就越空蕩，很快就看不到任何人跡了。烈焰的高溫已將人們逼走。

兩輛重型裝甲偵察車在濃厚的煙硝中行進，裝甲車的尾燈為我們引路。現在已不容出錯，不可能就地停頓。灼熱近乎無法忍受。當通過了商業區，抵達一條三線道大街時，我下令作短暫的休息，等候機車步兵趕上我們。最後一組人員終於穿過燃燒的街道抵達了，他們一臉煙塵，頭髮被火燒灼，但臉上帶著微笑。在我們後面，可以說一切都已「關門大吉」了。大火形成了一道終極的障礙，我們已經無法回頭了，只能向前！

我們藉由運河堤防的掩護，小心翼翼地向歐佛斯希前進，卻遭遇了步兵火力的射擊。運河上的吊橋已被拉起，阻斷了通行。我們很快將橋面升降機炸毀，然後將一輛重甲車開上橋，受到重壓的橋面便慢慢下降。往北進的道路已經敞開在我們面前了。這條直直延伸的道路是怎樣的景色呢？一架又一架損壞的、遭到擊毀、焚毀的飛機，就這麼散布在寬闊的水泥路面上。這些都是載運第二十二空運師的運輸機，這些運輸機在無法降落於指定著陸區時，利用這條公路作為起降的跑道，因而在這裡成為荷蘭砲兵的犧牲品。空運著陸的部隊抵擋敵人的攻擊達三天之久。在歐佛斯希，戰鬥尤其激烈。我們自道路兩側奮力前進，機槍與步槍火力並無法阻止我們。在歐佛斯希遍尋不著第二十二空運師的倖存者，除了戰鬥的痕跡，還有陣亡戰友的屍體，卻看不到任何一個德國士兵。

就在往德爾夫特（Delft）方向繼續深入時，一員少尉與十名士兵突然出現、朝向我們奔來。這員年輕的少尉精疲力竭地環抱著我的頸子。約在二一〇〇時，我們抵達了德爾夫特，終於與在此遭到圍困的第二十二空運師的一部取得接觸。五月十四日這天，ＬＡＨ團就擄獲了三千五百三十六名荷蘭士兵。

繼之於五月十五日，我們在未遇敵方抵抗的狀況下，繳械了格拉芬哈格（Gravenhage）與薛佛寧根（Scheveningen）的荷軍部隊，一共擄獲了一百六十三員軍官、七千零八十名士官兵。隨著占領國防部，我們在荷蘭的戰爭也告一段落了。

開進法國

本團途經過安恆（Arnhem）、納慕爾（Namur）進軍北法，並在瓦朗謝納（Valenciennes）首度與法軍交戰。

ＬＡＨ團的任務是阻止法軍向南突破[3]。敵軍所有的突破企圖，全都在我軍擲彈兵的防禦火力下失敗了。我團部署的正面，寬達三十公里。

在勒凱努瓦（Le Quesnoy）的舊堡壘附近，甫收割的田野呈現出一幅鬼魅般的感覺。就在不久前，一定有數以千計的法軍於此紮營，現在卻一個法國士兵也看不到了。但是數不盡的法國鋼盔躺在曠野上排列著，彷彿在進行閱兵。這些排列整齊的鋼盔對我而言，似乎表達了法國軍隊的無能與厭戰，這是支缺乏精神與活力的軍隊。法軍已不再由「凡爾登的戰士」組成了，他們不再為信念與崇高的目標而戰。

第一次世界大戰的戰役仍然深深刻劃於法國戰士的腦海中。他們篤信著馬奇諾防線（Maginot Line），也確信他們這支位於這條偉大防線的軍隊是舉世無雙的。法國不僅僅擁有馬其諾防線，同時也有一支更為強大的戰車部隊。聯軍裝甲部隊保有超過四千八百輛可供使用的戰車，相較於此，德軍在攻勢發起時則為兩千兩百輛戰車與裝甲車。法軍在短時間內遭到擊潰，自然肇因於他們過時的領導指揮原則。

五月二十四日，ＬＡＨ團被納入克萊斯特裝甲兵團（Panzergruppe von Kleist）[4]的轄下，配在第一裝甲師。早在數日前，快速突進的克萊斯特裝甲兵團已抵達了一次大戰時索姆河（Somme）傷痕累累的舊戰場。第一裝甲師正通過康布萊（Cambrai）、貝隆內（Peronne）、亞眠

（Amiens）、阿布維爾（Abbeville）向海峽海岸推進，現在將與第二裝甲師一起準備攻取布洛涅（Boulogne）。五月二十四日，第一裝甲師已位於阿運河（Aa Canal）上的奧爾克（Holque），受命將對敦克爾克（Dunkirk）發動攻擊。在該作戰架構下，本團將攻擊瓦騰（Watten），以為裝一師的攻擊協助施加更多的壓力。

我領導著先鋒部隊在夜裡向海岸以及瓦騰山地一帶前進。瓦騰的山頭只有七十二公尺高，但在平坦的沼澤地形，這樣的高度已足以將周圍區域盡收眼底了。該山頭位於運河以東，跨越運河的橋梁已被破壞，而英軍與法軍部隊已固守在河岸。在這種情況下，奇襲攻擊是不可能的，唯有規劃縝密的攻擊才能奪取山頭。當晚，ＬＡＨ團第三營已完成了對山頭的攻擊準備。

就在攻擊發起之前，希特勒下達嚴禁渡過運河的命令，敦克爾克將留給德國空軍去解決。克萊斯特裝甲兵團的所有作戰行動一律喊停。我們對於這道命令無言以對，因為我們已經全數暴露於運河的西岸上。因此當聽到塞普・迪特里希（Sepp Dietrich）決心不顧元首的命令，執意執行攻擊時，自然鬆了一口氣。經過有效的攻擊準備射擊，第十連成功渡過了運河，推進至運河以東的瓦騰外圍地區。然而，英軍與法軍的頑強抵抗，使得渡過運河的部隊難以推進。最後，第三營還是攻下了瓦騰的高地。

該山頭頂有一座城堡廢墟，在上面可以清楚觀察到往東的情況。正當我們位於城堡廢墟時，

3 編註：此時ＬＡＨ團雖然對外聲稱為團級部隊，但兵力已經相當於旅級單位。

4 譯註：Ａ集團軍五個裝甲師所編成的克萊斯特裝甲兵團，穿越被喻為「無法通過」的阿登高地，於色當強渡馬士河，進入北法後展開向英倫海峽的疾速突進，以期一舉切斷進入比利時的法英聯軍的交通線。

第十四軍軍長突然出現，要求迪特里特解釋其獨斷專行的攻擊作為。迪特里希這樣回答：「瓦騰高地對於運河以西的地區一覽無遺，那幫傢伙能夠把我們看個清楚，這是我之所以決心攻下該山頭的理由。」古德林將軍認可迪特里希的此一決定。該談話過後不到幾秒鐘，我們均撲倒在地上以求保命，敵軍機槍迫使我們尋求掩蔽。迪特里希與古德林這兩名戰車老兵快速藏身於廢墟後方，其敏捷著實出色[5]。

就在這次「伏擊」的當下，古德林命令繼續向維赫穆特・貝爾格（Wormhout-Bergues）推進。本團於此攻勢將歸第二十摩托化步兵師的指揮之下。在我們右鄰執行攻擊的是第七十六步兵團，在我們左鄰的是「大德意志」步兵加強團（Infanterie-Regiment „Großdeutschland"）。由於各部未能如時完成架橋作業與渡河，五月二十七日的攻擊發起因而延誤了。〇七四五時，敵人步兵自瓦騰山頭以東兩公里外的森林發起攻擊，為我軍的砲兵火力給擊潰。約在〇八二八時，LAH向前發起攻擊了，很快取得進展。一〇〇〇時，團指揮所被敵人砲兵的火力所籠罩，砲擊持續至中午稍後。

第一營攻向伯萊澤勒（Bollezelle），但遭遇強大的抵抗，此外，還受到來自大德意志步兵團作戰地境方面的火力攻擊。大德意志加強團的進展未如預期，因此我們需要花些時間解除來自側翼對本團的威脅。

機車步兵正處於待機狀態，以備擴張攻擊所打下的戰果。一旦奪取伯萊澤勒，按照計畫，本部先鋒部隊將如拉滿弓弦射出的箭般往前衝刺，以奇襲之勢自英國人手中拿下維赫穆特（Wormhoudt）。我無法坐等這麼久的時間，所以想要對第一營的狀況進行第一手掌握。一輛現成的摩托車似乎正是這個目的之合適坐騎。對十字路口的火力襲擊迫使我以全速衝過路面，倒在路上的電話線，使我這趟原本的賽車之行，變成了越野障礙賽。我感到一陣震動，幾乎可以看到自己像枚火箭飛過一棵樹木。然後再也想不起任何事了。

應該是有人將我救起，把我抬到了團指揮所。迪特里希不太友善的聲音，將我拉回到現實。他立刻命令將我抬上擔架，醫官囑咐我，無論如何均不得從擔架起身。這場車禍讓我受到了腦震盪。經過一段時間、在模糊之中，依稀聽到我的部隊開始動身，機車步兵們將朝著伯萊澤勒方向前進。ＢＭＷ機車的引擎低吼聲，如悅耳旋律般傳入耳中。該是把摔車事件拋之腦後的時候了，我必須領導我的部隊。

就在沒人注意下，我自擔架上跳起來，走到路上去，跳到一輛傳令的機車上。我很快就找到了我連的先頭單位。先鋒排排長溫舍帶著疑惑的眼光掃視著我，向我打招呼。不過他還沒有機會發問，我就立刻衝向先鋒排，領著他們向伯萊澤勒疾進。機車步兵們在後跟進，他們完全不曉得我不久前還躺在擔架上。

在伯萊澤勒外圍，我們遭到步機槍火力的射擊。迫擊砲火力在路兩側落下，面對這種狀況，就地停頓絕對不是個好選項。於是我們以最快的速度衝向該鎮入口。機車像飛也似地駛過鵝卵石路面，我知道只需要幾秒鐘，我們就可衝過這片危險區域，弟兄們毫不猶豫跟隨著我行動。在道路左側，我發現了一座機槍陣地，不過該機槍因為一棟小屋限制了射界，所以無法向先頭排射擊。我們將機車油門催到底，衝過了第一批房舍。就在公路另一邊的彎曲路段，有一座由農具所

---

5 譯註：原文此處記載，前來視察的是第十四軍軍長，但古德林卻是第十九軍軍長。

組成的路障，艾里希領導的班兵不費一槍一彈，解除了在此設路障的法軍士兵的武裝。

跟隨在後面的機車兵向左側的花園射擊，迫使遭到奇襲的守軍放棄抵抗，然後在街上集合。一共十五員軍官、兩百五十名士官兵被俘。據報我方僅有兩員傷亡。彼得斯下士（Peters）陣亡，艾里希士官長在逼近敵人時，大腿遭到子彈貫穿。本次奔襲行動成功了。可是我必須將我的先鋒隊交給我的副手幾天時間，以好好遵從醫官的囑咐靜養。

五月二十八日，本團協同第二裝甲旅（2. Panzerbrigade）、第十一步兵旅（11. Schützenbrigade），向維赫穆特展開攻擊。約〇七四五時，戰車向前開動，步兵也跟著前進。敵軍展開強大的砲兵轟擊，試圖阻止戰車的推進。在砲兵火力方面，敵人較我軍占優勢。步兵兵力上也是敵方占上風，僅僅在第二營的作戰正面上，就發現了敵人兩個團的部隊番號。

我待在團指揮所內，並被告知未經允許不得任意離開。我的機車步兵在後方待機，等候維赫穆特方面的發展，一旦該鎮被拿下，立刻投入戰場。對敦克爾克的包圍圈是越縮越小了。

為了掌握更精確的戰場狀況，迪特里希與溫舍一起前往LAH一營。到了一一五〇時，一名機車傳騎帶回來了一條災難性的消息，迪特里希與溫舍在自一營前往二營路上，在依斯凱貝格（Esquelberg）郊區被敵人包圍了。

第二連前往救援，想要將指揮官從危急處境中解救出來，但卻受阻於敵人猛烈的機槍與砲兵火力。就算第十五連發動了攻擊，也遭到英軍的防禦火力而被釘死。第二裝甲旅第六連由柯爾德少尉（Corder）指揮的一個加強排，在開闊地上往前突進時也失敗，並且損失了四輛戰車。柯爾德少尉與克拉邁爾上士（Cramel）雙雙陣亡於依斯凱貝格之前方數百公尺外。

迪特里希被包圍的地點可以明顯目視，就在敵陣前方五十公尺處。他的座車停在一處路障旁起火燃燒，從溝渠中也冒出濃厚的黑煙。車了漏出的汽油流進了溝渠內，點燃了乾草。迪特里希與溫舍就躲在一座涵洞中，全身上下都裹著泥濘，以免引火焚身。五輛四號戰車（Panzer IV）與一個排的二號戰車（Panzer II），向依斯凱貝格攻擊前進，這些戰車衝往道路左側的一座公園。英國人堅定地防守著這座公園，當英軍自公園撤退時，他們將汽油倒在通往公園的路上並點火燃燒，戰車因此無法進一步的推進。ＬＡＨ所在的區域全部籠罩在敵人猛烈的砲火之下。一五〇〇時，三營終於成功達成了突破，抵達了維赫穆特南區。

指揮官最終由一營、恩斯特邁爾黨衛軍上尉（Ernst Meyer）率領的突擊隊於一六〇〇時解救，不幸的是，這支突擊隊勇敢的歐伯薛爾普黨衛軍士官長（Oberschelp）陣亡。歐伯薛爾普是本團在波蘭戰役中，首位獲頒一級鐵十字勳章的士官幹部。

第二營面對敵人的堅強抵抗，仍然勢如破竹地推進。該敵打得十分頑強，我們的戰士從一間房舍衝至另一間房舍，一七〇〇時，二營成功攻抵了維赫穆特的市集廣場。敵人發動逆襲，但遭到逐退。在一次敵人戰車出其不意的攻擊中，二營營長需柴克黨衛軍上尉（Schützek）負傷。兩輛戰車被擊毀，冒著濃煙熊熊燃燒。ＬＡＨ俘獲一員軍官、三百二十名士官兵，並擄獲無以計數的大砲、車輛以及彈藥。二三一〇時，ＬＡＨ在戰車支援下重啟攻擊並迫使英軍撤退。本夜，又再擄獲了六員英國軍官與四百三十名士官兵。

破曉時分，ＬＡＨ已經前進至東卡培爾—雷克斯波埃德（Ost Cappel- Rexpoide）公路，未遭遇到任何抵抗。我團當面之敵已全然潰散，他們丟下了所有武器，試圖向北逃逸。

往北方的道路已經完全卡住了。無盡的英軍卡車、戰車以及火砲的縱隊占滿路面，使得道路根本無從通行。遭丟棄的物資數量極為龐大。英國人慌亂無秩序地進行撤退。一五四五時，第十九軍下令中止攻擊，並盡速完成開拔準備。ＬＡＨ將配在第九裝甲師（9. Panzer-Division），追擊向敦克爾克退卻的敵人。一八〇〇時，該命令因不明原因遭到取消。再一次，我們無所事事地盯著英國人看。由於繼續攻擊不被允許，我們只得坐視英國人自敦克爾克撤退，眼看著他們消失於海峽中。假如克萊斯特裝甲兵團按照計畫展開對敦克爾克的攻擊，擄獲英國遠征軍（British Expeditionary Force），戰爭發展會如何轉向，實在難以想像。

與英國人的戰鬥告一段落，我們並未參與對敦克爾克的最後戰鬥。本團轉置於第六軍團指揮部（Armeeoberkommando 6）的指揮之下，於六月四日前往康布萊地區。

索姆河之戰已經展開了，索姆河前線正展開激烈攻擊並已在數點上獲得突破。本團待命中，以備接收指令是經由巴彭（Bapaume）往亞眠或者貝隆內前進。敵人已經將新銳部隊送上戰線。這些增援部隊很可能是用來阻止我們的突破，使在北部戰線戰鬥中的法國部隊易於撤退，並爭取時間在瓦茲河（Oise）後方組建新戰線。不過，也有可能敵人趁夜往南撤退。

因此，我軍將於六月八日以四個師發起攻擊，向西南方向突破。本團轉隸第三裝甲師（3. Panzer-Division）。攻擊按照時間表展開，並強迫打開了突破口。六月九日，我們突然改調第四十四軍（XXXXIV. Armee-Korps），並接到命令朝斯瓦松（Soissons）、維萊科特雷（Villers Cotterets）前進，然後向西南方推進。這個時候，我的機車步兵們正在渡過埃納河（Aisne）、抵達斯瓦松以西，全都筋疲力竭了。然而沒有時間讓他們睡覺，我們打算於夜間穿越維萊科特雷的森林，向米隆堡（La Ferte Milon）前進。

夜色沉沉，我們進入了黑暗的森林中，慢慢地沿著道路推進，這條路已經為地雷與炸彈給嚴重破壞。第一二四步兵團在都蘇葉爾（Doxauiale）森林的大路兩側紮營。我們很快通過了最外圍的警戒哨，進入了無人地帶。法軍的散兵游勇很樂意向我們投降，這些人大多隸屬於法軍第十一師。高大的山毛櫸沙沙作響讓人煩躁，由於預期很可能會在任何時刻遭遇敵人，任何聲響似乎都會是敵人現身的徵兆。

對迪特里希來說，穿越這片森林的行動應該是個難忘的回憶，一戰時他就是在這裡參與了生平的第一場戰車攻擊行動，並首次擊毀了敵人戰車。

約〇四〇〇時，抵達了維勒科特雷，一大群處在驚駭狀態的法軍被我們俘虜。全般狀況已經帶有即將崩潰的徵候。法軍第十一師的殘破部隊只有象徵性的抵抗。

〇五〇〇時，向著米隆堡方向推進，在維勒科特雷以南四公里的森林中，又擄獲了一些法軍第十一師的人員。就在米隆堡不遠處，前衛尖兵遭到敵人步兵火力的射擊，該村莊很快就被攻下了。

LAH一營首次進攻，就成功地突入了第埃里堡（Chateau-Thierry），並推進遠至遭破壞的鐵路橋梁。第埃里堡，這座德國人的宿命城鎮[6]，法國人已經疏散了，但猛烈的砲兵火力落在遭棄守的街道上，將這個寂靜的城鎮化為令人極度不自在的地方。

六月十一日，我的前衛穿越了布魯梅茲（Brumets）、庫隆貝（Colounbe），進向蒙特尼爾（Montrenil），連續突破了敵人數道防線。我無法抑制所屬的擲彈兵們展開向馬恩河（Marne）

6 編註：第埃里堡位於馬恩河谷，為一戰兩次馬恩河戰役之戰場。德軍在一九一四年與一九一八年的兩次馬恩河戰役均遭到挫敗。

的衝刺。第二天的〇五三〇時，我們已經衝過蒙特尼爾，就在法軍起床號吹響之際，打得他們一個措手不及。他們急忙拋掉手上的武器，全部聚集在街道上。〇九〇四時，我們於聖奧爾于（St Aulge）抵達了馬恩河。當我們將所占位置交代予ＬＡＨ二營時，重武器火力正在摧毀敵人位於南岸的縱隊。我們將要繼續追擊已慘遭打擊的敵人。

儘管抵達馬恩河北岸的任務已告達成，ＬＡＨ二營將在聖奧爾于實施強渡，以建立橋頭堡，並向馬恩河曲部的鐵路路堤展開攻擊。一八五〇時，我們拿下莫依（Moey），抵達了鐵路路堤一線，並繼續攻擊。橋頭堡的建立，不僅有助於接連數日的進一步攻擊行動，也阻止了敵人繼續在馬恩河曲部投入防禦力量。

在夜間，ＬＡＨ從前線抽調下來，重新隸屬第九裝甲師。六月十四日是值得紀念的一天，我們在一二四五時聽到了特別廣播：「德國部隊在本日早晨開進了巴黎，……」第十一連的戰士奔往依特雷皮利（Etrepilly）的村中教堂，開始鳴鐘。我們肅立於行軍路線的道路上，聽著莊嚴的鐘聲。沒有人喝采，沒有喜悅的乾杯，也沒有火炬遊行。我們只是深刻地認知到了這個事實，然後目光隨著呼嘯飛越馬恩河的斯圖卡中隊，看著它們將死亡帶往南方。本日晚間，我麾下最卓越的士官幹部之一，薛爾德可內希特黨衛軍二級士官長（Schildknecht）陣亡，他可以說是他所指揮的那個排的典範。

我們持續通過蒙米萊爾（Montmirail）和內維爾（Nevers）前進，接到的指示是在慕林（Moulins）一帶渡過阿列斯河（Alliers）建立橋頭堡。法國人在我們眼前爆破了公路橋。當步兵第十團的一員少尉，試圖到對岸去的當下，橋梁爆炸了。少尉連橋一起落入羅亞爾河滔滔水流之中。與公路橋的命運不同，我們成功拿下了鐵路大橋。法國人雖然放火焚燒該橋，但大火卻奈何不了鐵橋的鋼骨結構，我們仍能利用該橋在彼岸建立起橋頭堡。敵人僅實施了象徵性的抵抗。儘管法軍統帥部仍保有約七十個師的兵力可用於對抗德軍的進攻，但實際上，法軍普遍已缺乏作戰意志了。只有一些孤立據點對我們實施了頑強的抵抗。

六月十九日，接到命令前往偵察從慕林經由聖普爾桑（St. Pourcain）至迦納特（Gannat）一帶的狀況。在日出之際，我的先遣隊進向這片樹林密布的起伏地形，對著路面射擊開路。撤退中的法軍部隊，屢次試圖建立一條抵抗線，為他們的撤退爭取時間與空間。這些企圖並未造成太多困擾，我們只有一個目標：向南擴張。側翼並非我們關注的重點。我們像一隻噴火龍衝過街頭。停頓是不被允許的，與敵駁火也只能在行進中的車上進行。本次進軍之快捷，其作風有如在荒野狩獵一般。

約一〇三〇時，我們開上了一座小山，向下俯視著聖普爾桑。我與先遣隊一同行進，瞥見城鎮入口處有法國兵正忙著在街道上設置障礙物。位於公路左右側的地形開闊、缺乏任何隱蔽，朝聖普爾桑方向約有八百公尺的下降緩坡。如此不利地形並不適合步兵實施攻擊。我決心對村口障礙物發動閃電攻擊，以對法國人造成奇襲效果。我指定先遣隊在可尼特爾黨衛軍中尉（Knittel）指揮下執行本次奇襲攻擊，再指示尖兵排餘部在一百公尺之後跟進，以火力掩護攻擊矛頭。

法國人仍未察覺我們已經來到了聖普爾桑面前。法國人仍在默默地工作著，將所有東西拖向村口放置在一起。

第一輛三輪機車如閃電般自小山上衝出，邊開槍射擊邊向著城鎮入口疾馳而去。其餘機車也全速跟上。兩輛裝甲偵察車從道路兩側向前移動，並以其二十公厘機砲向馳進中機車的前方射擊，迫擊砲也向村內開火。短短幾秒之內，現場一片天翻地覆。我跟在尖兵班之後行駛，看到受到驚嚇的法軍士兵自房舍中衝向街上，軍官們瘋狂揮動手勢，催促士兵返回戰鬥崗位，卻是徒勞無功。奇襲效果是如此巨大，想要建立有效的防禦根本是不可能的了。只有幾聲冷槍自我們頭頂掠過。很快，障礙物被打開了一個缺口，以利繼續通行。在障礙物佈設處，有一門已完成射擊準備的七五野砲，但我們的先遣隊實在來得太快了，砲組員根本來不及開砲。

第一擊的奇襲效果已經過去了，繼續乘車實施攻擊並不可取，於是我們下車沿著街道兩側前進、進行步兵戰鬥。當轉入主大街時，猛烈的機槍射擊迎面而來，只得更加謹慎行動。但無法耗費更多的時間了，必須盡速推進攻勢，阻止橋梁遭到爆破，而橋梁尚在城鎮遙遠的那一方。

先頭排以躍進的方式，努力朝著橋梁前進。法軍戰俘飛奔著湧向後方，試圖脫離危險區域。就在推進至橋梁前五十公尺處時，先頭排排長可尼特爾黨衛軍中尉的大腿遭子彈貫穿，當炸毀的橋梁在我們耳邊飛過之際，他只有片刻滾向一顆大榆樹後方尋求掩蔽。爆炸的煙硝尚未散去，猛烈的步機槍火力已經對著我們迎面而來。河對岸的地勢較高，足以構成良好的防禦。在這樣的狀況之下，只得退回至先前所攻下的防線。我要求後續跟上的營，繞越聖普爾桑，前往攻取聖普爾桑以南十二公里的蘇勒河（Sioule）渡口。

在此同時，位於被爆破橋梁後方的敵人，感到自己很安全，卻渾然不知他們即將迎來徹底的毀滅。第三營先頭連連長約亨．派普（Jochen Peiper）於一四二〇時報告，已經奪下了蘇勒河的渡口，並且擄獲了敵人一個連以及他們的全副裝備。這個連正試圖向迦納特撤退。三營迅即向蘇勒河前進，以攻擊聖普爾桑的法軍。三營正正打擊在法軍的後背，未受到重大損傷就終結了戰鬥。

我的先遣隊自聖普爾桑抽回，追擊退往迦納特方向的敵人。迦納特於一六〇〇時未經一戰便告占領，於是我們繼續往維希（Vichy）方向搜索前進。

在迦納特通往維希的公路上，法軍已經布置了樹幹等障礙物，我們不得不暫停推進。如此一來，將不可能在夜幕降臨前達成指派的任務。就在維希不遠處，突然碰上了一個法軍砲兵營，這個營的老舊卡車無法攀爬陡升的路面，因而停滯在一座山上。該砲兵營裝備的火砲是一次大戰留下的老骨董，肯定已不宜發射。在此之前，這些火砲可能還在哪個庫房裡過著平靜的日子。

機車步兵不費吹灰之力就解除這支法軍的武裝，並指示他們朝迦納特行進。一員法軍軍官意志消沉站在路上，悲傷地看著這些被拖離的大砲。我看到兩行熱淚自他的臉頰流下，喃喃自語道：「奇恥大辱！凡爾登的戰士決不會讓這種事發生。」

我們發現阿列斯河（Allier）上的橋梁未遭破壞，於是得以在維希與德國部隊接觸。六月十九日這天，我們俘獲了十七員軍官、九百二十三名士官兵。所有戰俘都給人筋疲力竭、意志消沉的印象。

ＬＡＨ二營於六月二十日向克萊蒙—費朗（Clermont-Ferrand）發動攻擊，在機場擄獲了兩百四十二架各式飛機，另有八輛戰車、無數的車輛以及其他裝備落入德軍手中。此外，二營還俘獲了一員少將、兩百八十六員軍官，以及四千零七十五名士官兵。

一名在彭杜夏朵（Pont du Château）俘獲的法軍上尉，自願擔任信使，在攻擊前先到克萊蒙，要求守軍投降並宣布克萊蒙為「開放城市」。儘管他高舉著白旗，抵達法軍戰線提出相關要求時，仍然遭到法軍士兵射殺。

六月二十三日，先遣隊往聖艾提安（St Étienne）出發，在拉佛猶斯（La Fouillous）以北兩公里處遇上了路障，並且遭到敵方猛烈火力射擊。該路障位於一座小山的山壁後方，很難以火力攻擊。一門三十七公厘戰防砲被帶上前來，我們準備將這門戰防砲推到山壁上，用以射擊這座路障。

尖兵班在路旁的灌木叢中闖出一條路，企圖窺看路障那一邊的情形。我跟隨第二班於水溝中前進，就在戰防砲開始射擊之際，甫經過了這座砲陣地。這時一輛法軍戰車從路障後方駛出，這輛戰車繞過山壁，然後開始射擊。我們像是野兔般蹲在水溝底部，盯著這個前進的大鐵塊。當戰車越來越接近水溝時，我們出神地盯著戰車履帶看，履帶壓在路側磚砌出來的道路邊緣，彷彿就要滑入水溝。終於戰車在彎道頂點停了下來，就在我們旁邊。

戰車與戰防砲相隔約二十公尺相互對峙。戰防砲率先開火，隨著一聲清脆的撞擊聲，我們聽見穿甲彈跳滑開的尖銳呼嘯聲。第二次射擊也無法貫穿裝甲，法軍戰車的裝甲過於厚實，三十七公厘砲彈無法擊穿。我們看著戰車直直駛向戰防砲，以一發直擊彈報銷了砲組員。戰車駛近戰防砲陣地直到只有數公尺的地方，始調轉方向往路障後方退避。很慶幸的，第二發砲彈命中時造成砲塔環卡住，戰車射手並無法順利瞄準。三名戰防砲組員不幸喪生，他們是一九四〇年法國戰役中，本團最後一批陣亡的戰士。

從尖兵班的陣地上，我能夠看到在路障後面，一共部署有六輛敵人戰車。這些都是一戰年代製造的戰車，原先是為實施「一九一九計畫」（Plan 1919）[7]而準備，但從未投入實戰。約半小時之後，這些戰車被我軍的一五〇公厘砲彈給轟飛了。通往聖艾提安（St. Etienne）的道路已經開放。第二天早晨，ＬＡＨ一營開進入聖艾提安市內，擄獲了數百名法軍戰俘。

二一四五時，我們聽到了義大利與法國簽訂停戰協定的消息。在法國的戰鬥告一段落了。這意味著戰爭的終結了嗎？

我們聽到了已在安排劃定停戰線，我們將於七月四日自占領區撤回，大家都對此事感到闕切。我團將直屬第十二軍團司令部（Armeeoberkommando 12），於清晨出發前往巴黎，將參加規畫中的勝利遊行。

雖然法國戰敗，法軍遭受損失，但民眾對我們還是相當友善。抵達巴黎不久，就聽到法國艦隊被英軍戰艦擊沉於達卡（Dakar）[8]的消息。這個事件深深傷害了法國人，無論在此之前還是在此之後，我再沒有見過有這麼多的法國人在哭泣。邱吉爾的這個舉措並不能被認定為是戰爭行動，而是不折不扣的戰爭罪行。

巴黎由布里森師（Division v. Briesen）[9]予以全週嚴密警戒，只能在取得許可、並由指揮部發出通行證後才得進入市中心。藉此機會，我與我的擲彈兵們有幸進入巴黎觀光。原訂由元首檢閱的分列式先是延期舉行，最後遭到取消，於是本團離開巴黎，開往麥次（Metz）。

我向迪特里希請准提前二十四小時離開巴黎，這樣我就可以向弟兄們講述血腥的凡爾登戰場。請求獲得批准，一九四〇年七月二十八日時，約有一百名士兵齊聚於杜瑙蒙要塞（Fort Douaumont）。

我們一起登上了砲堡，在二十五年前，馮．布朗第斯上尉（Cordt von Brandis）與郝普特中尉（Hans-Joachim Haupt）指揮英勇的布蘭登堡士兵奪下了這座砲堡。我們佇立在大砲堡之前，內心

7 編註：英國軍人富勒（J.F.C. Fuller）為突破一戰西線壕溝戰僵局，於一九一八年所制定的大規模裝甲兵會戰計畫，原本預計於一九一九年實施。

8 譯註：此是本書原文中的地名。實際法國艦隊被擊沉於北非法屬阿爾及利亞之凱比亞港（Mers-el-Kébir）。

9 編註：由庫特．馮．布里森（Kurt von Briesen）率領的第三十步兵師（30. Infanterie-Division）。

充滿感懷。大門被圍籬擋起來了，在那扇門之後，有無數德國士兵長眠於此。在被破壞的杜瑙蒙要塞周圍，傷痕累累的土地述說著再明白不過的故事。一個又一個的彈坑，佈成了月球表面般的情景。薄薄的草皮無法掩蓋這片遭折磨的土地曾經的苦痛。割裂地表的交通壕，如同刻畫在老人臉上深刻的皺紋。

在杜瑙蒙要塞和骨庫之間，我們發現了一位陣亡戰友的墳墓，他在僅僅數個星期前奉獻出自己的年輕生命。我們脫下軍帽，站在這座失落的墳墓前，凝視著這些在我們面前半邊的無數墳頭。數以千計的木質十字架，排列於骨庫前。在這裡語言文字盡顯蒼白，不用什麼表達媒介，十字架已經訴盡一切。這個無形的軍團，僅透過十字架標註其曾經存在於這世上的事實。

當我們從骨庫慢慢走向伏堡（Vauxberg），試著體會一九一六年六月在這座山頭上獻出生命的德國士兵與法國士兵，他們所曾付出的巨大努力。我們攀爬上了破敗堡壘的頂部，試圖追隨基爾少尉（Leutnant Kiel）的足跡。他在一九一六年七月二日帶領四十名戰士，通過東側壕溝進入堡壘的核心部分。不過我們很快就放棄了這個念頭，這片地形困難重重的土地上，已沒留下什麼可供我們探索的了。在這裡，人類的破壞改變了大地的面貌。透過想像，我們看到了衝鋒的戰士黑影，奔過密集落下的彈幕，然後穿越外圍戰壕壁的爆裂口突入。我們想像著突擊工兵是如何將點著的炸藥，自射口塞入裝甲砲堡內，使堡壘內人員喪失作戰能力。今日，被摧毀的裝甲砲塔就在我們腳下，它們的威力不復存在。

就在我向弟兄們描述堡壘中法國守軍的困頓時，我依稀聽見法軍大砲的咆哮轟鳴，試圖驅逐堡壘頂層的德軍擲彈兵們。

在堡壘內的黑暗走廊中，我們發現了拱頂牆壁和天花板上的斑點，驗證了德軍火焰噴射器的威力。我們來到蓄水池時，內心的震撼無以言表。這個蓄水池對於法軍堡壘的陷落應擔負有一定的責任，這時我們似乎體會到了法軍士兵因無法忍受的乾渴所受到的苦痛。但堡壘之上的德軍士兵也是同樣處境。每個在鋼鐵風暴中被送入堡壘之內的野戰水壺，上面不知沾染了多少輸送者的血汗。

參訪這座歷史遺跡，使我的戰友們都成了沉默不語的聽眾。大家圍繞著我一語不發，聽我講述六月八日這場歷史性的戰鬥。當時法軍發動了前後七波的攻擊，企圖奪回這座堡壘。但是已經精疲力竭的德國士兵瘋狂地反擊，他們沒有打算將這座堡壘交還給法軍。

在這最後一天的終昏時刻，我們追尋著二十一名戰士以及兩員軍官當年的腳步，他們衝破了法軍猛烈的砲兵攔阻射擊，增援了一群孤立的守軍。他們是兩個德軍連的殘部，最終他們全都留在戰場上，不再回來。

漆黑的夜色中，我們的車輛嘎吱作響地往東方駛去，這場舊戰場之行使我們深受啟發。凡爾登的教訓告訴我們，儘管經歷過兩場戰役，但我們尚未體驗父執輩曾面臨的可怕困頓狀況。

在麥次成立偵搜營

六月二十九日，我們遷往麥次的阿芬斯勒本要塞（Fort Alversleben），該要塞位於摩塞爾河（Mosel）左岸，能夠眺望整個美麗的摩塞爾河河谷。

在該要塞中，我們找到了本世紀初克魯伯廠（Krupp）的舊火砲，數量足以編成數個砲兵連。而火砲所使用的彈藥，也整齊排列於大砲旁側。火砲的庫存狀況表是由於一九一八年投降時將這批火砲轉交給法國人接收的普魯士砲兵所製的。

費盡了一番心思與努力，我們好不容易將該要塞轉變成可供部隊住宿的設施。該要塞將作為新成立的阿道夫・希特勒黨衛親衛旅第一裝甲偵搜營（SS-Aufklarungs-Abteilung of the verstarkte [reinforced] Infanterie-Brigade Leibstandarte SS “Adolf Hitler”）的訓練基地。

我在八月時接受了負責編成偵搜營的新任務。以我原屬的機車步兵連（第十五連）（15. Kradschutzen-Kompanie）作為核心單位，其他還有戰車獵兵一個排（第十四連）、一個裝甲偵察排（PanzerSpah-Zug）、一個工兵排等單位。成立新單位所需要的人員，由我親自前往艾爾萬恩（Ellwangen）的機車步兵補充營（Motorcycle Replacement Battalion）挑選。

在那裡，我不必花費太多時間找人，年輕的機車兵都希望加入戰鬥部隊，熱切想要離開駐紮的營舍。令人欣喜的是，當我一開口徵求志願人員時，立刻被這些年輕戰士一擁而上包圍住了。這些年輕人剛滿十八歲，僅入伍六個星期。在幾天之內，這個在麥次新成立的營完成編組，即刻展開密集的訓練課程。對於這些年輕的戰友們，任何困難都難不倒他們。他們熱切服從教官們的指示，將自己熔焊成一隻如鋼鐵堅硬的隊伍。在這附近一帶的舊戰場，諸如聖普里瓦（St Privat）、格拉芙洛特（Gravelotte），以及馬爾拉圖（Mars la Tour）等地，都是我們進行機車步兵與裝甲偵察車訓練的場地。

針對德國在戰敗之後的那幾年，有關親衛隊／黨衛軍組成狀況充斥著一些無稽之談，我認為有必要在此讓讀者了解本單位的起源及社會階層組成狀況。舉例來說，我引用一段LAH偵搜營第二連（機車步兵）的書面紀錄。該連的士兵在入伍前，從事以下的職業：

1. 技術專業：四二・七三％　父輩從事相同行業：一〇・九％
2. 工匠：二一・六九％　父輩從事相同行業：三九・〇三％
3. 自由業：一四・一六％　父輩從事此行業：二六・〇八％
4. 務農：六・四一％　父輩從事相同行業：八・七六％
5. 非技術性職業：一五・〇一％　父輩從事相同行業：一八・二三％

士兵的平均年齡為十九・三五歲；士官幹部的平均年齡為二十四・七六歲。全連的平均年齡則為二十二・五歲。全單位的人員總共有四百五十二名弟兄，來自全國的各個地區。持平而論，這些戰士正代表著德國全域的所有人民，他們絕不是所謂的「權貴的部隊」，或是什麼「傭兵集團」。

從一九四一年七月十日至十二月三十一日止，這個優秀的連一共有四十八名軍官、士官兵陣亡，一百二十二名官兵在同一時期負傷。在一九四一年十二月艱苦的羅斯托夫（Rostow）防禦戰中，本連減員至只有排的規模。

現今那些檯面上的大人物，究竟從何而來的勇氣，指稱這些忠誠、自我犧牲的年輕人為黨的士兵？這些年輕人既然是為德國而戰，自然並非為黨而死。

一九四〇年秋，我被指派前往亞爾薩斯的繆爾豪森（Alsace, Mühlhausen），進入參謀本部軍官班進修。主任教官為卓越的第七十三步兵師（73. Infanterie-Division）師長比勒中將（Bruno Bieler）。我在進修期間認識了幾名同僚，如希茨菲爾德上校（Otto Hitzfeld）與施蒂夫法特少校（Hermann Stiefvater），這兩位都將在爾後的希臘與俄國戰場，與我共度一些關鍵時刻。在此緬懷希茨菲爾德上校與施蒂夫法特少校。

部隊在這段時間為了執行海獅作戰（Operation Sea Lion）[1]正加緊訓練，並實施了兩棲登陸演習。摩塞爾河正是一處良好的訓練場所。不動聲色的，訓練重心轉變為在中低山地的作戰行動。我們騎著摩托車以疾速馳騁於摩塞爾河谷的山地、城堡周邊的高牆與壕溝，就像是個馬戲團。使用繩索拖拉機車與戰防砲上下山也是訓練項目之一。至春天到來時，我們自信已經成為一

---

1 編註：德軍準備在一九四〇年九月，待取得英國的制空權之後所實施的越洋登陸作戰計畫。後因德軍在不列顛空戰的失利，及希特勒戰略重心的轉移，海獅作戰取消。

支經充分訓練、完成戰備的部隊了。與重武器之間的協同，也已像精密鐘錶般精準。布拉斯柯維茲上將給予了我們最高度的讚譽。最後一次在麥次視導我們的馮・柯茨佛來希將軍（Joachim von Kortzfleisch）也表達了相同的看法。部隊已經完成戰備，正等待出動的命令下達。

巴爾幹半島的作戰

在第一次世界大戰期間，德國民眾對於東南戰線方面曾有過相當不快的經歷。一九一六年秋，西線上是索姆河會戰，東線則抵抗著俄軍的布魯希洛夫（Brussilow）大攻勢，在南部戰線則是依松左（Isonzo）戰線犧牲慘重的戰事，協約國更透過羅馬尼亞的動員，完成了對德國的包圍。同盟國（Central Power）[1]的戰士在馬其頓崎嶇的山地，與協約國的薩羅尼加（Salonika）軍隊打了兩年漫長的血戰，直到一九一八年秋天，佛朗薛・迪斯普雷將軍（Franchet d'Esperey）投入二十九個師，才成功突破了我們的防線，並推進至多瑙河畔。至此同盟國的失敗命運也就決定了。

對於巴爾幹半島在戰略上所扮演的角色，要到一九四一年初方始見分曉。事實上，邱吉爾再次對英國的戰略規劃發揮了重要影響，而當年正是邱吉爾組織了加里波利登陸（Gallipoli landings）以及其後的薩羅尼加作戰（Salonika）。

一九四一年初，為鞏固在地中海的戰備，倫敦組建了一支派赴巴爾幹半島的遠征軍，並在不久後於希臘港口上岸。二月中旬，英國外相艾登（Anthony Eden）以及帝國參謀總長約翰・迪爾

1 編註：一戰時期的同盟國，指的是以德意志帝國為首的一方，成員包括鄂圖曼土耳其、奧匈帝國及保加利亞。

爵士（Sir John Dill）前往雅典，商討英國部隊於希臘部署的事宜。

先是在一月，德軍李斯特軍團（Armee List）[2]的部隊開進羅馬尼亞。這批部隊被視為訓練羅馬尼亞軍隊的種子部隊，受到了當地住民的熱烈歡迎。

二月初，我們接到了進軍命令，但當時尚沒有人知曉，這趟將開往何處去。我們在斯特拉斯堡（Strassburg）渡過萊茵河，然後穿過絢麗的南德地區，往波希尼亞（Bohemia）地區開進。經過布拉格之後，往正南前進。第二天早上，已能見到布達佩斯（Budapest）的市鎮輪廓。我們繼續經過普茨塔（Puszta），運兵列車接近了羅馬尼亞邊境。在匈牙利—羅馬尼亞邊境，見識到了席本比格薩赫森（Siebenbürgen Sachsen）[3]極其美麗的景觀，而克隆斯塔德（Kronstadt）、赫曼斯塔德（Hermannstadt），還有喀爾巴阡地區許多條頓騎士團後裔的村落，都以近乎無法想像的好客之道，熱情接待了我們。

部隊駐紮在坎普隆區（Campulung Quartier）。這個昔日寧靜的小火車站呈現出完全不同的面貌，到處都是熱鬧的活動。就在公路行軍展開的第一個小時，我所體驗的一次經歷，預示了我們可能即將面對的黑暗未來。一位羅馬尼亞軍中校，咒罵著爛透了的路況，跑來要求我將他的小汽車從泥濘中拖走。當這位中校將車開走時，車上坐著一位女士，明顯處於極大的痛苦之中。我很快就把這事給忘了。

到了一九四三，當我在都柏利茲—克朗普尼茲（Döberitz-Krampnitz）時，一位羅馬尼亞軍上校走過來向我致意。他反覆告訴他的戰友們，我是他妻子和兒子的救命恩人。我費了一番功夫才搞懂他所述為何。當年他的車子坑陷於泥濘路上時，他和妻子正前往產房途中，妻子就要分娩了。所幸他們及時到達了產房，順利產下了一個兒子。我們當然熱烈慶賀在德國的這次重逢。

在坎普隆待了幾個星期以後，我們出發往南朝保加利亞行軍，走著一條滿是轍痕的泥濘道路。戰車的履帶在路上越陷越深，救援車隊永無止境地工作著。道路兩旁，盡是看不到任何高地或林區的空曠遼闊平地。不時經過一些貧困的村莊，除了一口井，幾間深埋在土裡的泥屋，幾片被風吹倒的圍欄之外，就什麼都沒有了。然後在有天早上，看到了如土黃色絲帶般，緩緩流動的寬闊多瑙河。地勢在多瑙河以南開始上升，我們在陰霾與薄霧中，向著保加利亞的山區前行。

我們通過工兵搭建的急造橋開進保加利亞境內，無情的陽光灼熱地照耀著。保加利亞民眾熱烈地歡迎我們。許多一戰時的記憶被喚醒了，保加利亞農民向我們驕傲地展示他們所獲得的德軍動章。在通過巴爾幹山區那座惡名昭彰的希普卡隘道（Schipkapass）時的情景，令人難忘。危險的髮夾彎是如此驚心動魄，因此救援單位必須在一旁待命。假如一切手段都失效，就得向保加利亞人商借他們的拖車老牛了。

漫長的車隊持續向南開進，經過了索菲亞（Sofia），接著進入了斯圖瑪谷地（Tal Struma）。鋸齒狀的山勢彷彿向著我們壓迫過來，駕駛兵們奮力開動他們的重型車輛，沿著狹窄的山路行進。路上塵土飛揚。這些道路坑坑窪窪，又是陡降的險坡又是急轉彎，需要車輛將性能發揮到極限，這樣的路況這些天來卻又一直處在巨大的交通流量之下。在斯圖瑪谷地爆發了一連二十公里長的交通堵塞，形成了一處特別嚴重的瓶頸。

---

2 編註：即由李斯特元帥（Wilhelm List）所率領的德軍第十二軍團。
3 譯註：現今的外西凡尼亞地區。

工兵與工程部隊不斷地加固、爆破、搭橋，另外開闢了一條新路。瓶頸所造成的危急現象很快就解除了，車隊快速通過了谷地，然後消失於山谷支線之中。如尖塔般矗立的連綿山峰，隱藏的峽谷還有寬闊的河谷，有效地讓龐大部隊隱身其中。巨量的油料、彈藥，以及其他的給養，均儲藏於公路旁側。德國部隊展開的行軍運動已告終了，突擊連隊完成攻擊準備。

在此同時，受到英國的煽動，貝爾格勒（Belgrade）的反德國勢力掌握了政權。三月二十六至二十七日間夜晚的政變推翻了當前政府，攝政王保羅（Prince-Regent Paul）被迫離開南斯拉夫。因此，巴爾幹的情勢出現了戲劇性的變化。就在政變發生的當天晚上，希特勒決心要解除南斯拉夫對其側翼構成的威脅。

除馮．克萊斯特上將的第一裝甲兵團（Panzergruppe 1）以及馮．魏希斯上將（Grafvon Weichs）的第二軍團，朝向貝爾格勒與南斯拉夫北部推進，李斯特元帥指揮的第十二軍團也將朝南斯拉夫南部斯科普耶（Skopje）以及希臘進軍。第十二軍團戰鬥序列下有十六個師，另有大德意志步兵團以及ＬＡＨ供其調遣。

希特勒於四月六日下令攻擊南斯拉夫，這剛好是南斯拉夫與蘇聯於四月五日簽訂互不侵犯與友好條約達成協議之後滿週年又一日。

炎熱的春季時節即將結束，斯圖瑪谷地的炎熱近乎無法忍受。由於南斯拉夫的變局，我們向北往庫斯騰第爾（Kustendil）移動，該地就位於保加利亞—南斯拉夫邊境上。第九裝甲師已經抵達這座邊境城鎮，並接獲命令向斯科普耶推進。假如可能，即以迅雷不及掩耳的攻擊拿下這個重要交通樞紐。我們將跟隨第九裝甲師之後開進，在抵達斯科普耶後轉為南下，經普里勒普（Prilep）朝希臘邊界前進。

我的加強營在我面前列隊成了方陣。夜暗籠罩著我們，我對於即將來臨的行動向戰友們進行必要的指示。他們靜肅地聽著我向他們解釋前衛的任務，並指出可能會出現的狀況。我認為提醒他們一戰時期我們父輩在此所打的慘烈戰役是適當的；這些戰役發生於馬其頓的黑山地區。而我們的第一個目標為莫納斯蒂爾（Monastir）[4]，當年為爭奪這座城市，曾流盡了大量的鮮血。我們必須以迅雷不及掩耳之勢，奇襲拿下這座城市。當說完這些話時，我突然第一次意識到，無條件的信任將我與部下緊緊聯繫在一起，如果我帶領他們往地獄前進，他們也會跟隨到底。

今晚是個悶熱的夜晚，很少人說話，大多數人抽著菸。臨戰之際，每個人都寧願獨自思索。銀白的月亮對著蹲伏於機車旁的人們，投下鬼魅般的光影。當第一道曙光出現時，山脈陡直而光禿的山坡在我們眼前浮現，白色的道路倚著山勢蜿蜒而上。我們明白，碉堡與龍齒障礙物正在山峰上等著我們。

第九裝甲師的前衛在拂曉時分出發，向西穿越這處天然的國境線。在海拔一千兩百高處，他們遭遇了南斯拉夫的邊境碉堡群。重武器率先轟鳴開火，八十八公厘高射砲以及重戰防砲摧毀了敵人的碉堡。數分鐘內，這些邊境碉堡化為冒煙的殘敗廢墟，這真是一幅怪誕的景象。隨著血紅色的太陽在更遠的東方升起，山谷中的晨霧也蒸發成稀薄的霧氣。我方火砲從邊境山脈發射出的紅色曳光彈，短促連發地射入逐漸褪去的晨曦之中。機槍也向著抵抗陣地猛烈射擊。突然，敵人戰機出現了。敵機循著山脈低飛，轟炸山谷內的公路，然後攻擊庫斯騰第爾（Kustendil）。當炸

4 編註：現稱比托拉（Birola），是北馬其頓共和國的主要城市。

彈落下時，路上正塞滿了行軍的部隊。感謝老天，我們損失輕微，然而很不幸的，第二營營長黨衛軍中校蒙克（Wilhelm Mohnke）嚴重負傷，由黨衛軍上尉鮑姆（Baum）接替營長。

我們越來越接近邊境，最終於傍晚時分抵達了國境線。第九裝甲師已經突破了邊境碉堡線，並向南斯拉夫深入。裝甲矛頭一邊戰鬥，一邊向斯科普耶前進。我們自高地向下行駛，通過了遭到摧毀的邊境障礙物、路障，以及布置良好的碉堡。我們遇到了數不清的戰俘，其中有許多來自巴奇卡（Batschka）與巴納特（Banant）的德裔南軍士兵，他們向著我們大聲呼喊、熱切地握手，迎接我們的到來。倒在溝渠中的死馬屍體，已經因為南國太陽的照射而腫脹起來。倖存的馬匹則在野地上漫遊，或者毫不在乎地站立在路旁。崎嶇地形呈現出另一種風貌。山勢往遠處退去，其由白雪覆蓋的山巔輪廓，已經在我們身後了。我們在庫瑪諾佛（Kuma Nowo）外圍看到了被擊毀的友軍戰車，還有新近掩埋的墓塚，顯示出為了爭奪該鎮，先前曾爆發了一場慘烈的戰鬥。黑夜很快降臨至行軍隊伍之上，我們即將抵達斯科普耶以南的大型道路交叉口。從該點開始，本營將作為先導，向南經由普里勒普進軍攻擊。

午夜過後不久抵達了第九裝甲師最外圍的警戒哨，接下來將駛進無人地帶。我在黨衛軍少尉瓦夫奇內克（Emil Wawrzinek）所指揮的尖兵排出發前，再一次對他們進行了狀況提示，並預祝我的戰友們一切安好。我對他們這樣說：「弟兄們，本夜屬於卓越的戰士們。」一夜暗中，我目送了尖兵排的戰士離去。

機車步兵的突進起初較為緩慢，但逐漸加快速度。我們又再次重現了荷蘭作戰時的故技。我很快就發現，瓦夫奇內克親自帶領著他的尖兵，毫不猶豫地向南開進。然而這裡並不像在荷蘭或在法國一般鋪設有柏油路面，我們必須沿著狹窄的山路與溪谷間前進。道路陡然上升，沒有多久，第一發砲彈就在我們頭頂上呼嘯而過。敵人攀附在山上某處，企圖阻止我們的推進。我跟在尖兵排之後行進，只消一聲簡短的口令就足以讓尖兵繼續往前推進。推進、繼續推進。我們的目標，就是利用敵人的混亂狀態，盡可能向南深入。我們在一座村落外圍的小山丘旁遭到敵火射擊。機車步兵當即下車展開攻擊，裝甲偵察車趨前支援，對著敵人發射曳光彈，擲彈兵成疏開隊形，橫掃村落。本營第一次交戰的戰果，是一百多名困惑不安的南斯拉夫人成為俘虜。敵方軍官狠狠咒罵部署於山上的戰鬥前哨。他們難以置信地聽著口譯員的說明，那些前哨的射擊並沒有阻滯我們，我們只顧著持續向南推進。半個小時之後，這裡的狀況均告結束。機車步兵繼續往前推進，不再受任何因素而停頓了。繼續前進！在風馳電掣的行進中，我們穿越了一處斜坡以及一座谷地，意外遭遇了敵人一個行軍中的砲兵連。驚嚇和混亂在幾分鐘內就結束了，大砲最後在嘎吱與轟隆聲中被推下山谷。

拂曉時分，我們抵達了普里勒普，與第七十三步兵師的前衛部隊接頭。該營的營長就是我在繆爾豪森參謀軍官班的同學施蒂夫法特少校。施蒂夫法特率部自東向西直直推進，未遭受任何重大損失就抵達了普里勒普。

我們暫時停止，進行急需的休息。今天的戰鬥應該會相當激烈。我們被賦予了一個長距離目標，朝向重要的莫納斯蒂爾突進。今晨稍早下了一陣小雨，雨水和路上塵埃混合，將之轉變成黏稠的灰色泥濘。我們興奮地望向慢慢消褪的陰影，道路現在向著一片平原延伸過去，往右望去，只見一座高山的大致輪廓。循著山勢往後，可以看到茨爾納河（Zrna），橫跨於河道上、有著鋼質拱樑的堅實大橋吸引了我們的目光。大橋尚未被爆破。

一些敵軍卡車以及馬匹拖拉的車輛在橋上行駛著往對岸前進。我眼裡只看得到大橋，其他一切都不是我關注的焦點。我們必須將大橋完整奪下。兩輛裝甲偵察車自發從行軍縱隊中駛出，以其二十公厘機砲向著大橋彼岸的路口轟擊。尖兵部隊像是被惡魔附身般的瘋狂速度衝向大橋。

馬匹拖拉車輛和摩托化車輛全都擠在一團，各個爭先恐後想要通往對岸。尖兵單位距離大橋已經不到一百公尺了，敵人子彈不時在我們中間穿過。我認為拿下大橋已是十拿九穩，但就在抵達目標之前，沉悶的爆炸聲響徹了整個河谷，大橋就在我們眼前被炸飛，接著轟然坍塌。敵人的馬匹、人員、車輛全都被拋向空中，然後跌落消失在茨爾納洶湧的河水中。劈啪作響的機槍射向大橋的殘骸。

面對大橋被炸毀，我先是整個人驚呆了，然後轉為憤怒，最後只得冷靜設想該如何處置。我走向大橋殘骸，第二連連長克拉斯上尉在我身旁，我們很快完成狀況判別、下定了決心。絕不允許敵人獲得喘息的機會，要繼續追擊！

真是幸運！落入河中的鋼樑結構大部分突出於水面，因而可用來作為搭建急造橋的基礎。擲彈兵們攀附著毀壞的橋梁結構而過，在河對岸建立了一個小型的橋頭堡。戰鬥工兵以及所有手邊沒有工作的人，將橋的橫樑以及其他造橋器材拖往河中，機車很快被送過河去，向莫納斯蒂爾方向進行搜索。就像在教練場演練那樣，絕不可停頓，工兵立即構築新的渡河設施。一座橋梁就在我們眼前搭建起來了，沒多久第一輛重型裝甲偵察車就從新橋上駛過。我們繼續推進！

仍然由第二連擔任尖兵連，在行軍道路的左側，有一條鐵路線直直通往莫納斯蒂爾。敵人步兵躲藏在鐵路路堤的後方，他們試圖阻止我們的快速突進，卻是徒然無功。只有裝甲偵察車向著路堤以及其後的步兵發射了幾串的機槍子彈。所有人的目光只管向前，一定要在奇襲之下攻取莫納斯蒂爾，其他的事都無關緊要。鐵路路堤與公路的距離越來越近，交接路口就在我們面前數百公尺處。尖兵排停止前進，擲彈兵們紛紛躍進道路兩側的溝渠，他們在哨所站內與守軍發生戰鬥。一挺敵人機槍對著道路掃射，這所哨站已被判定為一座防禦據點。一門五十公厘戰防砲在敵火下被推上前線，就定位後發射了數枚砲彈，擊穿了房舍牆壁，整個建築物因此應聲倒塌。

我突然意識到，由於先鋒部隊的停頓，位於鐵路路堤後方的敵人，其活動越來越活躍也漸趨大膽了。機槍火力從路堤上猛烈掃射，除了消滅堤後敵人別無他法。這件事在裝甲車火力的掩護下立刻解決了。敵軍倖存者奔逃往路堤遠方的濕地。

當我正要跳上魏爾黨衛軍下士（Weil）的機車時，南斯拉夫軍的火力再次掃了過來，逼使我們不得不就地掩護。我的地圖板被打壞了，殘存破片散落在壕溝邊緣。敵人機槍火力打在草地上，在我們身旁濺起濕漉土屑。突然，一陣咕噥的聲音引起了我看向魏爾，他在壕溝底部蠕動，被打碎的下巴還垂掛著！

絕不能被困在這裡，無論如何不能讓敵人在莫納斯蒂爾的大門前站穩陣腳，任由敵人從極高處蹂躪我們。我向先頭部隊大聲下令，機車步兵像馬戲團的特技演員，跳上他們的機車立刻向前猛衝。尖兵的推進，磁吸著整個營向前移動，循著遭雨水浸濕的道路疾馳而過。雨已經下了一整天了，就在此時，陽光終於穿破重重雲霧，照射了下來。

敵人的抵抗增強了。曳光彈發出惡毒的嘶嘶聲，竄向覆蓋著的稻草堆，稻草堆立刻被點著，燃起熊熊烈焰。莫納斯蒂爾就在面前了，可以看到在群山之間延展的城市輪廓。在右方的山腰處，我發現了一個敵人的砲兵連正要進入陣地。繼續前進！切忌戀戰！我們必須進城，我們要直接跳向敵人扼住他的咽喉。我們沉浸在極速的速度感之中！機槍掃向道路左右兩旁的敵人。在正前方，有一座建置到一半的路障，開火！裝甲偵察車的機砲爆出連串砲彈，手榴彈在空中飛舞，受到驚嚇、慌亂成一團的守軍四散奔逃、尋求掩護。

我們並未如敵人所預想般以寬正面推進，而是如一支帶羽飛箭，閃電般的射向敵人。我營各單位陸續開進城內，只有砲兵未隨隊行動。火砲仍在砲陣地上，向指定的目標進行射擊。

我並未看到莫納斯蒂爾城內清真寺的宣禮塔或其他建築物，只有機槍掩體、設防的房舍，還有堅定的敵人。本營持續深入城鎮內部，我的狀況圖與市鎮地圖已經丟失了，但我知道兵營在哪裡。我要到那裡去，因為在那裡可以搜尋到指引出敵人兵力狀況的線索。

在機車呼嘯而至的剎那間，原本在廣場上排成一列的部隊四散而去。敵人從窗戶、屋頂，以及樹叢裡對著我們開火。裝甲偵察車證明了它們是物超所值的，他們以機砲朝每個可疑的角落掃射，逼使敵人步兵採取掩蔽。在裝甲車火力的掩護下，兩門重步兵砲就定位。重步兵砲在距離兵營不到兩百公尺處，對著敵兵營射擊一五〇公厘砲彈。射擊的效果卓著，在二十分鐘內，除了火車站殘存的抵抗據點以外，莫納斯蒂爾的防守兵力被掃蕩殆盡。這股敵人也在一小時之內，為突擊工兵（Pionierstoßtrupp）單位所消滅。

本單位的進軍驗證了近幾年從訓練中所學到的定理：引擎就是武器！

在接下來的幾個小時，面無表情的戰俘們被集中起來並卸除武裝。未發一槍一彈，我們就擄獲了一整個砲兵營。不過，戰鬥仍未結束，沒有時間可以休息。

在奧希里達湖（Ochridasee）部署了一支塞爾維亞部隊，並占據著亞瓦特隘口（Javat Pass），該隘口在莫納斯蒂爾西側約二十公里。此外，已經偵知有支強大的英國部隊正從南方開上來，已經推進至我們東南方靠近希臘邊境的佛羅里納（Florina）地區。對於下一步該如何行動，著實讓我感到困擾。我們是莫納斯蒂爾的唯一兵力，且在接下來的二十四小時內，無法期望能獲得增援。我必須向兩個方向進兵，還得以營部、砲兵及後勤車輛駕駛守住莫納斯蒂爾。

克拉斯連奉命以一個加強連的兵力向亞瓦特隘道迫近，然後經由奧希里達湖前往與佛羅里納以西山區的義大利部隊會師。施洛德連（Kompanie Schröder）則前往偵察英軍部隊方面的狀況，並與英軍保持接觸。假如可能，應避免讓英軍離開克利蒂隘口（Klidi Pass）。兩位連長在接受我的命令時，均以難以置信的眼眼看著我。胡果．克拉斯甚至不可置信地搖頭。

施洛德（Rudolf Schröder）的狀況不算太糟。他有很大的空間可以機動，且該區的路況堪稱良好，他能夠善加利用每個機會對英軍實施偵察。這兩個連出發了，我的機車步兵們、戰車獵兵們、工兵以及擲彈兵們，微笑著經過我而去。他們就此開進黑夜，開進混沌未知之中。營指揮所隨即佈置防務，並架設無線電。

我們持續與該兩個連保持通信接觸，並密切監控著裝甲偵察車送回來的報告，對各部的行動都瞭若指掌。數分鐘之後，克拉斯攻擊了莫納斯蒂爾以西一處果園內的砲兵連。這個砲兵連尚在開設砲陣地、等待開火的命令。整個連就此開向戰俘營。

到了午夜時分，克拉斯已經通過了數座村莊，前進至亞瓦特隘道前方。偵察報告指出，該隘道已經被占領，並在山脊上布置有設防良好的陣地。我們捕獲了幾名敵人的斥候。對於隘道的攻擊，將在拂曉時分展開。

施洛德方面的進展良好，很快收到了他自佛羅里納和維威（Vevi）傳回來的報告。該連在這兩座村落之間，發生了一件奇特的事件。如同古老諺語所云，在夜暗中，所有的貓看起來都是灰色的。施洛德在次晨發送給我以下報告：

「我自道路交叉口派遣了數隊偵察小組，小心翼翼跟隨著派往佛羅里納的第一支偵察隊。沒有多久，兩輛偵察車自暗夜中突然出現，向著我們駛來。最初我們沒有察覺，仍繼續前進，將這兩輛偵察車誤認是我方的車輛。直到這兩輛車駛近至我們跟前幾公尺外時，才發現有誤。這兩輛英軍偵察車在我們前頭慢慢移動中。他們也未發現我們是德國人，可能把我們當成是塞爾維亞人了。我鬆了一口氣，繼續指揮我連往前進了數百公尺，等待英國裝甲車返轉離去。半小時之後，他們成了我們佈設於路上障礙物的犧牲品。藉由擄獲的地圖，我們得知了敵人的意圖。澳大利亞部隊現正占領著高地，並以高密度的雷區封鎖了谷地。」

施洛德持續與英軍保持接觸，不斷實施大膽的偵察行動。我們的步兵砲以及迫擊砲，可能誤導了敵人對我方兵力的判斷，他們並未超出自己所鋪設的障礙物趨前行動。

克拉斯於清晨一早即展開對亞瓦特高地的攻擊。公路向山上陡然升起，因此不可能發起奇襲。髮夾彎與陡峭彎路輪流出現，陡峭的懸崖、貧瘠的溝壑、懸垂的峭壁，以及光禿、沒有樹木的曠野構成了整體地勢。隘道超過一千公尺高，僅以一個加強連實施攻擊，根本就是瘋狂的冒險。不過，我們掌握了奇襲時機。沒有人會想到我們的推進是如此快速，而也絕不會有人相信我們竟會甘冒風險，僅以一個加強連就對隘口實施攻擊。

我在天亮前來到了克拉斯連，急切想要親身參與這次攻擊。我們在莫納斯蒂爾以北經過了一座一戰的陣亡紀念碑，在這座高地上，無數的德國子弟長眠於異國的土地。

就在太陽破曉之際，第一聲戰鬥聲響傳來了。

我們可以清晰看到重步兵砲的影響力，一五〇公厘砲彈必然在山頭上造成了可怖的效果，而二十公厘機砲彈就像珍珠項鍊般連串射向山上。我在山谷中遇到了重步兵砲以及車輛，僅有裝甲偵察車伴隨著克拉斯連展開攻擊。

機車步兵現在成為山地獵兵了。整個夜間，他們自公路兩側攀爬上隘道，來到了山脊上的防禦陣地之前。途中他們繞越了數座障礙物，並從後方進行攻擊。在一次激奮的攻擊中，連長帶領他的戰士們衝上了嶺脊，席捲了塞爾維亞的陣地。重砲轟擊所造成的心理影響，不經意造成相當可觀的效益，大口徑砲彈製造出了有如地獄般的聲響。

我攀附在一輛裝甲偵察車後部，參與了對高地的最後攻擊。特柯茨的班（Gruppe Tkocz）掃蕩了最後一個抵抗陣地。在一座小教堂後方，我找到了胡果・克拉斯，向他的成功致意。在我們前方，數以百計的戰俘或站、或躺、或蹲，一整個砲兵連均放下了武器。這次勝利真是難以言喻。若本營置身於這個強大的陣地，應該能夠抵抗數個團的進攻。敵人營長向我們做了如下的說明：「當我的部下昨天晚上聽到德國部隊已經抵達莫納斯蒂爾，然後今晚可能出現在我們陣地前方時，抵抗的意志就已經嚴重動搖了。僅僅是必須與德國部隊作戰這個事實，就已經使我營的士兵們感到惶恐不安。你們的『炸彈施麥瑟』[5]（Bombenschmeißer，此指重步兵砲。）最終收拾了一切。」

從高海拔的此處，我們可以遠眺閃爍波光的碧藍奧希里達湖，還有燈火通明的佛羅里納。我們必須在敵人查覺到其位於高地上的警戒營已被擊潰前拿下該城鎮。雖然沒有可用的機車，但這一列裝甲偵察車可以立即向谷地出發，以對敵人發動奇襲。當我們沿蛇行彎道慢慢摸索下山之際，克拉斯連已經在集結，等待他們的車輛抵達。我們在未受干擾的情況下抵達谷地，並向該

---

5 譯註：敵人指揮官借用施麥瑟 MP40 衝鋒槍之名，套用於對德軍火砲的稱呼上。

城鎮猛進。我進入標格薩克（Bügelsack）的裝甲偵察車內，這位黨衛軍上士是我最佳的偵察隊隊長，他具有靈敏的獵人嗅覺，能夠對當前狀況有絕佳的洞察。

到處逃竄的塞爾維亞人衝向路側，企圖在灌木叢中尋求隱蔽。其他人則丟下了武器，向著隘道走去。在這個節骨眼上，已無法再次停頓了，我們必須利用這個混亂局面，逕直開入市區。機槍火力掃清道路，我們已經達到了完全的奇襲。幾分鐘內，我們已經站立在教堂山（Kirchberg）上，當即向空中發射紅色信號彈。克拉斯連很快隨之衝入市區，並派遣一支偵察隊前往奧希里達湖西方的山地，以與該方面的義大利部隊接頭。與義大利軍的接觸也在數小時內達成。於是，偵搜營的第一個任務在未蒙受重大損失的狀況下，快速且迅捷地達成了。我對我的弟兄們感到十足的驕傲，任何形式的作戰任務都難不倒他們了。

在莫納斯蒂爾，我向ＬＡＨ指揮官報告了本營任務已告完成，並隨同他一起前往施洛德連，我們在那裡遇到了行色匆匆的第一營營長維特黨衛軍少校（Fritz Witt）。

第一營接獲如下的任務：奪取英軍拱衛克利蒂隘口的關鍵陣地，以利於ＬＡＨ與第九裝甲師突破隘口。紐西蘭與澳大利亞部隊在高地山頭上佈防，深掘工事。敵人獲得充裕的時間，建構了一個設計良好的防禦工事。敵人的砲兵前進觀測所，能夠俯瞰整個平原，我們接近的路線將暴露得無所遁形。莫納斯蒂爾是通往克利蒂隘口的閘門，而克利蒂隘口又是南斯拉夫通往希臘的門戶。敵人在此擁有一切有利態勢。他們已經在隘口埋設了多層地雷區，使得我們無法實施戰車襲擊。勢必得由步兵經過艱苦的戰鬥才能拿下這座高地。

前進希臘

豔陽高照的夏日白晝，一變而為山區氣候多變的降雨夜晚，再晚些則是寒風徹骨的深夜。白雪覆蓋在山坡上。ＬＡＨ一營的弟兄們，面對的是一個居於巨大優勢的敵人，他們占據著在堅硬土地上臨時建構的陣地，正等待著我們來攻。

四月十二日天一亮，正是攻擊發起的時刻。重榴砲彈的呼嘯聲打破了清晨的寧靜，重高射砲開始逐一摧毀辨識出的抵抗陣地，而突擊砲（Sturmgeschütze）也向前開進。我使用剪式望遠鏡觀察攻擊的進行。第一連在連長格爾德・普萊斯黨衛軍中尉（Gerhard Pleiss）的指揮下，向前躍出攻擊。

砲彈如雨般向山頭落下，整個山頭籠罩在一片煙硝之中。空氣中充斥著塵土與硫磺味。突然間，砲擊驟然停止，步兵向前躍出，努力向著山頭推進。重突擊砲自山谷中向斜坡行駛，我們驚訝地看著突擊砲爬上斜坡。突擊砲越爬越高，然後一舉投入戰鬥。最初沒有人期待突擊砲能夠參加此次戰鬥，而現在他們已經抵達高處，給予步兵有力的支援。

德軍火力所造成的印象使敵人動搖了，英軍戰俘開始自山頭下來。他們都是高大、魁梧的傢伙，也是著名的強大敵手。我們的步兵持續向敵人防禦體系內深入。戰鬥工兵在雷區中清掃地雷，以為戰車開通進路。然而步兵仍須憑恃自身的力量，將英國人趕出他們的陣地。等到工兵清掃完雷區時，佛里茲・維特震驚地站在他的弟弟法朗茲（Franz）的遺體面前，他弟弟在解除一枚地雷的引信時，不慎炸成粉碎。

普萊斯現在最前線指揮，並已經戰鬥前進至山巔之前。在這裡，突擊砲已經無法再提供支援了，只有靠人戰鬥。我們聽不到手榴彈的聲響，只看到它爆炸的煙塵。經過一番肉搏近戰，才拿下了步兵掩體，然後攻陷了山巔。

普萊斯連勇敢的弟兄們擊敗了他們的對手，一百多人成為俘虜，二十挺機槍以及其他裝備落入我們手中。普萊斯本人在戰鬥中負傷，仍堅持留著和他的擲彈兵們在一起。通往希臘的大門已經被撬開了。戰鬥仍然持續著。第一營以迅猛的步調攻擊撤退中的敵人，戰防砲與突擊砲摧毀了數輛敵人戰車，敵軍戰鬥機試圖阻止我們的推進，然而他們的炸彈並未達到期望的效果。

八八砲連連長芬德黨衛軍上尉（Fend）曾一度被俘，在英軍的縱隊中度過了一晚。天亮時，我們的步兵把他解救了回來。更多的紐西蘭人走向了被俘之列。我軍在上午前段奪取了隘道的南側入口。強大的英軍與希臘部隊實施逆襲，企圖將德軍擊退回到隘道內。英軍投入了大量的戰車，向我們的先頭部隊壓迫。第一營這時已經進抵到開闊地，而突擊砲還被拘束在山上，狀況相當危急。當第一輛敵人戰車已經迫近到第一營的先鋒連面前，黨衛軍中尉瑙爾曼博士（Dr. Naumann）此時立即指揮兩門就開火位置的八八砲結束這場噩夢。一輛接著一輛戰車被炸飛，或者冒著濃煙癱瘓在原地。敵方的戰車攻擊在火焰、死亡、殘骸中宣告頓挫。

當第九裝甲師向南推進時，我營則往卡斯托里亞湖（Kastoriasee）方向突進。夜幕已經圍繞著我們了，人們依稀辨識出克利蘇拉隘道（Klisurapass）一帶的黑山。我們的目標是柯理查（Koritza），該處為希臘第三軍（Greek III Corps）的軍指揮部所在，然而欲抵達柯理查，必須先行突穿克利蘇拉隘道，就技術性的角度而言，即使在沒有敵人的狀況下，這座山仍然是一個巨大的障礙。山勢隆起約一千四百公尺，其高峰彷彿要壓垮我們似的。推進很快獲得進展，半小時之內我們就拿下了最近的兩個山頭。

這座在我們眼前的山脈，遼闊且巨大，公路依著山勢蜿蜒而上。我們已無退路，就技術而言是不可能在這條路上折返的。左側的地勢，以陡直之勢向下直至無法通行的谷地；道路右側，則是聳立的峭壁。幾座出現的小山村也是荒涼而死寂。在最後一座村落中，村民們以懼怕的眼神盯著我們瞧。帶著懷疑與期待並存的表情，在我們之間充滿著一種難以言喻的緊張感。空氣中瀰漫著硫磺味。從山中突出的岩石，彷如碉堡。

下一座山頭以層疊的形式呈現在我們面前。道路微微向右轉彎，然後越過窄而深的一座谷地。我們慢慢接近彎曲路段，隨時準備有火力襲擊，或者在上方的岩石爆破，我們如坐針氈。前衛尖兵忽而停了下來，戰士們跳起來尋求掩蔽就射擊位置。發生什麼狀況？仍然未有射擊發生。我緊張地躍向前方，在我們前方的道路上，出現了一個缺口。位於谷地上的橋梁已經遭到爆破。雄偉的橋墩以及其上的石頭橋面化為瓦礫墜入狹谷地面，形成了一個像是馬鞍的凹陷。

很驚訝地發現，這處遭爆破的地點竟然沒有布置防守部隊，也找不到設防陣地的蹤影。我們小心往毀損的橋面前進。狹谷僅有十五公尺寬，步兵可以輕易克服，但對機車步兵卻形成了障礙。尖兵排接獲指示，鞏固橋的另一端，並且掩護緊急渡河點的搭建。第一批過橋的擲彈兵還沒有走到殘橋的瓦礫推，就遭遇右前方山頂上的敵人射擊，機槍槍口的火焰顯示出了敵人的陣地位置。流彈颼颼地飛過空中，落入我們身後的狹谷。敵人發射迫擊砲，試圖將我們驅離橋面殘骸堆。本營陷入一個極為不利的局面，我們既無法向前，也無法後退。也沒有其他備用方案。我們置身於叢山峻嶺之中的唯一道路上，這條道路是通往希臘第三軍的後方。

征服如此大山實在應該屬於山地作戰部隊（Gebirgstruppen）的任務，而不是交給裝甲偵搜營。但是現在想這些都沒有用，現階段並沒有可用的山岳部隊。所以我們必須擔負起這個任務，征服一座大山——即使需要付出我們的生命——我們將會完成這個任務！我決心在天一亮時以兩個機車步兵連向敵人陣地發起攻擊，同時將集中駕駛兵、營部以及裝甲偵察車連，自公路向前佯攻，營造出主攻的態勢。重武器以及砲兵，要在稍晚後才能投入作戰、支援。

夜暗降臨。在橋梁爆破現場，僅偶有幾發微弱的擾亂性射擊。為了壓平通往舊橋梁結構兩側高低不一的道路，工兵鑽洞並放置炸藥。數分鐘後，大量的石塊與砂土落入峽谷中被炸毀的橋梁殘骸堆裡。現在我這支輕快的偵搜營暫時變成了勞動營，身強體壯的擲彈兵們拖著巨石，拋到橋殘存的結構上。一條充滿活力的輸送帶，將一塊接著一塊的石頭，填入這處糟透了的大坑。沒有多久，第一門戰防砲即過河抵達對岸的橋頭堡。我們的橋守住了。在鞏固橋頭堡之後，兩個機車步兵連開始攀爬山坡——機車步兵現在成了山地獵兵（Gebirgsjager）。擲彈兵們得要爬上八百公尺的山頭，始能攻擊敵人的陣地據點。這兩個連以突擊群（Stoßtrupps）的模式行動，由於被河谷分開，他們只能依靠自己了。兩個連在山谷的兩側分路前進，但是只有一個共同目標：到山頂上！

我們已經來到敵人跟前了，所有的勞累一掃而空。大家情緒是緊張的，冒險犯難的本能被喚醒了。我的機車步兵們自信滿滿，自知攻擊必定勝利成功。面對困難地形，他們將採用傳統戰術，躬著腰從一塊石頭至另一塊石頭躍進。克拉斯連消失於峽谷的右側，開始攀爬上山。他們走的路線是最遠的一條。循著公路推進的突擊部隊，由我本人親自率領。我們這支突擊部隊約有三十人，數輛裝甲偵察車、數門戰防砲，還有一個八八砲砲排。

蜿蜒曲折的公路越來越高了，已經與兩個連失去了聯繫。一切都悄然無聲，沒有任何聲音的寂靜夜晚，連一聲槍聲都沒有。當月亮隱身於山影之後，夜色也就更為深沉了。根據地圖顯示，我們現正在山腰一處大轉彎處，圍繞著山巔最高峰，可以通達敵人陣地的後方。敵方陣地所在位置必然比我們還要高。我們將要迂迴敵人的側翼，切斷其退路。這條公路繞過山巔，然後向北延伸約四百公尺，然後轉向西方進入一片農舍中。道路在接近這些農舍處，跨越山脊然後下坡直至卡斯托里亞湖。我不敢再繼續前進了，心裡總是有哪裡隨時會出問題的感覺。我們必須在這裡等候早上的到來。

山頂上風大刺骨，我們緊貼著岩壁而立。瑙爾曼排以人力拖曳一門八八高砲進入砲陣地，以將村舍以及山稜線納入大砲的射界之內。

天氣越來越冷了，我們沒有大衣，也沒有避身之處，身上又為汗水所浸透，更是受盡了酷寒之苦。大家都因受凍而顫抖，想要入睡自然更不可能。至少抽根菸吧！一輛裝甲通信車駛過，在車輛的障蔽之下，我終於抽了根菸，然後研究起地圖來了。看著地圖的時間越長，我的顫抖益發嚴重。一開始我以為是因為酷寒而顫抖，隨之發現是自已非常地恐懼。隨著時間的推移，緊張感越來越強烈。我無法再待在這輛車旁邊了，車上嗶、嗶、嗶、嗶……作響的無線電幾乎讓我神經耗弱。

我迴避與任何人說話，我真怕對方聽到我的牙齒正猛烈打著顫、看出我的害怕。所有人都蜷曲在岩石後，直視著無盡的黑暗。我年輕的戰友們是否也會害怕？這我無法確定。第一連的戰士約恩（John）從他們單位所在位置送來了一份報告。他們已經進抵到敵人陣地之前，正等待著天明。敵人尚未發現該連的蹤影。約恩的頭部受到了子彈擦傷，看不出他有半點害怕的模樣。他簡要地完成了報告，然後用衛生兵的水壺小喝了一口。

天色慢慢亮了，已能看到村落的輪廓。三個攻擊群將以八八砲的射擊為訊號，然後一起發動攻擊。我蜷曲在八八砲後方，試圖以望遠鏡穿透夜暗而視。越接近開火的時刻，我就越相信攻擊必定能成功。而攻擊一定要成功。我料想我的對手是在軍事學院接受了填鴨式教育，因此面對當前狀況時，應當也會照搬教科書上的教條。按照所有希臘軍官的本職所學，他們應該認為我必定會以摩托化部隊循著公路推進。這就是我決心分兩路翻過山脊對其發起攻擊，並只在公路實施佯攻的原因。

隨著暗夜漸去，現在房舍的輪廓已能清楚辨識。緊貼在地，我給了瑙爾曼開火的手勢，幾秒鐘之內，現場陷入一片大震撼。八八砲對著右前方嶺脊發射一發又一發砲彈，迫擊砲與重步兵砲彈把巨石打飛上了半空中，碎屑如雨點般落在守軍身上。在我們上方，機車步兵也攻向了敵人的抵抗據點，我並無法掌握這兩個連的攻擊進程，不過可以聽到他們的機槍怒吼聲，以及手榴彈爆炸時的沉悶聲響。

一位重榴彈砲連的連長告訴我，他不能再為攻擊行動提供火力支援了，因為再打下去，可能會使我方人員陷於險境。砲陣地就開設在山路上，一門砲跟著一門砲接連排列，但因為山路很窄，因此重榴彈砲的駐鋤根本無法放到定位。砲兵連長拒絕為此擔負責任，這種爛事是我最不缺的。盛怒之下，我向他下令開火。該做的還是要做。重砲彈呼嘯著飛越過第一座山嶺，在小山村兩側的敵人陣地上炸裂。

敵人的機槍猛烈掃射，子彈打在路面上，還有我們上方的岩石上，石塊從山坡上滾落下來，砸在我們中間。只准前進，不准後退！我們以躍進方式自第一個路彎處向前衝刺，但沒走幾公尺就必須在一座石牆後方採取掩蔽。衝到了下一處路彎處時，敵人陣地就在正上方一百公尺的路上。我癱軟在一處石堆後方大口喘氣，已是精疲力竭。為了避免成為敵人狙擊手的瞄準目標，我們必須從一個掩蔽處躍進至下一處掩蔽處，這讓推進受到不小的阻礙。

在我們上方，可以聽到劇烈的戰鬥聲響，還有人們的大聲呼喊。第二連一部已經突破了第一座山頭上的敵人陣地。我們繼續躍進衝刺。在最後一處大路彎處，我們和二連的一部份戰士會合了，他們因為一處岩石缺口，而跟大部隊分離。在這群戰士中，我找到了瓦夫奇內克黨衛軍少尉（Emil Wawrzinek），他向我簡短報告了山頭上的戰鬥情形。根據戰俘的陳述，我們將遭遇希臘軍防線左翼的一個加強團，該處敵軍的任務是確保克利蘇拉隘道，並警戒希臘第三軍的後方地區，以使希臘第三軍得以從阿爾巴尼亞戰線撤退。希臘第三軍正在撤退，避免遭到德國裝甲兵力俘獲，並意圖前往希臘南部，與英國部隊一起協同作戰。希臘人的這個計畫無法實現了。他們的撤退不但將被阻止，甚至將演變成一場災難。我們必須穿過這座山脈，然後在卡斯托里亞後方的谷地實施阻絕。

我們持續沿著道路往下走，面前的地面突然瞬間升起。我簡直無法相信自己的眼睛。原來是路面竟然出現一個漏斗狀的大坑，宛如因打呵欠而張著的大嘴一般。道路驟然崩降至谷地。每個人的臉上都留下了明顯的汗水痕跡。我們驚恐地看著彼此，是否也將在下幾秒內被炸飛至空中？往前一百公尺處，山又再次搖撼起來了，沉悶的轟鳴聲再度響徹山谷，當塵埃落定之後，我們看到道路上又出現一個大坑。

我們在岩石後面躲避，不敢再向前移動一步。一股反胃感幾乎使我說不出話來。我對著艾米爾．瓦夫奇內克大喊，要他們持續攻擊前進。但老好人艾米爾看著我，似乎懷疑我的心智是否正常。機槍火力打到跟前的岩石堆上，最前鋒的隊伍僅只有十個人而已。可惡！絕不能再在此停留，在面前的道路被炸出坑洞，而機槍火力不斷地將我們釘死在瓦礫之後。我同樣蜷曲著尋求掩護，以求保命。那我憑什麼要求瓦夫奇內克率先向前推進呢？在如此危急狀況中，我感覺到手中握著的那枚卵形手榴彈的流線外型。我對著弟兄們大喊，掏出這枚手榴彈，抽掉保險針，將手榴彈滾至最後一名擲彈兵的後頭，大家萬分吃驚地看著我。下一秒鐘，我從沒有看過大家像這樣動作一致地向前彈跳。就像被狼蜘蛛咬到一般，大家衝過岩石堆，立即撲倒在彈坑之中。那顆手榴彈讓我們把難堪時刻拋諸腦後、重新恢復了活力，大家相覷而笑，然後躍向下一個掩蔽處。

在山脊上，兩個連持續深入希臘軍陣地之內。八八砲被敵人砲彈爆炸的煙硝給圍繞著，希臘的山地砲兵正向著八八砲陣地射擊，而瑙爾曼的排仍在持續開火。高砲砲彈正在為我們開闢進路，一座座抵抗據點都被埋在亂石碎屑之中。

我們已經來到了山巔之前，汗水浸濕了我的眼睛，只能透過閃爍著的塵土薄霧看著戰鬥的進行。我們像發了瘋似的衝向山脊，希臘人拋棄了武器，高舉雙手從他們的散兵坑中走出來。希臘人的退卻路線現在籠罩在第二連的火力之下，該連可以從最高山頭上以機槍進行瞰制。我們另外以手榴彈瓦解了一個希臘砲兵連的抵抗。我們在形勢所迫下強行越過了山脈。擲彈兵達成了其他人所認為不可能、甚至在今日看來根本是瘋狂舉動的成就，克利蘇拉隘道在我們手中了！沒時間停頓休息，只有追擊才能摘下勝利的果實。戰鬥工兵爆破了道路坑洞上緣的岩石，讓大量碎石落入坑洞中。重武器變換射擊陣地，向著奔逃的敵人開火。全部行軍縱隊都已經進入平原，往西推進。

希臘人的抵抗被擊破了，他們在某些地點堅守陣地，勇敢的戰鬥至最後一口氣。我軍的俘虜超過一千名，其中包括一員團長與三員營長。直到此時，我們才清楚了解這些山頭極度重要，從這裡能夠直接俯瞰希臘陸軍的撤退路線，並且可以使用各種火砲直接對之轟擊。

我想要繼續追擊敗退的敵人，然而再一次，陡峭的道路又在我們眼前被爆破了。填充遭爆破的路面，耗費了大量的寶貴時間。本營第二連向道路搜索前進，突入了一座小村落。村落已被敵人棄守。我想要在那裡重新集結全營，然後向希臘人的主要撤退路線發動攻擊。我等著第一連的到來，沒有多久，該連的年輕小伙子們抵達了。他們臉上的表情述盡了一切。他們陣亡的連長遺體被包裹在一件被鮮血浸染了的雨衣中，魯道夫·施洛德胸口被擊碎了，現在就躺在我的眼前。他已經達成無與倫比的軍事成就。在領導第一連突擊隊攻擊時，他在突入敵人的防禦陣地時陣亡的。

傍晚時分，我們抵達了平原地區，並向卡斯托里亞方向展開搜索。我想要親身偵察當面的地形狀況，所以跟隨一支偵察隊一起行動。我們在一座小橋前放慢了腳步，在該橋之後為八〇〇高地，該高地掌控著通往卡斯托里亞的道路，以及希臘第三軍的撤退路線。橋上沒有任何動靜，橋梁也未遭爆破。突然間，機槍火力向我們掃射，隨軍新聞官佛朗茲·洛特（Franz Roth）大叫了一聲，一枚子彈劈開了他的顱骨。滿頭是血的他被送回後方和他的同僚們待在一起。

黃昏時刻，第二連占領了橋梁，隨即在對岸開闢了一個小型橋頭堡。該連立刻向卡斯托里亞湖北面實施偵察，在那裡他們遭遇了強力的敵方抵抗。天亮時分，對卡斯托里亞西南面八〇〇高地的攻擊於焉展開。

再一次砲彈從我們頭頂上呼嘯而過，鑽向岩石堆中。但這次希臘砲兵的火力更為強大，橋梁在一枚直擊彈下崩塌了。我們緊緊貼在壕溝的堤壁，臥倒於硝煙之中。強大的砲兵火力讓我明白奇襲是不可能成功的，必須採取縝密計畫的攻擊。中午時分，攻擊在強大砲兵與LAH第三營支援下重新展開。三營將從左翼迂迴前進，在下午突進至希臘軍的主要撤退路線。為了壓制希臘軍強大的砲兵火力，並削弱八〇〇高地的防禦力量，將安排進行一次與本營協同行動的斯圖卡攻擊。

作戰行動以無可匹敵的精準度執行著。斯圖卡像猛禽一般盤旋於山頂上空，然後深深俯衝、呼嘯著攻擊敵人的陣地。斯圖卡滿載炸彈，將下面的人送入地獄。高地上到處充斥著爆裂與閃光。煙硝與瓦礫的巨大蘑菇雲衝上天際，幾朵蘑菇雲混合在一起，成為一大團暗黑的霧氣，飄過湖面。在烈日的照耀下，高地上被一層厚幕所籠罩，顯示出我們的炸彈和榴彈的毀滅性效果。在那裡，一切都陷入了一片混亂。

當第一枚炸彈落下時，機車步兵自其壕溝中躍出，死命衝過開闊地。八八砲的卓越射擊，補足了斯圖卡與野戰砲兵所未完成的工作。希臘軍需要花費相當時間，才能從斯圖卡機的轟炸恢復過來，然而屆時一切都將太遲。第二連爬上了山頭，並在錯綜複雜的岩石中站穩陣腳。

本營餘部則穿過了臨時修復的橋梁，直向卡斯托里亞攻擊前進。遭到意料之外攻擊的希臘步兵連與砲兵連，匆忙自高地撤下來。由於受到完全的奇襲，他們一彈未發就走向了戰俘營。僅有一個希臘軍砲兵連堅持繼續射擊，立刻遭到我軍擊毀。裝甲偵察車駛過長列的希臘戰俘，直入卡斯托里亞市中心。希臘軍正陷入一團混亂。在市集廣場，一位教士向我們致意，我永遠忘不了他那深情的擁抱，好幾個小時之後，我身上都還是大蒜味。

在黃昏之際，我勇敢的戰友們接掌了向北的警戒任務。許多希臘部隊仍不斷自該方面出現，前往迎戰義大利部隊。天氣常常下雨，一場劇烈的風暴結合了砲彈與炸彈的轟鳴，我們已經達到精疲力竭的地步了。我們走到哪裡，就在哪裡昏睡過去。直到隔天早晨，才曉得我們攻擊的戰果有多巨大。

偵搜營在過去的二十四小時內，一共俘獲了一萬兩千名戰俘與三十六門大砲。由於勇敢的擲彈兵們在戰鬥中的傑出表現，我因此獲頒騎士鐵十字勳章（Ritterkreuz）。

與希臘陸軍的戰鬥仍然繼續著。ＬＡＨ克服了極大的困難，終於攻下了梅厝封隘口（Metsovon Pass），並迫使敵人十六個師投降，希臘軍於四月二十一日在拉里薩（Larissa）正式簽訂了投降協議。

四月二十四日下午稍晚，我營在約阿尼納（Joanina）受命追擊敗退中的英軍部隊。我的戰友們才剛享受自巴爾幹戰役展開以來的第一晚平靜時光，就被匆匆自睡夢中叫醒。車輛的油箱用取自希臘軍庫房的汽油桶加滿。沒有人在意要收集阿里帕夏清真寺前古老土耳其堡壘裡的希臘機槍，或者鎮上數不清、堆積成山的武器。

從阿爾巴尼亞山區下來的希臘士兵，將他們的槍斜靠在牆上，把他們黑乎乎的鬍鬚剃掉，漫步走進了最近的麵包店，出來時夾帶著剛出爐的麵包、一束韭菜，假如他夠幸運，也可以帶上叉在棍子上的幾條魚，然後大搖大擺地向南出發。

我們超越了他們，這個超越的行為，再次使我們真切地意識到勝利者與失敗者有著截然不同的道路。這些人是穿著軍隊制服的放羊人、漁夫、農夫、店主或官員，的確曾向我們展示了許多值得尊敬的行動，但是他們的歸鄉之途確實是一場混亂。人流湧進山谷，走下山坡，即便偶爾看到一位上校直挺挺地坐在馬鞍上，而一個號兵伴隨在在旁，戰爭就在這不可收拾的混亂局面中結束了。這就是崩壞的結局。

我們推進再推進，一定要在某處追上英國人。除了在一些村落和城鎮詢問簡短問題，我營絕不停下。有人在移動中切了一塊麵包，塗上點奶油，然後在全部吃完前得要用手蓋住麵包，以免灰塵與砂土一起被吃下肚。

只有在阿爾塔灣（Gulf of Arta），我允許官兵做了短暫的停頓。我看到了一座橘子園實在太誘人了，弟兄們的鋼盔裝滿了充滿香氣的水果，我們要享用這些水果，確定自己的確是身處南國！在一個狹窄山口上，站著一匹可憐的希臘軍老馬，這是一匹白馬，肋骨間可見到藍色的印記。這匹失落的馬兒沒有馬鞍，身體已達其所能承受的極限。牠沒有任何動作，佇立有如標誌崩潰的紀念碑一般。每輛汽車與摩托車在趕路時，都會經過這匹馬，牠是戰爭的老兵，也是一個飽受摧殘的可憐生物。

在希臘南部的某處，我們乘車經過了一條山澗，看到了許多已解除武裝的士兵吹著口哨、叫喊著，享受著冰爽的山水。然而，處在塵土與汗水中的我們，可鬆懈不得啊。看到數以千計的人在橄欖樹下納涼，但我們只能注意油料的狀況、留心道路的轉彎處，趕緊繞越路上看到的坑洞，在通過崎嶇不平路面時緊緊抓住車身。我們當然對於波蘭境內悲慘的路況記憶猶新，但是這段往南的路程，簡直就是惡魔的「刨絲器」，似乎要將我們千刀萬剮。即便此時已經入夜，尚未抵達目的地。我們在和前方的英軍後衛部隊以及爆破隊比賽，看能否追趕上他們。希臘農民告訴我們，英國人在路面上撒了釘子，試圖阻擾我們的推進，他們似乎也不盡然完全失敗。遇到這種情況，年輕的駕駛兵咒罵著，而資深的駕駛兵則是在需要補胎時，露一兩手給年輕駕駛兵瞧瞧。我們在一個鄉村小鎮的大宅院中進行了短暫的休息，本營需要迎頭趕上。

天亮之後，再次展開追獵，車隊駛經低谷、越過高山，一路往南猛進。希臘古建築遺跡迎接著我們，有人突然提到了英國詩人拜倫爵士（Lord Byron），他在一八二四年對鄂圖曼土耳其的戰爭中於此殞命。不過我們可沒有閒情逸致聊歷史，邁索隆吉翁（Mesolongion）就在我們眼前了，而柯林斯（Korinth）地峽當在不遠處。我們終將要追上英軍了。前衛尖兵小心翼翼進入市區，穿梭於狹窄的街巷中。希臘市民興高采烈歡迎我們的到來。最後一批英軍部隊才剛離開該市沿著海岸公路向東走去，消失於前往柯林斯地峽的方向。

進入伯羅奔尼薩半島

我們在山區行進了兩百五十公里，現站在橫過伯羅奔尼薩半島的暗色山脈的另一側。到達這裡，與師部的無線電通信聯繫已經斷絕——我們只能靠自己了。

英國偵察機飛過頭上，並盤旋於海灣彼處的帕特拉斯港（Patras）上空。我們可以看到港內的船隻，有一艘英軍的驅逐艦正轉向南航進。我們追隨英國人爆破隊的行跡，往柯林斯地峽方向進擊。不過這已非我的關切的事情，我對這樣的追擊越來越提不起勁。道路上的大坑延緩了我們推進的步調，估計很可能累積許多造路的經驗，但最終我無法逮到任何一個英國人。另一側的山地越來越吸引我的注意力，在隔著海灣的另一側海岸公路上，英軍部隊正自柯林斯往帕特拉斯前進，以求搭上前來接應的船隻。我必須趕往那裡！但是我要如何渡過海灣呢？

當一隊俯衝轟炸機攻擊帕特拉斯港時，我正站在納夫帕克托斯（Navpaktos）的碼頭上，這是一個破舊的小漁港，上面還有著中古時代所建的哨塔[1]。煙硝與爆炸自港中的船團衝向天際。我的目光落在一具電話機上，這具電話機尚連著電話線，還能夠通話，而且帕特拉斯方面居然回答了！驚嚇之餘，我趕忙將聽筒放回這具陳舊的設備上。橫渡海灣並且破壞英國人的計畫，這兩個念頭仍深深吸引著我。我派遣一位口譯員，要求他打電話給帕特拉斯的希臘軍指揮官，並回報帕斯特拉方面的全般狀況。這位指揮官尚且處在斯圖卡攻擊的衝擊之下，不加思索地回覆了所有的問題。在幾分鐘之內，我就取得了英軍部隊在柯林斯與帕特拉斯之間動向的精確報告。我向帕特拉斯的城防指揮官要求，盡速派遣人員前往與納夫帕克托斯聯繫。

沒有多久，我們就觀察到一艘小摩托艇往納夫帕克托斯方向行駛。這個時刻魔鬼插手干預了。另一隊斯圖卡機飛臨我們頭頂上方，再次向著港中的英國船隻發動攻擊。令人不安的是，在希臘城防指揮官的認知中，很可能會以為是我下令發動空中攻擊的。更壞的是，斯圖卡機也攻擊了希臘人派往納夫帕克托斯聯絡的那艘摩托艇。摩托艇當場做了一百八十度迴轉，感覺受辱的希臘軍官打電話回報，沒有人願意在這種狀況下橫渡海灣。

我的汗水滴到了地圖上，上面的部隊符號標示早就過時沒有用了。英國人在哪裡？在左翼部分，我們的部隊在奪取溫泉關（Thermopylae）後，可能是抵達雅典，也可能進一步繼續往南朝柯林斯地峽進軍。因此英國人必定會堅守伯羅奔尼薩或者前往確保海港的開放。我想像也可能讓德國傘兵空降於柯林斯地峽，以封鎖英國人的退路。

英國人是否注意到了我們的快速推進？英國人的偵搜單位是否運作良好？而是否驅逐艦正待命中，準備阻止各種渡海的意圖？沒有人可以回答我的問題。我的擲彈兵們與軍官懷著期待眼神看著我。他們看著我站在碼頭，一遍又一遍的測量距離。在我們和英軍撤退路線之間，相隔著超過十五公里的水面。至遲明天在柯林斯地峽將會爆發苦戰，我想要投入那場戰鬥。因此我勢必要橫渡到對岸。

時候到了，此時我擔負起所有的責任，將不依循戰爭的常理開展行動。我派遣所能調派的所有部隊強渡柯林斯灣，此舉究竟是放膽還是魯莽，都將在數個小時之後見真章。我的戰友們都很興奮，然而很快就要面對實際的困難：因為距離太遠，砲兵確定無法支援登陸行動了。工兵也提請我注意浪高以及簡陋的漁船。儘管困難重重，但我心意已決。突擊一定要成功。

港內找到了兩艘破舊的漁船，所有的船員都被集合起來。第二連將執行本次偵察任務。強壯的手臂高高抬起沉重的BMW機車，將其放入船內。第一艘漁船載有五輛附掛邊車的機車與十五名乘員，而第二艘漁船內則搭載一門戰防砲和幾輛機車。他們的任務是：「阻絕道路，一旦情勢危急則往山上躲藏。」

小漁船自漁港中開出了，於寂靜之中，我與胡果．克拉斯以及格雷策許黨衛軍少校（Grezech）分開了。那些留在船上的人，要封他們為「自殺小隊」。突然有人開玩笑道：「注意：左舷前方有水雷！」大夥都笑了。有人回嘴道：「什麼水雷？這艘破船連一顆手榴彈都不值！」這時，小漁船開始大幅上下擺盪，船頭衝破的浪花噴濺到我身上。機槍架在船頭，戰防砲也做好發射準備。

所有的小漁船獲得指示自這頭往納夫帕克托斯前進，沒多久，連其餘兵力也已經上船。第一艘小漁船已很難辨識了，但見兩個小小的點，在波浪中翻舞著。

1 編註：位於柯林斯灣北側，一五七一年鄂圖曼帝國與歐洲基督教國家之間的勒班陀戰役的發生地。如今已經建有跨海大橋可以直通伯羅奔尼薩半島。

我再次站在碼頭邊，看著這些在海上的黑點。一枚紅色的信號彈，表示本次行動失敗，並且遭遇較預期為強大的敵軍。這是我和弟兄們之間的約定。我的眼睛像是被火灼燒一般。很快的，我再也看不到任何東西了，但我也不敢就此放下望遠鏡。當小船消失在視野之際，我已經因為汗流浹背而渾身濕透了。我站在岸邊等待了約一個小時，緊張的情緒已來到最高點。過了一個半小時後，兩個小點再次出現在我的視線。這是我們的船嗎？任務成功了嗎？還是船上帶回來的是被打成篩子的屍體？船逐漸開近，不久船的輪廓越來越清楚了，已可以看到上面的一些活動。當我把新一根香菸放入唇間時，身旁地上已環繞著一圈抽了一半的菸屁股。我現在比較平靜了，並確信行動應該已經成功了。

突然間，一輛滿是塵土的指揮車來到岸邊停下，從車上跳下來幾位焦躁不安的軍官。我馬上認出那是深受我愛戴的團長塞普．迪特里希，立刻向他報告了我下達的決心，以及當前作戰的執行進程。就在我報告之際，我開始注意到了這位以魯莽大膽著稱的老兵，倒吸了一口氣，上下打量著我，然後向我爆口而出：「你瘋了嗎？竟然做出這麼瘋狂的決心？你應該被送去軍法審判！你怎麼可以這樣對待我的士兵？」一面對有如洪流般，毫無保留的正面責備，我無話可說。我站在舊港灣的牆上，像隻落水狗，巴不得世界末日趕緊到來。周圍一片尷尬的沉默，只有我的戰友們在偷笑，似乎在說：「天啊，別管他的叫嚷了。他可能對的，但是現在就帶我們越過海灣，這樣我們還可以再幹點什麼大事了。」

在此同時，小漁船越加靠近了，使用望遠鏡已經可以辨識出船上的個別目標。兩艘船上都擠滿了人，人數比起我派遣出去的還要更多。這點儘管不敢肯定，然而事實卻是如此。兩艘船帶回來的是遭到俘虜的英國士兵。迪特里希團長看著我，沒有再多說些什麼，轉身上車離去。

沒有什麼可以阻擋我了。滿載的漁船駛向留在岸邊的人。懷著緊張的心情，我等待著來自於對岸的戰鬥報告，那邊究竟發生了什麼狀況？一名黨衛軍下士述說了詳情：

就在我們窩在小船內一個小時後，伯羅奔尼薩半島的海岸線與巍峨的群山已展現在我們面前。現在我們最後的試煉就要來臨了。所有的望遠鏡都在搜尋海岸線，八百公尺、七百公尺、六百公尺、五百公尺，從這個距離開始，機槍就已經可以對我們掃射。透過望遠鏡，甚至以肉眼觀察，都可以看出房舍至海岸之間的一些輪廓。我們什麼也不多想了。我們平躺在船上，步槍與機槍均已上膛，等到小漁船接觸到岸邊的第一瞬間就跳起身來。我們一躍而起，朝著房舍奔去。就在我們跳下船的當下，五十公尺外的街頭轉角處，出現了一輛黃棕色的裝甲偵察車正調轉砲塔，將火砲指向海灘。已經上岸的弟兄們一開始身體都定住了，突然有人向著裝甲車友善地揮了揮手。我們穿著無袖的汗衫站在海岸上，也沒有帶頭盔，看起來就像是土匪。英軍裝甲車引擎隆隆作響，再次調轉砲塔，揚長而去。

到底怎麼回事？這些傢伙沒有看出我們是德國人嗎？我們站在第一排房舍這裡，眨著眼睛或是一副百思不得其解的表情。我們回看著希臘的其他部分，但除了海水，陡峭、裸露的山脈之外，一無所有。我們必須行動，我知道敵人在等待著。距離伯羅奔尼薩第一座陡峭山脈的山腳僅只有一百公尺，在山與海岸之間，僅有一條鐵軌與鄉間小道貫穿而過。我們衝向道路，然後向東執行警戒，該方面是英國人曾經出現的方位。就在我們即將抵達道路前，又聽到了引擎的噪音傳來。排長於是下令實施掩蔽。這個時候，希臘民眾、釀酒師傅、漁夫，都自房子裡跑了出來。

當他們看到外國士兵突然消失於瓦礫和灌木叢之間時，他們也在驚恐中撲倒在地。亢奮狀態下的我們，可以聽到自己胸口中急速的心跳。

在路彎處，出現了一輛英軍機車傳令兵，後頭跟著一輛載重卡車。因為先前他們的裝甲偵察車已經搜尋過本區，所以這些車輛順著道路往下行駛，完全沒有任何戒心。我們放他們過去，直到近到可以看清其車牌，以及第四輕騎兵團（4th Hussars）羽毛武士頭盔盾章的隊徽為止。這時我們跳到路上，大喊道：『手舉起來！』尖銳剎車聲大作，英國人猛地抬起頭來，自車上跳下躲到車後方。機車傳令兵則試圖用腳在地上找碎石的空隙。一名英國佬叫喊著，並將自己的衝鋒槍拋進溝裡去。『舉手！舉手！』所有人都放下武器，高舉雙手。這時我們的一名士兵跑到路彎處，大喊道：『又有其他車輛過來了！』很快就有一名黨衛軍二兵上到了第一輛載重車上，將該車橫停在路中央。所有的戰俘都被帶到房舍後方集中。第二輛車接近了，也是有一輛機車傳令在前領路。同樣的驚愕與困惑又再次上演一遍。一個英國佬喊道：『德國人嗎？』沒有錯，德國人已經抵步了。不到幾分鐘，我們已經捕獲了超過四十名英軍戰俘，其中包含三名軍官。戰俘告訴我們，他們正在前往帕特拉斯港的路上，沒有人知道我們已經橫渡海灣了。他們的大部隊尚在柯林斯一帶戰鬥。

我需要船！所有的小漁船都徵集起來，全營必須要在當晚完成橫渡。我忠實的駕駛兵艾里希．彼得席里（Erich Petersillie）搞來了全港區的最後一瓶氣泡酒。我將酒夾在腋下，跑去找迪特里希團長，他正在和一位英國軍官談話。我當即邀請這名英國人和我們一起喝一杯。我們坐在一棵落葉喬木的樹蔭下，就在我開口說話前，英國軍官舉起了他的酒杯，為祝願他姊妹的健康乾杯，今天是她的生日。可以很肯定，在這場軍人間的對飲，沒有人是惺惺作態的。

我告辭退出，然後跳進一艘該死的小艇，半個小時以後，我已經暈船得像隻病狗。我根本不認為我們所在的這艘像核桃殼般的小艇能抵達彼岸，但它確實把我們帶到那裡。克拉斯連迎接精疲力竭的我。克拉斯連根據命令集中所有車輛執行偵搜任務，最遠到達了柯林斯一帶。格雷策許少校已經與帕特拉斯城防指揮官取得聯繫，並要求所有的大型船隻均要開往納夫帕克托斯。最後一個英國人已離開帕特拉斯往南撤退而去了。

下午的空中偵察指出，有一個團的敵軍正在柯林斯與帕特拉斯之間行進。事情開始變得有趣了。船隻的卸載作業以飛快的速度進行，以盡快可能返回對岸。在重武器方面，我們有幾門戰防砲以及一輛裝甲偵察車可供派遣。我們已經準備好「迎接」英國佬了。然而報告中的那個團並沒有出現，很可能已經轉向南進，開進入山區去了。

從情報單位那裡我們得知，德國傘兵在柯林斯投入了作戰，第二傘兵團（Fallschirmjagerregiment 2）在斯圖姆上校（Alfred Sturm）指揮下，於該處跳傘。必須盡快前往與傘兵部隊會合。第二連接獲命令，肅清柯林斯灣南岸的敵軍，並前往與傘兵會師。第一連應占領帕特拉斯，然後往南實施偵察搜索。各連使用被俘的或者徵集而來的汽機車出發；一輛典雅的豪華禮車拖曳著戰防砲，迫擊砲從一輛跑車露出頭來。而戰鬥工兵排則搭乘著公車，從別人看來，他們不像是要去打仗的樣子。

雖然使用的車輛是個雜牌軍，且我們仍然在海灣的北岸，不過本營已然摩托化，並在前往波羅奔尼薩的道路上了。我對於本營推進的速度並不滿意，親自接掌了第二連的指揮權，領導該連加速往柯林斯推進。我們的豪華禮車在一條被沖毀的海岸公路上劇烈顛簸著前行。途中，經過了一座了無生氣的小漁村，離開了那裡，就在道路轉彎處，我瞥見了一輛汽車駛離了道路，全速往一座農村馳進。當時他們與我們並車而行。一位戰友大喊：「湯米！」我猛踩油門，汽車像火箭般衝出去。我向「湯米」看了一眼，卻認出了一挺德製衝鋒槍。一個士兵在車後壓低身子尋求隱蔽，就在這時，我看到了一頂德國傘兵的鋼盔。對方也認出我們來了，並將武器放下。他們把我們當成英國人，所以也採取掩蔽。數分鐘後，第二連與斯圖姆上校的傘兵第二團取得接觸了，原來傘兵們正往南發動追擊。

於是我們立刻調頭，盡速回到帕特拉斯。夜幕再度低沉。在此期間，ＬＡＨ第三營也渡過了海灣，開始朝南追擊。該營有鐵路技師隨行，這位技師在帕特拉斯港中啟動了一個車頭引擎，載著第三營向南進發。今天在指揮所內，我找到了火氣沒有那麼大的指揮官。當我向他報告與友軍取得聯繫的狀況時，所有人都保持肅靜。他笑著和我握手，帶著巴伐利亞鄉音對我說：「你！庫特，昨天我說你瘋了，現在我收回這句話，幹得好。來吧，說說你是怎麼會有這樣瘋狂的想法。」

在我們後方不遠處，我看到副官已經更新地圖上的戰況，並不斷地低頭看著他的手錶。三言兩語並無法向迪特里希團長說明他所想聽到的訊息，這時他交代給我新的任務，著本營立刻出發，途經皮爾果斯（Pyrgos）、奧林匹亞（Olympia）、提里波利斯（Tripolis），向卡拉瑪塔（Kalamata）搜索前進，繼續展開追擊。

我的弟兄們就躺在道路的兩側壕溝中，像土撥鼠般熟睡。同時間，越來越多的戰車與車輛抵達了，本營又再次恢復至全戰力的狀態。天亮之後，再次向南方出發。許多英軍的車輛排列於路上，都是缺乏燃料而被棄置的車輛。對於這些戰利品自表歡迎，甚至還發現有完好無損的布倫機槍載具。在皮爾果斯，希臘民眾帶著烈酒與熱帶水果熱烈歡迎我們。在奧林匹亞，我刻意停止了推進，帶著弟兄們進入體育場，皮爾果斯的市長引領我們穿過古代的競技場，同時也不忘向我們展示德國考古學家韓里希・施利曼（Heinrich Schliemann）紀念館。我們徜徉在這古代遺跡逾一個小時，對於歷史建築宏偉的格局與其精緻的馬賽克藝術，感嘆不已。

在提里波利斯，我們與一支向南追擊的陸軍部隊會師，該部隊正向南部海港的英軍進逼。裝甲偵察隊的指揮官泰德黨衛軍少尉（Thede）從卡拉瑪塔歸來回報稱：「敵人已崩潰於火與海之間。」希臘的戰事告一段落了。

路途引領著我們經過帕特拉斯、柯林斯，一直到雅典。在雅典，我們計畫參加由李斯特元帥（Wilhelm List）主持，在皇宮前面所舉行的分列式閱兵。懷著深刻的驚嘆，我們越過了高谷深切的柯林斯運河，同日晚間，我們已經在雅典衛城（Acropolis）了。許多弟兄們根本沒有學過上古的歷史，對這些兩千五百年前的建築技術深感震撼。我們中間的古典主義者對此感到興趣盎然，這也許是第一次，能夠在雅典衛城與上古世界建立起真正的連結。對他們而言，這趟訪問古希臘之旅，又再次喚醒了他們的青春歲月。他們探訪了未曾來過的地方。我們被一股神祕的能量籠罩著，從這些希臘遺產中，我們得到了力量，準備繼續往前邁進，為我們的祖國奉獻犧牲。

一名希臘戰士在無名英雄紀念碑之前站崗，這個紀念碑紀念著為祖國犧牲一切的勇敢人們。我們經由溫泉關、拉里薩，以及充滿燒毀的裝甲車殘骸與新墳的克利地隘道，再經由莫納斯第、貝爾格勒以及維也納，抵達了布拉格以東地區。在蓋亞（Gaya），我們又回復了原來的銳氣，開始整備武器與裝備。我們對於未來等在面前的概一無所知。部隊處在興奮情緒之中。新的裝備抵達了，更好的武器也配發下來了。我們分析巴爾幹戰役的經驗教訓，然後再次實施密集的訓練。

我們所做的一切，均以速度為重點，我們已經學到了只有迅捷才會贏得勝利，而只有最敏捷的戰士，才能自戰鬥中生存。

我營的同袍之情，堪比在一個大家庭中的共同生活。鐵一般的紀律是團隊中所有的核心。基於如此價值觀，我們持續訓練，以鍛造出宛如能夠合奏各種戰鬥交響樂章的樂器。各連連長、各排排長也都能夠精妙且富有技巧地掌握所彈奏的琴鍵。而我的年輕弟兄們，已經被訓練成只要我輕鬆下達指揮與簡單指示，就可以與我心神契合的戰士。他們絕非一群因可悲盲目服從而集結、穿著軍隊制服的傀儡。並非如此，站在我面前的是一個個年輕的獨立個體，他們對於自己懷有高度自信，並且對於自身的價值、能力深信不疑。

對蘇聯的戰鬥

當我們聽到攻擊蘇聯的消息時，就像被閃電擊中般震驚。在蓋亞，我們聽到了希特勒的廣播，他闡述了做出此決定的理由，是為了一勞永逸消除布爾什維克主義對全球的威脅。一種幽暗的不祥預感籠罩於心頭，我們的父輩們沉淪於一九一四至一九一八年的多戰線作戰，如今我們可能即將步上相同的命運。我們準備迎接一個軍人所可能面臨的最可怕的戰爭。

一九四一年六月二十七日早晨，我營途經奧爾繆茲（Olmütz）、拉提伯爾（Ratibor）、伯以騰（Beuthen）往東推進，各地的住民們熱烈歡迎我們。六月三十日，在阿諾波爾（Annopol）附近渡過了維斯杜拉河，並於〇八〇〇時抵達了烏希魯格（Uscilug）附近的俄羅斯邊境。

這個時候，德國大軍早已經向東作深入的突進，ＬＡＨ歸南方集團軍（Heeresgruppe Süd）（馮・倫德斯特元帥，Gerd von Rundstedt）統轄。南方集團軍的任務，是以快速部隊往基輔突進，在聶伯河以西的俄國兵團過河東遁以前，將其殲滅。為了達成這個目標，集團軍將轄有二十六個步兵師、四個摩托化步兵師、四個獵兵師（Jägerdivisionen）[1]，以及五個裝甲師。在集團軍各部向前推進之際，羅爾上將（Alexander Lohr）的空軍第四航空軍團（Luftflotte 4）將提供支

1 譯註：輕步兵師。

援。集團軍所面對的是由布地尼元帥（Semyon Budyonny）指揮的強大敵軍，布地尼將以四十個步兵師、十四個摩托化師、六個裝甲師，以及二十一個騎兵師來對抗倫德斯特元帥。俄軍打得相當頑強，近乎寸土必爭，故全正面上的戰鬥均極為艱苦。我們於七月一日抵達北方公路（Rollbahn Nord）上的路克（Luck），七月二日即接到命令，經克勒旺（Klevan）朝羅夫諾（Rowno）前進，並在羅夫諾和第三裝甲軍（馮．馬肯森上將，Eberhard von Mackensen）接觸。據報第三裝甲軍在羅夫諾一帶遭到包圍，強大的敵軍部隊自普里皮特沼澤（Pripet）向我軍延伸的側翼展開攻擊。

當前的敵情對我們是一個全新的狀況。帶著些許迷惑，我看著地圖向部下講解當下的戰況。原本的作法已經行不通了。明確區分敵友的戰線在哪？在前方遠處，第三裝甲軍所屬裝甲師正在羅夫諾以東戰鬥。在我們前方數公里，一個步兵單位正陷入激戰，而俄軍也在我們北面與南面戰鬥著。在向弟兄們講述清晰戰況的嘗試失敗後，我用以下語句來概述當前的情勢：「從今天開始，敵人無所不在！」當我向下屬們傳達這句話時，我尚不了解，這句話是如此地貼近事實。

在路克以東數公里的一條鐵路線附近，我們超越了一個步兵營的後衛線。濃烈的黑煙指出了遭擊毀的俄軍戰車所在位置。在往東推進的公路兩側，有著厚密的森林，我們必須要趕六十公里的路才能抵達羅夫諾。能否及時抵達目的地，要在二十五摩托化步兵師的戰友們提供及時的支援？我悄悄地對尖兵單位發出信號，要在夜間向前開出。尖兵指揮官為佛里茲．蒙塔格（Fritz Montag），他曾擔任奧登堡佛格桑莊園（Ordensburg Vogelsang）的指揮官[2]，他的前任迪特爾（Dietel）轉任傘兵，在克里特島戰役中陣亡。蒙塔格是一戰老兵，現任第一連的機車步兵班班長。

尖兵單位在黑暗的森林中往前疾進，剛開始推進緩慢，然後越來越快。我想對弟兄們大聲說：「停止！我以前對你們耳提面命所說的，並不正確！引擎並非你們的朋友，開慢一點，不然你們將走向死亡！」可是我的雙唇仍緊閉著，以防車輛排氣的干擾，我只是瞇著眼睛，緊隨著尖兵部隊之後，進向森林深處。

在道路兩旁，到處都是遭摧毀的俄軍戰車。在大樹下，則是被拋棄的載重卡車與馬車。僅僅在一處地點，就發現了十二輛偽裝良好的俄軍T－26輕戰車，這些戰車均因缺乏燃料而被放棄。本營處在戰備狀態之下，駛經了一大片向北延伸的曠野。突然間，在前方行進的尖兵排從我眼前不見了，裝甲偵察車的二十公厘機砲朝著灌木叢進行了幾次連射。四到五個這所謂的「灌木叢」朝著我們移動，並在一百五十公尺開外開始射擊。偽裝良好的俄軍戰車向我方的行軍縱隊展開攻擊了。剎那間，大家撲進壕溝採取掩蔽，然後目睹我軍裝甲偵察車與敵人戰車之間的對決。數門戰防砲投入戰鬥，終結了這場軒然大波。幾分鐘後，行軍縱隊又開始前進了。燃燒的戰車照亮了我們後方的夜空許久。一九三〇時，首度與蘇聯人駁火，為確保能完成任務，我安排了一次向南的威力搜索，經奧呂卡（Olyka）往克勒旺前進，然後在那裡等待本營主力。

在一片漆黑籠罩下，我們抵達了斯托維克（Stovek），並在夜間繼續往東開進。就在午夜過後不久，看到了在我面前有一輛載重卡車橫過馬路，後面有更多的車輛成隊排列著——俄國人！幾秒之內，機車步兵的機槍火力朝著他們掃去，越來越多的敵人卡車像火炬般熊熊燃燒，高亮的

2　譯註：奧登堡佛格桑莊園，為二戰以前，一九三六至一九三九年間納粹用以培育黨內領袖人才的營地。該莊園位於北萊茵、威斯特伐里亞地區。

烈焰將十字路口照得通明。森林有一種詭譎的力量，黑暗是如此地壓迫，極大地增添了緊張感。我感到缺乏安全感，這場戰鬥對我而言太詭異了，不過最主要還是我尚未摸清蘇軍的底細。我們歷經了一個小時復一個小時的夜暗行軍，距離羅夫諾仍有三十公里之遙。就在克勒旺前方數公里處，我們在樹林邊緣外暫時停止，謝天謝地，就在我們後方，營主力趕上來了。

我們可以聽到劇烈的戰鬥聲響自克勒旺方面傳來，信號彈射向高空，向我們標示出戰鬥地點所在。就在我們穿過克勒旺，以恢復推進之際，在我們後方傳來了雜亂的聲響：手榴彈的爆炸聲、人們的咒罵聲、戰車履帶喀啦喀啦作響，還有鋼條鐵塊的碎裂聲。在這一團混亂，縱隊中我辨識出了一輛戰車的蹤影。我驚恐地看著這輛戰車輾過了摩托車隊伍，向著馬路左側衝去，然後消失於黑夜。我們還沒從驚恐中恢復過來，同樣的戲碼又在縱隊稍遠後方再次上演。兩輛敵人戰車在夜暗中擠進了我們的行軍縱隊，在停頓之際，他們才發現了這個錯誤。我們也將敵人戰車的側影誤認為救濟車輛，讓俄國人跟著我們一起穿過了森林。在道路左側，我們又發現了更多的戰車。

我派往奧呂卡的威力搜索部隊，已經與第三營一部取得接觸，但遭到強大俄國部隊的壓迫。三營的第十二連遭到俄國人包圍，因此呼叫援助。我們必須為遭受威脅的部隊解圍，然後於天亮後朝羅夫諾推進。我們很快調轉方向行進，與受到沉重壓迫的搜索部隊會合，俄國人正為了爭奪道路控制權而戰。在此同時，天色轉亮了，可以看到一長列被俄軍放棄的載重卡車縱隊。敵人步兵在我們前方一片長著高高玉米的田地上布置陣地，他們試圖輾壓第十二連始終未能成功，該連適時得到了裝甲偵察車的增援。

沒有浪費任何時間，我們回到了穿越森林的路上往克勒旺進發。該村被攻下了，我們繼續往羅夫諾前進。公路筆直往東南方向延伸。就在克勒旺外圍數公里處道路開始沉降，然後在布羅尼基（Broniki）之前又緩緩升起。在遠方的地平線，若干濃煙柱竄向天際。我在尖兵排之後前進，用望遠鏡掃視四周的地形地貌。我想我在斜坡上認出一門遭放棄的火砲。在青綠的稻苗田中，瞥見一些閃亮光點。被遺棄在砲陣地上的火砲，是一門LeFH18輕野戰榴彈砲。這是個令人喪氣的景象，我們第一次發現德國武器被丟棄在戰場上。離大砲幾步遠，有一輛被劫掠一空的救護車，該車的車門被扯下，上面血跡斑斑。默默地看著這片滿目瘡痍的地方，找不到任何生還的士兵或戰死者。我們慢慢駛上了高地。

這些顯明的照亮點越來越清晰了，我們已經可以清楚辨識出大的或者小的亮點。我把望遠鏡放下，揉一揉眼睛，再端起望遠鏡。老天啊！這怎麼可能？我眼前看到的絕不可能是真的！我們很快穿越最後的幾百公尺，現在尖兵排下車了跟著我前往那些亮點處。我們腳步慢了下來，然後立定站住，不再敢往前移動。我們就像在禱告一般的拿著鋼盔，沒有人說一句話，連小鳥也噤聲了。在我們面前，躺著一個遭屠殺的德軍連，他們赤裸著身子，雙手被用金屬線反綁，睜大著眼睛像是瞪著我們看。該連的軍官似乎以更為殘暴的方式被了結，他們倒在連上士兵以外數公尺處，軀體在草地上遭到肢解和蹂躪。

然而，所有人一語不發，死神閣下已經發言了。我們默默地從被殘殺的戰友身旁走過。部下站在我的跟前，他們等著我跟他們解釋，或者日後在俄國的行動規範。我們面面相覷，我逐一看著每位戰士的眼睛。我一個字都沒有說，而是轉身回頭，然後繼續朝向未知的宿命前進。

直到七月七日為止，我們一直在羅夫諾以北抵禦俄軍一次又一次的攻擊，敵人蒙受了慘重的損失，而我方的傷亡則相當微小。

一四〇〇時，接到命令前往警戒第十一裝甲師的左翼，並向密羅波爾（Miropol）東北方向執行偵察搜索。第二天中午，已經在羅曼諾夫（Romanov）以北的森林區，與敵人強大的兵力戰鬥。敵人砲兵展開了擾亂射擊。藉由偵察部隊的行動，以及審訊敵人的逃兵，發現了敵人一個擁有大量戰車的摩托化營，以及數個砲兵連。晚間時分，我們損失了一門二十公厘防空機砲，該砲被敵彈直接命中。受傷的砲組員被救護後送。

在此期間，北方公路的狀況發展越來越危急了。第三裝甲軍的各裝甲師仍在朝席托米爾—基輔（Zhitomir-Kiev）推進。掩護第三裝甲軍延伸側翼的第二十五摩托化步兵師，遭到來自北方強大敵軍的攻擊。作為第三裝甲軍生命線的北方公路，正遭受嚴重威脅。因此我們在七月九日接到命令，向羅曼諾夫以北之敵發起攻擊。我們將穿越森林區向北推進，以與位於索柯洛夫（Sokolov）一帶之第二十五機車步兵營碰頭。

我打算在砲兵實施攻擊準備射擊之後，展開一次摩托化攻擊，盡速對突破俄軍防務縱深，善加利用所獲得的奇襲效果。在一座小高地後方，機車步兵第一連已經完成攻擊準備，尖兵班仍將由蒙塔格率領。第一連連長是我信賴的老戰友格爾德．布雷默（Gerd Bremer），他再次複誦了作戰命令，然後坐上了座車。我嚴格禁止該連在抵達森林邊緣以前，與任何敵人交戰或是放慢推進速度。他們要開足馬力突穿敵人防線，其餘任何事將留給後續跟上的營主力解決。兩門八八砲在道路兩側進入陣地，八八砲將在第一連出發時開火射擊，並隨著該連的推進調整射擊，提供向前的火力支援

一七三〇時，八八砲準時開始怒吼，對著公路兩側的森林展開轟擊。機車的引擎也在隆隆

作響，乘員蜷曲於邊車上，整輛車看起來就像掠食的野獸。弟兄們在機車上壓低身子，自高處衝下，頂著敵人的砲兵轟擊與喀喀作響的機槍射擊奔馳。數秒鐘之內，該連即抵達了森林邊緣，然後消失得無影無蹤。我的駕駛彼得大踩油門，跟在該連之後疾進。敵人砲兵火力又再次落到森林邊緣了，但無一發擊中我們。毛髮蓬亂的小馬，咀嚼著他們的轡繩。遁逃的俄國人自道路兩側往北飛奔而去。現在什麼狀況？第一連忽而停頓下來，他們開始掃蕩敗逃的俄國人，以及孤立的抵抗據點。

該連以徒步的方式向前推進，正在浪費寶貴的時間。這是絕不允許的事！我們要進抵北邊數公里的十字路口，阻止敵人有秩序地退入我軍前進路線左側的森林地帶。盛怒之下，我駛往尖兵單位，催促整個行動往前推展。裝甲偵察車與突擊砲為機車步兵清掃進路，幾分鐘內，大砲、牽引車、載重卡車紛紛落入我們手中。絕不可停頓，繼續推進，要盡可能擴大敵人的混亂。筋疲力竭的俄國兵丟掉武器，叫喊著向著我們走來。起初我不了解他們到底在嚷些什麼，後來慢慢聽出來，他們喊的是：「Ukrainsky, Ukrainsky!（烏克蘭人！烏克蘭人！）」。他們像孩子般欣喜，環抱著每個前來的德軍頸部。對他們而言，戰爭已經結束了。

一八一五時，攻抵十字路口。敵人向東逃竄的縱隊遭到攔阻，並被卸除了武裝。只有在極少的場合，俄國人為了自衛才會戰鬥。他們由於我營的閃電攻勢而完全陷入恐懼。數以百計的俘虜被集中在道路上，還有無數的火砲與其他武器被擄獲。我們在最有利的狀況下抓住了敵人，他們正剛開始實施撤退。可惜的是，我們有一輛輕裝甲偵察車遭到敵戰防砲擊中而損失。令人慶幸的是，在整個作戰中只有一名戰友負傷。儘管我們已經讓自己適應了蘇聯的戰鬥方式，且意識到自己的絕對優勢，但我認為暫停戰鬥並在森林的空曠處過夜，方為明智之舉。我們的團尚在其他地區戰鬥，勢必直到拂曉時分才會趕上我們。

森林頓時活絡了起來。我們聽到俄國人的縱隊向東撤退的訊息，這是史達林防線（Stalin Line）上的最後單位，他們在公路、林道，以及近乎難以通行的小徑之間，找尋著向東突圍的道路。我們枕戈待旦，隨時準備戰鬥。高大的雲杉沙沙作響，與東方遠處傳來的友軍火砲轟鳴聲，相互交織在一起。

陽光柔和的照耀著，老天爺賞了我們一個美好的夏日天氣。很不情願地，我下令向北進發。本日仍由第一連擔任尖兵連，當我給予布雷默命令，要他們向北方公路突穿的同時，該連已經在路上準備就緒，隨時準備出發。弟兄們超過我的座車，向我揮手微笑並偷藏起尚未吃完的早餐。這嶄新的一天會發生怎樣的事？

我下達給第二連連長克拉斯簡短的指示，要他們跟隨第一連之後行動。第一連將早五分鐘先行出發。公路兩旁陰鬱的雲杉林向兩側延伸，為每隔數百公尺出現的林道劃開間隔。很快獲致了進展。除了我的指揮車（一輛改裝的中型裝甲通信車）外，還有幾位機車傳令兵隨行。我駛往一座小高地上，以便觀察接下來幾公里的路程狀況，和我一起坐在甲車頂上觀察的是海因茲・德雷薛（Heinz Drescher），他是名優秀的口譯員。我們看到在遠方路彎處，最後一批機車消失在視線之中。營主力將在數分鐘後跟上，他們在等候砲兵趕上加入行軍序列。我們靜靜地眺望前方，因沉浸於夏日豔陽之下而感到愉悅。這實在是相當耐人尋味，一個人竟能如此迅速遺忘了戰鬥中的兇狠拼鬥，而將幾分鐘平靜視為上帝的恩賜。有若天堂般的寧靜，突然被一個事件所打斷，而這大概是我的前線生涯中最奇特的一次作戰經驗。

就在我驅車前行時，突然看到一門俄軍戰防砲位於砲陣地中，在該砲後方，幾個俄軍面色緊綳。這使我大吃了一驚！我本想大叫——但我壓抑住了大叫的衝動，讓座車又繼續行駛了兩百公尺，才讓車停下來。機車傳令兵們迅速確定了砲陣地的方位，我帶領兩名軍官、四名戰士進入森林，試圖從後方搞定這門「被遺忘」的戰防砲。就像好萊塢西部片中的印地安人，我們在高聳的石南花樹與藍莓樹叢間，從一棵樹到另一棵樹潛行。我已能從樹木縫隙間看到那門戰防砲了，只是砲組員已經不在視線中。俄國砲手丟棄了他們的大砲逃跑了嗎？我緊緊地握著衝鋒槍，手指放在扳機上隨時準備開火，眼睛緊盯那門砲的所在位置。可以聽到在我後方德雷薛的喘息聲。我已經不敢回頭了，於是就這樣一步接著一步地向那門砲接近。

「Stoi! Stoi! Rucki werch!」（俄文：別動，別動！手舉起來！）

齜牙咧嘴的俄國人看向我，我置身於一個俄軍步兵連之中，我之前一直和戰友們在兩個排的俄軍中穿梭。數不清的步槍槍口指向我們，這一刻，血液似乎要在血管中凝結了。我出神地環顧四周，這種狀況下無法使用武力了。我壓低聲音，對著戰友們說：「別開槍！」槍口都低下去了。在十公尺開外，站著一位身材魁武，相貌堂堂的俄國軍官，我向他走去。他也從他的士兵處擠出來，向著我這邊靠過來。現場沒有一絲聲響。俄國士兵與我的戰友們都在注視著這次交鋒。在距離彼此兩公尺處，我們都站定了腳跟，將武器交到左手，幾乎同時間相互行了軍禮。然後再各往前一步彼此握手。

直到現在，我並沒有多想什麼，我既沒有被打敗的感覺，也體會不到勝利。當我們從紳士之禮中重新站直身時，我們都聲稱對方為俘虜。俄國人聽罷大笑，彷彿我講了本年度最滑稽的笑話。他用那雙大大的藍眼睛愉悅地直視著我，我則將手摸進口袋，拿出一包「阿緹卡」菸（Atrika）給他。他很禮貌地等我也含一根菸後，才點燃了火柴。我們兩人都表現出好像現場並無他人，而戰爭似乎已是久被遺忘的事情。這個俄國人只會說點破德語，而我則一句俄文都不會。我叫德雷薛過來，小聲對他說：「我們要爭取時間！」於是德雷薛和俄國佬便開始了一段冗長的對話，討論究竟是哪一邊應該放下武器。

在此同時，我則拿著香菸，給一個又一個俄國人抽。年輕的俄國士兵們咧著嘴笑，從我的香菸盒中取出香菸，在放進雙唇之前還拿在鼻子下方嗅了一嗅。聞著香菸對他們可是件很享受的事。我如同戰友般拍拍每個俄國兵的肩膀，然後指示他們應該將手中的武器放下。菸盒轉眼間空了。突然發現，我已經遠離德雷薛他們過遠了，竟一個人孤零零處在俄國兵之中。當我又再回到德雷薛他們一起時，實在感到高興。從俄國軍官高亢的聲調中，我注意到他的耐心就要到盡頭了。我慢慢再次向森林邊緣移動，將德雷薛和俄國軍官引誘至森林之外繼續談判。我尚在等待後續的營主力抵達，他們可能隨時現身，終結這個夢魘。

我們三人就站在森林邊緣，我一而再地向俄國人解釋，他的部隊已經遭到包圍了，我們的裝甲矛頭已經抵達了基輔。他使勁搖著頭，然後要德雷薛轉告我，他是名軍官，可不是笨蛋。就在這個時候，從路那邊傳來了「碰」一聲響，我接著看到了一輛輕裝甲偵察車燃燒起火。俄羅斯的戰防砲在約二十公尺外擊中了該車，濃煙直竄天空。我非常清楚我下屬的車輛為了獲得良好的射界，在行駛過程都保持著相當的間隔，因此第二輛裝甲車可能會在任何時間抵達、該車的砲塔將隨時自高地上冒出。俄國軍官強烈要求我放下手中的衝鋒槍，我請德雷薛向他解釋，我並不了解他所說的最後一句話的意思，請他再表達一遍。

這名俄國佬以不可置信的眼神看著德雷薛，然後將他那把裝有狙擊鏡的精良自動武器放置在路上。他實在不該這麼做的。我以迅雷不及掩耳之勢踏在他的武器上，並以肩膀壓向俄國軍官的肩膀。於是我們兩個人就像是塑像站在中間，路的一邊是俄國人，另一邊是我們的人。

我所有的士兵都慢慢摸到我們所在道路的這一邊，從森林深處，傳來了驚心動魄的呼叫聲：「Russki, Russki!（俄國人，俄國人！）」。一個狂熱的聲音正在號召起來行動。越來越多的步槍指向著我，我則更向著俄國軍官強壓下去。連德雷薛也躲進了一條壕溝中尋求掩蔽。當此之際，一個黑影駛經我而去，我可不敢轉頭去看，儘管如此，我仍看見這是第一輛裝甲車的僚車，又聽得一陣剎車的尖銳聲，緩緩朝我們這裡停下。這一切都以電光火石般的速度發生。聽到俄軍政委的呼喚，毫無疑問，火光隨時都可能會爆發出來。在最後一次望向對手的眼睛時，他知道將會發生什麼事，並平靜地回敬我的目光。這時我大喊：「開火！」

裝甲偵察車向著森林邊緣發射成串的二十公厘高爆彈，弟兄們對著道路彼端投擲手榴彈，我像是枚砲彈咻地鑽進一條溝渠。俄國連長則放倒在路上，對他而言，戰爭已經結束了。

就在我們試圖在路側隱身掩蔽之際，手榴彈從路面滾動過來，由於被一條小橋擋住了去路，想躲開已不可能。這時俄軍戰防砲已經改變射向，故裝甲偵察車必須往前行駛約幾百公尺。現在整件事越來越令人不安了，我們正等著俄國人隨時越過馬路發動攻擊。就在這一刻，發生了一件我永難忘懷的事。我手下最年輕的機車傳令兵海因茲・席隆德（Heinz Schlund）——日後德國田徑選手一千五百公尺的冠軍——一躍而起，跑向他的三輪機車，跳上了坐墊後即消失無蹤。我目睹他駛往裝甲車，向車長叫喊了幾句，然後又騎回來我們這邊。他向我招手，我一躍撲在坐墊和邊車之間的位置，然後全速向營本隊疾馳而去。

胡果・克拉斯讓他的第二連下車，向前展開攻擊。重武器、迫擊砲，以及步兵砲很快投入戰鬥。戰況相當激烈，俄國人寸土不讓，但一切歸於枉然。不到十五分鐘，戰鬥告一段落。

我找到了俄軍指揮官，在他的胸前發現了幾個彈孔。我將他和我陣亡的弟兄們一起掩埋在同個墓穴中。

——

在瑪希利夫斯克（Marschilewsk）的戰鬥結束後，我們抵達了北方公路。在該條公路上行軍的是第二十五摩托化步兵師，以及第十三裝甲師與第十四裝甲師的補給單位。在瑪希利夫斯克陣亡的俄軍，包含一位紐曼政委（Kommisar Nieumann），我們猜想他可能是個德國人。第二十五機車步兵營正在索柯洛夫以北陷入艱苦的激戰，並向我們要求支援。我得到了幾輛堪用的突擊砲車，這是從突擊砲營分遣出來的兵力。

我營在索柯洛夫以東接掌了一處警戒區域，約有二十公里寬。公路的交通在一四五五時左右中斷了，敵人兵力在索柯洛夫以西將公路截斷，於是第三裝甲軍的後勤補給即暫告停頓。我營的作戰區域內，不斷受到俄軍的擾亂射擊。位於公路以南一百公尺，我的指揮所沒在一顆高大的橡樹下。機槍火力穿越了厚密的樹葉，打得綠葉散落了一地。彼得不知從哪為我搞來了一盤的大米布丁，在厚實的橡樹樹幹的屏障下，我大快朵頤了一番。就在我與俄國指揮官之間的那段小插曲發生之後的幾個小時，我才有時間細細思量整個事件。想到一半，布丁竟引不起我的食慾，寒毛在周身豎起，頓時間我對什麼也不感興趣了。

拂曉時刻，敵人重砲火力開始在戰鬥指揮所周邊落下。各連的報告稱，敵人已經在公路以北的森林區中開設了攻擊準備陣地。我們的砲兵以及重步兵砲開始對敵人的準備陣地轟擊，以擊破該股敵軍，但對敵人似乎並無重大影響。我對於兩個機車步兵連的狀況感到很擔心，因為在當地，我們兵力不夠強大，且缺乏可用的預備隊。裝甲偵察車連在公路上來回穿梭，以將兩部之間的缺口置於火力箝制之下。看來本夜將會相當難熬。就在天破曉之際，我再度出發前往本區右翼，試圖找尋這兩個機車步兵連。第一連位於泰尼亞橋（Tenia）的右翼部分，遭到格外猛烈的攻擊。這兩個連已經挖掘壕溝、布置好防務。這是本次戰爭以來的第一次，我的機車步兵掘壕固守。

公路沿線上，我的座車遭到機槍與步槍火力的攻擊。子彈撞擊在裝甲板上，彈飛出去時彷彿歌唱般發出咻咻聲。營部也挖掘了掩體。炊事兵、文書一直到所有的駕駛都進入掩體，等待黑夜的到來。

二三〇〇時，預期中的俄軍攻擊發生了。一陣鋼鐵冰雹朝我們整個區域襲來，「呼啦！呼啦！」（Hurrah! Hurrah!）的呼喊聲不斷傳來，讓我們血管中的血液都要凝固了。這些讓人心煩的呼喊聲對我們是個新鮮事，照明彈將夜暗照得通明。俄軍衝到了北部公路一線，卻在陸續趕來的裝甲偵察車側射火力下崩潰了。

零時時刻，繼之而來的第二次攻擊，將重點放在第一連方面。俄國人突破了該連防線，摧毀了兩座機槍陣地。一場慘烈的近戰展開了，雙方以圓鍬、刺刀相互拚殺，我軍終將突入的俄軍消滅，奪回了原陣地。敵人的砲兵轟擊越來越猛烈。一個重鐵道砲兵連開至索柯洛夫以南的叉路口，該叉路口位於營指揮所以東。

兩個機車步兵連在戰鬥中射擊猛烈，彈藥即將耗盡，急切要求彈藥補給。然而，我們要怎樣將彈藥送到右翼陣地去呢？在戰線後方，並沒有道路通往該處，而北部公路一線已經成為我軍與俄軍的接觸線了。只有一條小路做為戰鬥中的兩支步兵之間的分隔線。我在耳機中聽到了胡果．

克拉斯的聲音之際，正轉頭看向該方面，瞥見巨大的火光自克拉斯的防區中傳來。同樣的，第一連以及重迫砲組也在大聲呼叫彈藥補充。現在「呼啦！呼啦！」的叫喊聲衝著我們而來了。俄軍攻擊了營指揮所。二十公厘機砲以高爆彈射向攻擊前來的俄軍，並特別集中火力於路對面的灌木叢。俄軍的攻擊頓挫，蒙受了大量的傷亡。

就在擊退了俄軍最後一次攻擊之後，我的裝甲車載滿了彈藥，策許少校以及彼得沿著交戰不斷的道路奔馳前進。彼得將左前車燈上的防空燈罩取下，然後開著大燈在公路上奔馳。行駛過程，裝甲車不時的遭到流彈擊中。所幸兩個連均獲得了彈藥補充。

很遺憾，我必須要求增援。各營的援軍最快要到中午時分始能到達，他們正自密羅波爾的碉堡線上撤下。敵人再次對著本區右翼投射了猛烈的砲火。一五〇公厘鐵道砲兵的重榴彈掃平了第一連附近的樹林，而俄軍發起的第三次攻擊，於〇一〇〇時突破了我軍防線。沒幾分鐘之後，便接到了右翼連需要支援的請求。俄軍已經突入該連陣地深處，戰鬥已發展為單兵與單兵之間的肉搏戰。發狂的人們正為自己的生存而戰，這就是現在每個人的處境。

我不可能坐視一切的發生。我丟下了耳機，跳上了一輛偵察車疾馳而去。眼睛只盯著正前方，駕駛直直衝向俄軍攻擊隊伍，該股敵軍甫自我軍防務上的缺口透入，正橫越馬路之中。由於未開頭燈行駛，因此僅看到黑影在路面上竄跳。當偵察車位於公路一處往左之急轉彎處，剎車聲急促響起，然後消失於一座小山坡後方。這時，機車步兵擊退了最後一波的俄軍攻擊，這次俄軍又再突入至防線深處。俄軍的攻擊兵力全數就殲。

戰鬥中人們的叫喊聲，混雜著機槍劈啪作響的射擊聲、手榴彈沉悶的爆炸聲，使得欲掌握情勢幾近不可能。克拉斯和我蹲伏在公路以南約二十公尺的一些殘牆之後，試圖穿越破曉之際的濃霧。俄軍的重迫砲火力在全區域落下，隨處可見擲彈兵拖著嚴重負傷的戰友進行掩蔽，撕破其軍服進行急救。當我一躍而起，卻看到了老戰友格雷．策許，就在我的面前負了重傷，已無生還的可能了。他的眼睛緊閉著，而胸膛尚有稍許的氣息。我對著他呼喊，叫著他的名字，想把他從死裡喚回，但一切均歸於枉然。死神已經徹底掌握了他。他的嘴唇在蠕動，似乎想要我轉達對他妻子兒女的最後道別。他的眼睛微微張開，可以看到他的眼珠子，但他已經無法看到任何一切了。他的頭慢慢地倒向了一側，一發子彈命中了他的心臟，奪走了他的性命。

黨衛軍一級士官長馮．貝格（von Berg），是我接掌第十四連時的連士官長，是位可靠的幹部。沒多久前他還是機車步兵第一連的排長。他躺在第一個散兵坑內，一顆子彈命中了他的胸膛，把他從我們中間打倒在地。尤普．漢森（Jupp Hansen）與貝格是多年的老友，也在厲聲呼救。叫聲被血塊噎住了，一顆子彈擊碎了他的肺部。他被拖入掩體，躺在一床雨衣之上。尤普認出我了，想要說些什麼，卻什麼也說不出口。他於數小時之後死亡。

嶄新的一天來臨了，隨著大亮，令人毛骨悚然的地表景觀顯現了出來。燃燒的火焰、彈坑、連根拔起的樹木、被摧毀的武器裝備，還有變成灰色的農村廢墟，是這瘋狂夜晚的沉默見證者。在我面前的是一輛一噸級牽引車，在夜裡，這輛燃燒的車輛曾經提供了良好的參考點，現在只不過是一堆冒著煙的殘骸。這輛車冒出厚密的濃煙，飄過了路旁的溝渠，駕駛仍坐在方向盤後方，他身上的制服已經被燒掉了，在他燒焦的胸膛上僅有黑色灰燼凌亂地覆蓋著。而黑色顱骨上的眼部空洞，仍然盯著行駛的方向。我想吶喊，詛咒戰爭的瘋狂，然而我卻被迫跳進了旁側的一個散兵坑，對著五十公尺不到的路對面回擊，那裡有一個俄國人躺在灌木叢之下。當撲倒在滿是冰冷的屍體之中，過去凡爾登的血腥戰場竟出現在我的腦海裡。在這個散兵坑內，有著陣亡的德國與俄國士兵。他們相互搏鬥，同歸於盡。倖存者將死者拋出來，他們要尋求掩蔽，他們要活下去。

天大亮了，已經搜尋不到活著的俄國兵了，整個戰場空無一人。在我們面前，有一片開滿花朵的草原，還有一塊待收成的麥田。沒有槍響打破清晨的寧靜。我的戰友們起先小心翼翼，然後坐直身子起來了。第一個站起身的人，點燃了香菸，向著敵人的方向觀察。所有人出神地看著這位站著的擲彈兵。什麼事都沒有發生。於是一個散兵坑接著另一個，大家都傳話下去，彼此鼓舞著。壽命再次掌控著我們，它遲早是要討回來的。

我和胡果．克拉斯握手，他是這晚實施防禦的中堅力量。他的眼睛緊張的望著，手仍顫抖著，講起話聽起來很苦澀。我和他在這兩天中所失去的戰友，要較本次戰爭至今所有的損失總和都還要多。

無線電來訊，我營將在中午時分，由第三營接替。就在我們返回營指揮所之際，鮑姆哈德黨衛軍少尉（Baumhardt）請示我前往偵察公路以北一百五十公尺外的一處灌木叢，他在不久前發現這裡似乎有什麼動靜。彼得駕駛裝甲偵察車往該灌木叢前進，然後隔著相當距離繞著灌木叢兜圈。圈子越繞越小，但我卻沒有發現任何敵人。彼得越靠越近了，我站在砲塔上。突然，一個俄國軍官不知從哪裡跳出來，站在裝甲車的前斜裝甲並且開槍射擊。一切都發生得如此快速，使我一時間愣住了，然後我拔出手槍開火並蹲下去。偵察車停止不動了，我向彼得吼叫。突然「碰」的一聲傳來，車子被抬起後又落地，然後在走走停停中離開了現場。原來是彼得想將一枚卵形手榴彈丟進灌木叢中，手榴彈卻滾進我們的車子下方。彼得再也沒能施展他的近戰戰術。

當第一營到達時，我們陷入在一陣火力攻擊之中，不過這並沒有撼動該營，佛里茲．維特指揮的擲彈兵們絲毫未動搖。該單位已經被形塑成什麼都無法打破的堅強戰鬥體。在路側的壕溝中，我看到了一位老戰友，他於一九三四年時在于特伯格（Jüterbog）和我一起受訓——克瓦索夫斯基（Quasowsky）是位超過一百九十公分高的大漢，他的腿嚴重負傷。榴彈破片將他的腿炸得粉碎，這個東普魯士人使用一把小刀，為自己下了最後一刀，將殘腿與身軀截離。

部隊交接在沒有干擾下順利完成了。韓培爾黨衛軍上尉（Hempel）於不久之後陣亡，他是格雷・策許的好朋友。在俄軍大砲的怒吼下，我們將死者掩埋了起來。致悼詞的聲音淹沒在轟隆隆的引擎聲中，北部公路又再次開放了，縱隊往東進發。

我們途經席托米爾行軍至柯皮洛伏（Kopylowo），與第十三、第十四裝甲師在基輔大門前會合。我營與一個步兵師的偵搜營交接，準備執行新的任務。

就在克萊斯特裝甲兵團經席托米爾向基輔進擊之際，六軍團一部則經芬尼查（Winniza）向蝟集於烏曼（Uman）的俄軍兵力襲去。第十七軍團以廣正面渡過了布格河，繼續向東推進。現在，攻擊基輔的第三裝甲軍各師，將由六軍團所部接替，然後朝東南轉向。

七月三十日〇三〇〇時，我們頓兵於奇柏曼諾夫卡（Zibermanowka）南郊，以掩護正在實施攻擊的本團右翼。早在〇五〇〇時，我們抵達了萊許區諾夫卡（Leschtschinowka），該村由俄軍重兵固守。第二連被猛烈重砲兵的火力給釘死於村落外面，而第一連同樣遭到猛烈砲火轟擊之中。接近中午，俄軍兵力嘗試向東突破，敵人戰車衝過了機車步兵，試圖輾壓戰防砲。而由於砲兵火力之故，機車步兵連並無法與敵脫離接觸。

在格外艱苦的戰鬥中，第二連排長鮑姆哈特少尉陣亡，連長克拉斯也負傷了。連長之職由施貝特黨衛軍中尉（Spaeth）接替。本營最年輕的弟兄胡斯曼（Grenadier Husmann）被炸彈破片傷及下顎。他的戰友們冒著生命危險將他搶下火線。

數輛裝甲偵察車利用奇襲攻擊，擄獲了一個連的俄軍。這個連接獲命令，要維持萊許區諾夫卡橋梁的開放。

七月三十一日，我營奉派轉歸第四十八裝甲軍指揮，並被指派進抵新阿漢格斯克（Nowo Archangelsk），以閉鎖烏曼包圍圈的任務。我們在正中午時分未經一戰的情況下，進抵新阿漢格斯克。該市位於一條小河的兩側，這條河從北向南流經市區，當地河岸過於陡峭，戰車無法涉水。

在第一群房舍處，我們遭到了來自西邊的猛烈砲火轟擊。在城西北部，我觀察到一個德國砲兵連、幾輛裝甲偵察車以及機車消失於東北方向。這些德軍可能把我們當作是俄國人了。我們嘗試以信號彈與這些德國部隊聯繫，卻失敗了。他們不間斷地駛出，然後消失於無影無蹤。我們後來確認，他們是第十六偵搜營的部隊，他們陰錯陽差地與敵人脫離接觸，卻帶給我們大量的額外工作。

在城區之內，遭到步槍火力攻擊，必須一路打到大橋處，在那裡，發現了一輛第十六偵搜營放棄的輕裝甲偵察車。該橋已遭到地雷的損毀。在我們後方，ＬＡＨ第一營也進抵了新阿漢格斯克，肅清了該市的東南區。現在我感覺輕鬆多了，我們能夠仰賴佛里茲・維特。第一營與偵搜營已經是「焦孟不離」了，我們兩部一起總能奏功。

約一八〇〇時，我們已經掌握了城區。然而，除了裝甲偵察車外，我已經沒有預備隊可用了。就在黑夜降臨之際，俄軍以強大的步兵兵力與八輛戰車，對著本營於城西北部陣地展開攻擊。我們的三十七公厘戰防砲在最近距離開火，然而發生了什麼事？戰車並未受到任何影響，而是持續前進對著機車步兵輾壓過來。砲彈被彈開，跳飛得到處都是。我們可不缺這樣的爛攤子！謝天謝地，機車步兵都已進入建築物內，成功避開了戰車攻擊。俄軍步兵也滲透進我們的戰線，將我們的連逐退。戰車給了我的戰士們極深刻的印象，我由衷希望他們不會因此發生恐慌性潰逃。

我在想，在橋上擔任警戒的大砲，會不會比較有機會呢？我跳上一輛突擊砲，向著大橋疾馳而去。在那裡我遇到了蒙塔格的排，該排準備在河岸邊開設防禦陣地。我簡直不敢相信自己的眼睛！機車步兵連正向著大橋衝鋒，企圖攻抵河岸去。只消幾句話，即足夠讓情況重新恢復秩序。於是各連調頭返轉，並逐退已經滲透進來的俄軍。四輛俄軍戰車成為突擊砲與四十七公厘戰防砲的犧牲品。

〇三三〇時，俄軍發動了一次更猛烈的步兵攻擊，但遭機車步兵的火力擊潰了。一支俄軍突擊隊沿著河南岸滲透入城區，不過在工兵的守衛之下，該橋從未陷入真正的危險。到了天破曉之際，滲透進來的敵兵不是就殲，就是遭俘。後續所有的攻擊都遭到我軍擊退，俄軍蒙受了慘重的損失。

陷入包圍圈的俄軍受到越來越緊密的壓迫。我營陣地所遭到的壓力也越來越重。八月二日，一個煙幕放射器營（Nebelwerferabeilung）[3]以及一個二一〇公厘臼砲連，配屬給我營指揮。

我在一座小高地上觀察到一批強大的敵軍部隊正向東運動行進。許多路包含各式武器在內的車隊，消失於一座森林之中，該森林位於第一連的陣地以北五公里。很顯然，俄國人將在入夜之後，再次發動向東的突破作戰。砲兵的擾亂射擊遍佈在我營的作戰地境。更多的行進車隊躲進森

3 編註：「煙幕放射器」是德軍開發的多管火箭砲，原始命名是為了規避《凡爾賽條約》對於德國武裝的限制，避免被發現此武器實際能夠用於發射毒氣彈與高爆彈。

林區內，數以千計的人消失在細長的樹木之中。步兵、騎兵、砲兵都隱身在林間的陰影下。他們是否知道自己的每一動作都在我們的掌握之中？俄國軍官正引領他們的士兵邁向死亡，而自己也無從身免。這支集結起來的武裝力量，不可讓其先聲奪人，必須優先擊碎。在夜暗中將很難對付這種集中力量，他們將會衝垮我們，就像潰堤的水翻滾越過閘門。如此一來，烏曼包圍圈就會出現一個缺口了。

營所掌握的所有重武器──煙幕放射器營以及二一○公厘臼砲連，將擔負起向森林區投射殲滅性火力的任務。我保留親自下令開火的權限。至今只有煙幕放射器仍是個未知數，我們尚不知道該武器的效能究竟如何。時鐘指針不斷向前轉動，我耐心等待著最佳時機到來。俄國士兵的人流尚未休止，還如同鍋爐般自內部往外溢出。現在是時候了，夜晚宣示著時機點的到來。森林的輪廓只能依稀辨認，所有人都緊張等待發射命令的下達。

現在！就是現在！地獄的大門敞開了！

頭頂上發出了可怕的呼嘯聲，濃厚的煙軌在上方曲折，然後消失於黑暗的林木之間。熾烈的火箭不間斷、嘶嘶作響地向敵人飛去，爆炸出火焰與毀滅。臼砲的重砲彈在空中旋轉，就像一列貨運列車，又如發出嘶嘶聲的火箭。森林如同遭到史前怪物以腳踐踏的蟻丘般四分五裂了，人與動物都在為自己的生存奮戰，但最後都不免走向死亡。失控的馬匹，拖著大砲或拖車瘋狂亂竄，最後倒在我們裝甲偵察車的自動武器火力之下。殘陽斜照著這死亡之地，人們嚥下最後一絲氣息，而逃過死神的人也將永生殘疾。垂死的動物等待人類施予仁慈的一槍，數以千計的人則走向了戰俘營。

我再也不想看到或聽到任何動靜了。我已經厭倦了殺戮。俄國與德國的醫官都在努力救治受傷的人們。這還是我頭一回，看到穿軍服的俄國婦女。我對於她們的舉止感到欽佩，她們的表現要比其男性同僚好得多了。這些婦女們徹夜工作，將苦難減到最輕。

午夜過後，又出現了一番騷動。「傘兵！」的呼叫聲在陣地間四處響起。的確，我們看到了蘇聯的四引擎重型運輸機飛過頭頂，也聽到降落傘飄落時的吹拂聲。在我們周遭的地面上，到處都是落下的降落傘。當年荷蘭的緊急狀況在我們這上演了！我們沒有預備隊，我們將槍上膛，等待空降的傘兵來攻，然而卻什麼動靜都沒有。幾分鐘之後，第一則報告來到了，第一頂搜尋到的降落傘也送來了。這是敵人為了補給遭包圍的部隊，所進行的彈藥給養空投。

本日午後，我營所負責的區域將由二九七步兵師接替，我們將撤回至市中心區。本夜，運補車隊、騾馬車隊突然加速過橋而去，原來是俄國步兵滲透至後勤運補基地！我營立刻發動了反擊，又捕獲了數百名俄國戰俘。

烏曼會戰告一段落了。俄軍第六、第十二軍團主力全殲。兩個軍團司令，三百一十七輛戰車、八百五十八門大砲都落入德軍手裡。

第一裝甲兵團又重獲行動自由了，該兵團將向東南方突進，以截斷位於第十一軍團面前敗逃之敵向東的退路。八月九日，本營接獲命令，著往波布里（Bobry）方向搜索前進。我們於是轉朝東南方行駛，連續好幾個小時，都在深厚的塵埃與沙土路面上行進。俄軍騎兵在遙遠的距離外，伴隨著我們前行。我們找不到任何機會能夠擺脫這種虎視眈眈的隨行。八月十日清晨，我在行軍公路右側的地平線上，看到了一縷爆炸的煙硝湧起，原來是第十六偵搜營的一輛裝甲偵察車觸雷了。

沒多久，我們就俘獲了一支俄軍的佈雷隊。在不情願與抱怨聲中，俄國人的佈雷隊將剛才鋪設的地雷，又一一重新挖出。這些戰俘隸屬於俄軍第十二騎兵師，該師正一路戰鬥往東撤退。我指揮本營通過高聳的麥田與玉米田，往正東行進，繼之轉往南向。突然間，來到了敵軍後衛部隊的後方。機車步兵摧毀了若干俄軍裝甲車、載重卡車以及戰防砲。俄軍的裝甲偵察車像火炬般熊熊燃燒，濃厚的黑煙直衝天際。在追擊敗逃敵軍的過程中，尖兵排一頭撞上了敵人強大的野戰工事，這處碉堡佈設良好，不到最後一刻還無法被發現。在一處小起伏地的戰鬥中，本營失去了最好的一員士官幹部。永遠笑嘻嘻的「布比」布羅瑟（"Bubi" Burose）在領導他的班攻擊時陣亡；同時排長瓦夫奇內克少尉也負傷。

第十六裝甲師的攻擊目標為尼可拉耶夫港（Hafen Nikolajew）。我營接獲任務指示，在該師向東攻擊前進時，掩護其左翼。胡伯將軍（Hans-Valentin Hube）指揮該師越過了茵古爾河（Ingul），然後沿著河東向南推進，截斷了眾多俄軍單位向東的退路。

當我們抵達了基里亞諾夫卡（Kirjanowka）的橋梁時，我營遭到了來自西南方向仍然倖存的砲兵轟擊。此事意味著敵人就在我們後方，正試圖以強烈的砲擊阻止我們渡過茵古爾河。然而砲擊無法妨礙我們達成任務。每輛車都與前一輛車保持緊密隊形積極朝向橋梁前進。以，我們並未損失任一人員與車輛。

第十六裝甲師像支箭射向了撤退中的俄軍，其矛頭已經進抵尼可拉耶夫之前。透過持續不斷的行進，我們截斷了敵人撤退的行動，並經由新波爾塔瓦（Poltawa）進抵了狹長的薩塞耶村（Sasselje）。在這五天的進軍中，我們克服了許多棘手的狀況，並與撤退中的俄軍發生了若干的小規模戰鬥。我們並不怕這個敵人，但開始對於遼闊的空間抱持敬畏之心。

從薩塞耶到赫爾松

這個狹長的村落在西面臨接著兩座湖，因此在這一面是易於防守。最後一批俄軍於中午時分離開了薩塞耶，並向東行進。這些部隊是隸屬於俄軍一六二步兵師與第五騎兵師。村內的教堂已被挪用作為穀物儲藏室和電影放映室，而鐘樓裡的木梯大概已在村中老者的煙囪裡灰飛煙滅了，天花板上垂掛著紅色的旗幟。一個虛弱的男人，口中近乎沒了牙齒，自稱是東正教教士，向我們請求允許舉辦一場教堂禮拜。當村民們進入寬闊的室內，他用顫抖的聲調，開始了這許多年以來頭一次的講道，兩行熱淚自其佈滿皺紋的臉上流下。年長者虔誠地聽著他的佈道，年輕人則對這些儀式感到好奇而略為害羞地站在教堂前院。

當天夜裡，自西邊傳來激烈的戰鬥聲響，第十六裝甲師正向尼可拉耶夫發動攻擊。天亮之後，我站在教堂的鐘樓頂端，眺望著典型的南俄遼闊地形地貌。廣袤的田野向天際延伸，深邃的土質路像蜘蛛網向村落匯集。

所有的路徑都因為塵土飛揚而很容易辨識，而在鄰近的村落新佩特羅夫卡（Nowo Petrowka）也有敵人的飛機在起降。就如早先所預期的，我營四周都是敵軍。假如俄軍持續占據尼可拉耶夫，並試圖攻擊第十六裝甲師延伸的側翼，那麼會發生什麼狀況，誰也說不準。東西向延伸的飛揚厚重塵土，已說明了一切。這一天的戰鬥將會很激烈！

各機車步兵連已進入薩塞耶村外圍的陣地。由於觀察到在東方出現了強大敵軍部隊，所有人在起床後忙著準備一切。在此同時，一支強大的敵軍車隊自西向薩塞耶前進之中。俄國人並不知道，薩塞耶已在前一日為我們占領，因此直直向著工兵排與裝甲偵察車所布設的陷阱前進。那兩座湖分隔的堤壩，將會成為俄國人的噩夢。許多俄國人沒有抵抗，甚至一槍未發，就成為了俘虜。

鐘塔現在成為我的戰鬥指揮部。我可以從這裡觀察到俄軍的動向，並據以下達及時的措施。越來越多的俄軍部隊自休汪卡（Schuwanka）方向出現，然後隱沒在廣大的玉米田中。玉米株長得跟人一樣高，提供了極為良好的隱蔽材料，也是很好的接近路徑。一個連又一個連隱沒於生長中的玉米田，然後散開以準備攻擊薩塞耶。我靜靜觀望這一切的發展，因為從玉米田到村子，僅有一條狹窄的路徑。除此之外，我們擁有至少四百公尺的開闊射界。任何想要越過如此距離的攻擊，終將自取滅亡。

在地平線的那一端，一個敵人砲兵連正進入陣地。騎著馬的傳令兵在黑色土地上奔馳著。面前已有眾多可供砲兵射擊的目標，不過，必須要節省彈藥。補給線已經過長了，彈藥彌足珍貴。我們必須善用彈藥，讓任何一發砲彈發揮出最大的效能。小黑點穿過成熟的玉米田向著我們移動，陽光不時照耀在光滑的金屬面上，然後在空氣中發出閃爍亮光。這些小黑點越來越近了，現在看起來不再是螞蟻般大小了，已經可以清楚辨識出是俄軍步兵。他們擺開了良好的戰鬥隊形，以鬆散的陣型前進。由人力拖曳的戰防砲在後跟進，騾馬則留在後方。我謹慎觀察著整個狀況發展，像個下棋的棋士，已經準備好了對敵人最致命的武器。

現在俄國人站直身子前進了，儘管還有些謹慎。在薩塞耶以東，看不到任何的德國兵，從俄國人看來該村似乎尚未被占領。僅有機車步兵連的重武器排進入陣地，其他所有部隊均在村南與村北待命。我不僅要擊退敵人的攻擊，而且還要殲滅俄軍部隊！一一〇〇時，時機來了。所有的槍砲口向著蘇聯人開火，在他們的陣列中撕開了一個大口子。迫擊砲與步兵砲試圖以精準射擊來擊毀敵人的大砲。敵軍的攻擊波被掃倒，陷於停頓狀態，沒多久敵人再次躍出，向著死亡邁進。政委與軍官們努力催促繼續向前攻擊，然而我只看到個別的俄軍士兵起身前進，大部隊被釘死在現地。

在側翼上待機的機車步兵與裝甲偵察車，等待的時機來臨了。他們向東攻擊前進，然後向內迴旋，將俄軍部隊向我軍陣地壓迫。到中午時分，我們已經擄獲了六百五十名俄兵，並擊殺了超過兩百名。根據戰俘的陳述，俄軍九六二步兵團團長在射殺了數名幹部後，自己也舉槍自戕。由於該團兵力僅有九百人，在蒙受了如此的損失之後，也等於實質上遭到殲滅了。

接下來數小時，我們受到紅軍戰機數度的攻擊。下午時分，村落遭到俄軍猛烈的砲擊，該射擊火力來自西方。原本預期攻擊將來自村落兩側，但實際發生的情況確實讓人感到意外。我們以迅雷不及掩耳的速度迅速變換了防禦正面，占據了村落西側的預備陣地。

相較於第一次的攻擊，這次俄國人動用了機械化兵力，由一些浮游戰車與裝甲偵察車構成攻擊的先鋒。一枚直擊彈擊中了我軍砲兵陣地，將一輛彈藥車炸上了半空。我們再次放俄國人進入最近的射程之內，然後以火力痛擊他們。

浮游戰車成為首批犧牲品。我方的裝甲偵察車與輕快的自走戰防砲出擊，向著極度散亂的敵人隊伍行集火射擊，一朵朵清晰可見的蕈狀雲在戰場上升起。一輛自走戰防砲冒著煙，停擺在戰場上。乘員們尚未能自車內脫出，紅色的火焰就已自戰車內部竄出。自殘骸中跳出來的生還者，將他們的戰友從煉獄中拖救出來，再將其身上燒著的火焰撲滅。嚴重燒傷的駕駛淒厲的喊叫聲迴盪在我的耳邊。我將視線自我的部隊處移開，用望遠鏡看向西南方。遠處揚起的濃厚塵砂，標示著更多縱隊正往東行進之中。我軍的裝甲偵察車以及自走戰防砲像黑豹般撲向著敵人縱隊，將其車輛擊毀成冒出烈焰濃煙的廢鐵。俄軍開始四散奔逃，只有少數成功脫逃。攻擊部隊的大多數人，只剩走入戰俘營一途了。

在進行狀況報告之際，我聽到受傷者的呻吟以及燒傷的戰友淒厲的喊叫聲。他躺在擔架上，要求我給他最後一槍。他的雙手垂掛在燒焦的身軀上。光禿的頭顱，浮腫的嘴唇，以及焦黑的上半身，整個就是一大片單一的創傷。下半身由於受到長褲的保護，並未受到火焰的過度燒傷。我竟然一句安慰的話都說不出口，為此感到十分羞愧，即便慰問的話語也是十足的謊言。其他的戰友們揪著一顆心看著我。這個年輕人再次要求我，給他一個痛快了結。醫官也絕望了，他甚至不知道該將止痛針打在何處。醫官除了給出一個無能為力的動作表情，什麼也做不了。毛骨悚然的尖叫聲把我自救傷站逼了出來，我無法向他道別，我甚至不能將手放在他的前額。在看了最後一眼後，匆忙離開了。至這天結束前，我們的這位戰友還在做最後的垂死掙扎。

直至八月十七日，我們堅守住薩塞耶，擊退了俄軍的所有攻勢，並向南方執行了一次深入的偵察行動，活動範圍遠至斯尼吉瑞夫卡（Snigirewka）。一九〇〇時，得到回報稱斯尼吉瑞夫卡的火車站並無敵蹤，不過鎮區卻由強大的俄軍固守著。黨衛軍少尉泰德（Thede）的偵察車遭到敵軍戰防砲命中，泰德失蹤，其他乘員則與機車步兵會合。僅在數小時之前，泰德才獲知他的第一個兒子誕生的消息。第十六裝甲師順利攻下尼可拉耶夫港，將敵人往赫爾松（Cherson）方向驅趕。在尼可拉耶夫港中，擲彈兵們驚訝發現一艘俄軍三萬六千噸級的主戰艦，這艘軍艦甚至還未下水。

八月十八日，我營接獲命令，向赫爾松方向搜索前進。赫爾松位於聶伯河下游，距離薩塞耶約六十公里，自一九一八年起已經發展成一個大規模的工業城市。但在我的地圖上，僅僅標示著是微小、沒沒無聞的小市鎮而已。在太陽尚未完全升起之前，我們就向南展開行軍了。一個小時之後，紅色的太陽橫過聶伯河上方，溫暖了人們僵冷的四肢。我們的快速推進揚起了大量的煙塵。最先頭的是機車步兵班，由兩輛裝甲偵察車負責掩護。在這兩輛裝甲車後方，則是第一排本隊以及我的指揮戰車。尖兵排排長是艾里希黨衛軍一級士官長（Erich），他是我能夠倚仗的好幹部。

經過了短時間的行進，我們與一隊俄軍車隊遭遇，這支俄軍縱隊正試圖搜尋渡河點。這支隊伍被我們解除武裝，然後指示他們往薩塞耶方向行進。所擄獲的俄軍載重卡車，立刻將其編入我軍的行軍縱隊之列。這些戰俘心情都很輕鬆，因為對他們而言，戰爭已經結束了，所以他們心甘情願服從我們的命令。在前進公路的兩側，我們發現了大片的馬鈴薯田、黃瓜田，以及葡萄園，這些田地修剪整齊，頗使我們印象深刻。不要多久，全營都在大啖馬鈴薯了。果園覆蓋著聶伯河岸的西側斜坡，可惜的是水果多未成熟。我們繼續馬不停蹄向南推進。每當我超越我的弟兄們，或者是他們將無線電電訊送交我時，總是咧嘴微笑。已經身經百戰的他們當然已經察覺到了，其實我們並不是在「偵察」，而是在創造某種「輝煌事蹟」！

在國防軍公報中，使用了「襲擊」（Handstreich）這個字眼來描述如此的行動。所謂的「襲擊」並非衝動之下的產物，亦非指揮官即興之作。並不是！所謂的「襲擊」，大多數情況是由一個具有責任心的指揮官預先計畫好的行動，這位指揮官在遠大企圖心的驅使下，通過冷靜的計畫、大膽與快速的行動，以獲致巨大的成功。

如此作戰方式的先決條件，除了指揮官的本職學能外，還需要具備傑出的人格特質。他必須得到麾下部屬的絕對信任，並成為他所在部隊中真正意義上的「第一戰士」。「襲擊」並非由上級指揮部下達執行的命令！因為上級指揮部缺乏在現場依照事實和直覺進行判斷的能力。發動「襲擊」的先決條件，完全由部隊指揮官本人決定。

通常迅捷的行動會有被認定為特別好運的指揮官的魯莽作為，事實上卻非如此。如是的指揮官通常是從對手的角度來進行思考。他知道敵人在肉體和精神上所承受壓力的範圍；他也清楚自己的能力與弱點。他並不依賴來自上級的敵情報告，這些情資僅僅構成即將來臨的戰鬥行動的框架，僅此而已。對於狀況的判斷，將由其獨立作成。他能運用千百件的微小徵兆，拼湊出敵情態勢。他對於作戰前進路線的了解，就如同讀一本書般一目了然。潛藏已久的本能將被喚醒，他能夠看到、嗅到敵人。從俘虜的臉上所透露的資訊，更甚過口譯員審訊而來的書面資料。他不僅僅是上級長官，更是以身作則的領導者！他個人的意志，就是部隊的意志。他的力量來自於他麾下的擲彈兵們，這些人對他全然信任，即便帶領他們勇闖地獄，也情願跟隨。

我們已能看到在地平線的另一頭赫爾松市區的輪廓，穀倉在聶伯河畔矗立著。在城市的西邊，煙囪接著煙囪相連著。有著陰影的高大樹木，將人吸引了過去。熾熱的太陽簡直把我們曬乾了。我們期待能在城內找到清水，還有躲避太陽的陰涼處。

在赫爾松之前數公里處，我站在一輛裝甲偵察車頂上，觀察這座在我們面前的城市良久。在河面上，東西向的水運交通繁忙。砲艇來去穿梭，大艘的汽船悠閒地冒著煙駛往對岸，卸載搭乘的人車物品後再度回到赫爾松。這座城市如此之近，可說觸手可及，她所展現的手采，像是在挑動著我，嘲弄著我的猶豫。幾個連長都在觀察我的動靜，我能從砲兵人員的臉上看出，他們已經找好了砲陣地，只等著我一旦下定主意之後，即可實施有效的支援。我的戰友們又一次坐在馬鈴薯田中享受美味的果實，我真羨慕弟兄們可以如此無憂無慮。

我又點著了一根菸，無意識地將煙吐在波動的空氣中。我的念頭更加確定了，也不再擔憂這座大城市會吞噬了我們。心意已決，應當奇襲攻取這座城市。俄國人預期攻擊將來自尼可拉耶夫的方向，並已經在該方面布置好了防線，而我團也已在該方面完成攻擊準備。另一個理由是，這次奉命執行的偵察行動已經完成了，我們即將要從「後門」攻進赫爾松。沿著緊鄰聶伯河的一條土質道路向赫爾松推進，在城市外圍，我們衝過了一個正在構築路障工事的俄軍步兵連。俄軍士兵驚駭萬分，竟忘了將手中的鏟子放下，換成拿起武器抵抗。現代化的大樓高聳於我們面前，敵人的機槍火力掃射在我們周圍的地面，赫爾松之戰於焉展開。

艾里希一級士官長用他的食指貞了一下鋼盔盔緣，對著先頭班大喊道：「前進！」只見他全速衝過開闊地，然後消失在通往赫爾松市中心的大馬路上，全排戰士立刻跟隨他們的排長之後前進。裝甲偵察車的二十公厘機砲對著房舍正面掃射，手榴彈沉悶的爆炸聲，顯示戰鬥已發展至近接肉搏戰了。我跟在尖兵排之後前進，突然間，我又來到了聶伯河畔。蜿蜒的道路穿越了古老的堡壘地帶，從河東岸射來的猛烈砲兵火力，轟擊著道路。蘇聯的水兵們以野貓般的靈巧遂行戰鬥，火力逼使我們自車上下來，像步兵那樣從事戰鬥。

一排房舍正好擋住了來自河右岸的視線，所以俄國人看不到我們。我們緊貼著道路兩側的房屋，一棟屋子接著一棟屋子掃蕩。艾里希打得像隻雄獅，這位來自什列斯威—霍爾斯坦（Schleswig-Holstein）的無畏戰士跳起來、怒吼著，自一扇門至另一扇門，帶動攻擊的步調。機槍火力打在路面擦出了火花。現在攻擊陷入停頓了。砲火落在攻擊前鋒之前，就像無法克服的障礙。

但是，對艾里希可無法停頓。他很清楚，我們必須在最短時間內抵達港區，阻止俄國人按照他們的計畫遂行戰鬥。他臥倒在一座階梯後方，雙腿縮往身體，用他強壯的手掌握住衝鋒槍的握把。他毅然地將鋼盔推回頸子上，然後喊道：「第一班注意，躍出後衝過馬路，預—備——走！」我眼見年輕的士兵躍起身子，衝向對街，或被敵彈命中撲倒在地。他們堅定的衝刺嚇倒了敵人的機槍手，沒有多久，機槍便不再射擊了。

我們抵達了一個小廣場，俄軍水兵躲在松樹之間，試圖阻止我們的推進。在向前躍進之際，我瞥見艾里希突然撲倒在地上，衝鋒槍撞擊在石面上劈啪作響。艾里希翻了個身，他的手正尋找一個抓力點，最後卻抓了一把路上的泥土。擲彈兵們將他們的排長拖至房舍牆邊，呼叫醫務兵前來。一顆槍彈擊中了他的顱骨。我緊握著他的手，想對他說些什麼，但他什麼也聽不到了。這是他最後的一場戰鬥。幾天之後，當他口述、別人記下給他太太的一封信之後，艾里希永遠闔上了眼睛。艾里希是連上最優秀的士官之一，我失去了最為信賴的一位戰友。

戰鬥越發激烈，俄軍火砲向著街上射擊。油料槽爆炸燃燒，濃厚的黑煙與爆炸的煙塵直衝天際。我跑到一個大門口尋求掩蔽，用全身的力量撞向大門卻沒有反應，該門應該鎖住了。子彈打在街道地面上，咻地彈跳起來。俄軍水兵追著我射擊，我衝過馬路，一座小亭子提供了一些掩護。子彈擊碎了脆弱的木牆，機槍火力將小亭子打得粉碎，即便是電鋸也做不到這種程度。我俯臥在地上，等待著蘇聯人和第一排弟兄們之間的交火結果。我再次置身於兩方前線之間。數分鐘之後，情況明朗了，向港區的突進繼續。

蘇聯人退往了港區，兩艘巨大渡輪停在碼頭邊，接運逃命的人群。我們努力向港區逼近，砲彈呼嘯射來，試圖妨礙推進節奏，阻止我們向港區的突進，然而我們勢如破竹。一間接著一間房子，一條接著一條街道落入我軍手裡，德國軍靴踏上了聶伯河邊這個重要城市的市街。

我們的機槍掃向了碼頭上的渡船，雖然僅有輕型火力，然而卻是毀滅性的。不顧還有人不斷湧上船，渡船開動了，全力向東岸駛去。人們像葡萄串般掛在船邊，渡船笨拙沉重地離開了碼頭。一門五十公厘戰防砲向著一艘摩托艇射擊，這艘摩托艇帶著火焰向南駛去。各式各樣的船艇都企圖抵達救命的對岸。俄軍砲兵猛烈射擊，為船隻的撤退提供掩護。管不了碼頭上還有許多來不及上船的自己人，依然向著碼頭開砲。燃料以及汽油槽被炸上天，燒著了的人們跳向死亡，消失於滾滾洪流之中。

在這片火海地獄中，狂奔的俄國人向著我們衝來，其他人則跳進聶伯河尋求庇護。一輛牽引車拖著一門八八砲，穿過了燃燒油槽的滾滾濃煙，進向了一處良好的射擊陣地。該砲甚至還未完成放列，第一發砲彈就自砲管飛出，在一艘大型渡船的船身中爆炸。棄置的彈藥、車輛還有燃料起火爆炸，在這門獨自放列於碼頭上的八八砲四周圍飛舞著。馬匹奪路奔逃，汩汩的淹沒於黃棕色的河水中。一艘駁船失控撞向岸邊、擱淺了。許多俄國士兵跳下水向對岸游去，只有少數成功逃脫，大多數人都被沖往了大海。

我聽到黨衛軍中尉瑙爾曼博士的呼喊，他甫將排上的第二門八八砲帶入陣地。在混亂的戰鬥中，他叫喊著衝向第一門砲。我的天啊！我當下發現了危險，但在砲戰之中的砲手們似乎還沒有注意到。該砲慢慢在碼頭上移動，然後栽進聶伯河去了。所有的砲手都獲救了，真是奇蹟，但是我們卻失去了這門砲，這可是個令人痛心的損失啊。

港口的射擊慢慢平息了，僅有一兩顆流彈自頭上呼嘯而過，然後在這座大城市的某個地方落下。約一六〇〇時，我們與自西北方向攻擊前進的ＬＡＨ會合。赫爾松的戰鬥結束了。隨著港區火焰的熄滅，重建和維護的工作均已開始進行。瓦礫被清除，平民從藏身處現身，小朋友也試著和德國大兵互動。八月二十二日，我營與希茲費爾德團（Regiment Hitzfeld）交換，七十三步兵師進抵了聶伯河畔，準備在赫爾松以北渡過該河。

從聶伯河到頓河

截至目前為止的戰鬥過程，部隊面臨前所未有的要求，也蒙受了慘重的損失。我營的損失呈現了一幅令人痛心的狀況，顯示部隊需要休息，以恢復與整補。官兵們已為實現目標而竭盡全力。部隊嚴重耗損，急需大幅度的補充。所有事項中最急迫的是補充人員與裝備，ＬＡＨ自第一線上撤下來，要在一個星期之內完成休整。我們享受了這段休息時光。這短暫晴朗的休憩日子，對我們來說是上帝的恩賜。所有的微小願望都要實現了。我們睡到天大亮才起床，盡情享受這難得的寧靜。

但是，陶醉的時光很快就結束，我們馬上意識到，整補所可能存在的問題。當然保修廠會檢修武器與裝備，並保養維護機動車輛。但這些努力僅只是杯水車薪，最主要的是缺乏維修的零件，於是我營必須使用擄獲的車輛。在人員補充方面也需要等待。時間一天天過去了，我們熱切期待來自家鄉的人員補充，還是沒能實現。補充兵，是同袍之間最常談論的話題。至目前為止，我們的作戰目標聶伯河已是垂手可得，當時朝著這個目標出發，並竭盡全力為實現之而奮戰時，我們可是處在完整戰力的狀態。

今日我們不再是全戰力的部隊了，能夠動用的單位僅有原先戰力的一部分而已。不用花費多少力氣，人們也可以計算出，我們引以為傲的營，何時會再是一支戰鬥部隊。

假如我們以這支戰力殘缺的部隊，越過聶伯河並繼續往東推進，不知將會發生什麼狀況？我們的目標在哪裡？而我們能夠在冬季來臨前達到這個目標嗎？我們講的是頓河（Don）、伏爾加河（Wolga）以及高加索（Kaukasus）。俄羅斯無止境的遼闊空間壓迫著我們。我們開始用俄語來思考：Nitschewo[4]！

九月八日，我繼續率領著先鋒營往聶伯河推進，並於九月九日一六三〇時渡過了該河。橋頭堡已為比勒將軍（Bruno Bieler）指揮的七十三步兵師打下來了。我們自搖搖晃晃的浮橋上，慢慢通過了這條寬廣、混渾的河川。突擊砲與戰車，將以漕渡方式個別過河。渡橋管制官將五十四軍司令部的一份命令交到我手上，同時通知我，過河之後我營將歸七十三步兵師指揮。師長將在貝利斯拉夫（Berislaw）西南邊等候我。帶著幾名傳令隨行，我慢慢往七十三步兵師師長的戰鬥指揮所行駛。一路上，可以看到掩埋德國士兵與俄國士兵的新墳塚。由於預期可能會執行夜間戰鬥任務，我讓弟兄們行駛至河岸邊，痛快地洗了個清爽的澡。

在一座果園中，我找到了師部，然後接受了向南拓寬橋頭堡的新任務。我營將通過布里塔尼（Britany）向新馬雅琪卡（Nowaja Majatschka）推進，然後於夜間建構刺蝟陣地。在我左側相鄰的是希茲菲爾德上校（Otto Hitzfeld）的團。

就在師長開口交代之際，我即以手勢向傳令兵傳達全營完成戰備的訊號。他疾馳返回營上，通知大家進行行軍準備。在受領命令的過程中，我又給了另一位傳令手勢，要他通知全營立刻出動。他馬上奔回營上傳達開動命令。數分鐘後，我看到了手下的連長都已在等著我，他們在和施

4 譯註：即俄文的「無所謂」（Ничего）。

帝夫法特少校（Stiefvater）聊天。在完成詳盡的簡報之後，師長給了我一杯咖啡，然後問：「你何時可以出動？」我說：「報告師長，我營已經在移動中了。」我向他表示，我的幾位連長都已待命，並向他指出我營開動車輛揚起的煙塵。師長以不可置信的眼光看著我，他的表情我永難忘懷。

我們行進的深厚沙土路面讓推進步調緩慢。沒多久，我們通過了七十三步兵師最前沿的前進警戒線，向著未知開進。布雷默指揮尖兵推進，謹慎緩慢地向前摸索，引擎處在低出力狀態，我營就在這種狀況下於夜暗中行進。全然的黑夜吞噬了我們。約二一〇〇時，我們在新馬雅琪卡以北四公里處與敵人接觸。一個敵人的前哨遭到我們的奇襲，未經一戰即告擊潰。蘇軍給人筋疲力盡的印象，且樂於提供任何訊息。根據戰俘的陳述，新馬雅琪卡現為強大敵軍占領中。

歷經了八天的休整，我感到不安。我無法察覺到有關敵人的徵候，我們現在處在一種對於什麼都很陌生，於是只能在疑惑中前進的狀況。我期待明天的到來，在拂曉時刻，我才能獲得所需的安全感。我們組成了一個緊密的刺蝟陣地，構成了我們的「城堡」。我坐在通信車上，和一位俄國軍官閒聊，談及了他的上級指揮官的可能意圖。在聊天中，佩瑞柯普（Perekop）以及韃靼溝（Tatarengraben）這兩個字眼反覆出現，這名被俘的俄軍軍官確信，韃靼溝應該由俄軍確保固守中。

今夜相當平靜，沒有一聲槍響。然而寂靜卻是可怕的。一兩聲冷槍還可以顯示戰線之所在，我們確信，已遭蘇聯人包圍了。濕潤的露水滴落在乾枯的草地上，第一絲幽暗的晨光宣告著嶄新一天的到來。在極度緊繃的情緒中，我試圖透過這片幽暗，向著新馬雅琪卡眺望，城市的輪廓慢慢自黑暗中浮現。我的擲彈兵們蜷曲於他們的車輛上，等候攻擊命令的下達。

約〇四〇〇時，希茲菲爾德團劃破了寂靜，自北方向新馬雅琪卡發動攻擊。空氣中充斥著戰鬥聲響，將我們的疲勞自骨子裡驅趕了出來。在依然昏暗的清晨裡，第七十三步兵師向前推進了。落下的榴彈無法阻止弟兄們，他們正穩步向著城鎮進發。在逐漸消散的晨霧中，我們辨認出了敵人位於村落以西的陣地群，與該處的地形有良好結合，這是俄軍最擅長的事情。蘇聯人是修築工事的大師。

七十三步兵師的攻擊有了進展，現在是攻擊新馬雅琪卡以西陣地群的時機！假如我們的攻擊能夠驅趕俄國人，他們就會落入希茲菲爾德團的陷阱中。

我們位於一座樹籬後方，正待機攻擊前進。蘇軍還未發現我們，敵人的砲兵猛烈地發射，試圖摧破七十三師的攻擊。要抵達敵人的陣地，我們需要越過兩公里的距離，而當中並無可供隱身掩蔽之處。

除了我們所在的防風樹籬，整個地形是既寬又廣，基本上看不到樹木。在我們面前的是棕色的草原，平坦如木板，為堅硬雜亂的草叢所覆蓋著。

我和第一連連長一起觀察俄軍防線上的動靜，確信必須用迅捷的攻勢徹底粉碎敵軍。我營的攻擊如能夠與七十三師的行動相配合，將極度有利。我慎選攻擊模式，如何能在不損一兵一卒的狀況下，最快速克服這段接敵路線。

這片波浪起伏的遼闊草原讓我想起了舊時代的騎兵衝鋒，現在我要大膽行事！何以我的機車步兵的攻擊就沒有成功的可能性？我還不敢表達我的想法，如此的攻擊仍然是個瘋狂的念頭。當理智與直覺之間相互交戰之際，我腦海已浮現出手下的機車兵瘋狂般地衝過草原、突入敵陣的畫面。我的弟兄們靜靜觀察著我，我的目光仍放在草原上，正目視測量著距離。我放下望遠鏡，看向布雷默，假如我向他麾下的機車步兵下達攻擊命令，當他做完狀況評估之後，會有如何的反應呢？他是否已經察覺到，有什麼極度不尋常的事正在醞釀之中呢？當我對他說出了我欲以機車與裝甲偵察車實施一次衝鋒的企圖之後，布雷默的眼神很坦率，臉上的表情已經洩露出他的驚訝之情。我營的這條「獵犬」，還是冷靜且實事求是地接受了這道命令。

砲兵與重步兵砲開設砲陣地放列。機車步兵在樹籬的掩護下展開，裝甲偵察車進入了預先規劃的位置，以便之後可以毫無阻礙地進行掩護射擊。在狂躁不安的情緒包圍下，我們爬上了車輛，我直直高舉我的臂膀。現在已經無法回頭了，一切箭在弦上，魔咒已經解除，不確定感已然消失。車輛自掩蔽處慢慢開出，我們已經進入俄軍的視野之下了，現在敵人的第一枚砲彈將要落下。我蹲伏在車內，眼睛盯著前方。我的駕駛艾里希換檔加速，速度越發加快，激起的塵沙在空中捲曲。我們在兩個機車連之間開車行駛，擲彈兵們則如猴子般攀附在車輛上。經過數百公尺以後，我什麼都看不到了，只見一個個陰影向前衝去，攻擊已成為一場衝刺賽跑，而這會是場生死競賽嗎？

俄軍的砲彈在頭頂上呼嘯而過，然後落到我們幾秒前才剛通過的位置爆炸。敵人的砲彈進一步刺激了我們，我們的速度越來越快。必須用敏捷性壓倒俄國人的射擊，然後像惡魔化身般突入俄軍陣地。

被速度擾起的塵沙包圍著，引擎轟鳴聲攪擾著人的心神，我們瞇著眼睛四處搜尋敵人。我們的目標就在那裡，俄國人已經慘遭砲火致命轟擊而血流成河。我們向著破壞地點前進，彷彿完全喪失了理智，直朝著死神奔馳而去。

在我們車上本來有四名戰士，現在只看得到一名而已。他坐在方向盤後方，用著穩定的手駕駛著車輛。其他人則跟哥薩克人一樣，攀附在車輛兩旁，以備在任一時刻與敵人交火，或者遁入散兵坑內。什麼也撼動不了艾里希，東普魯士的冷靜戰勝了死亡與破壞。不知道他曉不曉得，在這幾分鐘內，他領導著這支我們引以為傲的部隊，帶動全營往前挺進？他的速度決定了攻擊的步調，就像賽車手奔回終點般，他馳抵了我們的攻擊目標。

眼前出現了第一批俄國人，他們的驚嚇表情瞪著我們看，然後拋掉了手上的武器，向西方潰逃而去。越過了散兵坑，跨過了殘破的屍首，經過了無助的傷者，不可計數的俄國人向西奔逃，但都被我們的戰鬥工兵圍困起來。

儘管俄軍砲兵的砲陣地還在某處射擊中，卻無法阻止我們的奔襲。敵人的載重卡車企圖脫逃，但遭到我們裝甲車的二十公厘機砲射擊，正熊熊起火燃燒中。我們超越了仍在套架上的大砲，衝過了新馬雅琪卡，直向著舊馬雅琪卡（Staraja Kajatschka）推進。

緊張程度慢慢減緩了。眼前已看不到生命的跡象，草原像死去了似的。另一方面，在我們後方的地面，卻像蟻丘般熱鬧。不管是友軍還是敵人，都在對他們的傷兵進行施救。

我和希茲菲爾德上校熱烈地握著手。在與七十三步兵師短暫討論過後，向東的進擊繼續實施。這場衝鋒共俘獲五百三十四名戰俘，而我方則兩人陣亡，另有一名士官與兩名戰士因傷重而殞命。這場攻擊徹底成功了。然而自此之後，我就再沒有實施過摩托化衝鋒。

我們於夜暗中駐紮在卡朗恰克（Kalantschak）外圍，我們用奇襲奪下了該城。一輛敵人的裝甲車被打爆，燃起熊熊烈焰，有兩百二十一名俄軍被我軍俘虜。偵察斥候回報稱，卡朗恰克以東十公里之內已無敵蹤。

午夜時分，我接到來自師部的命令，要我營以奇襲之勢突穿佩瑞科普地峽（Perekop），然後在依雄地峽（Ischun）以南待命。

在各次戰役的過程中，我經常接到不符合傳統部隊指揮的基本原則的命令與任務，但這道命令實在超越了過去的所有狀況。負責的上級高階長官們，真的以為在地峽上的一場奇襲，就足以打開通往克里米亞的大門嗎？當我向我的連長們揭示所接到的命令，並闡述當前狀況時，他們都以充滿疑惑的眼神看著我。

克里米亞半島僅倚著「懶海」（Faule Meer）與歐俄大陸相分離[5]。這所謂的海，僅只有數百公尺寬，通常是無法通行的。即便想使用突擊舟，也因為它的低水位而成為無法逾越的軍事障礙。進出克里米亞僅有三條孔道，第一條是佩瑞柯普地峽，在中央的是薩利柯夫（Saljkoff）一帶的鐵路橋，在東面的是格尼切斯克（Genitschesk）的狹長走廊。佩瑞柯普地峽有數公里寬，在其橫向正面上，為一條十五公尺深的韃靼溝所貫穿。整個地形毫無掩蔽可言，平坦得有如一張碟子，其中有若干條乾溝穿過，有幾條切割得陡直且深的，可以稱之為淺谷了。這幾條淺谷可以提供部隊些許的掩護，在韃靼溝正北則是古老的堡壘型城鎮佩瑞柯普。有一條鐵路線經過佩瑞柯普通往南方。

考量到這些對防禦有利的因素，還有在這最近幾日，我們擄獲的戰俘係來自三個師的這個事實，沒有人相信穿越地峽會是輕而易舉的事。

九月十二日約〇四三〇時，我的先鋒營展開向佩瑞柯普的進軍。〇四五五時，我們與七十三步兵師的營長施蒂夫法特取得接觸。地平線慢慢從黑暗中浮現。草原閃耀著明亮的色澤，看不到人或者與人有關的事物，只有我的弟兄們頗頗跳躍著向前疾進。蒙塔格黨衛軍少尉率領尖兵排，威斯特伐爾黨衛軍一級士官長（Heinz Westphal）則指揮尖兵班。我本人跟隨尖兵排之後前進，緊張掃視著地平線上是否有任何動靜。既沒有看到動物，也沒有看到人，只有陽光的色澤讓寬廣平原呈現出美妙景觀。在新亞歷山德羅夫卡（Nowo Alexandrowka）以南，我派遣馮·標特納排（Zug von Büttner）沿著海岸向阿達瑪尼（Adamanij）搜索前進，該排要從那裡，對韃靼溝南北兩側的地形進行勘察。

在遙遠的地平線上，我突然瞥見了幾個騎著馬的人，正趕著回到他們的陣地，就這麼消失於普雷歐布拉伸柯（Preobraschenko）的方向。然而他們的現身與逃跑，卻引起了我們的注意。普雷歐布拉伸柯位於一座小高地後方，只能看到一些獨棟房屋。當即聚精會神朝地平線搜索。我們採取寬鬆隊形，在車與車間保持多輛車身的間隔於寂靜中行進。我們都在等著——這樣的寧靜隨時可能被一枚呼嘯的砲彈給打破。俄國人絕對會利用如此有利於防禦的因素。

這詭異的寧靜預示著戰鬥即將來臨。沒有逃逸的俄國人，沒有奔跑的馬車，也沒有飛馳的車輛，完全看不到這些意味著撤退或者潰逃的跡象。寬闊的草原空蕩蕩，看不到任何人。僅這一事實，就表明敵人在指揮體系上的組織嚴密。

弟兄們再次攀附在車輛的側邊，尖兵排的駕駛們也坐在車輛的側邊。我站在裝甲車側邊的踏板上，跟著縱隊前進。

威斯特伐爾的班向著普雷歐布拉伸柯的房舍慢慢駛去，這時手錶指針正指向〇六〇五時。一個羊群阻礙了進入市鎮的入口，牠們從路上被趕入草原。突然一聲巨響劃破了寂靜，只

5 譯註：懶海正式名稱為席瓦什湖（Sywash）。

見羊隻在空中飛舞，小羊發瘋似地奪路逃生，相互踐踏，卻被炸到了半空。這群羊踏進了一座雷區。羊隻淒慘的叫聲，伴隨著地雷沉悶的爆炸聲，充斥在空中。我們蹲伏著，隨時待命躍起，這時人們因為亢奮而顫抖，等待著蘇聯武器閃電雷鳴般的怒吼。我們自車上下來，與車輛併肩同行，然後進入市鎮，緊貼著房舍的牆壁。還是一聲槍響都沒有，只有地雷在完成其致命的工作。最後整個羊群僅剩下一堆抽動、血腥的軀骸，還有幾隻尚在掙扎拖行的動物。

現在，就是現在！傳來了等待已久的前線聲響。砲彈飛過我們頭上，落到了施蒂夫法特的行軍縱隊中。最初僅有單枚砲彈，不久就成群的落向後方。我衝向前，想要在第一座房舍處向佩瑞柯普方向眺望。在幾次躍進之後，我飛進了一陣砲彈爆裂的煙硝之中。一個暗沉的怪物爬上了小高地，向著我們的隊伍射擊。就在我們前方數百公尺外，一條噴著火的大蟲對我們的隊伍投射死亡與毀滅。一列滿是武器的裝甲列車正橫阻在我營的先頭前方。

我發出了撤退的手勢。機車步兵們以廣正面隊形駛回了我方陣地。裝甲偵察車對著裝甲列車射擊，然後在施放煙幕的掩護下撤回。

一門三十七公厘戰防砲朝向裝甲列車開火，然而在幾秒之內，就被炸上了天。砲架破碎的鐵片，掩蓋了戰友們的尖叫聲。來自五個重砲連、兩個輕砲連的火力制壓了我們。在我們後方，只看得見爆炸的煙塵。感到寬心的是，並沒有看到燃燒的裝甲車或者車輛。我爬行了數步遠，現在可以看到深入地下的工事掩體，包含有壕溝以及鐵絲網障礙物。裝甲列車噴著煙，慢慢往佩瑞柯普方向行進。僅在我們前方五十公尺處，發現了位於散兵坑內的俄國步兵，他們用機槍向著我們射擊，迫使我們必須臥倒掩蔽。如果不自此區撤離，那可能就要步入敵人的戰俘營了。現在我方的榴彈發出嘶嘶聲響飛過頭上，迫使俄軍尋求掩蔽。當然我們自身也得掩蔽在地面每一處低窪處。在我周邊躺了負傷的戰友，威斯特伐爾黨衛軍一級士官長失去了一隻胳臂；施多爾黨衛軍下士（Stoll）在離我幾公尺處，因劇痛而呻吟。赫爾穆特．貝爾可（Helmut Belke）未負傷。施多爾的三輪機車尚可操縱，機車引擎聲在噠噠機槍聲中低吼。貝爾可對著施多爾不知道叫喊了些什麼，他指指機車，然後努力向著施多爾接近。我正在照顧雷爾黨衛軍少尉（Rehrl），然而一切都是枉然，砲彈破片撕開了他的背部。在嘶嘶的呼吸聲中，我可以看到他的肺在起伏。機車引擎的怒吼聲，說明施多爾需要被援救。貝爾可載著受傷的戰友回到後方安全區。赫爾穆特．貝爾可單槍匹馬對抗俄國人，他進出前線三次之多，為救援戰友而冒生命危險。三次，他載著呻吟的傷兵返回後方。現在還有一位戰友倒臥在草原。像我們一樣，他就躺在小高地前面的視線死角處。戰友G，他是名後備役人員，已婚，是有了兩位男孩的快樂父親。他蹲在一個小窪坑中，金黃色的亂髮上沾滿了血汙，從他的嘴裡呻吟著吐出了以下字句：「別過來，沒用的，我已經報銷了！」我試圖安撫這位戰友，但沒有用。若干輛機車衝了過來，將尖兵單位的其餘人員載走。我的眼光始終離不開G，他緊握手槍握把，慢慢抬起了手槍，扣動扳機，身軀向前傾倒，然後就沒了動靜。他被嚇壞的擲彈兵抬上剛抵達的機車上，儘管砲兵與步兵火力的持續射擊，所有人都返回了本營陣地。雖然仍處在震驚之中，我向醫官蓋特尼希（Dr. Erich Gatternig）描述了整個事件的過程。直到這時，我才聽說了戰友G是為失去了自己的男子氣概而贖罪。雷爾則仍在醫官的雙手照料之下死亡。在這裡也一樣，人性的力量已不足以改變什麼了。

我們與施蒂夫法特營一起轉移至普雷歐布拉仲柯以西四公里之處的陣地，等待推進中的步兵師到來。

標特納排於○六五○時報告，稱阿達瑪尼現無敵蹤。從該處能夠對佩瑞柯普以南的地形一覽無遺，包括韃靼溝在內。標特納排的報告也提到了堅強的工事、鐵絲網障礙，以及進入掩體的大砲與戰車。半小時之後，我對這份報告的正確性確信不移，欲突破地峽，必須要等到更多的師以及強大的砲兵抵達才行。我以無線電向七十三師師部報告，欲對地峽實施突襲是不可能的；此外，一位傳令軍官將會呈上本次戰鬥詳報以及對於當前狀況的評估報告。

我於中午時分又再次接到了對地峽實施奇襲的命令時，著實讓我大吃了一驚。根據我的第一份戰鬥報告，以及地峽上極度堅強的工事，我感到激憤，拒絕率領弟兄們邁向這明確的死亡之途。師部命令我親自向師長報告。

經過了一個小時的車程，我抵達了卡朗恰克東北的一個小村落向師長報到。由於我拒絕執行命令，故原本預期我應該會得到一頓咆哮的斥責，但師長比勒將軍卻以格外友善的態度和我寒暄，並表達了對於我的判斷認同的態度，這點實在教我感到意外。

晚間，在我營的作戰地境內，我向希茲菲爾德上校作了簡報，然後向洽普林卡（Tschaplinka）出發，我營將在該處接獲新的命令。當我們自第一線上撤下來之際，敵人俯衝轟炸機以及重砲兵一路相隨。

在洽普林卡，我自迪特里希處接獲命令，盡速向位於中央的薩利柯夫地峽攻擊前進，並盡可能利用奇襲占領之。

這時已經是一六〇〇時了，我們必須戰鬥至當夜。當我返回營上時，我的小夥子們都已經蹲坐在車輛上，五分鐘之後，全營又在搖曳的草原上行進了。一七五〇時，穿越了伏拉迪米羅夫卡集體農場（Kol. Wladimirowka），在這裡遭到來自「犀牛」半島的火力射擊。一個一二二公厘加農砲連試圖阻止我們推進。我們未遭受損失，並持續向東馳進。我要善加利用剩下的白晝時光，在終昏以前盡可能多趕幾公里的路程。在未與敵人接觸的狀況下，我們在格羅莫夫卡（Gromowka）過夜。

九月十五日〇四三〇時，預備擔任尖兵連的第二連已待命出發。熱咖啡溫熱了麾下弟兄們的雙手。我則和施貝特黨衛軍中尉（Späth）一起研判當面情勢，評估最新的偵察結果與戰俘供詞。對空中與地面偵察均指出，在薩利柯夫有構築良好的野戰工事，以火車站為中心呈半圓形分布。對該等工事進行突破，似乎不太可能，原因在於我們手中並無所需的兵力，也缺乏合適的武器。此外，空照圖也顯示，在薩利柯夫以南發現有進入混凝土掩體的火砲，這對狹窄的入口有絕對的箝制作用。

濃霧遍佈的草原，能見度不超過二十公尺。在如此狀況下，我有了一個想法，利用大霧瀰漫，直接在部署於入口以南的敵人大砲砲口下，突破薩利科夫的防禦圈。我認為靠近水岸邊的陣地並不太強大，同時也不會有人認為一支摩托化部隊會瘋狂到在敵人設防的砲兵連砲口前兩百至三百公尺，攻擊一個碉堡區。

濃霧應該還有一個小時才會消散，至遲〇七〇〇時，最後的一絲霧氣也將消失無蹤，到那時，入口處應該就會攻下了。

我向尖兵連講述了計畫，然後與連長施貝特中尉握手。施貝特將與尖兵排一起行進。位於尖兵連之後行軍者，為中尉瑙爾曼博士的八八砲，順帶一提，他已經將落入聶伯河中的那門八八砲拖救了起來。瑙爾曼將對入口以南的碉堡進行射擊。

機車、裝甲偵察車、牽引車，以及火砲等，在無法穿透的濃霧中慢慢推進著，數秒之後，即被吞噬於灰色的虛無之中。彼得在發動車輛起步時，卻面對高溼氣的濃霧，惱怒的他不由得咒罵起來。我那短小精幹的副官威澤爾黨衛軍中尉（Herman Weiser），為了要搜尋席瓦什湖岸，向右跳下車去。必須緊貼著這個「懶海」沿岸行進，儘管已在離岸五十公尺處，還是無法辨識出河岸線在那裡。

行進了約二十分鐘之後，遇上了一個道路節點，這裡留下如蛛網般向各個方向輻射出去的許多車輛痕跡。我們猜想，施貝特應該在此留下了指標，以使後續的營主力定向更為方便。這時一個士兵從霧中向我們走來，我向著這個人影喊道：「喂！我們要往哪走？」這位仁兄聽到我聲音時，幾乎向後跌倒。我至今還是沒有頭緒，他究竟往哪跑去了。這個人一瞬間就消失無蹤。後來才知道，我們剛剛由一個俄軍野戰哨所以南一百五十公尺處駛過。

持續朝著入口前進，沒有多久，就看到了堤壩。霧消散了一些，該是行動的時候了。究竟戰爭的好運會眷顧我們，還是我們將會為自己的魯莽行為付出高昂代價？我們在寂靜之中望向了霧牆。在右側，湖水濺在淺灘上。在我們南方數百公尺，淺淺的席瓦什湖的彼端，克里米亞黑暗的海岸線自霧中顯現。然而，在我們北方的是什麼？敵人在哪裡？我們逐步向東推進，牽引車的履帶深陷入泥沙，其引擎聲近乎聽不到。所有的一切都處在最緊繃的狀態。我指向南方，對八八砲的砲組員們示意，要他們注意報告中所提到的陣地。現在一切都鴉雀無聲。這次我們還是一樣朝著死亡前進？或者像普雷歐布拉伸柯的襲擊能夠再次重演嗎？

一聲沉悶的咆哮劃破了早晨的寂靜。這次還是裝甲列車嗎？突然之間，魔法被打破了。開火射擊時，我們能辨識出三十七公厘戰防砲尖銳的發射聲響，同時間我們也聽到二十公厘機砲的爆音，以及德國機槍噠噠噠的怒吼聲。第二連已經抵達了薩利柯夫地峽，並阻止了一列裝載武器與裝備的貨運列車。三十七公厘戰防砲擊破了該列車的火車頭。比預期的還要順利，我們已經突入了工事群的核心地帶，能夠從後方席捲整個陣地。〇八五五時，火車站已為我們所掌握。隨著車站的攻占，同時摧毀了俄國守軍的指揮所與通信中心。敵人的混亂情形非筆墨所能夠形容，他們根本想像不到我們竟然就這樣出現了。在地峽以南陣地中的砲堡，一開始曾發砲射擊，之後即為我方八八砲所擊毀。

現在霧已消散了，無法再提供敵軍或我軍任何屏障。布雷默往北攻擊前進，向著新亞歷耶夫卡（Nowo Alexjewka）迫近。

中尉瑙爾曼博士將一門八八砲推進入陣地，由此處擊毀了若干門敵人火砲。多虧了八八砲卓越的射擊，終於達成了使蘇聯砲兵無力還擊的目的。可惜瑙爾曼本人嚴重負傷，所幸在一輛裝甲偵察車的協助下，將他搶救至後方安全地區。我們肆意摧毀地峽以北的防禦圈，然而卻無法占領地峽。由於有縱深的鐵絲網障礙與雷區，需要強大的砲兵與步兵始能克服。

我營成功擄獲了數以百計的戰俘，這些戰俘隸屬八七一、八七六步槍團，地峽則在二七六步槍師的防守之下。

在這列貨運列車上，我們擄獲了八十六輛全新的福特載重卡車、二十六輛牽引車、兩門四十七公厘砲，還有裝載著無數的一二二公厘砲彈的彈藥拖車。該列車自梅利托波爾（Melitopol）開出，目標是席伐斯托普。

擄獲該列火車令人振奮，不用多久，我們就用俄國的福特卡車。我們自己的車輛裝備消耗得很嚴重，尤其是機車的缺乏是最明顯。

幾個小時之後，聽到在本次行動僅損失了一名戰士，讓我感到很寬心。一塊砲彈破片奪去了他的性命。超越常規的作戰指揮模式，是本次行動能夠成功的關鍵。

就在夜暗來臨之際，ＬＡＨ第二營將替換我們。將車輛油箱加滿，並檢查車輛狀況，準備下一次作戰所需，是一切最首要的動作。下一個任務是：攻占格尼切斯克，阻絕第三道地峽。

〇五〇〇時我們再次坐上了發動中的車輛，迎向朝陽進發。很快，我們第一次看到了亞速海，就在前方，海面如鏡子般滑亮。海中有一艘大船，五艘小船向東駛去，很快就隱沒於地平線後方。

約〇六三〇時，我們抵達格尼切斯克，展現在我們前方的是平靜的城市郊區，不見有人的蹤影。這寂靜難道也是俄國人戰術的一部分？還是這座海港城市根本未設防？一個機車步兵班謹慎地向房舍靠近，然而與預期相反，並未遭遇任何抵抗。於是我們全速駛往城區東端以及港口地區。那裡的狀況全然不同了。一個卡車縱隊嘗試向梅利托波爾的方向脫逃，敵人步兵倉皇失措跑進最近的房舍內，沒多久就放下武器投降。海港中發生了一次爆炸，這表示連接大陸與格尼切斯克地峽的橋梁已經遭到爆破。第二連迅捷行動，成功確保了一座運河上的步道，這條步道差點就要被俄國人炸毀。第二連連長施貝特中尉在向步道衝鋒前進時，為敵彈命中頭部陣亡。軍官傷亡的比例過高了，近乎所有的連、排長均已陣亡或者負傷，第二連現在將迎接他們的第三任連長，波特契黨衛軍中尉（Böttcher）。

從格尼切斯克陡峭的岸邊，我們可以遠眺南方的岬角，由此可精確地掌握任何運動。當俄軍突然由南向北展開攻擊，其部隊排列如同在棋盤上時，我對此感到驚訝。一個連接著一個連緩慢堅定地向著我方陡直海岸移動，踏上死亡之途，或者走向戰俘營。為何蘇聯指揮官要發動這次攻擊？這對我而言仍然是個謎。我們放敵人步兵推進至兩百公尺以內，然後以機槍大開殺戒。這場成功防禦的代價是很可怕的，幾分鐘之內，無數黃棕色的點就鋪滿了稀疏的草原，其他人則高舉雙手，蹣跚地向我們走來。俄軍的迫砲陣地被我軍八八砲傑出的射擊所摧毀。〇九〇〇時，敵人的攻擊被擊退了。第一連穿過了步道，向南實施搜索。我的企圖是建立一個橋頭堡，並盡可能推進至地峽一帶。可惜這次進擊在推進了三公里之後就喊停了，混凝土工事內的岸砲連與野戰防禦工事成了難以克服的障礙。一整晚，重海岸砲兵射擊加上若干的空中轟炸，對我們造成了一些損失。

九月十七日二一〇〇時，我營為ＬＡＨ第三營所接替，並接受了新的任務，向北執行搜索，並與三十軍的馮・博丁先鋒營（Oskar von Boddin）取得接觸。本夜，我營接收了六員軍官、九十三名士官兵作為補充。

在俄國所接收到的第一次人員補充，給了我相當好的印象，他們很快就適應了狀況。不出幾日，這些年輕的弟兄們即將成為戰場老手。

在最後一次的夜間轟炸機「服侍」之下，我們離開了格尼切斯克，向梅利托波爾方向行進。行駛於深厚的砂質路面以及厚密的灌木林之間，我們往北進發。很快就與博丁營接觸了，他們的位置在阿基莫夫卡（Akimowka）以南，該鎮正由強大的俄國兵力占領中。

博丁和我在美麗的梅克倫堡（Mecklenburg）[6]有許多共同熟悉的朋友，我們都在那裡度過了難忘的時光。博丁是位典型的騎士，他於一九二〇年代初換下了軍裝，前往中國為馮・塞克特將軍（Hans von Seeckt）工作，直到不久前被徵召回役。博丁是位大膽、近乎魯莽的軍官，天生的先鋒營指揮官，決心下達快速，行動獨斷，並在戰鬥中冷酷無情。

6 編註：麥爾在一九二八至一九三四年曾在梅克倫堡州擔任警官。

一九四二年一月，博丁陣亡於克里米亞的奧伊帕托里亞（Eupatoria），在官方紀錄中，博丁記載為被游擊隊所害。

一直到九月二十一日，兩個先鋒營都在梅利托波爾以南地區戰鬥，等待七十二師抵達。由於缺乏步兵，我們無法進一步向梅利托波爾及城鎮以南地區推進。我們處於先頭位置，距離三十軍有兩百公里之遙。

九月二十一日，我接到了命令與敵脫離接觸，撤回至卡朗恰克。我營要在十二個小時之內往回運動約兩百公里的距離，並於九月二十二日完成對克里米亞半島的作戰準備。

在長途行駛於諾蓋草原（Nogai Steppe）的過程中，我首度體驗到了遼闊空間的可怕。我們向西回駛，歷經數個小時看不到一個德國兵。每當迅捷的先鋒營突穿過這些遼闊空間，繼續往東深入之際，德國部隊實際尚未掌控這些區域。草原單調的空間給了我們一種沉悶的印象。我們該用何種兵力朝向東方作戰呢？又要投入哪些單位去面對克里米亞的敵軍部隊？

我們開始看到超越直接作戰範圍的局勢全貌，搜尋東線陸軍的作戰目標。沒有人相信現有的兵力，到了在冬季時節足夠據守整個戰線。各部隊嚴重耗損，急需整補。

我們將歸五十四軍指揮。在英勇的七十三步兵師於九月二十六日成功攻下佩瑞柯普、越過韃靼溝之後，我營將快速突進攻克地峽，然後向敗退之敵實施追擊。本夜稍晚，我營完成了作戰準備，正位於佩瑞柯普斯基灣（Perekopskij-Bucht）西北四公里處待機。

雙方戰鬥打得異常激烈與艱苦，一直到九月二十七日一六一五時，七十二步兵團的一個營才攻入了阿爾米揚斯克（Armjansk）。然而二十八日的戰鬥，卻未替各摩托化營的作戰創造出先決條件。

蘇軍持續以強大兵力，在充分的戰車支援下，反覆發動攻擊。○四三○時，我營歸二十六步兵師，前推至佩瑞柯普西北三公里處。然而原定位於韃靼溝以北的準備陣地，卻於○九○五時丟失了；在四十六步兵師的作戰地境內，同樣也無參戰的可能。於是我營於一一○○時歸還ＬＡＨ建制。

經過了十天的苦戰，蘇聯在佩瑞柯普以南地峽的防線才告崩潰，直到九月二十八日，德軍始突穿了地峽，打通了往克里米亞的道路；九月二十九日開始追擊被擊潰之蘇聯部隊。對席伐斯托普要塞（Festung Sewastopol）的英勇突擊，要到一九四二年七月一日始告完結。

就在五十四軍各部還膠著於佩瑞柯普以南，為每一公尺艱苦奮戰的同時，軍指揮部已經策畫，在五十四軍達成突破之後，派遣ＬＡＨ執行追擊。然而東線上於亞速海、梅利托波爾以及聶伯河之間的狀況發展，卻要求ＬＡＨ要立刻投入作戰。

俄軍在上述之線建構了一道防線，並在該線投入了十八、九軍團共十二個師，對著三十軍與羅馬尼亞第三軍團發起攻擊。對三十軍的攻擊，由於德軍擲彈兵堅強的戰鬥意志而遭到粉碎，然而在北面的羅馬尼亞第三軍團方面，其第四山地旅卻遭到突破，於是在德國軍團的戰線上搞出一個不小的缺口。

根據這個最新的情勢發展，我們於九月二十九日向北轉移，新的任務如下：與第四山地師的偵搜營協同，攻擊並殲滅在巴爾基（Balki）突破之敵軍。在德國山地部隊的協同之下，立刻奪回羅馬尼亞軍遭突破的陣地，並對俄軍造成慘重的損失。

俄軍兩個全新的軍團突然出現於梅利托波爾一帶，確實帶給了德軍指揮高層一段驚心動魄的時刻，但俄軍透過作戰指揮，也給了南方集團軍一次難得的機會。由於俄國人集中力量發動了這次的攻勢卻又損失慘重，於是俄國人現在已缺乏兵力用以阻止克萊斯特裝甲兵團自聶伯河橋頭堡的突破。十月一日，裝甲兵團向東南方發起攻擊，即將切斷兩個俄國軍團的聯繫，同時裝甲兵團將與三十軍與羅軍第三軍團協同，殲滅這兩個俄國軍團。向亞速海的追擊作戰開始了。

從十月二日至四日，我營與博丁先鋒營、七十二步兵師的戰車獵兵營，一起在耶利沙維托夫卡（Jelissawetowka）地區，與強大之敵鏖戰。由於俄國人不顧損失重大，一再向我們居武器優勢與機動靈活的各營發起攻擊，最後遭致重大挫折。草原提供了偵搜營先天的巨大優勢，因此在與數量上遠較優勢的敵人步兵作戰時，能置敵軍於不利的地位。

十月五日，我軍步兵師攻擊了位於梅利托波爾與聶伯河之間的強大防禦工事，一條戰防壕延伸廣及整個攻擊正面，俄國人的抵抗相當頑強。地雷與鐵絲網障礙加深了推進的困難程度。

我營的任務為，攻占莫洛奇納亞河（Molotschnaja-Fluß）的渡口，維持橋梁的開放以供後續跟上的步兵使用。

還是一樣，我營位於攻擊的步兵營之後方待機，等候信號投入作戰。勇敢的步兵毫不含糊、蠕動爬行著通過許多雷區。地雷是用木料製成，因此無法由地雷探測器偵測出來。中午時分，步兵已經越過了戰防壕，於是敵人的主要抵抗線宣告突破。一個通道很快構築完成，使我營車輛得以通行。

我們因亢奮而血脈噴張，布雷默的第一連仍擔任尖兵，他位於我的座車之後。蘇聯人撤退了。在敵人後方，觀測到一個砲兵連正在變換陣地。機會來了！我們要追擊敗退之敵，然後在莫洛奇納亞河上的橋梁設置障礙物。

追獵展開了！帶著我們給予的所有美好祝願，尖兵排像是被放開鎖鏈的獵狗般飛奔出去。

布雷默與我追隨被擾動的塵沙，只有幾枚榴彈試圖減緩我們推進的速度，不過這也只限於嘗試而已。我營向敗退之敵逼進，於一二三〇時通過了費德羅斯卡（Federowka），在那裡我們超越了一個運動中的砲兵連，俘獲了數以百計的戰俘。

我們窮盡眼力觀察敵人的撤退。整個戰線都在運動之中。在一處麥田，我們遭到了敵人的戰防砲射擊，位於最前方的裝甲偵察車被直擊彈命中而損失。敵人的戰防砲當即為機車步兵所摧毀。一輛拖曳尖兵排戰防砲的牽引車，因觸壓地雷而損失。追獵敵人的速度越來越快了。雖然如此，仍如履薄冰般小心翼翼，因為我們確信，撤退中的蘇聯人會大量使用其相當有效的地雷。

特爾朋耶（Terpenje）市區出現在我們面前了，有一條南北走向的河流經城區。地勢向著東方沉降。數以千計的俄國兵乘在騾馬拖車上狂亂地奔馳著，想要在我們之前抵達渡口。蘇聯人在寬正面上向河流奔去，我們抵達了特爾朋耶的第一棟房舍處，這裡的道路呈陡直下降，直接刺激了我們加速狂奔。受到驚嚇的蘇聯人躍入房舍尋求掩護。在一處路彎上擠著火砲、車輛，還有被狂亂鞭打的馬匹，統統紛亂地糾結在一起。機槍火力向我們射來，可以看到橋梁了。越來越多奔逃的俄國縱隊聚積在河岸邊，試圖越過河川抵達救命的對岸去。在這一團混亂中，裝甲偵察車的二十公厘機砲開火了，將河水染成了血色。如抽鞭般的勢頭，我們在蘇聯人之間疾馳著。尖兵一邊向兩側射擊，一邊朝大橋接近。混亂已達極限，大群逃難的人流擠上橋面，在渡口的左右側，也是擠滿了為逃生而掙扎的人群和馬匹。現在離渡口只有五十公尺的距離，而各種推擠、高舉、推移、衝撞以可怕的方式結束了。就在尖兵班向著橋接近，以二十公厘機砲掃倒橋面上群聚的生命之際，我看到了人群、馬匹、車輛飛上了半空，與樑架、鋼柱一起，在爆炸的蘑菇狀煙硝中停留片刻，然後消失於河水泥濘之中。敵人無視自己部隊還在橋上，將大橋炸毀了。

我站在爆破地點，口中還有著硫磺的苦澀味，使勁尋找能夠渡河的路徑，免得逃脫的蘇聯人集結整頓。我們的火力雖然涵蓋了河對岸，但在三公里外的小山丘，發現了掘壕固守的俄軍。必須渡過河去，不能讓未定局的戰況再次變回固定僵化的戰線。

在橋右側幾公尺處，找到了一處渡口，第一連的機車步兵已過河建立了一個小型橋頭堡。爆炸使一輛裝甲偵察車籠罩在煙霧與火焰之中，這輛裝甲車在駛往渡口時，不慎觸壓到了一枚地雷。直到此時，才發現俄國人已經在河岸周邊佈雷了，一些蘇聯人成為自己地雷的犧牲品。我提醒布雷默注意地雷，並在更多部隊過河之前指示將其清除。布雷默就站在我的前面幾公尺，突然用手指慌張指著我的腳下，叫道：「那、那、那裡！您站在一枚地雷上了！」他說得沒錯，我確實站在一枚地雷上，只要身體稍微動一下，都可能隨時啟爆。我們以最快的速度清理了這片荒蕪之地。一五〇〇時，全營已經由急造橋過到了對岸，並與維特營一起，構成了一個縱深三公里的橋頭堡。追擊將在清晨一早繼續實施。

本次行動僅有四名戰士陣亡，一名負傷的戰士因傷重殉職，聽到這點，我頗感欣慰。蘇聯在人員與物資方面的損失均極為巨大；俘虜的人數過多，以致前線部隊無法清點。到了夜間，營作戰地境內均遭到敵人的擾亂射擊。如此的射擊模式，顯示蘇聯人進一步脫離了接觸。

根據俘虜的供詞，以及目前的戰鬥過程與夜間戰鬥搜索的結果，我認為蘇軍已經盡速撤離了。很可能現在只有克萊斯特裝甲兵團自聶伯河橋頭堡衝出、向東南方的突進，才是蘇聯最高軍事委員會所最關注的狀況。

本夜，我建立了警戒線，全營則進行明日作戰行動的準備。小夥子們很清楚，我們就像一根刺針，深入追擊敵人的撤退運動，且可能在一整天，只能依靠自己的力量了。射擊與進軍將交相運用，必要時或許也需以無情的力量蠻橫地給他們一刀。我們必須要迷惑蘇聯人，破壞他們的計畫並殲滅他們。

嶄新一天的第一道曙光來臨時，我看了一眼蜷曲於車輛、大砲、裝甲車旁酣睡中的弟兄們，他們裹著斗篷雨衣抵禦夜間的寒冷。現在俄國的天氣已經轉冷了，而我們尚未獲得冬季裝備。

當我必須做出決心，下達攸關弟兄生死的命令時，總是會渾身顫抖，於是我一根根菸接著一根菸地抽。在首次與敵接觸、展開第一槍射擊以前的這段時間，讓人感到壓力沉重。然而雙方一旦接觸後，當我置身於戰鬥行動之中，所有的壓力就會一掃而空。

戰鬥工兵向前推進，手中拎著重磅炸藥，使他們看起來充滿力量。在我們數百公尺前方，工兵在夜間於戰防壕上炸開了一個缺口。我們還須爆破壕溝壁，將其陡直的牆面炸平，然後使用落土堆成通道。機車步兵在壕溝旁待命準備躍出，重步兵武器與砲兵已經開火射擊了。

手錶指針日不停地旋轉，夜間很快退場，讓位給白晝的光明。灌木叢與樹木自黑暗中浮現出來，若干發俄軍砲彈落到了橋頭堡之上。阿克曼集體農場（Kolchose Akkermen）中的大公雞開始啼叫，道出早晨的招呼。白晝來臨了。我踏著大步走向裝甲車，爬上了車子後部，從這裡，我能夠越過一些灌木叢看到戰防壕的遙遠彼方，並觀察工兵的進展。一些敵人機槍被裝甲偵察車給打啞。敵人微弱的後衛被擊潰，通過戰防壕的通道建立起來了。一如預期，俄國人於夜間撤退了，至少還有兩至三個小時，我們才會遭遇到俄軍的有力部隊。

本日將由第二連擔任尖兵。我對此有一些保留，因為該連換了新連長，在此之前，他還是布倫斯維格（Braunschweig）黨衛軍軍官學校（Junkerschule）的戰術教官，他對我這種非正統的戰鬥方式抱持著懷疑態度。我讓黨衛軍L上尉再次執行任務，但禁止他在沒有我命令的情況下暫停。他必須朝向我命令的方向作最高極速推進。我和尖兵連一起推進。經過簡短的戰鬥之後，敵人在需羅基（Schiroki）的後衛很快被擊垮了，我們於〇八四五時抵達了阿斯特拉漢卡（Astrachanka）。目前所擄獲的戰俘屬於三十五、七十二、二五六團，這幾個團正向著東南方向倉皇撤退。我們攻向了俄軍三十師的作戰地境。

在我們面前展現了一幅有趣，事實上可說令人印象深刻的畫面。在視野所及，我們看到了俄國部隊或跑、或在馬上、或騎馬奔馳向東奔逃。騾馬拖曳的火砲衝下斜坡，大砲上下來回跳動，他們試圖進占砲陣地，好好迎戰我們，以阻礙我們進一步推進。迫砲火力射向我們的行軍縱隊，彈著點是如此接近，令人震驚。然而俄軍的撤退已經變成狂亂的奔逃，他們的指揮官根本無法掌控。現在與俄軍後衛進行交火並無意義，且會喪失寶貴的時間。於是我下令L上尉，以現在的速度繼續推進，且不必顧慮側翼上的威脅。我的命令與伴隨的手勢，簡直像火上澆油般激勵了我們年輕的機車步兵。機車步兵像閃電似地擊向蘇聯人，並以機槍火力痛擊奔逃的俄國人。重裝甲偵察車在機車步兵的側翼上，以壓倒性的姿態開火射擊，突擊砲向著遠方的目標投射砲彈。敵人的彈藥車被炸得粉碎，火砲與其輓馬糾結成一團。在後方遠處，兩架蘇聯舊式飛機在大草原上空，如同燒著了的飛蛾般飛舞，他們並不敢進入我們二十公厘機砲的射程之內。

幾分鐘之後，布雷默趕來和我一起，我向他指出敵人那個進入陣地的砲兵連，以及消失在塵沙的我營尖兵。無須開口多言，我們在教練場和沙盤推演中長期、煩悶作業所磨練出來的默契，現在正達到最完美的階段。布雷默的連以廣正面的姿態迫近發射中的砲兵陣地，側翼上的兵力如狼群般衝進砲陣地，將四門一二二公厘加農砲、兩門七十六點二公厘野砲打啞。赫斯黨衛軍中尉（Hess）與伍爾夫黨衛軍中尉（Wolf）在近接肉搏戰中負了重傷。難以計數的俄軍高舉雙手，走向西方。

就我們眼界所及，看到的盡是狂亂奔逃的蘇聯人。布雷默帶領著他的連，如同一隻被鬆開鍊子的獵狗，向俄軍人車裝備擁擠所形成的「結」衝去。再一次，古德林「引擎就是武器！」[7]的訓示，其真確性獲得了驗證，我們的高速使蘇聯人處在惶惶不安的狀態之下。我開車跟隨在尖兵連之後，和我的傳令兵一起與一群俄兵對向而行。我營主力則在後方保持五分鐘車程的間距。在我們前面有一座集體農場，果園與喬木遍佈著農舍。在開車通過第一群房舍之初，我心中困惑，怎麼看不到任何動靜，既看不到蘇聯士兵，也沒看到市民。然而第二連才剛駛過住宅區，車隊激起的塵沙還在空中飄盪。那麼，發生了什麼事呢？彼得全然不顧我的疑慮，仍加速駛進塵埃之中。就在通過了第一群房舍之後，我自顧自地叫道：「踩油門、踩油門！小朋友，開快點！」在左右側的建築物內，擠滿了俄國人。我發現了在一處庭院，有一個俄軍的無線電站，他們的天線仍然處在展開的狀態。顯然我們闖進了俄國人的一個指揮部了。這裡看不到敗逃的跡象了，第二連想要將摧毀這處指揮部的工作留給後續的營本隊完成。第二連聽從我的話，以全速向著集體農場馳去。由於對北段公路的不快記憶猶新，我試圖盡快與第二連取得聯繫。這時營主力已經將俄軍指揮所打得冒煙起火了。車輛很快就來到了開闊的草原上，大家都很高興。順道一說，地形特徵呈現出波浪起伏。在右前方，也就是東南方向，俄軍仍在繼續奔逃。在右後方，則傳來了布雷默連的戰鬥聲響。仍然看不到尖兵連的蹤影，該連的新連長很快就適應了我們的戰鬥方式，機車

7 編註：原話是 The engine of the Panzer is a weapon just as the main-gun。

步兵必須執著於急速衝刺。

茵李夫卡村（Inriewka）坐落於一個小窪地，沿著一條街道分佈。在這裡也一樣，整個村像死絕了一般。只有在叉路口，我們發現了一門出了點機械故障的二十公厘機砲車，這門砲又再度恢復行駛了。該砲的砲長意欲向東前進，然而往南的路才是正確的行進方向。費了一番功夫，我才將這門砲帶向正確的路上。這幾個勇氣十足的年輕小伙子，還在堅持著要往東去，我因為這個延誤而怒氣沖沖，指著南向的道路，以手勢下達命令，要他們盡快開上我所指示的路上去。砲長無奈聳聳肩，跟在我的座車之後前進。

這條路與一座約有五公尺寬防風樹籬平行，由灌木叢與幾棵單獨的樹木構成。地面間的小起伏，打斷了地形的單調性。

在一處小窪地，我們與一股武裝的俄軍遭遇，這股俄軍正向南行進，突然之間停止不動了。我生氣地告訴俄國人，要他們丟掉武器然後向北行進。同時間我向我副官抱怨道，第二連甚至不想費力去解除俄國人的武裝。在尚未離開窪地以前，又看到了越來越多的俄軍拖著他們的武器輕鬆往南開進，幾個軍官仍然揹著他們的圖囊袋。直到這一刻，我的脾氣終於爆發了，對著第二連連長發了一頓並不溫和的脾氣。我們固然要快速推進，但仍有很多時間足以卸除俘虜的武裝。其實只要最後一個班就可以完成這個任務。

在我們右前方，有數以千計的蘇聯步兵以及無數的砲兵連翻過斜坡與嶺脊奔逃而去，我們已經在奔逃的俄軍洪流中透入了約三十公里了。很快就會是解放本營的時機了，屆時本營將放膽向位於斯達尼察·新斯帕斯科耶（Stanitsa Nowospasskoje）的橋梁進行最後的攻擊。撤退的人群將會匯集於大橋之前，我們將在那裡收穫本次作戰的戰果。當向我可靠的副官赫曼·威澤爾說出了我的意圖之後，他死命點頭表示同意。

在我們前方數百公尺為羅曼諾夫卡集體農場（Kol. Romanowka），防風樹籬也在此到達終點，地形向左上升約四或五公尺。樹籬處，有一條小溪流向南方，在農田前方形成了一片小沼澤。左方看不到有村莊，我觀察到右側有一排房舍向南延伸。農道約有二十公尺寬，在農田以西，小群的山頭稜線上，俄國人還在繼續奔逃。我從來沒有看過如此大規模的集體逃亡。

又過了五十公尺，抵達了羅曼諾夫卡的第一群房舍，現在已是一四四五時，陽光無情照射著我們。雷雨般的情緒籠罩著盛開的風景，而人們為瘋狂所煽動。

在這條長長的村街道上，熱氣在房舍之間浮沉。在這裡一如其他的村落，看不到任何人跡。逃生的路線是繞著村莊外圍走的。

威澤爾的一聲刺耳叫喊，如抽鞭子般驚醒了我。彼得把車停住。一個黑影在我左側的牆面上閃過，我看到威澤爾用手槍向著牆角射擊，用另一隻手將一枚卵形手榴彈丟向牆角。天殺的！我瞥見一門俄軍戰防砲位於砲陣地內，而一隊紅軍就窩在角落。我衝向右方，跳上街道，衝向一座堆肥處，與兩個驚惶的俄兵四目相對。這兩個俄兵位於機槍陣地之後，顯然才剛剛醒過來。我們彼此相對地臥倒在地，等待哪一方先採取動作。我不敢看向街道。一發直擊彈命中了一門二十公厘機砲，將其組員打得四散。一名弟兄的哀號蓋過了所有的呻吟聲。彼得叫著我的名字，到處找我，他應該在我的左後側。我聽到了戰車的履帶喀啦喀啦聲自村街道對面傳來。第二發砲彈射來，把這門二十公厘機砲打成了碎片，假如我想要活著離開這堆堆肥就必須採取行動。這兩個俄兵緊張地盯著我，他們可能以為，我們是以大部隊對該村展開攻擊，而他們的最後時刻來臨了。當我以手勢示意他們趕快逃跑，對方像兔子那樣消失無蹤。我躍身而起，幾乎和那兩個俄國人同時動作，我跳過了被擊碎的機砲，緊緊貼著斜坡臥倒。在那裡，找到了傳令兵德雷薛與彼得。威澤爾仍未見蹤影。據德雷薛說，威澤爾衝進入了左側的房舍。

我現在搞明白了，為何我們會在半途中撞上了一支全副武裝的俄國部隊。在尖兵連向茵里夫卡前進的過程中，他們走錯了方向，而我緊追尖兵連行進，於是將我置身於此間微妙的處境。我巴望著費恩黨衛軍上尉（Fenn）的八八砲趕快到達。希望俄國人先不要反擊，否則我們全都死定了。

我差一點就要把威澤爾送上西天。這小子是如何跑上閣樓去的？他還是一樣興致高昂地指指左方，他是要我們注意戰車嗎？算我們走好運，這處斜坡正好位於戰車的射界死角。我向斜坡上方稍稍移動了一些，這樣我才看到了，位於村末端有一架飛機，這架飛機停在集體農場的草皮上。是不是我們又闖進另一個指揮部了呢？

時間一分一秒過去了，在我們右側，俄國人還是爭先恐後翻過山嶺，而我們也還是緊趴在草皮上。戰車變換了他們駐止的地點，履帶的聲響越來越近，又逐漸遠離。突然，一輛高速行駛的豪華轎車，對著第一排房舍射擊，由於速度過快，這輛車在轉彎時車身側翻，僅以兩輪著地。最初我們僅僅是默默觀察著這輛車子，然後使用一切火器追著這輛車射擊。這輛車留下一大股塵沙升起，揚長而去。

最終聽到了履帶聲在後方響起——一個八八砲排向我們接近。我們的處境，以及那門被擊毀的機砲，已足以要求擲彈兵們採取行動了。以一個俐落的轉彎，駕駛將牽引車做了一百八十度轉向，讓八八砲能夠進入陣地，盡速開火射擊。幾秒鐘之後，砲彈射擊的呼嘯聲迴盪在街道上，費恩企圖摧毀草皮上的那架飛機，現在卻不是這樣簡單。砲手並沒有看到射擊目標，而八八砲極度不適合於這種任務。那輛豪華轎車抵達了飛機處，飛機很快起飛了，像隻使勁飛行的小鳥轉了個彎後，消失於地平線上。

八八砲的射擊效果出奇的好，使我們又重新振奮起來，最近半小時內的麻痺一掃而光。榴彈是如何美妙地自我們身旁射過啊！對於那些自認為已全軍覆沒的士兵而言，這是多麼令人舒緩的音樂。重戰車突穿了後花園，由於斜坡障蔽了視線，我們無法與這輛戰車交火。步兵砲進入砲陣地了，一門戰防砲也被帶上前來，與八八砲一起對著奔逃的隊伍轟擊。終於，一個排的戰鬥工兵抵達供我差遣，於是在他們的投入下，我向村內作了些許的推進。我要知道那裡到底發生了什麼事！

我們在未與敵人接觸的狀況下，進入了第一棟房舍，威澤爾緊跟在後，帶領一個班的戰鬥工兵來到了地窖入口。我驚訝看著俄國軍官從門後走出來。威澤爾帶我進入建築物，然後向我報告稱：「在左側，我突然發現了一輛俄國戰車，乘員們正忙著吃午餐。在我還來不及向您報告以前，我們就和一門戰防砲交火了。我當時並不知道該如何反應，只是跳起身來，對著戰車乘員射擊，並向他們投擲了一枚卵形手榴彈。我並不知道俄國人最後怎樣了。我當時僅僅想到要盡速找個安全的地方掩蔽。我踹開了一扇房門——突然發現我竟站在一群高階俄國軍官面前，他們正圍著一張地圖桌在討論事情。我的出現造成了可怕的結果。俄國人縱身躍窗而出，我則驚恐地爬上了樓梯，然後就看到你躲在堆肥之後了。在房舍的另一側，有很多俄國士兵與軍官，他們都在逃命。有幾個高階軍官爬進了重戰車裡面，我們肯定闖入了一個高級司令部了！」

就在我檢視擄獲品之前，第二連連長出現了，我接管了他的連長職務，他臉上內疚的表情，省去了遭受我一頓發飆，他急切地去執行新的命令。

威澤爾的歡呼聲將我引入了建築物內。彼得已經穿上了一件俄國將軍的雙排扣制服，桌上擺滿了狀況圖。在另一間房，則有著整套的無線電設備。原來我們襲擊了俄軍第九軍團司令部，可惜的是，軍團司令與一位空軍將領，雙雙乘飛機離去，他們就是坐在那輛豪華轎車上。俘虜之中，有幾位參謀軍官以及航空軍軍長的秘書，他們都表現出合乎軍人身分的良好態度。結果在審訊過程，才發現我們曾經在某集體農場衝破了俄軍三十步兵師的指揮所。第九軍團現在正慌亂向羅斯托夫的方向狂奔。

自豪於如此不尋常的勝利，我向師部呈上了一份相應的報告。然而當無線電士將師部的答覆送交給我時，感覺被打臉了。上面寫道：「這是搞什麼鬼？」

被潑了一桶冰水也達不到這樣巨大的效果。我還頗清醒的，立刻送了一名參謀帶著那個擄獲的秘書，一起到師部去。

沒有多久，我的無線電士使用俄國人的無線電傳送了一份命令，我們企圖誘惑俄國人實施堅決的抵抗。我們要為馬肯森軍（Korps Mackensen）[8]開創機會，以閉鎖包圍圈。然而蘇聯人似乎並未收到。紛亂的奔逃仍然在持續中。

布雷默連呼叫支援。他們在實施追擊時被捲入激烈的戰鬥。我們必須等到隔日，待後續的步兵跟上。

一開始我們並未發現戰利品是有多大的價值。放眼望去盡是被放棄的大砲、牽引車以及騾馬拖車。無數的戰俘向西行進，而許多俄國人被火砲打死。我們自身陣亡三名，負傷二十七名，一名戰友失蹤。

就在終昏之前，維特營抵達了，該營完成了肅清村落內敵兵的任務。午夜時分，布雷默連與本營會合。

十月七日，我營繼續推進，第一營在我營之後跟進。我們接獲命令，攻占海港城市貝德楊斯克（Berdjansk）。

在寒冷的秋霧中，作為尖兵的第一連超越了最前進警戒線，向前開進。俄軍的大砲、戰車與車輛，標示出了俄國人撤退的路線。我們在新斯圖加特（Neu-Stuttgart）與一支微弱的俄軍遭遇，這支俄軍急切往東撤退。在新斯圖加特的大街上，發現難以計數的俄國百姓遭到槍殺，有些受害者帶著可怕的槍傷，匍匐向我們救助。為何蘇聯人要殺害這些老百姓，我一直都沒弄明白。

歷經了短暫且激烈的戰鬥，我們攻下了安德烈耶夫卡集體農場（Kol. Andrejewka），然後實施風馳電騁的追擊。在正面與右翼上，一支強大的俄國砲兵越過平坦的丘陵奔逃而去。兩個加農砲連很快遭到第一連攔截，蘇聯人甚至沒有時間實施自衛防禦。約一〇〇〇時，我們還無法完成戰俘與戰利品的清點，本日又再次重複前一天的過程，無法加快我們的步調。

我們現在越過一片起伏劇烈的地形，有一條小河穿過該區流向南方，在貝德楊斯克注入亞速海。這條河流就在我們前方數公里。

蘇軍若想有條不紊地撤退，就必須守住該河段，迫使德軍作戰，使撤退的部隊能有序地向米烏斯河（Mius）甚至頓河移動。他們必須為了爭取時間與空間而戰鬥，而我們將不允許他們獲得這兩者。這支強大但殘破的部隊，必須要在其移動的過程中予以殲滅。德軍的速度，將是勝利的

8 編註：馬肯森將軍的第三裝甲軍。

保障，絕不允許曠日持久的戰鬥。按照過去觀念，這些部隊的狀況應該不再適宜作戰了。所有的單位均不是滿編狀態，僅及原有兵力的一小部分而已。

即便是隊伍中最後一名擲彈兵都知道，我們將要以最快的速度攻占在新斯帕斯科耶的橋梁，尤其重要的是，應避免該橋遭到爆破。再一次，時間的關鍵以分鐘計算。

第一連的尖兵排衝上了一片小斜坡，於是得以展望新斯帕斯科耶。村落位於一個窪地，河床正處於滿水位，兩旁的河岸幾乎呈垂直狀態。一座現代鋼骨水泥橋梁橫跨於河面上。

步兵、摩托化車輛、砲兵，偶爾有幾輛戰車正在橋上狂駛。馬匹涉水而過，試圖爬上彼岸。整個窪地人山人海，在高地的右側也有潰散的部隊在向東奔走，他們或湧向橋梁，或企圖橫渡河面，以減輕橋面的負擔。第一連要充分利用這混亂狀態，以一次襲擊奪下該橋。

機車步兵、裝甲偵察車、戰車獵兵的縱隊由縱深隊形轉為廣正面展開，呼嘯著駛下斜坡，衝入俄國人之中。撤退中的蘇軍沒有實施防禦的念頭。他們極度慌亂地自山坡上流向河床，馬拖曳的砲兵連、部隊的運補車隊，還有步兵，全部亂作一團。馬匹無法到達對岸，只好在水中等待。還有很多人徒涉過河，想要逃脫避免被俘，然而他們全都走向了死亡！從無數的砲管中噴射出的槍砲彈，在奔逃的群聚中散播死亡。慌亂越來越擴大了，俄國人完全無法實施指揮與管制，人們為了生存而狂奔、踐踏、推擠。在這一團混亂中，第一連發射所有的砲槍，向著橋上衝擊而去。數輛裝甲偵察車在高地上以火力清掃橋面，最後剩下的只有死人還有垂死者。

突然間，我瞥見第一班像被毒蜘蛛咬到了一樣反射地向前衝，從仍在疾駛的車輛上跳過樹籬，消滅了俄軍一門重戰防砲的砲組員。該戰防砲才剛進入陣地，預備在橋引道上對我們反擊。

在第二連以及高地上裝甲車的火力支援之下，第一連展開迅捷的攻擊，很快進展至村落的東緣。我跟著第一連來到了大街上，為著是否繼續向馬里烏波（Mariupol）推進的決定，心中正在掙扎。由於俄國人仍在快速撤退，當前的狀況顯然要求我們持續往馬里烏波推進，以將更大的俄軍部隊向亞速海岸壓迫。俄國人的撤退完全是往東南方向進行，也就是朝著馬里烏波的方向。因此，我們是否應執著於貝德楊斯克的占領而浪費寶貴的時間？隨著繼續向東朝馬里烏波推進，這座城市也將自動陷落。

我與多位戰友們站在村落的最後一群房舍後方，對地圖進行深入的研究。我本想和隨軍新聞官佛朗茲．羅特一起前往防風樹籬，該樹籬的阻擋，讓我們無法觀察到山腳一帶的情形。佛朗茲像被刺到一樣在尖叫，又將我們急促的拉回到樹籬後方。羅特一句話也說不出來，他翻身過去，用全身來保護他的攝影機。在我們左方不到二十步的距離，有一輛巨大的戰車，隨時可能會開動或者開火射擊。轉眼間，街上空無一人。貝爾格曼黨衛軍下士（Bergemann）抓起了一枚集束炸藥，在火力掩護下穿過果園，試圖摧毀這輛戰車。我們屏住呼吸，尾隨這位士官前進，戰車仍站著不動，甚至引擎都未運轉。難道這輛鋼鐵怪物是拋錨了嗎？

貝爾格曼拉動了導火索，深吸一口氣，然後衝向戰車。同時間炸藥飛向了戰車後部，即將在下一秒啟爆，摧毀引擎。現在，就是現在，一聲槍響劃破了緊張的氣氛，我看到貝爾格曼倒下了，而炸藥滾到了離戰車數公尺的沙地上。一顆手槍子彈自戰車中射出，命中了我們這名戰友。一陣爆炸過後，這輛戰車毫髮無傷。這時，一輛突擊砲駛來進入射擊位置，在二十五公尺開外，一發砲彈接著一發射向這輛鋼鐵怪物。完全沒用，砲彈並未貫穿，俄軍戰車似乎刀槍不入。突擊砲砲長伊瑟克（Iseke）不可置信地搖著頭，咒罵了一句。他的突擊砲遇到了強大的對手。最終透過點燃汽油，才摧毀了這輛我們有幸遇到的第一輛T－34中戰車。

正當對著T－34射擊的過程，我與一群戰友們位於一間小房舍的庭園，為了要取得更好的視野，爬上了一座隆起地。這處高起的斜坡似乎是一座馬鈴薯田窖，或者是由俄羅斯農婦臨時搭建起來的菜園地窖。稻草中的一個開口通向了菜窖洞口，我們站在這處隆起地一會兒，突然我忠實的狗狗派特急促的衝入洞內，扯咬一件俄國大衣。小狗發現了躲藏在菜窖中的十二名俄兵，我們驚訝地看著對方，俄國人握著手榴彈、衝鋒槍，以及其他武器自他們躲藏處爬出來。我們再一次體悟到了，一個軍人需要何等多的幸運才能夠不屈服於戰爭中的諸多巧合。

我想要向馬里烏波繼續追擊的意圖，暫時無法實施了，經由無線電已下達奪取貝德楊斯克的最新命令。第一連再次擔任尖兵，駛經高地向亞速海前進。該連透過奇襲，不費一槍一彈就將許多俄軍砲兵連解除武裝。冷風在我們耳邊吹拂，一架短程偵察機在我們行軍車隊上方盤旋，將一個通信筒投擲在車輛的前方。上面說：「城內僅有微弱的兵力，在貝德楊斯克以西十公里處，有敵人縱隊行進中。在城鎮以東，有若干縱隊並列著朝向馬里烏波的方向前進。」該份敵情通報，是我在貝德楊斯克以北八公里處收到的。寒冷、飢餓、疲憊通通都被拋諸腦後了。必須在貝德楊斯克以西殲滅敵人，絕不允許他們在我們之前抵達貝德楊斯克。

只稍幾句話，彼得就了解了我的意圖，輕裝甲車像賽車一樣的追著第一連而去。揚起的塵沙在車後迴盪，而在我們面前，已經看到了閃爍的海平面。格爾德．布雷默與他的尖兵看到了我的手勢：「跟上！」

我們無法自北方觀察到城區，該城位於陡直的海岸下方，彼得降低車速，不久就看到了一座機場，最後一架飛機才剛自機場起飛，消失於東方的天際。

我們小心翼翼接近第一處房舍。一個機車步兵班在我們前面移動，這座城市宛如一座鬼城，見不著一個人。路上的坑洞與崎嶇的路面，迫使機車步兵緩慢行駛。為了盡速通過城鎮，我做出了「超車」的手勢。現在我們成為尖兵的第一輛車，很快就超前了一百公尺的距離。我們又再度向西行進了，就在俄國後衛的之後位置。我們再次深入宛如死絕的市區，十字路口如磁鐵吸引著我們靠近。裝甲車的車頭小心翼翼繞過街角，像是在嗅著街頭般慢速前進，然後車身快速移動，在下一個拐角處停車。我們就像這樣一條街到一條街，為機車步兵們帶路。

我蹲伏在砲塔後方，緊緊握住我的短步槍，這時彼得正準備移往下一個角落。沒有聽到一絲聲響，沒有一扇窗戶敞開，也看不到任何動靜。在裝甲車轉角處消失不見以前，我回頭觀察機車步兵是否有跟上來。裝甲車猛地停了下來，我躺在路面的一側。射擊的聲響就在耳邊響起，馬匹騰躍起來，衝向街道。哥薩克人發狂似的拼命射擊，一躍而起衝進最近的房舍內。一名軍官舉起他沉重的「莫辛－納甘」（Mosin-Nagan）步槍射擊。在此同時，我聽到從我身後傳來彼得的聲音：「少校，我打中他了！」彼得沒錯，納甘步槍摔落到地面，失去騎士的馬匹跳躍著向西跑去，受傷的哥薩克人則緊緊靠著牆壁。

我們這輛沒有武裝的裝甲指揮車，受到一個俄軍騎兵連的圍攻。如果我們要以奇襲之勢殲滅城市以西的這支縱隊，現在需要更為迫切的行動了。布雷默以閃電之勢衝至城鎮東緣，然後在原地等候後續的命令。這支俄軍縱隊在不知情的情況下，越來越接近了。我們已經可以辨識出每一輛車以及每一個人，這支部隊必定是當初投入在梅利托波爾以南的海峽中的那個加強團的殘部，現正試圖追上主力部隊。

我營現正位於道路兩側待命，等候我的攻擊命令下達。我現在有時間，要等到這支縱隊消失於窪地中，然後準備爬上斜坡之際才動手。在等待中一分一秒過去了，擲彈兵們蜷曲於車輛上，享受著最後一口菸。

敵人的先頭現在距離還有三百公尺，在缺乏警覺之下繼續前進。不知為何，我突然替俄國部隊感到難過。他們在孤立無援的狀況，掩護了戰友們的撤退。在這些殘破的部隊意識到發生何事之前，機車步兵連與裝甲偵察車已火速從縱隊兩側飛馳而過，在未打響一槍的狀況下包圍了他們。超過兩千名蘇軍帶著武器與裝備被俘，還有兩個砲兵連也被我們擄獲。在十月七日的戰鬥行動中，我方宣稱僅有一名戰士陣亡。那就是勇敢的貝爾格曼黨衛軍下士，他在攻擊敵人戰車時陣亡。

就在俘擄了俄軍的縱隊之後，我營也和博丁先鋒營會合了。我親自開車前往該營，向博丁道賀他獲頒騎士鐵十字勳章。當我們重新往新帕斯科耶前進、準備向馬里烏波追擊的同時，他的營攻下了貝德楊斯克。在很長的一段時間以後，我們有幸在步兵的掩護下休整。第三營向東實施警戒。午夜時分，來自家鄉的郵件到達了，這是我們高效率的後勤參謀（Ib），瓦特．艾維爾特黨衛軍少校（Walter Ewert）帶到前線來的。艾維爾特總是了解戰鬥部隊的需求，並且尋求利用各種可能性來協助戰鬥部隊。我們實在虧欠他太多了。

很快的，天又亮了。我聽到了引擎的發動聲以及炊具的喀啦聲。然而我卻沒有從床上爬起來的力氣了。不過，彼得並沒有這麼早就放棄叫醒我，直到我站在房間中央，把一杯熱騰騰的「穆克福克」（Muckefuck）代咖啡放到我的嘴唇邊。

突擊砲深沉的隆隆聲，以及機車引擎的響亮聲，把我引領至村街道上。引擎的噪音在我耳裡就像是音樂。為了要達到良好的平均效能，今天我們選擇了以尖兵跳躍推進的方式。尖兵排由裝甲偵察車與戰防砲增強，將在營主力之前以最快速度推進，然後在顯眼處等待本營抵達。本營將以穩定的速度追隨尖兵之後行進。

此間的地形劇烈起伏，但沒有樹木，僅在聚落能看到新植栽的果園。最初的二十分鐘，我們在寬廣的黏土路面上不受干擾的行駛著。已經看不到丟棄的裝備與掉隊的俄國人，這些是可以顯現軍事撤退路線的跡象。

自〇五〇〇時起，我們在這嶄新的一天出發，等著隨時都可能出現的防禦火力。〇七四五時，我們在曼古希（Mangusch）首次遭遇敵人的抵抗。第一連在運動狀態下穿過村鎮攻擊前進。曼古希是個讓人搞不清楚是怎麼規劃建起來的村落。這座村落寬廣的分佈於前進路線兩側的皺褶谷地中。在穿越村鎮的過程，我看到了俄國步兵位於房舍與庭院。然而我們並無時間能夠肅清該村。我們要向馬里烏波前進，這個更大的目標引誘著我們。殲滅遺留下來的敵人的任務，將交由後續的步兵單位執行。本營並沒有停歇，持續推進。與敵人交火都是在車輛上進行的。

在曼古希以東兩公里處，尖兵撞上了一道蘇聯人設防良好的陣地。這應該是構成馬里烏波最外圍防線的一部分，然而由於德國部隊迅速推進，敵軍無法全部進駐，不過該處確實提供了後衛部隊展開強韌抵抗的機會。

該陣地建立在一座展開於前進路線兩側的高地，能夠對前緣地帶進行全面的掌控。我們還是選擇不尋常的攻擊方案，我們將對著高地投射砲兵與所有的重步兵武器火力，尖兵連接獲命令，等深入敵人防線後方五百公尺始進行交火，然後自後方瓦解敵人的防線。後續的單位將在突擊砲的支援下，自兩側席捲敵人陣地。

該命令透過口頭與傳令兵遞送傳達。我正和布雷默在一起，布雷默即將與他的機車步兵一起向高地躍出，帶領弟兄們進入未知的狀況。在該連之後，突擊砲隆隆向前推進。砲彈向著防禦者的陣列轟去，迫使其伏身掩蔽。幾秒鐘之後，攻擊部隊抵達高地上的陣地，尖兵連將突穿而過，而後續部隊則自兩側席捲。尖兵排排長黨衛軍少尉修茲（Schulz）在實施突穿攻擊時負傷。蘇聯人很快就自最初的奇襲中穩住，尤其是道路右側的戰鬥，打得格外艱苦。一位年輕、士氣高昂的政委，一而再地激勵他的部隊。他的呼喊不僅鼓舞了戰士們的心志，他英勇的榜樣，更讓他們挺身而戰。我永遠忘不了這個人的最後身影，他站高身子來，向著馬爾（Mahl）的班投出了最後的手榴彈，然後鄭重其事地把最後一枚落在他面前的地上，用自己的身體撲上去。他的身軀短促震起晃動，接著殘缺的屍塊四散。這就是這位傳奇人物的最後結局。

在曼古希，兩個砲兵連被擄獲了，這是先頭部隊在攻擊前進時拿下的。可惜的是，我們最年幼的弟兄艾里希，在這場戰鬥中戰死。早先我將他調往運補車隊以保護他。超過三百名戰俘在方才攻下的陣地上被抓住，我們也擄獲了幾個砲兵連。根據戰俘陳述，往羅斯托夫撤退的命令已經下達了。繼續推進！沒時間浪費了，必須在推進途中打擊蘇軍。

〇九三〇時，我站在道路右側高地的最高點上，眺望馬里烏波。馬里烏波就在我們面前數公里，一條公路直通該市。尚無法辨識出任何人跡。在城郊的路口，可以觀察到設置有路障，裝甲車正來回行駛。然而那裡的狀況是怎樣的呢？有一支很長的行軍縱隊，自東北方開進城區，這支蘇聯縱隊有數公里長。敵人砲兵自縱隊中開出，即將進入砲陣地對付我們。在城西，我們也看到了一支行軍的隊伍，這支俄軍部隊正沿著貝德楊斯克－馬里烏波公路撤退。根據地圖顯示，這兩支縱隊如要繼續向東撤退，必定要通過馬里烏波唯一的一座橋梁。

我專心觀察這支長蛇般的縱隊數分鐘之久，仍無法做出定奪。這座龐大的城市具有大規模的鋼鐵廠、造船廠、機場，且不斷吸收了大量的士兵進入，直教我感到吃驚。東端的那支蘇聯縱隊向後延伸，直至我們左方的地平線之後。這支黑壓壓的長線無情地向著該城移動。我如果用不到一千人的兵力攻擊如此龐大的部隊，會不會有些狂妄啊？

飛機起飛向東方飛去。儘管我們心存顧慮，難道這不是對我們冒著風險發動攻擊的直接挑戰嗎？是否這架離開的飛機，暗示了這座城市即將被放棄？一如往常，在下達決心的當下，我都要去和先頭單位一起，去看看我年輕士兵們的反應。假如整件事「爛透了」，如果計畫看起來並不保證成功，那麼我的「先鋒騎士」就會冷漠地看著我，或者無語地擺弄著他們的武器。然而，如果計畫尚有一絲成功的希望，我就會察覺到他們攻擊的意願，感受得到他們未說出口的信任感，這些都激勵我下達攻擊命令。今天的尖兵指揮官為塞普．馬爾（Sepp Mahl），他是我老第十五連時期有卓越戰鬥經驗的戰友。塞普接替負傷的前任擔任排長。他向我點點頭，做出不屑一顧的姿態，然後緊張地抽著菸。連長布雷默冷靜看著我，從眼神可以看出，他們將追隨我到世界的盡頭。我看不到任何疑慮或者不安，弟兄們都在等待繼續追擊的命令。他們的直覺，還有歷經多次戰鬥所得來的經驗，讓他們懷有必定成功的信念。他們的自信心、在我領導下的同袍互信，以及對於自己力量的信念，驅使我向前。對於自己怯懦的恐懼，則鞭策著我前進。

手錶指針指向〇九四五時，俄軍第一次的砲擊就在附近落下了，於是尖兵開始出發。砲兵以及一個八八砲連正與蘇聯砲兵連互射，並且對機場上的起降作業實施擾亂射擊。

在開進的過程中，我發現了一道工事陣地就位於馬里烏波城區邊緣之前的道路兩側。機槍火網射向我們中間，迫擊砲火力翻攪了我們後方的黑色土地。行進絕不可停頓。機車步兵位於寬廣的道路兩側，直向城區衝去。一道路障尚未完工，突擊砲的射擊打死了防衛者。在道路左側，距離我們數百公尺遠，一架敵人飛機起飛，低空掠過屋頂後立刻向東飛去，消失於天際。沒有一架飛機試圖攻擊我們，難道蘇聯人沒有時間裝填彈藥嗎？

與其他的蘇聯城鎮不同，馬里烏波在郊區有著高聳的多層建築物。假如你的身旁沒有一棵樹或一間小屋，這種突如其來的轉變是頗嚇人的，甚至是有些壓迫感的。尖兵在第一群房舍後方暫停行進，準備徒步前進。我也想跳下車去找個地方掩蔽。突起的牆壁形同威脅要向我們壓過來，但牆卻把我引誘過去。彼得駛往一處圓形的廣場，標格薩克黨衛軍二級士官長突然出現在我們左方，一列行駛中的車輛縱隊正對著我們開來，載重卡車、牽引車、騾馬拖車，還有上千人聚集在這大型圓形廣場。我們的裝甲車突然出現在一輛消防隊的雲梯車前方，這輛車也堵在這一團混亂中。標格薩克的裝甲車的高爆彈擊碎了這些車輛，機車步兵機槍射擊聲迴盪在廣場上，燒著了的人自雲梯車上跳下，像團火炬般在遼闊的廣場中亂竄。一輛油罐車當場爆炸，十多人陷入火海。一大群狂暴的人衝到側街，將任何阻礙他們的一切踐踏在腳下。

我們氣喘吁吁，叫喊著繼續向前衝刺，然後將街道封鎖。砲彈開始呼嘯著落在過份擁擠的市街，開向市區的車隊立刻被打得四分五裂。蘇聯車隊的任何秩序都不復存在了。他們如蝗蟲般淹沒了整個城市，試圖占據通往羅斯托夫的道路。

廣場成冒著煙的凌亂廢墟，只剩下死者、嚎啕大哭的人；大多數的蘇聯人都不見了。我們在街角開設了指揮所，以指揮接下來的戰鬥。布雷默向著塔剛羅格（Taganrog）的方向前進。一三一〇時，第一營已經在馬里烏波東邊兩公里外的薩爾塔納（Sartana）了。一支強大的敵人縱隊飛快駛過大街向東逃逸。

我們將完成占領馬里烏波的消息報告給師部，卻得到了這樣的回覆：「這對嗎，你說的是曼古希吧。」這當然是對的，這座城市已經臣服於少數德國擲彈兵的大膽突擊之下了。速度在這次又戰勝了遲鈍與優柔寡斷。本日僅以一員指揮官、一名士官與三名戰士負傷作為代價，然而卻有四名戰友永遠離開了我們。

後續跟上的步兵接掌了肅清城區的剩餘任務，並執行向東的警戒。懷著驚嘆的心情，我們參觀了巨大的亞速鋼鐵廠。這座鋼鐵廠綿延海岸數公里，裝有現代化設備。該廠在完好的狀況下落入我軍手中。

隨著馬里烏波的陷落，「亞速海之戰」也告一段落了。超過十萬名蘇聯人被俘，兩百一十二輛戰車以及六百七十二門大砲成為戰利品。

從十月十日至十二日，我營於馬里烏波與米烏斯河地區之間，塔剛羅格以西數公里一帶區域作戰。

十月十二日〇四三〇時，本營試圖在米烏斯河建立橋頭堡，同時襲擊奪取一座既有的橋梁。我們自南面接近這座橋梁，遭到來自米烏斯河東岸的敵人砲兵射擊，砲火準確落向我們。第一連在橋梁前方七百公尺被釘死，直到終昏以後，才自敵火下脫離。營主力在沒有損失的狀況下，成功自米烏斯河脫離，只有尖兵單位被蘇聯人搞得有些火大。

約二十名士官兵與五員軍官負傷，當中，包含營部的兩員醫官。我開車載著我那忠誠的「彼得」——艾里希·彼得席里黨衛軍下士，於夜暗中返回。彼得被一塊砲彈破片打中，他是第一位在我身旁陣亡的駕駛，此時此刻我尚且不知道，在整個戰爭過程中，將會有七位駕駛在我身旁殞命。

第二天一破曉，站在陣亡戰友們的墳前，四具為斗篷雨衣包裹的屍首，被我們埋入異鄉的土地中。大家沉默不語站在墓地周圍，向死者告別。蘇聯重砲兵怒吼著自塔剛羅格方面射擊過來，砲彈呼嘯飛過頭頂，搜尋我們的砲兵。

傳令班的成員，威澤爾以及其他弟兄，均為彼得最親密的戰友，等著我發表告別辭。我的喉頭很緊，一句話也說不出口。兩行熱淚自臉頰流下。一束野花落入了黑暗的墓穴中。我向彼得祝禱，然後轉身離去。之後，我寫了封信給他的母親。

至十月十六日止，我營肅清了米烏斯河西岸地區，然後跟隨維特營腳步前進。維特營剛才在柯塞爾金（Koselkin）建立起了橋頭堡。十月十七日我營在攻擊塔剛羅格的過程中向南方前進，然後在沒有任何重大戰鬥的情況下開進入了港口。維特營在我們左側攻擊前進，在更北面的佛萊營[9]則向該城進攻。步兵以前所未有的聲勢攻向了塔剛羅格北郊，並由此透入了城區。

不幸的是，該營遭到蘇聯兩列裝甲列車的攻擊，這兩列裝甲列車駛入攻擊前進中的部隊，並在該處撕開了一道極大的缺口，一直到裝甲列車遭到八八砲摧毀為止。超過八十名戰士在滿載火砲的裝甲列車火力下陣亡。

在向塔剛羅格攻擊之際，我們首次觀察到了蘇聯人如何有計畫地破壞一座城市。工廠與公共建築被炸上天，濃厚的煙塵顯示出了蘇聯人的撤退行動。至目前為止，我們只看過大堆的穀物被縱火焚燒，現在這才真實體會到「焦土政策」的意涵。

港區內，企圖脫逃的船隻沉沒了，沒有一個俄國人想去營救他們溺水的同胞。在德雷薛的強烈要求下，俄國人才出發將船難生還者救到陸地上來。一座彼得大帝的紀念碑就座落於陡峭的海岸上，彷彿他正俯視著海中沉沒的船隻。

天氣冷了，寒風從海面上吹來，宣告冬季已經來臨了。在右前方我可以看到高加索山脈冰雪覆蓋的山頭，這座高山在大地上閃爍著，雄偉壯麗，不受人類喧囂的影響。我們凍得很，身上的制服已破爛不堪，冬季被服卻未見蹤影。

部隊的攻擊銳氣仍未消褪，我們在搜尋著下一個要進擊的目標。在我們後方，是遼闊的大地，既沒有住民，也無交通網，現成可用的鐵路線朝南北走向。這是我們第一次考量著要進入防禦態勢。

十月二十日，我們在寒冷的雨水中行進於翻攪糾結的道路上，往羅斯托夫進發。行軍路線現由第十四裝甲師掌控，該師和第十三裝甲師、第六十摩托化步兵師以及ＬＡＨ，同歸馬肯森軍統轄。

我冷漠地看著被摧毀在薩姆貝克（Ssambek）反斜坡上的敵軍裝備殘骸沉睡在泥濘與雨水中。此前這是俄軍的一個營。

我再也無法閱讀地圖了，字母在我眼前浮動，虛弱和噁心折磨著我，只好請求指揮官將我解職。四個月在俄羅斯的戰鬥，已足夠讓我躺到病床上去了。我已經不再適於執行戰鬥任務，黨衛軍上尉克拉斯暫時接掌了本營，他將帶領他們投入未來的艱苦戰鬥。

入夜後，我再度來到了塔剛羅格，由於黃疸和噁心的痢疾而被送入戰地醫院。在這些日子裡，痢疾像瘟疫蔓延，危險削弱了前線的戰力。第一線不再是德國團或者德國師了，東線上僅由一度強大的戰鬥部隊的微弱殘部所據守。德意志的擲彈兵嚴重失血、缺乏準備，投入了他一生中最艱難的戰鬥。他以警覺的眼光注視著即將降臨的災難，但在履行職責方面則絲毫沒有動搖，並

9 編註：營長奧伯特・佛萊（Albert Frey）。

篤信他的犧牲有其必要性。

數星期之後，儘管雙腿仍有些抖動，我還是離開了野戰醫院，回部隊報到。指揮官沒多想，把我調到預備幹部名單上，並留在師部。

ＬＡＨ在羅斯托夫以西進入防禦陣地，與第十三、第十四裝甲師協同抵禦蘇聯的每次攻擊。歸在第三軍的作戰地境，是個缺乏樹木、沒有樹叢的遼闊荒蕪之地。寒風自荒野吹來，嚴寒使得地面封凍，像岩石一樣堅硬。想要挖掘散兵坑，甚至構築合適的陣地都完全不可能。天氣是我們最嚴峻的敵人。

我營被編入了防禦陣地，參加了對抗俄軍二五三步兵師的戰鬥，該師在歐夏斯基上校（Ochatzky）的指揮下，新近於八月於高加索地區編成。該師徵召了庫班的哥薩克人（Kuban-Kosaken）服役，不過哥薩克人對於蘇聯並不友善。

在我掛病號期間，我營兵力仍處在孱弱的狀態。軍官缺員的影響最是嚴重。第二連現在由奧爾伯特黨衛軍中尉（Olboeter）指揮，他本身也負傷了，不過他拒絕離開部隊。第三連出現了白喉的傳染，進一步削弱了本營的戰力。

馮．畢特納黨衛軍中尉（von Büttner）在十一月一日於亞歷山德羅夫斯基（Alexandrowskij）負傷。

十一月二日，我隨侍師長前往亞歷山德羅夫斯基訪視我營的老戰友們，同時參與了格爾德．布雷默獲頒騎士鐵十字勳章的授獎典禮。我觀察到擲彈兵們對於布雷默獲獎的殊榮，均感到無比的開心，我頗感欣慰。全連都認為此乃實至名歸。

冰霜被雨所取代了。雨水滲入散兵坑內，在路上的車轍中累積，也浸濕了制服。車輛、火砲、戰甲車，均沉陷於泥濘之中。擲彈兵們在及膝深的泥漿中跋涉。運補近乎不可能實施，僅能使用騾馬牽引的拖車來進行。動力車輛只能牛步行駛，燃料的消耗與物資的磨損，均發生在與實際戰鬥任務無關的場合。一整個軍團沉淪在泥濘之中了。病號爆量增加。十一月中旬，進入了刺骨的嚴寒時節。我們必須將車輛個別自封凍的地面敲挖出來，使用器材工具來保持引擎於暖車狀態。我們是一支跛足的大軍。

這些日子裡，我在拉哈諾夫（Lachanoff）戰鬥指揮所內，見證了一場重要的會議，就石油的重要性進行了一場有趣的匯報。與會的有克萊斯特上將、馬肯森上將、迪特里希，還有幾位石油專家。諸位高階長官確信，為了能繼續遂行戰爭，必須占奪巴庫（Baku）的油田。於是攻下羅斯托夫乃成為當務之急，這是進奪巴庫油田所必須達成的先決條件。

現場的官兵默默聽著匯報的進行。會中提到了生產和消費的數字，指出石油需求對於戰爭的重要性。就這方面而言，我們實在缺乏必要的資料和經驗能夠對之作出有用的判斷。

然而在軍事領域中，情況就有所不同了。所有人都在攻擊羅斯托夫之前指出了幾點事實，那就是部隊的高傷亡以及部隊根本未準備好採取行動。各師都嚴重失血，裝備不足，而且不負責任地為冬季戰役配備了不對的服裝。俄羅斯式的皮人衣和皮帽是從馬里烏波好不容易採購而來的，在一百公尺的距離內，無法識別究竟是德軍還是俄軍。部隊的健康狀況堪憂。部隊指揮官對情勢的判斷是絕對正確的，他們說：「我們將攻擊，我們會占領羅斯托夫，並越過頓河追擊蘇軍，但我們永遠無法成功確保被攻下後的羅斯托夫。」

十一月中旬，在塔剛羅格的格別烏（GPU）[10]建築的糞池中，發現了十一名屬於ＬＡＨ第二營的戰士。他們於九月落入俄國人手中，據當地住民的說法，他們是活生生地被扔進了糞坑內。

十一月十四日，對羅斯托夫實施攻擊的命令下達了，重點放在ＬＡＨ正面，攻擊發起定於十一月十六日展開。然而由於嚴重的霜凍，致使沒有足夠的戰車可投入，攻擊不得不延期。

我營攻擊了蘇爾丹·薩利公路（Sultan-Saly），立即遭到了猛烈的防禦火力，以及佈滿地雷和防禦工事的地形。在攝氏負三十度的氣溫下，每一寸土地都以前所未有的艱難進行著搏鬥。通往羅斯托夫的道路已被打通了。

我的弟兄們第一次在沒有我的帶領下展開攻擊，很可能會面臨他們最艱困的時刻。羅斯托夫整個正面爆發了慘烈的戰鬥。高度設防和佈雷的地形，使得攻擊的各師付出慘痛的犧牲。英勇的第一連連長格爾德·普萊斯（Gerd Pleiß）失去了雙腿，在送往野戰醫院途中殞命。弗里茲·維特在最前線與他的擲彈兵一起戰鬥。馬肯森將軍是典型普魯士軍人的光輝榜樣。他在高高的雪堆中大踏著步伐，伴隨著ＬＡＨ一起攻擊。在羅斯托夫面前的冰冷原野上，擲彈兵和將軍們比肩衝鋒。攻擊的Ｔ－34衝過了第六十摩托化步兵師的輕型戰防砲，眼看著即將獲致突破時，均在八八砲的火力下起火燃燒。可見輕型戰防砲砲手流下悲憤的淚水，他們對此鋼鐵怪物無能為力。德國的戰防砲儼然已經落伍，其口徑並不足以摧毀敵人的重戰車。

擲彈兵與戰車兵們繼續以令人激賞的堅強意志持續攻擊，並於十一月二十一日襲擊了防守嚴密的羅斯托夫。ＬＡＨ第一連成功占領了一座完好無損的頓河橋梁，建成了一個小型橋頭堡。連長海因茨·施普林格（Heinz Springer）第六度受傷。該連的戰力已不及十二支步槍的程度了。

通過以下的命令，宣布羅斯托夫戰役的結束。

第三裝甲軍指揮官

一九四一年十一月二十一日於戰鬥指揮所

軍日令。

第三裝甲軍的弟兄們！

羅斯托夫之戰已經獲勝了！

十一月十七日中午，本軍頒布命令發起攻擊，著攻占羅斯托夫並占領頓河大橋。十一月二十日，作戰任務全部達成。

我們捕獲了超過一萬名俘虜，截至目前為止，共擄獲一百五十九門大砲、五十六輛戰車、兩列裝甲列車，還有無法勝數的其他戰爭物資。

本軍的弟兄們！我們所有人都可以為這次全新、偉大且成功的團結合作而感到自豪，每位戰士都在其中貢獻了一己的心力。

既不是冰冷的風和刺骨的霜凍，也不是冬衣和冬季裝備的匱乏，以及最黑暗的無月之夜，更不是戰車和火箭砲、數以千計的地雷，還有歷經數星期構築之野戰防禦工事——其巨大的結構我們都見過了。其中能夠阻止你們獲得勝利者，最後僅剩所有紅軍的士兵本身。

在第十三裝甲師強勢戰車的支援下，繼之又有卓越的第十四裝甲師伴隨，配屬的友軍ＬＡＨ向東實施了精心準備的深遠奇襲突進，奪取了敵人北方戰線上的關鍵樞紐。儘管敵人進行了狂暴

---

10 編註：蘇聯時代的國家政治保衛總局。

的反擊，其中尤以針對第十四裝甲師的攻擊為甚，但敵人仍然無法阻止這兩支英勇的部隊突入羅斯托夫這座大城的北郊，並推進到頓河及其上的橋梁。

全速飛逃的敵人殘部，企圖越過頓河以取得安全。常勝的LAH所屬第一營在果敢的領導下，成功衝過了完好無損的羅斯托夫鐵路橋。

同時間，第六十步兵師（摩）向東、向東南發動了猛烈的攻擊，成功掩護了我軍寬廣的側翼，並占領了阿卡薩斯卡亞（Aksajskaja），而第十三裝甲師一部則對著從西面撤退之敵實施快捷且堅決的進擊。

所有的軍直屬部隊還有德國空軍單位，尤其是我們勇敢、永不失敗的偵察飛行員，都為我們的決定性成功做出了重大貢獻！我們終於切斷了俄軍與高加索地區唯一的有效聯繫。

現在最重要的是堅守已經打下來的區域，俾能在元首下命令後，立即從這裡打開通往全新勝利的大門。

今日我們的「勝利歡呼」也將呈獻給他！

馮・馬肯森

騎兵將軍

勝利雖已贏得，但災難卻迫在眉睫。第三裝甲軍完全不堪重負，力量不足以防禦所攻占的目標。嚴重失血、削弱至核心的部隊，不斷受到蘇聯優勢部隊的攻擊。

我的偵搜營在克拉斯黨衛軍上尉的指揮下，於頓內次河沿線作戰。頓內次河在羅斯托夫與頓河交會，構成了頓河三角洲最北端的一條河道。營的警戒區域有八公里寬，要由不到三百名擲彈兵防守。這個數字包括所有駕駛、無線電士、參謀以及軍官。並沒有後援補充，所有能戰鬥的人，都在第一線上了。

蘇軍對著德軍在羅斯托夫東北部的戰線，實施更加猛烈的攻擊，試圖突破，他們將新編成的師快速、連續地投入至頓河冰封段上，意欲壓倒微弱的德軍兵力。

德國士兵在這些艱苦的戰鬥中所取得的成就，實已達到了人類能力的極限。每個戰鬥群位於頓內次河中游冰冷的陡峭河岸上，彼此相距甚遠，向南眺望著封凍的平原以及冰凍的頓河。費了很大的勁，只能在炸藥的幫助下，艱難地在堅硬的土地上挖出淺淺的散兵坑。禦寒的衣物是從陣亡戰友甚至蘇聯士兵身上扒下來的，以此抵禦致命的冰凍。

這三天以來，蘇軍一直試探薄弱的警戒線，顯見可能將有一次更大規模的行動。我的戰友以不懼怕、不急躁的心態審視著這些事態發展，近乎認命般履行職責。幾位軍官圍繞著自己的防區巡視，就像牧羊犬，為著託付給他們的戰友們的安危憂心。我在一間小茅屋裡見到了胡果·克拉斯以及赫爾曼·威澤爾，他們正在評估一名俄軍第六十五騎兵師逃兵的供詞，為部隊即將實施的激烈防禦戰鬥做好準備。

十一月二十五日凌晨〇五二〇時，偵搜營的陣地遭到了俄軍各種口徑大砲的轟擊，該陣地兵力薄弱，但卻由堅定的戰士所防守。這次砲擊造成的損失幾近為零，因為陣地上沒什麼人了，也就沒有任何可供摧毀的了。但隨後弟兄們的血液可能會凝結在他們的血管裡。大批俄軍步兵從幽暗中湧現出來，或歌唱或高聲呼喊，向著陣地衝鋒前去。最前列的蘇軍雙臂相連，形成一條閉合的鏈條，隨著狂野的歌聲在冰面上大踏著步伐。埋設的地雷在冰面上撕開了坑洞，迫使蘇軍的鍊條斷裂鬆脫，但地雷無法阻止這群激昂的人群，他們像機器運行般向著我的弟兄們前進。在河道中央，蘇聯人被我方的火力逮住，就像成熟玉米被收割機碾割一樣搖擺著倒在冰面上。

當我的弟兄看到無止境的俄國人，臥爬過陣亡的紅軍戰士的屍體持續進攻，他們對於上帝與人性的信念已然動搖了。執行攻擊的是俄軍第三四三步槍師、第三十一步槍師以及第七十騎兵師。這三個新成立的師攻擊由數百人防守寬達八千公尺的陣地，該陣地孤立無援，每個人都只能依靠自己去面對一大群的攻擊者。

俄軍第一五一一步兵團的兩個營突穿了第二連的防區，透入至陣地中央，眼看整個戰線就要遭到突破。第一七七步兵團與第二四八步兵團則攻擊了本營正面的中央陣地，同樣也快要遭到突穿了。必須立刻對第二連防區發動逆襲，然而當下並無可資動用的兵力。蘇軍以絲毫不減的強度，攻擊整條防線，其威脅對於據守在機槍後方的少數人員造成極大的不安。俄軍的攻擊似乎像是一道自高加索衝出的大浪，撞碎於頓河陡直的岸邊，然後喪失了動力。第一道曙光自厚雲層中透出，點亮了一幅殘酷的圖像。在視野所及處，頓河及其支流散亂著無數的黑點，有些還在痛苦地移動，其餘的則慢慢為白雪覆蓋了。俄軍的攻擊在蒙受慘重損失之下，於全線遭到擊退。上千名俄軍倒臥於地面，等待黑夜來臨。沒有了騎士的馬匹跳躍著向南跑去，馬匹淒厲的嘶鳴，聽起來就像是死神的呼喚。

突破進入第二連防區的敵軍部隊，在立即的逆襲之下全數遭到殲滅。六名紅軍軍官和三百九十三名士兵被俘；僅在第二連的防區內，就清點出三百一十名被打死的俄兵。根據戰俘的陳述，本次攻擊原本應自西面切斷羅斯托夫。十一月二十六日、二十七日，俄軍持續的攻擊有增無減，且不顧龐大的損失。人們居然會心甘情願的像羔羊般遭到屠戮，這實在是令人費解。儘管大量的死屍僵直地散亂於冰雪上，新的單位仍再度投入戰鬥，衝向他們自身的毀滅去。十一月二十七日，俄軍的攻擊在各口徑的大砲轟擊支援下於一六〇〇時展開了；砲擊中以多管火箭的轟擊最是驚人。俄軍對第一連防區的最後一次攻擊，於一九五〇時遭到擊退。一支微弱的敵軍單位突入陣地，但突破口被封閉了。反擊訂於十一月二十八日展開。

本營損失很慘痛，傷亡涉及了營部最骨幹的部分，損及了士官幹部與軍官。營副官威澤爾黨衛軍中尉接掌第二連指揮權，因連長奧爾伯特黨衛軍中尉再次負傷了。俄軍對第二連的最後攻擊，特別對左翼陣地方面進行打擊，也在付出了特別慘重的代價後遭到逐退。攻擊的俄軍部隊為六月在克拉斯諾達爾（Krasnodar）編成的第一二八步兵師，本次為其第一次戰鬥任務。俄軍攻擊左翼陣地的那個營，在攻擊之初有超過四百五十人的兵力。在越過頓河的戰鬥中，有一百三十五人陣亡，超過一百人負傷而被俘；另還有三十七人幸免於難的落入我軍手中。

這支部隊的巨大成就，只有親身體會過冰霜的麻痺痛苦，以及連日戰鬥所帶來心理負擔的人才能了解。我看到士兵們臥倒在機關槍後方，臉上流下絕望的淚水，他們不曾停過，雙手忙碌著將整條彈帶向進攻的人群傾瀉。沒穿靴子的連長（奧爾伯特），帶領擲彈兵實施逆襲。他們不久之後切除了他的雙足，他的雙腿已經被嚴重凍傷了。

在戰鬥中，個別的戰士是致勝的因素。他們完全依靠自己，至多僅有另一名弟兄位於機關槍後面而已。沒有監督、沒有命令，或其他樣板的狀況下，他們打了一生中最艱苦的一場戰鬥。

傷者在酷寒中進行包紮，用卡車載運到塔剛羅格。傷患刺耳的哭嚎聲，甚至要比最危險的攻擊更讓人難以忍受。我們已在預想前線何時將會崩潰。每日的損失狀況，並不允許持久防禦。

戰鬥一直持續到深夜。偵搜營第一連防區的突破口，在數輛突擊砲的協同下實施肅清作戰，據信突入之敵在〇九〇〇時左右已遭消滅。敵軍超過三百名戰死者仍留在陣地上，戰俘拖著他們負傷的戰友投降。即使歷經了這些代價高昂的戰鬥之後，蘇聯人仍在繼續攻擊。直到一四〇〇時，敵人才終於撤離至二到三公里遠，並持續加強砲兵的射擊。

在其他戰線上，類似的戰鬥在持續發生，防禦的力量嚴重削弱。在羅斯托夫周邊戰線上任何一點，都存在被突破的危險，這點早在數日前就已經為指揮部所預料到了。

我們都同意，如果要避免一場可能導致整個南部戰線崩潰的災難，就必須縮短戰線。後方並沒有預備隊，草原上空空如也，僅有高高的積雪以及電報線桿打破了雪原的單調性。最有可能守住的地域是位於我們後方的米烏斯地區。只有在那裡，才有希望阻止數量優勢的俄軍部隊，並避免遭到突破。因此，先遣部隊數日前就已經開上路，在米烏斯河上建立一道收容陣地。任何可能的撤退必須在那裡打住，並且於此守至最後一槍一彈。進一步穿過積雪草原的撤退，必然將導致人員和裝備難以想像的損失。

正當頓河的激戰有所緩和，蘇軍被擊退且嚴重失血之際，蘇軍部隊再次以優勢兵力攻擊了第六十步兵師（摩）的防區，並在羅斯托夫以北突破了薄弱的德軍防線。俄國人還在第一裝甲軍團和第十七軍團之間的廣闊戰線上進行了突破，於是第十七軍團撤退到頓內次河後方。戰線全面動搖！這條延伸至列寧格勒的戰線，都在進行著艱苦、嚴苛的戰鬥。但德國陸軍東線面對強大優勢的武力，已不再是那支裝備齊全的大軍了。天寒地凍，被服絕對不充足，駭人的巨大損失，還有人員物資補充的缺乏，根本不可能遂行一場成功的戰鬥。我們純粹是為了生存而戰罷了！

中午時分，第三裝甲軍放棄了羅斯托夫，分階段撤退到米烏斯河的既設防線。在極其激烈的戰鬥中，ＬＡＨ成功撤離了羅斯托夫，並未蒙受重大的人員傷亡，然後在第十三裝甲師的協助下進入了預設的抵抗線。我在師部經歷了整個撤退運動。對於下達放棄並縮短戰線的命令，大家都感到很高興，這一決心避免了一場大規模的災難。與元首大本營下達的相反命令，也就是在任何情況下均不得撤離羅斯托夫，在所在陣地上打到最後一彈，對我們來說就像是挨了一記悶棍，執行該命令是完全不可能的。元首以令人震驚的方式表明了，他對於前線局勢的嚴重性根本毫無所知。此刻，部隊在漆黑的夜色中蹣跚而行，凍得幾乎站不住腳。厚厚的雪堆，刺骨的東風，無邊無際的孤獨感，讓生命變得苦不堪言。對於下達堅守羅斯托夫的命令，我們感到迷惑，怎麼會下達如是的命令？該命令被一致無視，撤退到米烏斯地區的行動將繼續執行。倫德斯特元帥、馬肯森將軍等將領，實應該受到來自部隊的感謝。通過他們下達的決心，挽救了無數士兵的生命，並阻止了南部戰線的崩潰。同時不要忘記，迪特里希曾以最強烈的措辭，譴責了堅守不動的命令，並且堅決捍衛第三裝甲軍的決心。若謂值此嚴苛時刻，他是站在倫德斯特元帥這一邊的，我認為我並沒有說錯。由於這些事件，倫德斯特元帥被萊赫瑙元帥（Walter von Reichenau）所取代。

在此同時，俄軍師以絲毫未減的力量攻擊了我們的防線，突破成為當務之急，只有付出極大的努力，才能將之消除。

我營位於ＬＡＨ的左翼，與第六十步兵師（摩）相鄰。這些部隊在戰鬥中緊密協同，成功守住了陣地，並在俄國自願人員的協助下，將若干據點予以擴大。各部隊減員嚴重，指揮官們不得不於第一線運用俄國的反布爾什維克人士。因此，當我前往訪視弟兄時，我發現在陣地中的俄國人，幾乎比德國人還要多，這並不讓我感到驚訝。志願人員來自高加索地區或者烏克蘭，他們戰鬥的意願是無比高的，這也是他們得到弟兄絕對認同的原因。

到了十二月，在一次火力襲擊中，我失去了我最好的戰友，我們卓越的口譯員，勇敢的夥伴漢茲・德雷薛，他是我營最幹練的一員軍官。一直以來，他在生活與戰鬥中，均可供旁人做為表率。他安眠於塔剛羅格的鐵路路堤的墓園中，就在格爾德．普萊斯的旁側。

在聖誕節之前，我交了難以置信的好運，能夠飛回家鄉一趟。我與幾位戰友一起爬上了一架Ju 52運輸機，自塔剛羅格起飛，經烏曼飛抵冷堡（Lemberg），然後轉搭鐵路運輸。十八個小時之後，我已經在柏林的腓特烈大街車站，打了第一通電話給我所愛的人。可惜的是，幸福的時光飛逝，道別的時間也來得快。

十二月三十日，我接奉命令，於元旦晉見希特勒。帝國總理府會給我送來通行證件。德國處在嚴寒之中。我在柏林動物園站與妻子告別，爬上了冷冰冰的列車。我的鄰座是日本大使，他正要前往東普魯士，大使根據以前的經驗，向專車買了干邑烈酒喝。不用多久，我們都試著用烈酒來驅趕寒冷。

在科爾申（Korschen），有戰友來接待，並帶我穿過東普魯士森林深處，進入元首大本營（Führerhauptquartier）。我們在幾個關卡接受檢查，在最後一個關卡通過電話登記。來自「大德意志」裝甲師（Panzerdivision Großdeutschland）[11]的人員負責安全勤務。大本營由多個住宅碉堡和常見的木頭營房組成，所有這些都偽裝得很好，隱密於高大的樹木之下。住宿和膳食根據地點進行調整。毫無疑問，實用性和簡單性是規劃營區時的出發點。

普費佛黨衛軍上尉（Pfeifer）前來接待我，並告知我被召來的原因。從普費佛的話中，我推測希特勒非常擔心前線的局勢，因此希望得到第一線的報告。

希特勒給人一種簡樸而精力充沛的印象。我意外發現他對於武器有很充分的了解，而且對各種戰車種類的優缺點也非常清楚。然而，尤其重要的是，我完全驚訝於他本人熟悉我營的作戰行動，並且想要就相關戰術的問題獲得解答。由於我營廣為人知的成功，因此將獲得一個輕裝甲擲彈兵連以及一個重步兵砲排的增強。

至於在羅斯托夫周邊發生的狀況，我直言不諱，並且報告了對部隊那些超乎尋常的要求。我特別指出補充的供給不足。約德爾上將（Alfred Jodl）補充了我的說明，並提到了其他部隊的報告。從談話中我得到的印象是，希特勒對東線陸軍的狀況感到憂心，正試圖插手干預。

一月三日，我和柴茨勒上校（Zeitzler）搭乘He 111轟炸機飛回馬里烏波，然後換乘鸛式機（Storch）去塔剛羅格。飛行途中，我們經過一架被擊落的Ju 52冒著煙的殘骸。為了節省我去師部的行程，飛行員降落在附近，然後我爬上了一輛正巧經過的潘亞雪橇（Panjeschlitten）。完全凍僵的我，在離開十六天後，終於回到了部隊。

這一天晚上，胡果．克拉斯將營指揮權交還予我。黎明時分，我第一次步履蹣跚地進入了陣地。我到家了。從進入俄羅斯的戰鬥開始，到一九四一年十二月十五日止，我營所記錄的損失如下：

陣亡：

軍官六人，士官九人，士兵七十九人

負傷：

軍官二十人，士官三十三人，士兵三〇八人

---

11 編註：當時編制仍為大德意志（摩托化）步兵團（Infanterie-Regiment "Großdeutschland"〔mot.〕），但原文如此。

失蹤：

軍官一人，士官兩人，士兵七人

抵達部隊的補充人員：

軍官十一人，士官一人，士兵一八六人

同一時期，偵搜營俘虜了一共一一二員俄國軍官、一萬零一百四十二名士官兵。

這道陣地穿過桑貝克村，位於一條長山脊的前坡上。在我們面前延展的是被冰雪完全覆蓋的草地，冰原僅被幾棵柳樹叢打斷。在某些地方，俄國人僅僅離我們一百公尺遠。前線相當平靜，除了偵察部隊和砲兵，沒有任何戰鬥行動。由於狀況明確，本人認為使用偵察小隊是多餘的，因此數週以來沒有人員傷亡。然而，陣地的擴大與加固則在全速進行中，特別是縱深的鋪設地雷。在這裡，土壘防禦工事也是在當地住民的協助下進行的，他們的食物與醫療照顧完全由部隊提供。我拒絕將平民趕出家園，若將他們驅入白雪皚皚的荒原上，他們的結局將是必死無疑。如是的考量無疑促成了軍隊與地方民眾之間的良好關係。這也難怪我營在最短的時間內即建設出最好的一段陣地，友鄰單位的軍官紛紛前來考察，在我們的掩體內，就跟在家裡沒有兩樣。

初春時節，我經歷了一些我不想向讀者隱瞞的新嘗試。一天，我的駕駛馬克思．波恩霍夫特（Max Bornhöft）把一盤小塊肉放在我的面前，告訴我說這是鴿子腿肉，這可是他透過良好關係從塔剛羅格弄來的呢。儘管心存疑慮，我還是將那盤肉給吃完了，然後告訴馬克思這玩意兒味道還真不錯，但可惜永遠也不可能以鴿子腿的模樣飛過天空了。好吧，馬克思不會一直讓我蒙在鼓裡，他面無表情地說：「沒有啦，這玩意兒不會飛，它只會蹦蹦跳，您其實吃的是田雞腿啦！」

冰凍季節消失後，繼之而來的是泥濘時節，這時候讓部隊的運補近乎不可能實施，同時也阻礙了任何的攻擊行動。這樣戰爭將怎樣進行下去呢？這個問題嚴重困擾著我們。在防禦態勢上該問題尚不至於需要費心去解決，然而如欲展開大規模攻勢，則東線陸軍缺乏如是的實力。執行攻擊的各師仍停留在陣地中，只剩下可用於重建與整補的骨幹。我們很擔心日後必須自陣地中拉出來這些應急拼湊的部隊來實施攻擊了。

就在第一裝甲軍團與第十七軍團一部，殲滅在卡爾可夫（Kharkov）以南造成縱深突破之俄軍部隊之後，我們在五月底自冬季陣地移出，前往史達林諾（Stalino）地區部署。這裡我們不僅吸收在冬季期間所成立的新單位，還要接收年長的戰士作為補充兵。我營所實施的射擊訓練，在最快的時間內達到了最佳狀態。裝備不但較一九四一年時還要佳，且透過此前戰鬥的經驗教訓，現在已成為更強大的對手了。部隊的精神士氣極佳。透過超乎常人的表現，透過攻擊與防禦作戰，還有與一支恆久優勢之敵進行的戰鬥，各級士官兵對自己的力量、還有軍官幹部均具有不可動搖的信心。

六月初，ＬＡＨ在無預警的狀態下自前線抽調下來派往法國，等待盟軍可能的登陸行動。我營被分配至岡城（Caen）地區，營部開設於萊茲河畔布雷特維爾（Bretteville-ur-Laize）。不用多久，諾曼第對我們而言不再是不可告人的機密了。針對所有想得到的狀況，都經由部隊實兵操作或圖上演習進行演練，我們自信達到一支昇平時期部隊所能完成的最佳訓練水準。

秋季，我們為前往北非參戰做好各項準備，然而命運卻給了我們不同的道路，第六軍團在史達林格勒（Stalingard）的悲劇再次召喚我們返回俄國。僅在幸運的狀況下才能避免史達林格勒的崩壞。一九四一至一九四二年戰役中與我們並肩作戰的各師，正在進行他們的最後一搏，其他單位則期待我們的增援。匆忙離開了法國，再次向東開進。我們的目標為卡爾可夫以東的戰線。

一九四二至四三冬季戰役

一九四二年十一月，蘇聯指揮高層在大頓河灣（Donbogen）地區展開了迄今為止最大規模的攻勢。

本次大規模攻勢從一開始所展現的特徵，使我們得出了以下的印象。敵人在人力與物資上，以前所未有的規模進行了部署，其中以戰車尤甚。攻擊規模聲勢浩大，並根據德國式指揮原則制定計畫。可以發現本次蘇聯攻勢，乃是一次時機精準、如鐘錶般運作的連續性行動。

頓河的突破發生於瑟拉莫維奇（Sserafimowitch），同時間在史達林格勒以南的紅軍城（Krassnoarmeiskoje）獲致突破。俄軍的攻勢分別擊破了兩個羅馬尼亞軍團，而德國第六軍團則在短時間內被包圍於史達林格勒之內。兩個集中的方面軍向西，對史達林格勒以西及西北發動攻勢；蘇軍南方方面軍展開於頓河兩側，向羅斯托夫與頓內次以南地區攻擊前進，將與德國高加索軍團[12]通過羅斯托夫的聯繫遭到截斷。

西南方面軍在史達林格勒—莫羅索夫斯克鐵路線（Stalingrad-Morozowsk）和坎特米羅斯卡—斯塔羅貝斯克鐵路線（Kantemirowska-Starobelsk）之間的地區移動，目標是頓內次北部。位於頓河第一個突破點西北部的義大利和匈牙利軍團的側翼和後方，受到這支攻擊兵團的威脅。面對這股威脅，兩軍團均脫離了固定陣地，卻未進行任何值得一提的抵抗。最終他們的轉進變成了奔逃。

於是西南方面軍在史達林格勒西北渡過了頓河。

南部方面軍抵達頓內次下游，西南方面軍進抵奧斯柯爾（Oskol）之後，佛羅內需方面軍（Woronesch-Front）的南翼開始向西攻擊前進。

就在南部的匈牙利部隊轉進之後，德國第七軍與第十三軍的作戰地境已然過度向東突出，南北翼均遭到鉗形攻勢，當蘇聯兩支攻擊兵團於卡斯托諾耶（Kastornoje）一帶會師後，這兩個德國軍便告被圍。

此後，整個佛羅內需方面軍往西推進，成功突破了德軍第二軍團司令部倉促構築的提姆河陣地（Timstellung）。在進一步向西攻擊過程，庫斯克（Kursk）與雷利斯克（Rylsk）均遭攻占。南翼自利夫尼（Livny）推進，進向正在撤退的德國第二裝甲軍團的北翼。北翼自奧略爾（Orel）東北部攻向該城，並占奪之。俄軍冬季攻勢的作戰目標及其節奏，清晰可辨。

每個方面軍依序投入，如是德軍朝西北延伸的戰線，將逐段遭到各方面軍席捲切斷。

從史達林格勒至奧略爾的高地，作戰是按照計畫進行。敵軍期待的成功幾乎是自然發生的狀態，至少在義大利第八軍團與匈牙利第二軍團方面是如此。自斯拉夫楊斯克（Slawjansk）到庫斯克以北地區，德國戰線被撕開了一道寬五百公里的缺口。蘇聯各方面軍的軍團正無情地向西推進。

崩解德國東線的作戰目標，似乎已經在南部戰區實現了。

蘇聯最高軍事委員會將聶伯河列為新的目標，他們對於部隊的疲勞、日益嚴重的補給困難，

12 編註：即當時進軍達到高加索地區的A集團軍。

以及在攻擊過程中所遭致的損失與傷亡視而不見。他們並不擔心只有一部分砲兵能夠跟上快速推進的步伐，而所有步兵單位均差不多充斥著平民。幾乎不需要砲兵，這些兵力是由未經訓練與裝備不良的平民維持。

紅軍在數量上所具有之巨大優勢，造成了五個德國以及軸心國軍團的削弱。在後續的作戰中，他們仍想以數量來壓倒至今更陷於劣勢的防禦者。

然而具有決定性的是，蘇聯最高軍事委員會並未體認到其攻勢，在頓內次時就已到達極限了。由於遙遠的距離，運輸補給、空軍地面組織之運作等，攻勢將在冬季戰役中無可避免的困難面前而無以為繼。在經過了數百公里的攻勢作為之後，衝擊力已然消退。

由是，德軍基於作戰指揮以及部隊上的優勢，儘管數量上居於巨大的劣勢，卻能夠透過武器裝備的運用來達成決定性。黨衛裝甲軍所屬之「阿道夫・希特勒近衛」師、「帝國」師（Das Reich）[13]，以及「骷髏頭」師（Totenkopf）[14]，將在此轉捩點上發揮決定性作用。

卡爾可夫周邊的奮戰

一九四三年一月底，俄國人抵達了佛羅西羅夫格勒—斯塔羅貝斯克—瓦魯伊基—上奧斯柯爾（Woroschilowgrad—Starobelsk—Waluiki—upper Oskol）的頓內次一線，以其部隊發動了向西的繼續推進。在斯瓦托佛（Sswatowo）一帶的我軍部隊為第三二〇步兵師；在庫普楊斯克（Kupjansk）集中的是在撤退戰中嚴重受損的第二九八步兵師。大德意志師[15]一部則在瓦魯伊基西部實施警戒；位於科羅夏（Korocha）周圍地區的是克拉瑪特編軍（Korps z.b.V. Cramer）以及嚴重受創的德國與匈牙利部隊，這些單位才剛自上頓河地區撤退下來。

部隊與部隊之間存在著巨大的空隙，德國將軍要在義大利第八軍團司令部對該區進行指揮。黨衛裝甲軍的軍指揮部、帝國師主力，以及LAH師有力一部，抵達了卡爾可夫周邊地區。LAH師於楚古耶夫兩側佈防，守衛頓內次地區。

蘇軍快速的突進，致使陸軍總部在黨衛裝甲軍完成集結後實施協同反擊的企圖告吹。敵人向軍集結區的推進必須予以阻止。帝國師一部前推至瓦魯伊基以西地區警戒。

深厚的積雪與冰寒的霜凍，阻礙了部隊的推進。我們在卡爾可夫以東下火車，我營接獲命令，前往楚古耶夫（Tschugujew）建立橋頭堡，然後與第二九八步兵師碰頭。多年來，我們已經習慣於不再為看似不可能的命令爭論，甚至不再為敵人的壓倒性優勢感到在意。我們已經沒有正常的戰爭標準。人們對於德國擲彈兵表現的預期是嚴苛的。因此，LAH師要防禦九十公里的防線（！），還要擊破俄軍第六軍團的猛攻（！），我們對此並不感到驚訝。

厚厚的木板在戰車的重壓下嘎吱作響，戰車小心翼翼越過了楚古耶夫附近頓內次河上的長木橋。我率領全營進入俄軍在一九四一至四二年冬季戰役時的舊陣地，該陣地沿著頓內次河延伸，如此擲彈兵們即可不用在冰封的土地上構築陣地。被擊敗的義大利部隊，成群穿過白皚皚的雪原。個別的德軍運補縱隊，自庫普楊斯克方向行駛過來，由半飢餓的騾馬拖載的負傷德國士

---

13 編註：即第二黨衛裝甲師。

14 編註：即第三黨衛裝甲師。

15 編註：前文所提及之大德意志團，於一九四二年四月升格為大德意志摩托化步兵師。

兵，靜靜自河上橋梁通過，這些隊伍已不再具有實質的戰力了。

本營必須接掌十公里寬的正面，還要派遣兩個連前往支援二九八步兵師在庫普楊斯克的撤退。在庫普楊斯克以東地區，二九八步兵師與俄軍優勢部隊進行了一場殊死戰，然後向城區撤退。第二連在威澤爾黨衛軍中尉的指揮下，在庫普楊斯克以北的德弗倫齊納亞（Dwurentschnaja）投入戰鬥，最後一刻始向庫普楊斯克方向突圍。德軍戰線已不復存在了。敵人自堅固的據點兩側繞越，截斷其與後方的聯繫，然後以強大的力量將之壓碎。嚴重分割的地形中存在著高度積雪障礙，使得我們無法在該地段行動，迫使部隊只能在唯一可通行的道路上運動。砲兵被坑陷在斜坡上，即便使用牽引車或者騾馬拖曳仍無法脫困。路面已冰凍成如鏡面一般平滑了。

只要看一下二九八步兵師的狀況圖，以及聽取戰鬥部隊中個人對情勢的陳述，我即知該師的陣地已無法站穩陣腳了，最多在二十四小時之內必將崩潰。俄軍將在幾天內向我營發動攻擊，試圖攻占楚古耶夫的渡口。可尼特爾的連仍在公路上實施反擊，直到在頓內次河以東為我營所收容。

在本日黃昏前後，我回到了營上，遇到了許多離散的德國士兵陸續向我營報到，他們都很高興能夠返回部隊。

狀況仍然很嚴重。蘇聯兵力持續向頓內次河推進，威脅著要切斷該河以東的部隊與後方的聯繫。我特別擔心可尼特爾連的狀況，該連還在與二九八步兵師一起作戰。

在此同時，我們使用了一切可能的手段與資材來擴大陣地，並為著實施全面防禦做好了準備。我們的武器裝備也隨時利用機會進行提升。一輛停靠的列車，提供了我們十二門七十五公厘戰防砲，以及六門重步兵砲。欠缺的兵力則由離散的士兵填補。

第三連成功自庫普楊斯克—楚古耶夫公路與俄軍脫離接觸，在未受嚴重損失的情況下抵達我營。二九八步兵師丟失了所有的火砲，沿著已看不清路徑的道路，在寒風中穿越道路南側的雪堆，一路戰鬥向西前進。目前，與該師的所有聯繫均已被切斷。

在兩輛戰車的伴隨之下，我駕車往庫普楊斯克的方向，要親自了解當面的敵情概況。當我發現在數公里外有一輛牛拉的雪撬時，一股刺骨的暴風雪正好襲來。我們緩緩駛向危險之中。兩輛戰車停下車密切注視著我們，難道這雪撬會是個陷阱嗎？

躺在雪撬上的是克呂格黨衛軍下士（Krüger），儘管他已經負傷了，但還是盡力拖著自己的身軀爬上了雪撬，以避開俄國人。我自克呂格處聽到，野地上肯定還有二九八師的散兵游勇。半個小時之後，我們在遼闊的雪地上，於道路兩旁發現了二十名二九八師官兵，讓他們爬上了戰車。我從未見過有人在這短短的數分鐘內，會如此感激涕零的了。假如不遇上了我們，他們就將走上生命的盡頭，無止盡的大雪會在夜間將他們覆蓋得無影無蹤。

在道路兩側，都可辨識出俄軍戰車的小黑影正向著西方緩慢推進。這些戰車避免行進在道路上，蛇行於嚴重切割的地勢，很顯然他們正試圖以鉗形運動壓迫我們的橋頭堡，然後一舉以裝甲拳頭擊碎。

根據觀察的結果，敵軍構築了戰車防禦陣地群，並部署了突擊砲車。衝擊必將在接下來的二十四小時之內發生，我們究竟能否承受住風暴的掠襲，或者是會屈服於優勢武力之下？

我的擲彈兵們獲知了準確的狀況分析，他們對於依照計畫將進行的戰鬥行動也已充分知悉。我的企圖是要在不冒風險的狀況下殲滅蘇軍。紅軍戰士們正沉醉在勝利之中，他們應該要對現勢做一番評估了，否則他們將會一路奔向死亡。戰防砲在道路兩側開設砲陣地，輕快迅捷的戰車獵手與突擊砲則部署於營的側翼。我透過無線電與電話網與各單位保持聯繫。部隊會在幾分之一秒內做出反應，他們對於自己的實力有十足信心。官兵並未感染到「俄軍恐懼症」（Russenschreck）。

翌日拂曉，陣地前白雪皚皚，陽光顯示這將是一個燦爛的冬日。上升的地形延展約一千五百公尺，既無法為攻擊者提供隱蔽，也無法為我們提供掩蔽。假設攻擊者按照我所預期般行動，就會將他們的步兵帶往道路兩側。如果真是這樣，長長的斜坡將成為無數俄軍士兵的死所。我們臥倒在高大的樹蔭下，會要直到最後一刻才被辨識出來。為了獲取完全的勝利，禁止任意開火，由我本人保留開火權限。如此這般，我們準備著迎接戰鬥到來。

位於頓內次河西岸高地上的觀測哨，已經報告了俄軍前進的消息。這時砲兵也暫時保持沉默。俄國人確信，二九八步兵師為其在頓內次河東岸所擊潰的最後一支德國部隊，只有很微弱的兵力還在橋頭堡上。

約在中午時分，俄軍沿路左側推進至橋頭堡。最初他們在高地上等待，眺望頓內次河以及樹木茂密的河岸。隨後開始移動，編組了戰鬥隊形攻擊前進了。在蘇聯的最右翼，我辨識出了兩輛史達林II式戰車[16]，假如他們不變更行進方向，那麼將會一頭撞上一整個戰車防禦陣地。他們的命運已經註定了。

攻擊的先頭躊躇地接近了陣地，尚未開火射擊，一切都是一片寂靜。我看不到布雷默的防區，該連仍不斷通報我，越來越多的俄國兵爬上了山頭，跨著大步走下了斜坡。整個山坡上佈滿了小黑點。俄軍的攻擊先鋒不時會暫停推進，然後小心傾聽。他們什麼也聽不到。既然發現不到任何動靜，俄軍繼續跨著大步向西前進。

那我們這方呢？弟兄們蹲伏在散兵坑內，等待著讓他們放手去幹的命令下達，那就是「射擊！」他們靜止不動。這幾天來，他們一直暴露在雪、冰與霜中，用濕漉漉的手指握著武器，一旦時機來臨，他們將在數秒內躍進封凍的雪地與蘇聯人交戰。

左翼方面傳來了估算距離的聲音進入了我的耳廓，電話機沒有閒著，砲兵正傳送座標等參數，波爾（Bohr）在電話中喊道：「還有五百公尺！」幾分鐘之後，俄軍距離第一連尚有兩百公尺。第一連請求開火射擊，我否決了這個請求。兩輛俄軍戰車爬上了斜坡向前進，試圖趕上已經在高地上的攻擊先頭。從聽筒中傳來了波爾的聲音：「還有一百公尺！」波爾是布雷默第一連防區的前沿指揮官。他的聲音已經變得不安了，因為敵人進到了七十五公尺的距離，而我還未有所反應。等到敵人戰車接近至我方陣地一百五十公尺時，「開火！」的命令下達了。死亡與毀滅被投送至俄軍的行列之中，一輛俄國戰車被一輛突擊砲的砲彈摧毀了。死神收下了可怖的收穫。很快的，攻擊的後續部隊也停止了推進，他們掉入了致命的陷阱，山坡就是他們毀滅的地點。

然而，全戰線數百公里都在動搖狀態之下，我們在楚古耶夫以東的防禦成功能有何用？二月八日，一場危機籠罩在卡爾可夫前方的防線兩翼，兩個俄國軍團席捲了側翼。在南部，三二〇步兵師從奧斯柯爾撤出，但已經太遲了。該師自二月五日以來一路打回去，在失去與任何友軍接觸的情況下，於深雪及膝的小徑上緩慢移動。

俄軍正對著ＬＡＨ師的防線進行試探，已經發現了本師位於斯米耶夫（Smijew）的左翼，在

---

16 譯註：本時期蘇聯紅軍尚未推出史達林II式重戰車，但原文如此。按作者可能指稱的是ＫＶ重戰車。

我方側翼與三二〇步兵師之間，是四十公里的空隙。俄軍向該處的突進，將威脅到卡爾可夫南面防線位於梅瑞法（Merefa）的陣地。ＬＡＨ師派出了一支配有戰車的小型戰鬥群前往梅瑞法，該戰鬥群的任務為阻絕通往卡爾可夫的道路。

自然我們的北翼也飽受威脅。在那裡有一個微弱的軍位於貝爾果羅德（Belgorod）西北戰鬥中，其側翼早已遭敵迂迴。對卡爾可夫的包圍戰已經開始了，而僅以現有可用的部隊，不足以阻止包圍的形成。同時間，蘇聯最高軍事委員會還在準備向頓內次盆地的北翼進攻。除了對貝爾果羅德─卡爾可夫一線發動攻擊外，很顯然的，敵人也企圖將切斷並殲滅尚停留在亞速海與斯拉夫楊斯克之間，位於頓內次盆地中的德國部隊。

如此致命的攻擊，將經過洛索瓦亞（Losowaja）、帕夫洛格勒（Pawlograd），向聶伯佩特羅夫斯克（Dnjepropetrowsk）以及薩波羅熱（Saporoschje）展開。為了執行此作戰，五個裝甲軍以及三個步兵軍已在斯拉夫楊斯克以北地區待命。蘇聯第一近衛軍團自依松姆（Isjum）轉移過來後，即如潮水般湧向了這一片廣大的區域，在未遭遇抵抗的狀況下朝西南方衝去。蘇聯第六近衛軍團則在切斷了三二〇步兵師之後，於北翼加入了攻擊行列。假如紅軍的這次作戰成功的話，那麼南方集團軍與後方的交通線將遭截斷，聶伯河將在敵人攻擊下暴露無遺，通往西烏克蘭的道路勢必完全開放。

一次成功的推進，建立起與二九八步兵師殘部的聯繫，並將該師的倖存者送過頓內次河去。橋頭堡中的部隊正瀰漫著一股低迷的氣氛。很明顯的，陣地漫長的側翼已經遭到威脅了，位於頓內次河之後的部隊必須撤退。

敵人已經立於頓內次河的全正面之前，並以強大兵力朝ＬＡＨ師與三二〇師的右翼方向前進，必須採取堅決的因應措施。形勢所迫，要麼撤出卡爾可夫，並即向自南方包圍該城之敵發動攻擊；要麼將所有兵力向該城集中，建構周邊防禦陣地，而這也就意味著遭到包圍。

二月九日，我營接奉命令，自頓內次河撤下來，準備向卡爾可夫以南之梅瑞法發起攻擊。與敵脫離的行動在沒有任何傷亡與重大困難的狀況下順利完成。再次運動上路，聽到引擎的聲響，著實讓人欣喜。從費力清理的森林道路，穿過厚厚的積雪和毀壞的橋梁，我們向西行駛，在午夜時分抵達了梅瑞法地區。

直到這裡，我才知道事態的嚴重。如果黨衛裝甲軍執行堅守卡爾可夫的命令至最後一槍一彈，該軍將立即面臨直接的包圍。執行命令將意味著裝甲軍的毀滅，更甚者，俄國人將因此而推進至聶伯河畔。在黨衛裝甲軍之後，再也沒有任一單位可以抵擋俄國人的猛烈攻勢了。軍長豪塞將軍（Paul Hausser）決心帶著三個戰鬥群南下，粉碎對右翼的威脅，並阻止卡爾可夫遭到包圍。

深雪使得部隊在攻擊前的展開十分困難。即便如此，在破曉以前，所有人都到達定位了。我的戰鬥群位於攻擊群的右翼，奉命向亞力山耶夫卡（Alexejewka）攻擊前進。該任務意味我營將越過七十公里充滿敵軍的地域，向亞力山耶夫卡之俄軍主要突進幹道前進。我自師部告辭出來，趕去和攻擊尖兵單位會合。很快部隊完成了任務提示，每位擲彈兵們都清楚，等待著的是什麼在我們面前的將會是困難重重的一天。就在我向他們陳述當前格外艱難的狀況時，弟兄們認真傾聽我的每一句話，我還告訴他們，即將執行的推進分外危險。我以為會看到弟兄們出現焦慮的表情，結果沒有人對這項任務感到驚訝。年輕弟兄們滿面紅光、雙手深深插入口袋站在我的面前。所有的軍官們，包含配屬我部的友軍幹部，均與我熟識多時，有些甚至長達數年之久。士官兵們全心服膺於我，這群年輕的弟兄們已經形成了一個緊密的團隊。有了這樣的部隊，我毫不猶豫地敢於在大群俄軍部隊中奔馳。同袍之情、無條件信任，將我們緊密的連結在一起，這就是我們最強大的武器。

編組完成的戰鬥群循著白雪茫茫的道路，向梅瑞法以南攻擊前進。在我們面前，道路些微傾斜，幾百公尺之後消失於住民區間的房舍。村落前有兩輛被毀的浮游座車[17]，隸屬於帝國師，很可能這是該師一支遭難的偵察小隊。

沒有看到任何動靜。在村落的右後方，有一片樹叢沿著道路展開，那裡同樣杳無人煙。在我旁側的是尖兵指揮官舒茲黨衛軍中尉（Schulz），該員參與了早前向羅斯托夫的進擊；此外還有馮．里賓特洛普黨衛軍中尉（Rudolf von Ribbentrop），他是先鋒戰車的指揮官[18]。

我們無法以展開的隊形前進，深厚的積雪使得任何越野機動都不可能，且會付出重大的代價。油料將無止境地消耗。我們只能待在公路上維持速度，以便隨時取得奇襲的效果。

舒茲接奉命令，在戰車火力掩護下突穿村鎮，然後於小樹林邊等待營主力到達。沒有任何回憶錄提及他曾在村內據守，或與敵人交火。我意圖以尖兵排快速突穿來擾亂敵人，然後指揮戰鬥群疾速向南推進。

舒茲爬上了一輛三輪機車的後座，然後將他的手臂向上抬起，向我揮動並喊：「出發！」幾秒鐘之後，第一班即消失於村落的房舍之間，尖兵排其餘兵力立即跟上。

我的新任駕駛馬克思．衛廷格（Max Wertinger），早已耳聞了我們過往的戰鬥行動，也跟隨衝進村內。戰鬥群主力就在我們之後方推進。現在村落突然熱鬧起來了，蘇聯人衝出房舍外，與我們的行軍縱隊混雜在一起，然而僅有很少數人開始戰鬥，大量的紅軍官兵試圖奔向樹林一帶。左側有一門戰防砲在全體組員的操作下準備發射，卻淪為行軍車隊火力的犧牲品。在下一個路彎處後方，舒茲中尉倒在雪地上。儘管我曾向他警告，他仍跳下了機車向敵人回擊。一顆子彈擊中了他的胸部，結束了他的性命。桑德黨衛軍士官長（Sander）駕車退了回來，拾起了他陣亡的排長。爾後我們在冰封的地面爆破了一個坑，作為他的墓地。

俯衝轟炸機在我們頭上盤旋，然後向西飛去，他們剛從卡爾可夫機場撤離。他們搖擺機翼以示友軍，然後用機載武器攻擊敵人縱隊。透過審訊敵人戰俘，得知我們甫截斷了第六騎兵近衛軍的攻擊矛頭，現正穿越該軍而過。我們像一支匕首刺進敵人向西行進的縱隊之中。二月十一日午後，一場強烈的暴風雪襲來，造成了大量的積雪，使得往前推進近乎不可能。我們必須使用鐵鍬或鏟子清除路面，暴風雪以不可思議的力量拘束著我們。車輛前後緊密相接，超車是不可能的。「道路」在雪地中成為一道很深的壕溝，戰甲車就如在雪原中剷雪般地推進。我們一公尺又一公尺的啃食著閃爍的白牆，敵人只像影子一樣出現。無所不能的氣候是目前雙方戰鬥的主要對手。

暮色中，我們站在一座寬廣的窪地前，我正考慮是否要冒險率領戰鬥群進入這座充斥著高聳雪堤的山谷。根據地圖顯示，窪地應該會有一千公尺寬，實際深度落差卻有五十公尺。在這座地障另一頭是一個村落，假設我們不想完全被大雪覆蓋，就要到那裡去。一些帶著滑雪板的人員被派出去執行偵察任務。

溫舍和我在警戒狀態下等待偵察小隊返回，然後我們就會知道，是否可以開始這趟穿越雪原

17 譯註：浮游座車應是指福斯浮游人員座車（Volkswagen Swimmwagen）Typ 166 型。
18 譯註：即是納粹德國外交部長的兒子。

的行程。

我們蹲伏在一座雪堆之後，這時一個步哨激動地指著前方，低聲說：「戰車！」老實說，這小夥子說的是對的！現在我們還聽到了低沉的引擎隆隆聲。戰車應該是自我們前方幾百公尺的斜坡爬上來的。尖兵戰車很快接到警訊，射手就位準備射擊。我們仍在等待這輛蘇聯戰車。這個時候，我已經可以看到戰車了。這輛戰車慢慢駛上了斜坡，馬克思．溫舍低聲說：「天啊！砲塔正轉向我們，你看到戰車砲了嗎？」突然，這名步哨放聲大笑，在我們面前的是一頭巨大的西伯利亞犛牛，我們把牛頭當作是戰車砲塔，牛角則被看成是戰車砲管。厚厚的積雪開了我們一個大玩笑。儘管仍身處冰寒刺骨之中，我們還是開懷大笑。

一個小時之後，我們把紅軍從溫暖的窩中趕出來，確實占領了這座村落。這時才一八〇〇時，但漆黑的夜晚已經籠罩著我們，既看不到友軍，也看不到敵人，只有車輛在緩緩行駛。暗夜使得定位根本不可能。我們就坐落於俄軍騎兵第四近衛軍的中間，我們的砲兵與後勤車隊已經與戰鬥群主力分離了。敵人的一次攻擊前進，將行軍縱隊切成兩段。砲兵已經組成刺蝟防禦了。通過無線電，我得知敵人的攻擊箭頭在我們西方二十五公里外，正在攻擊克拉斯諾格勒（Krasnograd）。克拉斯諾格勒正由骷髏頭師的圖勒團（Regiment Thule）[19]防守，該團無法擋住敵人的攻勢。骷髏頭師的主力仍在法國與聶伯河之間鐵路運輸的路上。

在卡爾可夫以東，兩個增強的戰鬥群正在進行堅定的戰鬥。斯米耶夫的防禦部隊無法承受俄軍附有強大裝甲兵力支援的大規模攻擊，在羅根（Rogen）一帶，我方薄弱的戰線抵禦了最強大的攻擊，該等攻擊投入了越來越多的新銳部隊。戰鬥越發殘酷，不再具有任何人性了，瘋狂的手段正投入在戰場上。蘇聯人在羅根機場對被俘的戰友犯下了可怕的暴行。經反擊奪回之後，我們發現了五十名死亡的戰友，十個人的眼珠被挖掉了，一個人的私處被切除。除了少數例外，大多數人都有嚴重的灼傷。有十個人被燒成焦炭。

在卡爾可夫以北，敵人在占領了貝爾果羅德之後，以一個軍團向卡爾可夫西北地區深入。到了二月十三日早晨，卡爾可夫的防線左翼是從魯斯科耶（Russkoje）以北的魯斯基・提希基（Russkije Tischky）向費斯基（Feski）附近的耶姆厝夫（Jemzow）車站延伸。

LAH師的步兵裝甲車營，在派普的指揮下，於斯米耶夫以東與三二〇步兵師會合，並殲滅佛地楊諾耶（Wodjanoje）以南的敵軍。三二〇師的殘部折損嚴重，不忍目睹。超過一千五百名傷患歷經可怕的暴風雪後倖存，他們立刻由本軍運往後方，並即給予救護照顧。這個挨餓受凍的師將由LAH師負責補給供應。

蘇聯的洪流繼續向西湧去，即將逼近聶伯佩特羅夫斯克，整個南部戰線均處在危險之中了。基於當前的狀況發展，我接奉命令，儘管卡爾可夫周邊的局勢十分嚴峻，我營將向亞力山耶夫卡前進，以阻絕向西的前進公路。

卡爾可夫戰線一帶暴雪仍在肆虐之中，當我們向西推進時，冰雪覆蓋在戰車的潛望鏡上。俄軍兵力和我方戰鬥群曾一度相互糾纏。中午時分，一架偵察機在頭頂上盤旋，投下了通信筒。我們被往前突進的蘇聯人包圍了。二十四小時之後，我們進抵了亞力山耶夫卡，然後布置圓周防禦陣地。我們現在是卡爾可夫戰線東邊最前沿的陣地了。

---

19 編註：正式番號是第五擲彈兵團。

戰鬥群能夠完成交辦的任務嗎？戰鬥群孤立無援，沒有砲兵、沒有戰車，缺乏後勤。此間村落相當龐大，相互交錯位於道路兩側。在一次試探性推進中，我們意外遭遇了一隊俄國偵察隊，在不到五公尺的距離下開火射擊。積雪阻礙了我們的視線，里賓特羅普中尉在我右側數步外倒下，一顆子彈射穿了他的肺部，將他擊倒在雪地上。第二天早上，里賓特羅普的狀況讓我感到欣慰，他拒絕乘鸛式機後送，只要包圍圈內還有一名負傷的擲彈兵，他就不走。我們被緊緊的包圍住了，蘇聯洪流正從村落兩旁源源不絕地來到。

當聽到馬克思・溫舍所在位置的報告時，讓我感到相當欣喜。他現正向著我們突破前進，除了他所指揮的戰車外，還帶著砲兵以及運補車隨行。真希望他能夠盡早抵達，我們急需燃料以及彈藥。

二月十三日下午，黨衛裝甲軍接到了由特遣兵團（Armee-Abteilung）轉達的元首命令，不惜一切代價固守卡爾可夫。到了二月十四日，卡爾可夫的防線進一步收縮，以便從第一線上抽調出預備隊。新的戰線穿過利索古波夫卡—波爾夏亞・達尼洛夫卡（Lisogubowka-Bolschaje Danilowka）一線。

然而，軍已經於二月十三日晚指出，該線僅能支持至二月十四日為止，卡爾可夫已經被敵人包圍了。在午夜時分，軍團分群下令爆破所有軍事與戰爭經濟設施。

上午，蘇軍成功突穿了薩提薛（Satischje）以北由多據點構成的稀薄防線，另敵人以四十輛戰車對羅根一帶發動攻擊，也獲得了突破。俄軍在洛瑟沃拖拉機廠（Traktorenwerk Lossewo）的突破尤其令人擔憂。接下來，我們也丟失了奧襄茨（Olschanz），波爾塔瓦—卡爾可夫運補線已經處於俄軍的火力之下了。在卡爾可夫防線的最南與最東端，蘇軍不斷進攻，威脅在亞力山耶夫卡壓倒我們。在向貝瑞卡（Bereka）方向的反擊中，我們摧毀了許多戰防砲，並對敵人步兵造成可觀的損失。然而我們的部隊也在削弱中。輕裝甲擲彈兵連連長可尼特爾上尉在此第四次負傷。發生在黑夜中的攻擊特別危險，因為我們無法看到前來攻擊的敵人，而我們卻又必須節省彈藥。

二月十三至十四日的夜間，敵人突入村內，我們被迫退至村中心。戰鬥已經來到了高潮。擲彈兵們以絕望的勇氣投入作戰。但不需要多久時間，我們已不再有撤退的選項了。在如此絕望的情況下，事態正以驚人的速度發生變化。裝甲偵察車集中在一起，形成了巨大的火力，現在裝甲車用高爆彈猛轟攻擊前來的蘇軍，稻草屋頂的房屋燃起熊熊烈焰，而我們就位於狂暴的火力中心，自黑暗中向著被照得通亮的俄軍隊伍射擊。俄軍攻擊的動能被打破了。我們立刻發動反擊，將俄軍完全趕出了亞力山耶夫卡，恢復了原陣地。

在此期間，維特團試圖從北方強行突破，以與戰鬥群建立聯繫。該團在貝瑞卡以北遭遇強大的蘇聯部隊，以致於無法向亞力山耶夫卡推進。破曉時分，我們看到了紅軍再次於亞力山耶夫卡以東及該鎮以西作攻擊準備。如果這兩次攻擊同時間展開，那我們的命運就走到盡頭了。

我走訪陣地，與幾乎每一位擲彈兵交談。幾個人蹲伏在一起就形成了一個據點，戰防砲則為一圈機槍包圍著。當我向弟兄們打招呼時，他們以不怕觸霉頭的黑色幽默回應我。我們一點也不覺得處於劣勢，俄軍的巨大優勢幾乎不會讓人感到不安，然而我們因缺乏燃料無法機動，以及彈藥行將短缺，讓我們近乎絕望。

早在四十八小時前，戰鬥群已被允諾會獲得空中運補，但目前為止，我們卻未看到任何飛機。氣候條件使得任何運補均不可能。我再次提出了狀況報告，並緊急要求彈藥補給。在此期間，溫舍營仍在奮力推進中，其距離亞力山耶夫卡越來越近了，不知溫舍能否適時到達呢？

我在一棟學校建築內，站在負傷的弟兄們之間。受傷的士兵懇求我，千萬不要讓他們落入俄國人手中，聽及此，我不由得顫抖了起來。我的眼睛望向了蓋特尼希醫官。我們都很清楚，負傷官兵一旦落入俄國人之手，其下場會是如何。還記得克里米亞的費歐多西亞（Feodosia）野戰醫院的悲慘結局。在迅速的反攻之後，德軍於醫院的庭院內發現了三百具倒臥的凍僵屍體，這些傷患被俄國人剝光了衣物，全身赤裸拋出窗外，然後在他們身上澆淋冷水！

蓋特尼希醫官聳聳肩、搖搖頭，然後轉身離去。弟兄們的話真讓我撕心裂肺。我該怎麼辦呢？當我下令，給每一位傷患一把手槍時，這些小夥子都用如釋重負的眼神看我。我情願身處在槍林彈雨之中，也不願再有如此的對話出現。

雲層低垂的天空，傳來飛機發動機的聲響。從發動機的吼聲中，可以得知他們正在搜尋我們。突然間看到了一架He 111影子，救援抵達了嗎？幾分鐘之後，這個影子再次飛過我們，然後直直向亞力山耶夫卡飛去。彈藥箱從天而降，可惜的是，僅有少數完整無恙，大多數在落地時摔毀。

現在我已不抱任何希望了。僅存的油料很快分配給了幾輛突擊砲與裝甲偵察車。假如即將敗亡，那麼讓我們再次驅策戰車衝過草原，給俄國人留下痛苦的記憶吧。絕不可不經一戰就讓俄國人拿下我們。

在呈上現勢報告的同時，我也報告了本戰鬥群無望的狀況。我向所有的弟兄們告別，他們現在手握地圖，聽著無線電機的嗡嗡聲，準備順從命運的安排。我驚訝地看著弟兄們的臉，他們的表情似乎沒有很緊張，甚至是充滿了疑問。並沒有一張臉顯示出狂熱主義的扭曲特徵。他們嚴肅地聽著我說，我闡明攻擊目標，然後爬上了裝甲車。這會是我們最後一次的攻擊嗎？我們緩慢自村中央駛出，經過了陣亡戰友的墳塚，向著村郊外前進。數百公尺開外，紅軍士兵來回奔跑。他們之所以能夠如此自由地來去活動，原因在於我們沒有砲兵且缺乏彈藥。俄國人根本無法相信，我們竟然還能夠發動反擊。此時已近中午了，暴風雪也停止了，幾絲陽光微弱地照射下來。我們向東攻擊前進之際，俄軍在我們後方會採取什麼行動？

我們的戰車在公路上行進，正正穿過集結完成、準備行動的俄軍中央。我意欲沿著公路全速衝向蘇軍，指揮著裝甲單位突入敵人的陣地深處。我們要像閃電擊向蘇軍，如此才能獲得勝利，同時贏得至少二十四小時的時間。在這二十四小時之內，我希望能夠在亞力山耶夫卡以西與俄國人交手，同時也希望溫舍能夠突破與我們接觸。

我的俄國志願輔助人員（Hiwi），一個小哥薩克人，自從羅斯托夫開始就與我在一起，相當忠誠，他指著背景中的一群蘇軍，黑點隨處可見。我們的處境真是糟透了。

僅僅數秒鐘時間，就將我們從一開始就帶入了一個巨大的未知領域之中。駕駛踩動離合器，猛加油門，引擎聲音越來越沉悶，裝甲車開始移動了，突擊砲則在道路兩側推進。村內的俄軍被留在後頭了。

行進逐漸加速。半履帶甲車與裝甲偵察車已經衝過突擊砲甚遠，突擊砲將提供輕裝甲車輛以火力支援。我們是領頭的第一輛車。我們的速度必須讓俄國人陷入混亂之中。機槍火力打擊在裝甲板上，在我們前面我只看到永無止境的道路，而我還要再加快速度。履帶攪起了雪花噴濺在空中，看起來就像疾馳的驅逐艦衝破浪頭。我們以錐形隊形切入了俄軍的攻擊梯次，並深入他們的隊伍之中。猛烈的迫擊砲火在前方的道路上炸開。突穿！現在可不行停頓！必須輾碎敵人的陣地，否則我們全部都要去見閻王了！

裝甲板上一陣猛烈的撞擊，促使我全身肌肉緊繃起來。燒焦的氣味撲鼻而來。第二次撞擊產生了巨大的衝力，裝甲車猛地停了下來。我們的駕駛內伯倫黨衛軍上級代理下士（Ernst Nebelung），發出了淒厲的尖叫聲。火焰撲向了我全身，我趕緊從砲塔爬出來，與米歐爾（Michel）——我的小哥薩克，一起臥倒在裝甲車壓深在路面的車輒中。裝甲車內的慘叫聲讓我發狂。突然，我的一條腿被人抱住了，米歐爾將我拉了回來，喊道：「回來，指揮官對部隊更重要，回來，由我來救助戰友們！」小哥薩克跳上了燃燒的裝甲車，把戰友拖拉出來，將人在雪地上翻滾。迫擊砲與機槍火力就打在身旁，我們緊貼著地面，沿著車轍痕往回爬。最先頭的戰友們將我們收容。

現在才知道，我們已經徹底粉碎了蘇軍的陣地，敵軍步兵四散逃竄。可惜燃料即將用罄，我們並無法利用這次勝利的機會，而在我們後方，敵人另一個攻擊群正準備發起攻擊。

回到出發陣地後，發現米歐爾脖子上有許多小破片，駕駛除了輕微燒傷外，就沒有任何嚴重的傷勢了。後方傳來的戰鬥聲響讓我們激動不已，聲音來自亞力山耶夫卡以西的方向。該戰鬥聲響表示馬克思・溫舍突破成功。事情果然是這樣。該戰車營擊敗了強大的敵軍兵力，為我們帶來了大量的彈藥與燃料。我們再次恢復全戰備狀態，將在第二天早晨，依照師部的命令實施反擊。

就在向西戰鬥前進的過程中，我們見識到了這場非人道戰爭又來到前所未見的狀況。想要區分蘇聯士兵與無害的平民根本是不可能的。這是第一次弟兄們在沒有發現敵軍的情況下，在鎮內和野地上遭到襲擊，搞得我們緊張兮兮。平民百姓不敢背叛那些暗藏在鄉間的紅軍戰士，蘇聯兵的狂熱和民眾的態度，使得我們需要特別警惕。我的老戰友佛里茲・蒙塔格以本部連連長身分參戰，開車觸壓到一枚地雷，雙足至膝蓋以上的部分被炸斷。他在完全清醒的狀態下，由一輛三輪機車載送到我這裡來。幾天以後，他被葬在波爾塔瓦的軍事墓園，就在布里森將軍的旁側。這場戰鬥呈現出了其陰險的一面。

在此期間，卡爾可夫的戰況已經發展到了災難性的階段，堅守該城是違背了所有的常識。黨衛裝甲軍一再要求放棄卡爾可夫，然而因二月十三日的元首命令而遭到拒絕。於是軍長獨斷決心下令撤退，防止該軍遭到包圍，並使該軍能夠實施必要的反擊。

敵人在二月十四日下午稍晚自東南突破了東方的戰線，侵入了奧斯諾瓦地區（Ossnowa）。派普的步兵裝甲車營投入實施反擊，他們在夜戰中咬牙苦戰，面對著不斷增強的敵人，派普營無法肅清該區之敵。城區內，市民發動了武裝暴動，行進通過的隊伍都遭到來自房舍內的火力射擊。

在這種狀況下，軍團分群於二月十四日晚命令軍的攻擊群停止向南的攻擊，並守住所打下來的地域。攻擊群要將兵力撤回，用以加強城市的防禦，並派遣一支裝甲戰鬥群前往瓦爾基（Walki），收復遭敵人占領的奧爾襄尼（Olschany）。該命令並無法執行，由於道路狀況之故，命令中所需的部隊至少要兩天的時間才能完成準備。當晚，軍長再次說明了當前狀況，以期接獲放棄卡爾可夫的命令。二月十二至十三日夜裡，敵人從我們後方自西北及東南方滲透進城區內。帝國黨衛裝甲師的一個戰車營，對西北透入之敵發起了立即的反擊，施以敵人重大的損失。敵人的推進暫時被阻止了。軍再次向軍團報告了狀況的嚴重性，然而到了二月十五日中午，仍未有確實的決策。

在這最後尚有所為的時刻中，軍長於二月十五日一二五〇時下令帝國師撤退，一路戰鬥打至烏迪區（Udy），以避免一個半師部隊遭到包圍。在戰車支援下，部隊成功向後收縮，及時穿過卡爾可夫及其西南城區。

一三〇〇時，這個決心再次呈報至軍團分群。軍長親自前往戰鬥部隊，一六三〇時，接到了最新的軍團命令，無論如何都必須堅守下去。軍長的回覆是：「事情就這麼定了！撤離卡爾可夫！」

豪塞將軍的決心拯救了數千條性命，也避免了這些人陷入長時間的戰俘命運。此外，現在可以形成一條縮短的抵抗線，以讓現存的兵力能夠據守。那麼我們就可以實施有計畫的防禦，來阻止敵人以目前的速度進一步的推進。二月十六日，帝國師的後衛一路邊打邊撤回到城內來。

反擊

我們成功避免了讓一個半師遭到包圍，並且可以在一道相當短的防線上實施防禦，這已經是個成就了。該決心的重要性在於釋放了黨衛裝甲軍的大部兵力，使能繼續向南攻擊，以與南方集團軍之軍團分群下屬單位會合。在頓內次盆地北緣地帶，情勢之發展如下：敵人以波波夫將軍（Markian Popov）的戰車與步兵單位，於斯拉夫楊斯克包抄了南方集團軍的側翼，其經由帕夫洛格勒、新莫斯科夫斯克，快速推進直達聶伯河畔。其偵察兵力已經滲透至聶伯佩特羅夫斯克以及薩波羅熱，左翼則位於紅軍城；而我軍在聶伯河上幾乎不存在具有戰力的部隊。由差假人員以及零散單位所拼湊的史坦包爾戰鬥群（Gruppe Steinbauer），自聶伯佩特羅夫斯克進向新莫斯科夫斯克，將在該城西部實施警戒，城東已經為敵所占了。第十五步兵師在聶伯佩特羅夫斯克下火車，派遣了一個團戰鬥群前往席內爾尼科佛（Sinelnikowo）擔任警戒。

蘇聯第六軍團的左翼，其強大的兵力位於ＬＡＨ師的面前，即將從南面包圍黨衛裝甲軍，其數個師的先頭部隊已越過了克拉斯諾格勒—新莫斯科夫斯克公路往西突進，另有一部則已經轉向西北前進。更多的兵力正向聶伯瑟辛斯克（Dnjeproserschinsk）移動。立即採取的反制措施攸關南方集團軍的根本生存問題。

黨衛軍的兩個師，自卡爾可夫撤出後進行了重整。帝國師位於軍的右翼，將於克拉斯諾格勒地區集結，然後於二月十九日自該區向克拉斯諾格勒之東北推進，迎戰來自於東方的敵軍。在逐步將其左翼撤回的同時，ＬＡＨ師在勞斯軍（Korps Raus）[20]的協同下，於所抵達之線上實施防禦，並利用局部反擊戰術支持帝國師的推進。

部隊鬆了一口氣。撤退的日子終於結束了，反擊的時刻已然來臨。每個人都清楚局勢的嚴重性，以及即將來到的戰鬥的重要性。

我的戰鬥群接奉命令，前往耶瑞梅耶夫卡（Jeremejewka）接替派普的步兵裝甲車營，並擾亂蘇聯進一步的推進。我們行經克拉斯諾格勒所據守的陣地，該陣地沿著戰線前沿、遼闊分散的據點所構成，其正面至少有五公里。我們在白天實施逆襲殲滅突入陣地內的蘇軍，然後在夜間將據點編組成向四面投射火力的刺蝟防禦陣地，經過這種方式才完成了這項任務。

在我方戰線十公里之前，我和約亨·派普會合了，他經過艱苦的戰鬥，才攻下耶瑞梅耶夫卡，然後將這個前沿堡壘交代給我。我們將許多毀掉的Ｔ－34戰車用作戰鬥前哨，抵禦自東方不

20 編註：德國第十一軍，軍長艾爾哈德·勞斯（Erhard Raus）。

斷襲來的刺骨暴風雪。

派普向我講述前線的狀況，尤其指出在耶瑞梅耶夫卡以東敵人部隊頻繁的移動跡象。似乎蘇軍正準備發動攻擊。

在冰凍的寒冷中，耶瑞梅耶夫卡儼然已經發展成一座據點。我打算從這裡使用戰鬥群的裝甲兵力，對前進的蘇軍展開閃電攻擊。在據點以南，我們觀察到強大的俄軍編隊正向克拉斯諾格勒的方向移動，對我們只實施了輕微的警戒。從這個前推的觀測陣地，我可以極為精確地觀察到敵人的行軍縱隊，甚至可以明確地指出他們的位置。一個俄軍的加強團從我們旁側經過，正往克拉斯諾格勒方向前進。敵人這個團的側翼只有輕微的警戒，誘使我們向其發動直接攻擊。

第二天一早，戰鬥群在沒有砲兵的狀況下向南開進，將據點交由砲兵、運補駕駛、戰車獵兵固守。開出據點時並未引起敵人的注意，朦朧的氣候正有利於我們的行動。砲兵向敵人位於耶瑞梅耶夫卡以東的陣地展開擾亂射擊，以誤導敵人探知我們的真實意圖。

我們的行軍縱隊在雪地中幾乎無從辨別，每一輛車都塗上了白色的偽裝，部隊則穿上了雪地罩衫或者白色的冬季制服。我們快速蛇行穿過了如波浪般起伏的地形。

戰鬥群在一座小高地後方暫停。敵人的縱隊仍不斷向西前進。蘇聯的行軍車隊開進了一座綿長的村落，村落障蔽了我們的視線。與蘇軍的距離仍有一千公尺。我們是否敢沿著緩坡的道路衝過去？紅軍士兵已經向西行進了快要二十四小時了，他們的數量優勢不夠強大嗎？難道我們不會遭遇到致命的戰防砲掩護彈幕？我與戰車營營長溫舍以及偵搜營各連連長們同時位於戰鬥群的最先頭，研究適合的攻擊方案。我還是認為，速度是最好的武器。我打算在數輛戰車的火力掩護下，以偵搜營的一個連衝入蘇軍的隊伍中間，切斷其行軍車隊並向西席捲。

福斯浮游車的一個班自告奮勇，自願擔任攻擊先鋒。這些小夥子應該知道會發生什麼狀況。敵人一定會鋪設地雷來掩護其行軍縱隊的側翼。

數分鐘之後，攻擊準備一切就緒。車輪在雪地中轉動，慢慢的吃入雪面。速度逐漸加快，達到了最高速，然後向著村落入口呼嘯馳進。必須以如此的速度穿越曠野，敵人才來不及反應。車輛像風暴般衝下了山坡，戰車在高地道路的左右兩側推進，將其高爆彈射向蘇軍，重迫擊砲加強了戰車火力的影響效果。我與尖兵連一起行動，側身攀附在福斯水桶座車（Kübelwagen）上，第一輛福斯浮游車被炸毀，車上的弟兄們粉身碎骨。第二輛車連剎車都沒踩，逕直超車領先，也在下一瞬間被炸飛。攻擊連像支箭飛過了遭炸的地點，戰友們為我們鋪平了進路，地雷障礙已經衝過去了。兩名駕駛帶著殘缺的四肢躺在雪地上，還有其他傷勢較輕的士兵，班長則失去了雙腿。我們愛莫能助，只能留給後續的連來救護這班弟兄。

蘇軍奔逃著離開村落道路，不是衝進房屋內，就是往南逃逸以求活命。在白色的雪地上，他們遭到機槍火力掃倒。行列中的大砲遭到戰車的輾壓，被推到一側或者被擠壓成一團。造成的破壞實非筆墨所能形容。幾輛戰車對著向東行軍的縱隊射擊，一發砲彈接著一發，在戰車壓迫下，蘇軍向東竄逃的混亂更為加劇。

狂暴的戰車如同一隻巨大的鐵拳，將整個行軍縱隊擊成粉粹。速度，再次展現出了可怕的力量，近乎沒有一門俄軍戰防砲自車隊中成功進入射擊陣地。俄軍戰防砲面對戰車重量的輾壓下，大多被嘎吱嘎吱的履帶輾成碎片。幾分鐘之後，這座長型的村落被攻破了，前進的道路變為一條充滿苦痛的大道。扭曲的鋼鐵與西伯利亞馱牛的肉屑攪在一起，這些馱牛被用於拖曳戰防砲。我們自村落邊緣向西進擊，蘇軍遭到了完全的奇襲。很多人還搞不清楚，死神是如何從背後追上他們的。整個縱隊幾乎沒有抵抗，就這樣成為襲擊的犧牲品。村落中的最後幾棟房舍間，有一輛戰車受損停擺。這輛戰車被位於後方不到一百五十公尺果園中的戰防砲擊毀。正當步兵前往摧毀這門戰防砲時，機槍火力掃向了我們之間。僅有佛朗茲・羅特這位充滿熱情的戰地新聞官遭難，他的胸部挨上了一槍。我們把他拖到掩蔽處，再把人抬進了一間小房子內，立刻由蓋特尼希醫官救治。羅特幾天之後在野戰醫院中死去，他是我們最好的一員攝影新聞官。

下一個村落被曳光彈擊中而燃燒起來。在這裡，紅軍戰士也在機槍掃射下狂奔以求活命。我們繼續進入村內實施追獵，造成蘇軍更為狂亂的逃竄。沿路上遺留了變成殘骸的裝備與武器，南側翼的危機暫時解除了。就在夜色降臨之際，疲憊的我們返回到了據點。俄軍的行軍車隊被消滅了，代價是陣亡兩員，還有一些弟兄負傷。行動的速率、敏捷的運動，以及火力的運用，是我們勝利的因素。

根據前進觀測所的報告，在耶瑞梅耶夫卡以東，還有另一批敵軍部隊進占了攻擊準備陣地。確信他們即將展開攻擊。

同時間，帝國師以三個攻擊群向南攻擊，在克拉斯諾格勒以東摧毀了一支強大的敵人集結兵力。攻擊獲得進展，一直持續到二月二十日晚。裝甲矛頭在夜間向南奔襲，對著穿越道路向西行進之敵人縱隊的側翼，進行一次又一次的打擊。一支追擊群替換了其他各戰鬥群，師的矛頭於二月二十日一四〇〇時抵達了新莫斯科夫斯克，與史坦包爾的警戒兵力會師。

空軍以多次的斯圖卡機隊支援師攻擊矛頭，對敵人的抵抗據點實施轟炸，造成集結中的敵軍慘重損失。已經位於克拉斯諾格勒－新莫斯科夫斯克公路以西的敵軍部隊，開始像潮水般向後退去。然而，再往南去，敵人一支強大的部隊，仍持續貼近停止於新莫斯科夫斯克外圍的德軍矛頭。

帝國師接獲命令，帕夫洛格勒將是該師下一個攻擊目標，有一支敵人部隊越過席內爾尼科佛，正向聶伯河灣以南的聶伯佩特羅夫斯克攻擊前進。經過一番苦戰，帝國師終於和四十八裝甲軍在帕夫洛格勒東邊接觸。

不管耶瑞梅耶夫卡以南發生了什麼狀況，現在是時候推進至下奧略爾（Nischij Orel）的蘇聯集結區，以阻止俄軍的攻擊。每當我向部隊指揮官闡述自己的決心時，總有所保留。馬克思．溫舍卻正處極大的亢奮之中。我的意圖是，以戰車營在一個步兵裝甲車連以及兩連下車戰鬥的步兵支援下，向北方深遠推進，然後轉為東向，從後方突入敵人的集結區。搜索排早已探好路，並做好了標定。行動以如此方式實施，當天破曉之際，我們就已進入敵人後方了。同時，在砲兵支援下，所有運補駕駛以及其他任何能動用的人員，都應該實施佯攻，以將俄軍的注意力吸引到西面。

在漆黑的夜裡，一輛車跟著一輛車均已完成準備，等待尖兵開出。我們在夜間緩慢行駛。有戰車部署在轉向點，指示行進方向，同時也提供掩護。在深雪之中，近乎聽不到戰車的隆隆聲。現場就像是上千隻貓咪的腳在尖步行走般安靜，向著目標蛇行開進。我們走得太快了，在兩座村落之間（繞越了所有的村落），我們等待適當的時機。戰車開動了，期待這一天的第一道曙光。我們的計畫是對的嗎？我們走對路了嗎？敵人還沒有發現我們？許多的「要是這樣的話」充斥了我的思緒。眼睛終於可以清楚看到在我們後方的那些戰車的輪廓了，這輛戰車就位於尖兵之後約一百公尺遠。這也就意味著，光線已足夠發起奇襲攻擊。就是現在！無線電開始熱鬧了起來，我向位於耶瑞梅耶夫卡的砲兵下達了射擊指令，心情緊張等待第一發砲彈落地。砲擊結果將顯示我們是否來到了正確的地點。

攻擊地點正確。我們的榴彈砲正向著右前方的俄軍陣地轟擊。一道道閃光劃過四周，裝甲車的二十公厘曳光彈指向了標定的目標。機步槍火力在整個正面上啪啪作響，迫擊砲火射向村裡。砲兵的前進觀測官將火力集中，並導引至突破口。我們就站在彈著點旁側，得以精準觀察砲擊的效力。從俄軍砲口的火焰，可以辨識出敵人砲陣地位置，該砲兵連距離我們不到四百公尺，蘇軍還未發現我們。

現在時機來了！戰車以寬正面衝入敵人的縱深側翼，在近距離內開火。敵人的戰防砲根本沒有發射，他們的大砲做縱深部署，其瞄準線乃是對著耶瑞梅耶夫卡。如此部署有何用？俄軍的戰防砲軍官們並沒有顧慮到後方與側翼。下車戰鬥的步兵躍入房舍內，將驚駭莫名的蘇軍給拉出來。戰車砲直接命中數輛裝有「史達林管風琴」[21]的載重卡車，將其炸上半空。危險的煙火躍上了天空，馬車完全被炸了個粉碎，僅剩一小部分像是雨水般落到我們身上。

一個戰車連向東搜索前進，卻撞上了敵人的一個砲兵營，大砲都被工兵給炸毀了。這場市街戰與逐屋戰鬥進行得短暫而順利，蘇軍已陷入癱瘓。他們未預料我軍竟會攻擊前進。俄軍師長在逃逸時陣亡，我們在一處果園中發現他的屍體。我們以躍進的方式，從一棟房舍到另一棟房舍的前進。布雷默的副連長波爾黨衛軍中尉，在我面前幾公尺外突然倒下，他的腹部挨上了一彈，將人擊倒在雪地上。當我們闖入另一棟更大的建築物時，一名擲彈兵警告我，茅草屋頂上藏有步槍兵對著我們開火。這名勇敢的擲彈兵頭部中了一彈，在躍進途中倒下了。房屋陷入了火海，一員參謀軍官與我們撞了個正著，他是俄軍某個師的作戰參謀。一個小時之內，我們就將村落掌握在手中了。我們的砲兵展現了傑出的作戰成效，火砲像個擊碎一切的拳頭，就在我們面前開路。這也難怪，前進觀測官就位在我們之間，自然也位於敵人的中間。

敵方陣地有兩公里遭到我方席捲，俄軍被徹底的擊潰了。人影黑點穿過遼闊的雪原，正狂亂的奔逃之中。敵人的戰防砲在戰車重壓之下被輾碎，其陣地之射向均朝向西方，然而致命的打擊卻是來自東方。

濃厚的煙霧籠罩著村莊，最後　聲槍聲於晨間響起，戰鬥結束了。野戰救護車向西行駛。陣亡的戰友們被斗篷雨衣包裹著，就躺在我的跟前。我一一向他們道別，然後分配給戰車載回，沒有遺漏任何一人。他們的安息不該被打擾。以前我們發現，每當撤出一個區域，俄國人就劫掠德軍的墓地，還有將之搗毀。

這名俄國參謀軍官給人很好的印象，表現出堪稱榜樣的風範。我們不得不離開這間小屋了，茅草屋頂已經著火，像火炬那樣熊熊燃燒著。這名中校很願意回答所有與當下戰鬥行動無關的問題。他才剛在莫斯科伏龍芝軍事學院（Frunseschule）結訓不久，幾天前才調來第一線。在被送去師部之前，我們向彼此話別，他說道：「在美國的協助下，我們必將打贏這場衛國戰爭。你們正在輪掉戰爭，但總有一天我們會成為朋友。我們會繼續戰鬥，以成就最後的勝利。」

一五〇〇時左右，最後一輛戰車再次返回了耶瑞梅耶夫卡。我感觸很深地向波爾中尉告別。已經注定死亡的他，還在問：「我還能夠回到營上嗎？」在前往野戰醫院的路上，他永遠離開了我們。

---

21 編註：蘇軍的喀秋莎自走多管火箭砲的別稱。

嚴寒驅使我們擠在幾間僅存的屋舍裡，只有最必要的衛哨被派到外面去值勤。弟兄們突然歡呼、瘋狂地衝向我，把我的手壓得疼了。從本營弟兄那裡聽說，我將在鐵騎士十字勳章之上，再獲頒附加之橡樹葉片（Eichenlaub）時，我著實感到驚訝。

在這最初的驚喜過後，我走出小屋去看看陣亡的戰友們。沒有聽見任何聲音，前線一片寂靜，僅遠方有幾道閃光。墓地幾乎無法看清，既沒有十字架或者石塊用來標示這最後安息之地。雪已經被踩實了，很難與周遭環境區分開來。陣亡戰友們不應該被打擾。我們希望保護他們免受墓地褻瀆者的侵害。雪花從天而降，覆蓋了墓地，看起來像是一道深深的傷口。苦悶的那一面消失不見了，萬能的上帝會將傷痕給隱藏。我實在無法為這次的授勳感到高興。今天早上警告我屋頂上有陰險槍手的那名擲彈兵，就長眠在我的腳下。如果不是他的警示，很可能我現就躺在他的旁邊了。

我接到命令要前往元首大本營報到，二十四小時之後自波爾塔瓦起飛前往芬尼查。大本營的特徵就是簡約風。到達後的第一件事，我要求與在柏林的妻子通電話，幾分鐘之後電話接通了，於是我得以享受與妻子與孩子們通話的快樂。

之後，我被引接至希特勒面前。他熱情向我打招呼後開始授勳，然後請我坐下。一個多小時的時間，我一直聽他講述在國內和戰線上所做的努力。史達林格勒的悲劇對他似乎是個沉重的負擔，他的思緒不斷回到第六軍團之上。我發現他沒有因為在史達林格勒的作為而怪罪任何軍官，這點倒是讓我印象深刻。他非常憂心國內不斷遭到的空襲，我有一種感覺，他對於人民的苦難特別掛在心上。事實上，希特勒讓人有很好的印象。他的聲音很平靜，對前線情況的評述是絕對真實的；他也不做任何預測。他知道戰爭將會持續很長的時間，並將邱吉爾視為他最大的敵人。

我們在不受干擾的情況下坐在一起一個小時。我有機會向他說明不加掩飾的前線概況，並指出武器裝備方面的缺乏。希特勒沒有打斷我、耐心地傾聽，有時也會做些筆記。餐敘結束後，我與施帝夫將軍（Hellmuth Stief）和其他長官們坐下來，談論戰爭的進程以及將如何繼續下去的話題。數週之後，施帝夫邀請我去拜訪他，因為他想和我討論一些問題。後來卻因我被派至裝甲兵學校（Panzertruppenschule），所以沒有機會赴約。施帝夫將軍後來因為牽連到七月二十日事件[22]而被絞死。

四十八小時後，我回到了波爾塔瓦，爬上了一架鸛式機，將我帶回師部。在此期間的作戰行動也進行得非常順利。

帝國師從克拉斯諾格勒向南的攻擊，阻擊了一支強大的敵軍兵力，截斷其先鋒矛頭，但仍有可觀的部隊在克拉斯諾格勒—新莫斯科斯克公路以東地區。為了消滅該股敵人，並與ＬＡＨ師於克拉斯諾格勒東北連成一線，需要新銳的部隊。為此，大家迫切期待的骷髏頭師將在波爾塔瓦一帶地區下車。該師將歸黨衛裝甲軍節制，並在佩瑞需切皮諾（Pereschtschepino）周邊集結。

二月二十二日，骷髏頭師向東南發起攻擊。該師於薩馬拉（Ssamara）與奧瑞拉布（Orelab）之間地區，以三個縱隊推進，意圖殲滅位於該區的敵軍兵力。

敵人大規模運動的前鋒矛頭已經被擊潰了，然而該批敵軍仍能夠實施更進一步的攻擊。蘇聯第一近衛軍團主力仍在路上，敵人似乎堅持著以下觀點：突然間轉取攻勢的防御者，必定很快就

22編註：一九四四年七月二十日，國防軍內部的反抗團體發動刺殺希特勒、建立德國新政府的政變行動，最終以失敗告終。

會再次喪失衝力。俄軍也在面對我ＬＡＨ師的正面上，投入了更多的新銳兵力。波波夫軍團一部已經被位於我們右翼作戰的德軍第一軍團切斷。然而，敵人仍有五個戰車軍位於第四裝甲軍團面前向西推進中。

二月二十日左右開始的溫和天氣，對攻勢作戰有利。道路大部分已經沒有積雪，大大增加摩托化部隊的機動性。重要的是不能讓敵人從刀刃上溜走向東北方逃逸，要制止他們，然後一舉擊潰。

攻擊各師以窄正面的衝擊錐向前推進，而在側翼上則有位於次要道路上移動的強大掩護兵力。在空軍的強力支援下，盤據於村莊內的敵人為快速打擊而被逐出，其一貫指向西南方的行軍運動，也遭到了截斷。一四〇〇時，我們已拿下洛索瓦亞。然而，若干補給線遭到切斷，已經遭受打擊的敵人，卻嚴重威脅著攻擊各師的後方交通線。該交通線是聯繫左鄰軍團位於薩馬拉和奧略爾地區之間的左翼。該批敵軍已接獲撤退命令，在奧略爾卡（Orelka）、洛索瓦亞和潘猶蒂納（Panjutina）一帶重組，然後以小群戰鬥群在戰車增強下，分批向東與東北方突破。接下來幾天，其他敵軍部隊脫離了主要前進幹道，從帕夫洛格勒以南地區向北移動。二月二十八日，該敵一支附有戰車的單位襲擊了位於尤爾維夫卡（Jurjewka）的軍指揮部；沒有多久，另一支更強大的部隊攻擊了位於奧略爾卡的一五一步兵師指揮所。

第一項任務於二月二十七日達成。敵人波波夫攻擊群的攻擊戰力已經消退，其主力自突破區域被逐退，該部作戰目標已化為泡影。

同時，ＬＡＨ師利用攻勢作為解決了其防禦。儘管師的作戰地境很廣，但運用突擊群對敵左右側翼的不時交替攻擊，造成敵人嚴重的傷亡，進而阻止了敵人在波爾塔瓦的攻勢。

自二月二十八日以來，在LAH師右翼面前，一股敵人正在重新集結。敵人從呂波庭（Ljubotin）和瓦爾基（Walki）撤出了蘇軍第三戰車軍團的兩個戰車軍和三個步兵師，要將他們投入對抗黨衛裝甲軍的作戰。其集結地區尚未能判明。

我方攻擊的新階段展開了。攻擊軸線將轉為西北向；攻擊的第一個目標是在貝瑞卡以東高地—耶夫瑞莫夫卡（Jefremowka）一線。此乃黨衛裝甲軍自二月戰鬥以來即已熟知的地形。軍團右翼將推伸至頓內次河，在此同時，黨衛裝甲軍應占領耶夫瑞莫夫卡高地，如此LAH師便可與肯夫軍團分群（Armeabteilung Kempf）圓弧防線之東翼接觸。

三月一日，帝國師沿著克拉斯諾格勒—奧克提亞布斯基（Oktjabrskij）公路推進，並於三月二日繼續向帕拉斯科夫亞（Paraskoweja）東北高地前進，目標是占領斯卡羅費羅夫卡（Starowerowka）周圍的高地。三月二日，第四十八裝甲軍攻占了貝瑞卡。

儘管受到道路狀況的嚴重阻礙，骷髏頭師仍在奧略爾格倫德（Orelgrund）向北推進，並於三月一日晚上占領了利索溫諾夫卡（Lissowinowka）。三月二日，該師轉向西北，以殲滅據報位於下奧略爾—耶瑞梅耶夫卡地區的敵軍。鮑姆戰鬥群（Kampfgruppe Baum）在下奧略爾以東遭遇到頑強抵抗。三月二日至三日的報告指出，該師的左翼於耶瑞梅耶夫卡東北，遭遇了來自北部逼近的一股敵軍。現在很清楚了，敵軍並未成功辨別出我們攻擊的方向。該批敵軍以重組的部隊直朝向著攻擊前進的黨衛裝甲軍，以及實施防禦的LAH師陣地之間地區行進，隨後骷髏頭師右翼也轉向投入。敵人尚在集結之際，即遭骷髏頭師捕捉。

敵人朝東南和東北方向實施猛烈反擊，試圖避免遭到包圍；隨後又將部隊分成小群嘗試改善其處境。一切均歸於枉然！歷經三天的艱苦戰鬥，該股敵人主力，遭到骷髏頭師、LAH師向東攻擊的南翼，以及帝國師一部的集中攻勢而被殲滅殆盡。協同各師攻擊的空軍俯衝轟炸機中隊，對被包圍之敵實施打擊，取得了巨大的成功。

個別逃逸的敵人縱隊，都在追擊過程中被摧毀。這些敵軍部隊在幾天內再次使得我軍後方地區相當不安全，但仍在個別的戰鬥中被完全消滅。蘇聯第十五戰車近衛軍軍長，在距離黨衛裝甲軍指揮所幾百公尺外被發現死亡。

經過了一場艱苦的戰鬥，奧霍洽耶（Ochotschaje）於三月四日晚落入帝國師手中；ＬＡＨ師自其於斯塔羅費羅夫卡（Starowerowka）附近之東北弧線陣地發起攻擊，再次與帝國師接觸。三月五日，骷髏頭師完成了對包圍敵軍的殲滅作戰，獲得了它最大的勝利。敵人在人員方面的損失很大。包圍圈內充滿了大量的武器和機動車輛。兩個戰車軍和三個步槍師之大部，已可被視為遭到殲滅。耶瑞梅耶夫卡之戰，嚴重削弱了蘇聯第三戰車軍團的實力。

ＬＡＨ師再次納入黨衛裝甲軍的作戰序列，在奪取了斯塔尼奇尼（Stanitschnij）之後的附近——距離戰線不遠位置，為了後續的攻擊正進行重組。三月五日，ＬＡＨ師於克拉拉旺斯科耶（Krarawanskoje）與帝國師合攏，該師正位於斯塔尼奇尼—芬尼可夫—尼可爾斯科耶—克魯特谷地（Winnikoff- Nikolskoje-Krut Balka）之線。三月五日，骷髏頭師已經恢復行動自由，即將追隨軍的行動。

路況變得更加難以展開攻擊。在各師進抵地區以北的降雪情形仍然很嚴重，妨礙了行動的實施。攻擊行動要繼續占奪卡爾可夫，還是殲滅位於肯夫軍團分群面前的敵軍部隊？

決心仍然未做出，結果則是應先抵達姆夏地區（Mscha-Abschnitt）。三月六日，黨衛裝甲軍自奧霍洽耶—克魯特谷地之線出發，以帝國師在左、ＬＡＨ師在右，骷髏頭師位於左翼側後跟進，朝向姆夏地區推進。帝國師在經過一番苦戰之後，將敵人逐出新沃達拉加（Nowaje Wodalaga），ＬＡＨ師則突穿了敵人位於莫斯卡爾厝瓦－李亞秀瓦－加伏里洛夫卡（Moskalzowa-Ljaschowa-Gawrilowka）的抵抗線，然後以一營兵力在布里多克（Bridok）開闢了第一座橋頭堡。右鄰友軍因為困難地形而被延誤，其右翼暫停於塔朗諾夫卡（Taranowka）之前，但總算是攻下了波爾基（Borki）。

三月七日夜裡，帝國師進抵了姆夏區，ＬＡＨ師則擴大了占領的橋頭堡。天氣變暖和了。夜間的霜凍已經融化。道路的條件由於雪和泥濘的交互變換，而變得越來越困難了，人和裝備都被逼到了極限。

另一方面，俄軍表現出明顯的疲弱跡象。他們在頓內次和聶伯河之間的戰鬥中受到了重大損失，俄軍試圖派出新近編成的部隊前往對付黨衛裝甲軍，但這些部隊的力量尚待加強。

問題來了，究竟是要向西北發動攻擊，將戰線向肯夫集團分群面前席捲，還是要進攻卡爾可夫？

還是一樣，繼續向北攻擊，應會使狀況趨於明朗。三月六日上午，我位於ＬＡＨ師左翼的戰鬥群奉命向東北方向攻擊前進，同時確保師左翼的安全。深厚的積雪造成我們的前進困難重重。道路因為積雪而無法辨識，只能用猜的，這樣慢慢爬上了一個小高地。從那裡可以對東北方作良好的觀察。遼闊的雪原展現在我們面前。左邊五百公尺有一個設防的村莊，蘇軍在他們的陣地上漫不經心地走來走去，不知道我們已經準備好了。遠處可以看到另一座村莊的平房。我選擇這個村莊作為第一個目標，距離約為十公里。溫舍營的一個戰車連外加車載步兵接獲命令，前往消滅第一座村莊。戰車將在砲兵火力掩護下衝向村莊，消除對戰鬥群側翼的威脅。我要以主力立即攻擊這座後方的村莊，突破蘇軍的縱深。

部隊指揮官向弟兄們提示了狀況與意圖。砲兵與多管火箭營回報，已完成發射準備。弟兄們向地平線搜尋敵人的運動跡象。我倚靠在散熱器上，試圖讓我的手藉由引擎烘暖些。手錶指針緩慢移動著，香菸被掐熄了。戰車的頂門「砰」一聲關上，完成準備的報告在耳邊響起。距離砲擊的密集爆炸只有幾秒鐘的時間，我舉起手臂，再次看向了各連，在第一發砲彈發射時揮了揮手。戰車連緩緩而鈍重地，喀啦喀啦向著村莊推進，伴隨著俯衝轟炸機的咆哮聲向敵人逼近。轟炸機一架接著一架，向著辨識出來的目標俯衝至低空。敵人被炸彈和機載武器逼迫到就地掩蔽，最後一枚炸彈落下時，我們第一輛戰車已經在村子裡了。

與此同時，戰鬥群已經展開，正全力以赴攻擊目標。積雪卻是比防禦者來得強大的阻礙。大量的積雪堆積在戰車前面，隨著時間的累積已經堆成了堅實的厚牆。戰車緩慢前行。不久之後，我發現我們缺乏步兵，因為步兵裝甲車和福斯浮游車都被困在雪地裡。積雪使車輛與地面脫離接觸，使得攻擊計畫很可能失敗。我的裝甲車在兩輛虎式戰車之間組成錐形隊形，只能慢慢往前挖掘前行。在一座小窪地前，我們暫時停止，以讓步兵跟上。由於輕型偵察車無法應付積雪，擲彈兵們爬上了戰車。繼續前進！右後方有俄國守軍企圖逃離這座遭攻擊的村落，卻成為我們槍下的犧牲品。

當我們接近至第二座村莊的範圍內時，尖兵遭到戰防砲火力的射擊。虎式戰車摧毀了對方。右側的戰車連（連長于根森Jürgensen）進展迅速，他們利用果園做掩護，繞越村落而過。

我們的戰車被四十七公厘戰防砲擊中，但並未造成嚴重傷害。可惜無法發現砲陣地。我們現在距離村落不到兩百公尺，正在搜尋著突入點。機槍火力打在裝甲板上。領頭的一輛虎式陷入雷區，履帶遭炸斷而停擺。現在T－34出現了，並立即加入戰鬥。我們必須進村子去！突然，裝甲車發生巨大的撞擊，我撲倒在車轍上，發現駕駛仍端坐在方向盤後，但頭已經不見了。一枚直擊彈在裝甲上撕開了一道裂口。阿爾伯特・安德烈斯黨衛軍中士（Albert Andres）不知所措地尋找掩蔽。看到安德烈斯只剩一隻手臂，讓我震驚。在布片和碎骨之間，已經看不到肢幹了。

布雷默連突入村子，沿著街道戰鬥前進。我們意外衝過了一輛俄軍戰車，它被黏著炸藥摧毀了。僅僅幾分鐘之後，才發現我使用的是桑德爾黨衛軍士官長的衝鋒槍，我的武器留在裝甲車上了。桑德爾笑笑地取回他的衝鋒槍。於是我拿著一把俄羅斯步槍遊走四周。

在接下來的一個小時，村落被我們占領了，立刻組織起刺蝟防禦。鑒於白晝的不長，夜間最好是在村落中度過。終昏時刻，我們安葬了我的駕駛恩斯特・內伯倫（Ernst Nebelung）。

大德意志師的聯絡官報告，該師在左鄰區域內戰鬥中。得知在我們北面有一支久經戰陣的部隊，我還蠻高興的。

當天晚上，標格薩克士官長出了大事。我們的好友弗里茲・維特，突然感受到了本能的呼喚，走到一座小棚子前，滿意地找到了一個可以遮風的角落，開始了他的「緊要事項」。「然而好事多磨」。弗里茨其實並不孤單，在他對面坐著一位俄羅斯中尉，用衝鋒槍指著他，一言不發地看著佛里茲正忙著「辦事」。突然間，我們聽到一聲絕望的尖叫。弗里茲立刻在我們手電筒的聚光照射之下，只見他的褲子垂下來，驚訝而無語地指著他的對手。我們很少有像當下那樣大笑的。很可能俄國佬也從沒有嘗過，像弗里茲所提供給他如此這般美味的雪茄！

第二天早上，我們向約十公里外的瓦爾基展開攻擊。俄軍戰車與戰防砲試圖阻擋前進，但我們繞越了這些抵抗陣地，然後從後方消滅了它們。在對瓦爾基最後抵抗據點的攻擊中，萊姆林黨衛軍士官長（Reimling）的戰車遭到了直擊命中。幾天前，萊姆林才被授予騎士鐵十字勳章，我們又失去了一位勇敢的戰友。

經過艱苦的戰鬥，我和威澤爾連抵達了瓦爾基的姆夏河（Mscha River），橋梁完好無損。但我不相信俄羅斯人，下令越過被冰層覆蓋的河面發動攻擊。這座橋肯定埋設了地雷。威澤爾連的戰士們緊貼河岸，臥倒在小房子和棚屋後面準備攻擊。在另一邊，我僅在偶爾間看到一個俄國人的頭部。戰車停在後方，他們要掩護我們越過冰面的躍進。布雷默連則被拘束在更遠處了，我正在設想該如何用最佳的方式過到河的另一邊，並在不動用砲兵和多管火箭的情況下占領瓦爾基。戰車履帶喀啦喀啦的響聲自村鎮中傳來，俄國人出動他們的T－34戰車了。

我的小夥子們看著我，好像在說：「瞧！老哥，你把我們搞到了這個爛攤子裡來了，現在看看你要如何把我們弄出來！」我現在的處境，看起來就像隻被拴住的狗，一直搆不到另一頭的骨頭，只能使勁舔著嘴唇。擲彈兵們想及此，似乎還挺得意的。但是，那根鍊條卻斷了。該連像槍速般迅速，自冰面上疾馳而過，然後占領了彼岸。我與連本部一起飛奔過冰面，過程幾乎是不費吹灰之力。俄軍一彈未發，他們坐在武器後面呆住了，竟然放棄了戰鬥。那個神奇的話是怎麼說的？嗯，聽起來應該是這樣的：「大家聽著！我們中第一個到達對岸的人可以獲得三週的假期。預備，開始！」我從未見過如此行動一致的躍進。

現在所有的一切都在快速進行著。戰車越過現在已被確保的橋面、衝上街道去，在步兵積極的協同下，將最後一名俄國人逐出。我們擄獲了一個砲兵營，這個營已經進入陣地，另有數百人俘虜被俘。在瓦爾基以東數公里外，我們與派普的步兵裝甲車會合。約亨・派普正從布里多克向瓦爾基推進。

戰鬥偵察發現了四名肢體殘缺的戰友，他們被並排放置然後遭戰車輾碎。

當我營向北推進時，派普抵達了需里阿赫（Schljach）鐵路交會點，我們於三月八日再次相遇。當日，LAH師推進到卡爾可夫市區西緣。儘管遭遇到大量的反裝甲武器及敵軍逆襲，但攻擊已無法喊停了。我們希望奪回卡爾可夫。

我們左鄰的骷髏頭師攻占了舊梅爾奇克（Stary Mertschik），然後執行偵察行動前推至奧爾襄尼。帝國師的進度被右翼的險峻地形大大的延誤了。此外，來自拉基諾耶（Rakitnoye）－呂波庭以東強大之敵對其側翼的威脅，導致該師有力之一部被拘束在東面。

三月九日，我們進抵了烏迪區，並占領了奧爾襄尼。肯夫集團分群也以其右翼，發起快捷的攻擊。現在，情勢發展將決定所下達的決心。現在只剩下一個目標：卡爾可夫。

三月九日晚上，LAH師的攻擊矛頭已經抵達佩瑞瑟奇納亞（Peressetschnaja）和波勒瓦亞（Polewaja）。

黨衛裝甲軍決心於三月十日對該市發起攻擊。命令是在三月九日晚下達的。LAH師自北部和東北部、帝國師從西部，同時間分三條軸線向該城展開攻擊。封鎖前往楚古耶夫道路的任務落在LAH師上。骷髏頭師的任務是向西北和向北實施警戒，以抵禦肯夫集團分群面前的敵人以及任何新開到的俄軍部隊。

繼續攻擊！維特團進抵了卡爾可夫－貝爾果羅德的主要公路，在接近機場的卡爾可夫北面入口遭遇了非常強大的抵抗。敵人利用了這個機會，他們在平民的協助下構築防禦工事。我在街上遇到了弗里茲．維特，聽到他說打算先攻下機場，再挺進至紅場。維特右鄰的是由維許黨衛軍上校（Theodor Wisch）指揮的LAH師第二團，該團也有不錯的進展。在與維特研議之後，我打算帶領戰鬥群穿過卡爾可夫以北的樹林，封鎖卡爾可夫—利普齊（Liptzy）公路。

布雷默再次成為尖兵連；我們朝貝爾果羅德方向行駛了數公里遠，然後向東轉入白雪茫茫的森林中。小路的盡頭是一座集體農場，一支俄羅斯偵察隊就在此處消失，然後向東撤退。要回頭已是不可能的事，我要越過這座森林，然後以奇襲之勢突入東部城區。

一條步道通向高高的雲杉林，向東延伸經過一座小湖。偵察隊很快發現了一支由馱牛拖曳的戰防砲以及其他火砲的雪橇隊。現在我們用不著多費心了，凡雪橇隊可以到達的地方，戰車和其他車輛也可以開到。

布雷默授命向東進軍，然後在森林邊緣等待進一步命令。

由施多爾黨衛軍下士指揮的尖兵班，消失在高大的雲杉樹之間，在他們身後留下一股雪塵。兩輛突擊砲緊隨其後。沒過多久，突擊砲就卡在斜坡上。突擊砲滑向路側，眼看著就要掉入結冰的湖面。在尖兵連的協助下，戰車以相差不到幾公分駛過了危險地段。為了消除其他更多的危險，必須盡快改善道路狀況。幾分鐘後，數百名機車步兵和戰車兵一起忙著構築可通行的次要道路。大家使用鐵鍬、十字鎬以及斧頭，在堅硬的土地上工作。恢復前進了！行軍車隊在短時間內再次移動。

布雷默跟隨尖兵班之後推進，敵人的騎兵正從白雪皚皚的峽谷觀察著我們。我追隨尖兵的車轍痕跡。道路越來越窄，馬車駛過脆弱的雲杉和年輕的樺樹。在我們後面是一輛八輪裝甲通信車。而當我們越深入森林，我的疑慮也越強烈。我是不是又一次把戰鬥群引到了絕望之境？我們只能往東行進，迴轉是不可能的，沒有一輛車可以在這裡轉彎。茂密的雲杉林向左右延伸。我想起了希臘和穿越帕特拉斯灣的通道，想起了在南部戰區的襲擊，還有我們最近這幾週放膽勇敢進行的艱苦戰鬥。一直以為我們是在無望的情況下戰鬥，最後卻都以勝利告終。今天也是一樣的情形。沒有人會認真指望一支摩托化部隊，能夠衝破充滿積雪的森林。在承平時期，做出如此決心的軍校生，會被立即送回他的部隊去。這樣的決心看起來非常瘋狂。

然而，我相信我們會成功。我會跳到全然無準備的蘇軍身上，然後扼住他的咽喉。腓特烈大帝（Frederick the Great）面對這種情況會說：「你使用的伎倆與計謀越多，你對敵人的優勢就越大。」

馬克斯．衛廷格只能緩慢地駕駛我們的福斯水桶座車穿過狹窄的過道。只要與樹幹稍有碰觸，碎雪就會從樹枝掉入車內。這是一趟不舒服的車程。前面越來越明亮了。我們已經穿越了森林，到達了一片樹木砍伐區，終於可以離開狹窄的道路了。

我驚訝地看著布雷默將他的車輛調頭，並做了掩蔽。各群已經就位。我小心翼翼跟隨著布雷默，當一看到前面的斜坡，也不由自主壓低身子貼在地上。在這條我期盼已久的道路上，出現了一支令人難以置信的行軍縱隊。步兵、砲兵，還有一些戰車，向著貝爾果羅德方向進發。在那裡行進的不是驚慌失措的烏合之眾，而是一支井井有序的部隊，在全戰備的序列下行動中。

這支隊伍過大，我們應該是吃不下去。我們的戰鬥群還需要幾個小時才能穿過森林展開全面部署。如果沒有在這裡被發現，那我們該感到非常慶幸。蘇軍只要一次攻擊，就會使戰鬥群像倒麻袋般遭到殲滅。我們根本無法承受蘇軍優勢的衝擊力和火力。但正如我說，回頭在技術上是行不通的。部隊必須趕上，等待最佳時機投入戰鬥。也許明天會出現更好的時機，最晚再過一個小時，夜晚就要降臨了。

我們是一支由四輛福斯浮游車、一輛福斯水桶座車以及一輛八輪裝甲通信車組成的小隊伍，一共有二十三名軍士官兵，擁有四挺機槍，以及各員隨身配備的手槍和步槍。我們這一小群德軍在大約八百公尺外，觀察一支由數千名蘇軍組成的車隊，所有人全副武裝。地勢均勻地向下沉降至道路，並再從路外向上升起。一側的斜坡長滿了樹叢，另一側的斜坡則是毫無遮蔽的雪原，無止盡地向東延伸。我們都不敢亂動，警戒哨應該要通知後續抵達的車輛。

突然，在身後傳來了斯圖卡令人振奮的嗡嗡聲。我們還看不到任何飛機，他們是自西方飛來，所以裝滿了炸彈。他們會攻擊在我們面前行進的俄軍嗎？左前方是波爾夏亞．丹尼洛夫卡村（Bolschaja Danilwoka）。

發動機的轟鳴聲現在就在我們上方了。飛機的影子在雪地上疾馳而過。我們離開提供保護的掩蔽處，像是劇院裡的觀眾，站著觀賞一齣特別有趣的戲劇。斯圖卡飛越車隊，畫出一個大彎以獲得高度，然後從南方飛臨行軍隊伍。斯圖卡用炸彈和機槍，將死亡與毀滅帶給敵人。雪橇衝上斜坡，戰車被炸得四分五裂。所有的秩序都在幾秒鐘內瓦解了。馬車瘋狂衝入開闊的地形，另一側的斜坡上則佈滿了無數的黑點——步兵為了活命而奔逃。在這當下，指揮官已不再能掌握各自的部隊了。

看著紛亂糾結的人群，讓我像觸了電般振奮。我從車上抽出一把信號槍，將一枚紅色信號彈射向天空。布雷默立刻明白了。施多爾的班跳進車裡，沿著斜坡衝下去。裝甲通信車以機槍掃向蘇軍，為我們提供火力掩護。與所有一般戰爭法則相牴觸，我們在充滿呼喊和喧囂的泥路上衝刺。汽車喇叭和警報聲響營造出地獄般的喧鬧。我們攻擊敵軍了！紅色曳光彈仍不斷上升。斯圖卡辨識出我們，搖晃著雙翼，又飛回到了這群無頭緒的人群中，以機槍清掃路面。

我們衝抵道路上，蘇軍舉起了雙臂。斯圖卡在我們上方幾公尺呼嘯而過，然後無止境的在我們上空一圈又一圈的盤旋著，為我們提供火力掩護，護衛著我們。斯圖卡一再沿著道路咆哮飛過，阻止俄國人奪路逃竄。我們的第一輛戰車從森林邊緣開下來，其發射的砲彈「咻咻」一向北飛去。施多爾的班與戰車競相前進。另外三輛戰車和溫舍也來到路邊。我們的推進在兩個方向都取得進展。俄軍應該會以為，這是一次有計劃且經過詳細規劃的攻擊，那就不要讓他們認清實際情況。數百名俄軍戰俘被集中於一座果園內。

我們現在不能停下來，必須充分利用斯圖卡攻擊的效果，盡快向卡爾可夫推進。施多爾班、裝甲通信車，還有幾名傳令，咆哮衝向蘇聯部隊。在道路的左右兩側，兩輛戰車監控著推進的狀況。要向我們的朋友俯衝轟炸機說再見了，他們已經丟完所有的彈藥了。直到現在我才意識到，我們這次狂野衝刺的成果極為豐碩。天空再次平靜下來，頭上已經沒有令人神經緊張的呼嘯聲。我們開著幾輛怪誕的汽車衝過蘇聯車隊，戰車砲彈從頭頂呼嘯而過，向南方遠處炸開。在俯衝轟炸機飛離後，俄軍又重新聚集在路上，卻遭到機槍掃射。蘇軍再次為了求生而奔逃。道路左側有一座敵方電台，無線電操作員被我們的槍彈給擊倒，軍官跑進農舍，無線電車則被手榴彈摧毀。火焰、煙硝為我們引路。繼續前進！我害怕暫停，只有在行動中，才能展現我們的力量。我們瘋狂的車速，機槍的掃射，行駛中投擲的手榴彈，以及咆哮的戰車砲，促使蘇聯人匆忙逃離道路。

我們的推進在抵達了卡爾可夫以北的一處磚廠時停了下來。恰巧我瞥見路兩旁的花園裡，停著六輛完好的敵軍戰車。在我們的左側，一名戰車乘員正忙著卸除T－34的偽裝。機槍火力把他們驅趕回去，槍聲卻將其餘的戰車乘員自房子內引了出來。沒有人料到會在這裡遭到德國人的攻擊。但現在這些戰車對我們越來越危險。施多爾直接跳上了一輛車，留自己的座車在後面，我看到那輛車的駕駛退入乾草堆裡。我們必須退回去。第一輛戰車已經進入射擊位置了。

走！快離開那裡！否則我們將會遭到蘇聯戰車的火力攻擊。我們向南奔馳了七公里多，這增添了蘇軍的疑惑。一名俄軍少校坐在我的後面，腹部中了一槍。他真的很想和我們一起走。我很佩服這位仁兄，在整個行車過程中，我沒有聽到他因劇痛而哼聲。蓋特尼希醫官為他裹上急救繃帶。

退回來之後，我們在波爾夏亞・丹尼洛夫卡發現了一大群僅由幾名擲彈兵看守的戰俘。他們安於目前所處的境遇，沒人試圖逃跑。

午夜時分，戰鬥群大部仍然未見蹤影，當時他們正慢慢穿過黑暗，一小部一小部逐次抵達。〇五〇〇時，所有單位到齊了，戰鬥群準備好進行緊密的協同行動了。

當新的一天第一道曙光出現時，我們再次朝著卡爾可夫方向前進，只不過這次我們緩慢而小心向南推進。在最右側，可以看到進攻的蘇軍向著機場前進，他們正在攻擊維特團。在前方，可以看到前進的蘇聯步兵在機槍火力下被釘死在當前位置。我們趕忙驅車前往磚廠，發現了施多爾班的那名駕駛兵安然無恙。擲彈兵布魯諾・普雷格（Bruno Preger）睡在一張稻草床上。該處那幾輛被我們發現的敵軍戰車仍處於射擊位置上。五輛T－34成為我軍戰車的犧牲品，像野火般熾烈燃燒。一輛四號戰車被直接命中，炸得四分五裂。摧毀這輛四號戰車的同一輛T－34，也在不到五十公尺外直接擊中了我們的裝甲車，我的駕駛馬克斯・衛廷格當場陣亡，通訊排排長海因茲・威斯特伐爾黨衛軍中尉（Heinz Westphal）也被榴彈打死，赫爾穆特・貝爾克（Helmut Belke）負傷，我則安然無恙被壓在衛廷格的身體之下。俄軍戰車揚長而去。

我們一戶挨一戶戰鬥前進。敵人一名戰防砲組員被一根掉落的燈桿打死。我們的戰車掌控了這個區域。三月十一日下午稍晚，我們抵達了卡爾可夫東部通往舊城區的路上。

值此勝利時刻，一場嚴重的危機發生了。我們的戰車僅剩下很少量的燃料可用，無法再投入戰鬥。戰車圍著一座大型墓地，組成了刺猬環狀防線，在卡爾可夫市中心構成了一道堅固的堡壘。從這裡，我們找到了卡爾可夫—楚古耶夫公路（Charkow—Tschungjew），準備封鎖蘇軍的主要撤退路線。

我已經好幾個小時沒有接到第二連的消息了，他們在卡爾可夫溪一帶被敵軍截斷。布雷默連正為自己的生死而戰，而奧爾博特（Erich Olboetter）則擊退了敵人從東面發動的反擊。在墓地，我們要抵禦突圍而出的蘇軍。天黑了，布魯克曼黨衛軍上尉（Bruckmann）設法弄到了幾輛載有燃料的車輛。他同時也報告稱，公路已遭到封閉，敵軍切斷了退路。幾天後，該批敵軍遭到骷髏頭師所部殲滅。

維特團從北面奇襲突入了市區，在艱苦的市街戰中一路打到紅場，然後於夜間組成刺蝟環狀陣地固守。

三月十二日，戰鬥群沿數條街道前進，最終封鎖了通往楚古耶夫的道路。然而現在蘇軍轉而攻擊我部，試圖壓倒我們，將我們壓縮在一塊狹小的空間。威澤瑟連的兩個排，被圍困在一所學校的二樓內拼死反擊，抵禦滲入一樓的俄軍突擊隊的攻擊。與溫舍指揮的反擊協同，我們消滅了俄軍的突擊部隊。整個戰鬥群再次陷入堅決的防禦戰鬥之中，一叢燃燒的房舍，那就是我營在市區中的陣地。

到了黃昏時刻，我對於能否堅持至第二天早上不抱太大的希望，敵人逼近到手榴彈投擲範圍之內了。沿著戰線走，突然發現一輛戰車已經推進至學校附近，我們就站在離戰車不到二十公尺。一個探出砲塔想跟地面同志溝通的戰車車長，死於威澤爾的手槍射擊。該輛戰車履帶嘎嘎作響地開走了，被打死的車長上半身還掛在指揮塔上。

三月十二日夜間，帝國師在卡爾可夫西緣突破了一道敵軍戰防壕陣地，打開了通往市區的道路。該師於三月十二日抵達了中央火車站。

敵人頑強抵抗，試圖以大部兵力實施突圍，他們從卡爾可夫城外東北地區調來新銳部隊展開解圍攻擊。

派普以兩輛步兵裝甲車向我方突破，與我們聯繫上了。然而他的伴隨戰車卻遭T－34擊毀，人員均成功被救出脫險。

我們冷酷而毫不手軟地展開逐棟房子的爭奪戰，直到三月十四日為止。迄至一八〇〇時，我們已經完成了東部以及東南部城區的最後兩個區域的占領；拖拉機廠則於三月十五日陷落。

同日上午，在經過了一場成功的戰車對戰之後，骷髏頭師進抵羅根以北楚古耶夫附近的隘路並實施封鎖。接下來幾天，我方攔阻陣地必須承受敵人猛烈的突圍以及來自東方的反擊。遭包圍的敵軍部隊與其全部的裝備，不是被摧毀就是遭到俘虜。

至此，對俄軍冬季大攻勢的決定性反擊已告完成，南方集團軍各地段之間再次建立起緊密的聯繫，俄軍攻擊兵力相當大的一部分被殲滅，其餘部分也遭到嚴重打擊。

在接下來數日，我們對往東、往北撤退之敵實施追擊，攻占了頓內次河岸。三月十八日，貝爾果羅德由派普奪取，該城的占領，標示著黨衛裝甲軍的勝利告一段落。在那裡，我們與從西方攻擊前進的大德意志師會師。在過去幾天，該師在一場激烈的戰車會戰中摧毀了一百五十輛蘇聯戰車。

卡爾可夫會戰以勝利告終，惟傷亡慘重。

在頓內次河和聶伯河之間的大戰，德意志擲彈兵戰勝了東方的烏合之眾。

在夏季攻勢展開之前，我必須永遠和我指揮多年的忠實擲彈兵弟兄們分離。我永遠不會忘記戰友們道別的畫面。我接到命令，調差至裝甲兵學校，最終調轉至希特勒青年師。

第二部　西線諾曼第作戰

希特勒青年師

一個師，特別是像現代裝甲師這樣複雜的部隊，除軍官和高階士官外，全部由十七、十八歲的孩子組成，這在戰爭史上是一個相當獨特的現象。

在德國，任何對軍事、青年教育和領導統御一竅不通的人都認為，將這樣的一支部隊投入戰鬥，在最初幾天就會釀成災難，因為年輕人無法在現代的消耗戰中承受沉重的身心壓力。這一觀點在當時我們的對手方面，表現得更加武斷。在對德國的心戰傳單以及電台廣播，當談及以奶瓶為部隊標誌的「娃娃師」（Baby-Division）時，其意涵當然並不僅侷限於戰爭宣傳。

這些孩子在戰鬥行動中的表現和「希特勒青年」師（Hitlerjugend）[1]的成就，證明了批評者的觀點是錯誤的。因此，對我而言，簡要介紹該師成立的歷史，以滿足一般人的興趣，以及其在歷史上的意義。

就在史達林格勒災難之後，宣布要進行「總體戰」（Totaler Krieg）時，成立一個由適宜服役的青少年組成志願師的計畫出現了。這個師將成為德國青年犧牲奉獻的象徵以及堅忍意志的一種展現。經由早期準軍事訓練的鍛鍊，這些男孩到了十七、十八歲時，應該達到了能夠上戰場的標

1 編註：即第十二黨衛裝甲師的外號。

準。假如志願師的效能獲得證明的話，那麼其他德國師也應該將青少年編入其中，以彌補在俄國戰役中巨大的人員損失，並實質提升德國的武裝力量。

青年團領袖認為，正規的部隊訓練模式並不適用於青少年。因此，希望在他們的督導下，於一個特殊的師內對新方式進行測試。

一九四三年六月，國家青年領袖阿克曼（Artur Axmann）與希特勒會晤後，下達了相關指示。希特勒青年團應該召募志願者，並在軍事訓練營中完成預備教育，這時他們將移交給新成立的黨衛軍師。該師的核心將來自第一「阿道夫．希特勒親衛」黨衛裝甲師。新成立的第十二「希特勒青年」親衛裝甲擲彈兵師，將與第一裝甲師共同組成第一黨衛裝甲軍，且應馬上展開後者的編成事宜。

當希特勒青年團開始招募兵員並進行訓練時，同時也在選拔預備從ＬＡＨ師調往新編成師的人員。該師在卡爾可夫附近歷經撤退作戰及其後奪回城市的作戰中，蒙受了嚴重的損失。第一黨衛裝甲師正在為參與「衛城作戰」（Operation Citadel）進行準備。「衛城作戰」的目標是為了消滅庫斯克的俄軍突出部。

第一黨衛裝甲擲彈兵團團長，三十五歲的維特黨衛軍上校，也是騎士鐵十字勳章附橡樹葉得主，被指派接掌師長。為了編成新的裝甲擲彈兵團，他不得不從他原本的團中，挑選出一些軍官，以及一部分士官幹部與下級士官，這些幹部的空缺就必須由第二黨衛裝甲擲彈兵團填補。其他兵種單位也遵循與此相同的程序編成。

以如此方式抽調的核心人員，只是一個尚未完成的骨架，連長、排長、班長都缺員嚴重。年輕的排長經常不得不被提升為連長。其後，大約五十員陸軍軍官被派到該師，其中一些人曾是希特勒青年團的隊職幹部。為了得到所需的班長，被選中的男孩，一如他們進入新訓營一樣，將被送到勞恩堡士官學校（Unterführerschule Lauenburg）接受訓練。經過數週的基本訓練後，被選中的合格男孩將參加師所舉辦為期三個月的士官訓。

當第一批一萬名青少年在七、八月的幾週內，抵達了比利時的貝佛盧營（Beverloo）時，籌備工作尚未完成。制服還沒有發下，然而訓練即刻展開了。個別單位根據戰時編制陸續編成。該師於九月完成編組；經過多重努力，該師於十月奉命調整為裝甲師。

當此之時，在蘭斯（Reims）附近的梅利營（Mailly-le-Camp）編成的戰車團，擁有四輛四號戰車以及四輛豹式戰車作為訓練之用；其中一半是從俄國帶走的「黑貨」。砲兵團有幾門輕型野戰榴彈砲。幾乎所有的機動車輛仍未到位。十一到十二月間，經由繳獲來自義大利的車輛，車輛實力已達到編制的百分之八十。在此同時，第一輛牽引車和裝甲車輛也陸續抵達了。

該師在指揮體系中的位置頗為複雜。在訓練方面，該師隸屬於西線裝甲部隊（die Panzertruppen West）總司令施維彭堡裝甲兵上將（Geyr v. Schweppenburg）。就戰術上，該師則是置於第十五軍團指揮部的指揮序列之下。

基本訓練大致完成之後，於一九四四年初開始部隊訓練。在戰車團轉移到比利時哈瑟爾特（Hasselt）周邊地區後，偶爾會舉行更大型的戰車操演，重點放在裝甲戰鬥群各兵種間的協同戰鬥。二月，第二十五黨衛裝甲擲彈兵團第一營舉行了實彈射擊訓練，裝甲部隊總監古德林上將到場視導。三月，西線總司令倫德斯特元帥，出席了裝甲戰鬥群的演習。兩次操演所展現的訓練水準都得到了高度肯定。

參謀人員之間的協同，在幾次的通訊演習中得到了驗證，並隨即作了改進。其中一場演習，於第厄普（Dieppe）地區在軍的架構下進行。完全不適用的擄獲車輛產生許多問題，最終經由最高統帥命令，而由德國國防軍的標準車輛所取代。

一些男孩原來已經志願加入其他軍種或其他的師，他們中間有人或多或少是被「說服」報名而成為本師的志願人員，但大多數青少年是帶著年輕人的極大熱情加入本師的，熱切渴望能在作戰行動中證明自我。這種熱情和精神必須作為基本價值持續保持，倘若熱情或精神不足的時候，就要召喚它們。由於青少年還在成長期，訓練的原則和形式，就必須與部隊用來訓練教育一般新兵者有所不同。許多既定的軍事教育原則，都被新的原則所取代。總而言之，這些原則起源於世紀之交所出現的德意志青年運動（Jugendbewegung）。

沒有顯著的上下屬關係，只知道命令和無條件服從。軍官、士官和士兵之間的關係，維持在資深老戰友和年輕戰友的區別。軍官的權威建立在成為他們年輕士兵的支持者和知己。在戰爭情況下，盡可能與父母家庭建立密切的聯繫。

孩子們被培養成具有責任感、群體意識、犧牲奉獻、果敢、自制、同袍情誼，以及團隊精神等能力。如果個人展現出上述的這些能力，那麼將進一步精進它們。該師的指揮階層確信，如果青少年認識到並接受他們各自承擔使命的意義，及在其中的角色，他們會有更好的表現。因此，根據對情況的詳細評估後再制定命令，成為了他們的標準操作程序。

訓練期間，不再有閱兵或基本操練。一切都專注在戰鬥訓練，並盡可能以符合實戰狀況進行。體格的強化是透過運動來實現；負重行軍被認為是不必要且有害的。在施威彭堡將軍（Geyr von Schweppenburg）的建議下，致力於發展進階的砲術訓練。這種訓練都是在現地實施，而非在營區空地上的瞄準練習。

基於裝甲部隊總監的命令，師部與卑爾根（Eergen）裝甲兵學校的軍官們一起，為裝甲擲彈兵制定了新的射擊教範，並於一九四四年春發佈。步兵總監部（Inspektion der Infanterie）卻拒絕採納。在施威彭堡將軍的建議下，特別強調了視覺偽裝和降低噪音，還有無線電紀律、保密等，並以實彈實施晝間、夜間之近戰訓練。為了監聽敵人的通信，該師接收了一個通信情報排，該排後來表現非常優異。基於施威彭堡將軍的指導，在戰術指揮的演練中，進行了多次以攻擊行動對抗敵人空降部隊的模擬操演。

鑒於孩子們還在成長，在原始家庭未充分得到營養，他們接收了比一般野戰補充部隊（Feldersatzheer）更多的口糧配給額度。他們的體格發育狀況都很好。一般會配給的香煙要到他們滿十八歲才能發下，作為替代品，孩子們拿到的將會是糖果。

從上述事實可以看出，該師在武器或裝備方面絕非享有特別待遇。你必須要努力爭取才能得到這一切。該師在編制上，與黨衛軍所有的裝甲師相同，跟陸軍裝甲師的不同之處，僅在於裝甲擲彈兵團的編制是三個營而非兩個營。不過與裝甲教導師（Panzerlehrdivision）[2]相較，該師只有一個步兵裝甲車營。

不可否認，根據這裡概述的基本原理為基礎所進行的訓練和指導，並非所有都能比照辦理而獲得同等的良好成果。士兵們是帶著如下的信念加入戰鬥的。他們認為自己在捍衛德國以及在取最終勝利方面，扮演了決定性的角色。他們對德國號召的正當性與正義性充滿了信心。年輕戰士

2 編註：裝甲教導師的兩個裝甲擲彈兵團，下轄的營級單位都由裝甲車輛運載。

訓練有素地參與了戰爭，很少能有幾個師受過同等的訓練。因此，將他們投入戰鬥乃是完全適切的。

諾曼第登陸

一九四四年六月六日〇七〇〇時，本師收到了第一黨衛裝甲軍的部署命令。我師將隸屬於隆美爾（Erwin Rommel）的B集團軍，前往利雪（Lisieux）周邊地區集結，並歸位於魯昂（Raum）的第八十一軍（LXXXI. Armee-Korps）指揮。這個命令將產生巨大的影響。事先擬定好的展開計畫並沒有被採用。僅知道我們將轉移到海岸附近的地區，尚不清楚將如何投入戰鬥。事先擬定準備的展開計畫，是從各駐地直接前往作戰地區的方案，現在的作法勢必浪費了大量時間。我們與B集團軍之間並沒有過電話聯繫。

開進和集結的命令立即擬定，並於上午〇九三〇至一〇〇〇時左右下達至各部。加強的第二十五黨衛裝甲擲彈兵團的行軍群於一〇〇〇時出動，加強的第二十六黨衛裝甲擲彈兵團則於一一〇〇時開出。第二十五黨衛裝甲擲彈兵加強團將與第十二黨衛戰車團第二營一起，在利雪以東地區集結；第二十六黨衛裝甲擲彈兵加強團則將與第十二黨衛戰車團第一營一起，在迪利艾（Tilliéres）以東地區集結。師部最初留在迪利艾以東的阿孔（Akon），那裡設了無線電台。在利雪只有一個報告點。

一五〇〇時，本師收到自第一黨衛裝甲軍轉來B集團軍的口頭命令，於岡城以西地區集結，以便進行反擊。本師最初歸屬於在聖羅（St. Lô）的第八十四軍，繼之歸第一黨衛裝甲軍指揮。

一六〇〇時，在第一次敵情報告之後十六小時，第二十五加強團接到了作戰命令。該團將自卡赫皮各—維赫松—盧維尼（Carpiquet-Verson-Louvigny）西緣一帶發起攻擊；第二十六加強團在聖莫維尤—楓特內勒潘內勒—宿鎮（St. Mauvieu-Cristot-Fontenay le Pesnel-Cheux）以左地區集結，第十二工兵營將向艾庫內（Esqay）發動攻擊；第十二偵搜營則位於蘇勒河畔蒂利（Tilly-sur-Seulles）周圍地區。補給部隊尚且停留在奧恩河（Orne）以東的格漢布森林（Foret de Grimbosq）和崔畢斯森林（Foret de Cuiybis）附近，將於入夜之後向西移動。師部將遷移至格漢布森林的北緣地帶。

就是現在！擲彈兵跳上了他們的車輛，機車傳騎在街上呼嘯而過，戰車的引擎在轟鳴。我們已經歷過多少次的出發時刻！在波蘭，在西線，在巴爾幹半島，在俄羅斯，現在又回到西線。我們這些老兵都為將來感到焦慮，我們知道在前面會發生什麼事情。另一方面，年輕、出眾的擲彈兵則微笑著看我們。他們沒有恐懼，他們懷有信心——他們信任自己的力量和戰鬥意志。這些孩子們如何證明自己？敵人的戰鬥機在我們頭上，向著行軍車隊俯衝，撕碎綻放的生命。戰車疾馳穿過了那該死的十字路口。標特納指揮的偵搜連遠在前方，我在前線等待報告上呈。若我們能擁有清晰的敵情狀況就好了。至目前為止，一切都籠罩在迷霧之中。

按照慣例，我精幹的駕駛會猛衝向前。烏雲從西邊升起。岡城，征服者威廉（William the Conquerer）曾於一〇六六年從這裡跨越海峽，展開他勝利行軍的城市，現在已遭到摧毀。超過一萬名男女被埋在冒煙的瓦礫堆下。這座城市變成了一座大墓園。

在岡城—法萊斯（Falaise）公路上，我們遇到了逃難的法國人，一輛公車正起火燃燒。令人心碎的尖叫聲向人們襲來，我們卻無能為力。門被卡住了，堵住了通往解救的道路。分離的屍體掛在破碎的玻璃上，也擋住了去路。多麼恐怖！為什麼是這些燒著了的平民？我們不能聚集在這裡！更不能停頓！我們要繼續前進並取得進展。一片森林像磁鐵般吸引我們過去。越來越多的戰鬥機盤旋在上方——我們遭到無情的獵殺，卻不允許採取掩蔽。行軍車隊必須前進！

一隊「噴火」式戰鬥機（Spitfire）攻擊了第十五連最後一個排，火箭和機槍收繳形同於惡魔的戰利品，該排正開車穿過峽谷，因此無法逃脫。一個法國老婦人朝我們走來，大聲喊著：「謀殺，謀殺！」一名擲彈兵躺在街上，一股鮮血從他的喉嚨裡噴湧而出——動脈被射穿了。他是死在我們的手中。一輛福斯浮游車的彈藥在巨響中飛上天——烈焰噴射的老高——車輛因撞擊而四散。幾分鐘後，殘骸被推到一旁——不可退縮，繼續前進！

夜幕降臨了，第十五連穿過了岡城—波卡基村（Caen-Villers-Bocage）公路。我不耐煩地等候著第一營抵達，持續的空襲嚴重減慢了步調。終於！瓦爾德繆勒（Waldmüller）帶著第一營前來報到，他告訴我空襲並沒有造成過多的傷亡。二三〇〇時，第二十一裝甲師的一員聯絡官找到我。該師在特羅昂（Troarn）和岡城以北戰鬥中，二十一裝甲師師長傅希廷格中將（Edgar Feuchtinger）要在第七一六步兵師的指揮所召見我。我馬上離開。低空飛行的德國轟炸機越過公路，當轟炸機闖入入侵艦隊的射程範圍內時，一陣急促的防禦火力向他們射去。公路上有幾輛卡車在燃燒。這真是一次令人毛骨悚然的路途。

岡城陷入一片火海。失魂落魄的人在瓦礫堆間徘徊，道路被堵塞，刺鼻的煙硝在城區中翻滾。莊嚴的教堂已成殘骸，數代人的成就化為殘渣和灰燼。

然而這一切的發生，竟然不是一支戰鬥單位進駐在這座城裡！在這裡，盟軍轟炸機殺害了法國平民，而寶貴的文化資產永遠被摧毀了。從軍事的角度而言，岡城的毀滅是一個無可計量的錯誤。

一座位於採沙場中的掩體，深深地掘入地下。七一六步兵師以及第二十一裝甲師的傷兵，躺在通道上痛苦地呻吟著。醫官與醫務兵都在不停工作，救護車正在搜尋返回的道路。

零時時刻，我站在七一六師師長李希特中將（Wilhelm Richter）面前。該師經歷了盟軍攻擊的烈火風暴，在二十四小時內已經無法再視為一個戰鬥體。該師仍然在據點上進行防禦。然而，團和營指揮所之間的聯繫已然斷絕，因此對於被摧毀的據點數量一無所知。

指揮官向我簡單說明當前情勢。寂靜被電話鈴聲打破。團長克魯格上校（Ludwig Krug）從他的掩體打來，提呈報告並要求進一步的命令。他報告說：「敵人就位於掩體上了。我沒有可與敵人作戰的方法，也無法與我的部隊取得任何聯繫。我該怎麼辦？」碉堡裡是如此冰冷的沉默，所有的目光都集中在師長身上。師長的語氣令人感到震驚：「我不能再給您任何命令了，做您該做的事情吧，再見！」

第七一六步兵師完完全全遭到摧毀了，這個師已不再存在。該師曾勇敢戰鬥，但敵人在人員和物資上的優勢太大了。七一六師在六月五至六日夜，從二三二一時至黎明時分，遭到了皇家空軍的襲擊。隨後，在英格蘭的整支美國陸軍航空軍都投入攻擊七一六師據守的地段。僅在最後半小時內，就有超過一千架美國飛機，在盟軍地面部隊發動攻擊前轟炸了海岸防線。

皇家空軍停止轟炸後，海軍開始砲擊。五艘戰艦、兩艘重砲艦（Monitor）、十九艘巡洋艦、七十七艘驅逐艦和兩艘砲艇，從其砲管中噴出砲彈。當地面部隊到達海岸時，他們自己的砲兵也加入轟擊之列。最後，海軍多管火箭艇向這個被詛咒的地獄進行了齊射（這些艦艇部隊乃是專為入侵行動而組建的）。

儘管艦上的火砲與炸彈發揮的破壞性巨大火力，殘存的掩體仍堅持戰鬥到午後稍晚。但面對如此大量的鋼鐵洪流，人的心智總會破裂。在這裡，士兵不得不屈服於大量的物質消耗之下。七一六師的作戰地境已經成為月球表面，只有零星的守軍躲過了這場火海風暴。

在七一六師師部掩體所發生的戲劇性事件之後，現在輪到第二十一裝甲師師長概述該部作戰的情況。他說：

就在六月六日午夜剛過，從傘兵和空降部隊在特羅昂附近降落的報告中，我才得知入侵已經開始了。由於接到不准出動的命令，我能做的就是立刻讓各部實施戰備。整個晚上，我不耐煩地等待命令下來。但是上級沒有一道命令下到我處。由於我很清楚我的裝甲師距離戰鬥地區最近，最後到了〇六三〇時，我意識到必須要有所行動，命令我的戰車攻擊英國第六空降師，該師在奧恩河的橋頭堡掘壕固守。在我看來，這些敵軍是對德軍陣地最直接的威脅。

我才剛做出了這個決心，就接獲B集團軍通知，告訴我師現在歸第七軍團指揮。〇九三〇時我又被告知，從現在開始，我將聽令於第四步兵軍。終於在一〇〇〇時，我收到了我的第一道作戰命令。我要停止以我的戰車對著盟軍空降師的推進，並轉向西進支援岡城的守備部隊。

穿過奧恩河後，我往北向海岸開進。此時，敵人三個英國步兵師和三個加拿大步兵師的兵力，已經取得了良好的進展，並在距海岸約十公里的內陸地帶，占領了一塊穩固的區域。在這裡，盟軍的戰防砲火力在我開展行動之際，就擊毀了我十一輛戰車。然而，我的戰鬥群還是設法衝過了這些大砲，並在一九〇〇時在濱海里昂（Lion sur Mer）抵達了海岸。

第二十一裝甲師是唯一可以立即決定敵人入侵結果的裝甲部隊，在戰鬥的初期階段，他們的戰鬥力就遭到了剝奪。該師沒有以全兵力對登陸的敵軍發動閃電攻勢，結果必然註定要一群接一群的被消耗殆盡。他們在岡城附近閒置到〇六三〇時，然後才攻擊了特羅昂的空降師。然而，主要的敵人並不在特羅昂一帶，而是在岡城以北地區。直到下午時分，第二十一裝甲師的部分單位這才部署到岡城北部。

假如第二十一裝甲師是交由一位經驗豐富的裝甲兵指揮官指揮，站在戰車上從前方指揮攻擊行動，一如一九四〇年的隆美爾，以及他之後的許多指揮官，必然將會使盟軍處於非常危急的處境之中。古德林行之有效的原則：「一鼓作氣，不可節約分散！」（Klotzen, nicht kleckern!）被嚴重忽視了。

第二十一裝甲師指揮部仍位於第夫河畔聖皮埃爾（St. Pierre sur Dives），距海岸約三十公里。在六月六日至七日夜間，第二十一裝甲師師長並未與所屬部隊保持聯繫。

午夜過後不久，他提請我們注意盟軍可能已經到達卡赫皮各飛行場（Carpiquet）的事實。但是，他並沒有收到明確的報告。

第二十五團立即派員作戰鬥偵察。〇一〇〇時，卡赫皮各、羅鎮（Rots）以及比隆（Buron）均回報無敵蹤；比隆仍為七一六步兵師分散的小群據守中。布于松（Les Buissons）已被盟軍占領；第二十一裝甲師的左翼位於艾普隆（Epron）一帶高地的鐵路沿線。所以，目前在艾普隆以西沒有德國部隊，而岡城西部和卡赫皮各機場無兵力防守。

早在六月六日，原本守備機場的部隊倉促撤離了他們構築良好的陣地。這些是德國空軍的地面人員。

第二十五擲彈兵加強團循著波卡基村—岡城公路推進，由聯絡官得知了當前狀況。營長接奉命令，要向第二十五裝甲擲彈兵團的臨時指揮所報到。指揮所位於岡城以西的鐵路線交會點。

掩體內瀰漫著悲觀的情緒。是我該離開這裡的時候了。就在我離開掩體之前，接到了一通電話。我們的師長黨衛軍少將維特在聖皮埃爾第二十一裝甲師指揮所內，希望有人能提供現況報告。我陳述了我從七一六師師長以及第二十一裝甲師師長那裡所得知的狀況全貌。師長讓我一口氣講完，然後說：「當前情勢需要迅速採取行動。最為重要的是，必須阻止敵人朝岡城和卡赫皮各機場的進攻。可以假定敵人已經重整了他們的部隊，而且為防禦做好了充分準備，因為他們尚未完成實施進一步攻擊安排。因此，師各部一到達就投入戰鬥是錯誤的。只有與第二十一裝甲師一起展開協同攻擊是可行的方案。

因此，本師將與第二十一裝甲師一起攻擊登陸的敵人，將其驅逐下海。攻擊發起時間為一九四四年六月七日一二〇〇時。」

我趕緊跟兩位師長道別，和我的隨從一起離開了掩體。幾個傷員還躺在走廊，大部分傷員已經被運走。岡城街道上空無一人，既看不到士兵也看不到平民，只有工兵在清除阻塞道路的瓦礫。除了他們之外，再也看不到任何生命體了。岡城已是一座死城。街道上瀰漫著令人作嘔的燃燒氣味，焚燒的樑柱和房屋發出光亮，為我們指明了道路。大家都沉默不語，沒有人說一句話——想到了祖國也處在熊熊燃燒的大火之中。一架飛機從頭頂飛過，其閃光燈射出的閃耀亮光，照映著這座廢棄的城市。而我們的空軍在哪裡？

我們的指揮所就位於主幹道上。這是一座鄉間小別墅，長著一棵高大的古樹，提供了視線上的掩蔽。如果你還想活著看到第二天的話，這點在今天是絕對必要的。這座建築看起來相當不錯。德國空軍士兵肯定在幾分鐘內就開溜，很可能他們也屬於機場守軍的一部，這支部隊很快就無影無蹤。

第二十五團一營營長快速做了報告，簡潔扼要且確實掌握狀況。一次快速的握手訴盡了我們的一切，我們知道彼此必須踏上艱難的路程。

該營戰士自車上跳下，卡車消失在黑暗中。沒有一輛車穿越城區，所有車都轉向南方駛去。

一個營又一個營陸續抵達。同時間，天色變亮了，天空又活躍起來了。進入防空掩體毫無意義，因為飛機永遠都在我們頭頂上。

擲彈兵們向我揮手示意。他們心情平和，並未自怨自哀，而是帶著證明自我的堅定決心，前去迎接戰火的洗禮。不間斷的戰鬥轟炸機攻擊以及海軍艦砲轟擊，朝著前進公路襲來。但集結區尚沒有較大的損失，因此各部都能及時到達。

我前往開設於阿登修道院（Ardenne Abby）[1]的前進指揮所。駕駛艾里希已經將我的Kfz.15人員座車，更換為一輛較小的福斯水桶座車，以免成為顯眼的目標。但這種預防措施用處不大。一旦開始移動，就又陷入困境。戰鬥機機槍火力掀翻了周圍的地面。上車行駛幾百公尺後，一個看似優雅的迴轉卻掉入溝裡去了！這真教人抓狂，但不用多久，艾里希就抓到訣竅。他飛快起步了，當一架「亞波」（Jabo）開始俯衝時[2]，他急踩了剎車，搞得幾乎翻車。就這樣他載我到了修道院。很高興能有堅固的牆壁圍繞著我。修道院是一座古老的廢墟，有著大片果園，四周環繞著高高的石牆。兩座高聳的教堂鐘塔遠眺整個鄉野，可以進有極佳的瞭望。

其中一座鐘塔已經被重砲營用作前進觀測所。巴特林（Bartling）報告，砲兵已經完成發射準備，步兵也已進抵集結區。第二營就在我的正前方。我看到偵搜隊的蹤影消失於灌木叢後方，重步兵砲處於發射狀態，而機槍和二十公厘機砲正在向周圍的「亞波」射擊。一切都準備好了，但是戰車在哪裡？他們還可能抵達前線嗎？期待一輛戰車在「亞波」環視之下還能出現，這難道不是瘋狂的事情嗎？結果來的不是熱切渴望的戰車，而是一個多管火箭營，該營營長前來向我報到。很高興聽到他說帶來了充足的彈藥。該營占領了岡城市區北緣的陣地。

現在是上午一〇〇〇時，第一批戰車現身了。持續不斷的「亞波」攻擊，嚴重擾亂了戰車部隊的迫近。營長報告稱，五十輛四號戰車已準備好行動，其餘的尚在路上，晚間應該能夠到達。我現在感覺好多了，因為缺乏戰車支援，攻擊注定會失敗。

要是能消除艦砲的火力就好了。重砲彈像是特快列車從我們頭頂呼嘯而過，鑽入了城市的廢墟中。「亞波」竟然不再打擾我們了。知道從現在開始，這些麻煩的傢伙將時常纏繞著。我爬上了一座鐘塔，環顧四周地形。搞不好我還可以看到海岸。

真是出乎預料啊！直到海岸的整個地形，就像沙盤一樣展現在我面前。海岸邊相當忙碌，一艘艘的艦船在水面上晃動，無數的防空氣球護衛著這支艦隊免受空襲。但這項措施其實是不必要的，因為德國飛機似乎不復存在了。

敵軍裝甲部隊正在杜夫爾（Douvres）以西編組隊形中。整個區域看起來像一座蟻丘。而在我們後方，能看到些什麼呢？冒煙的廢墟，空蕩蕩的街道和燃燒的車輛。從數公里外就可以看到筆直的岡城－法萊斯公路，但路上沒有任何德國戰鬥車輛在行駛。他們在某地採取掩蔽並等待，然

1 編註：位於岡城西北角，N814 公路北側，已改名 Canadian Abbey d'Ardenne Massacre Memorial，紀念在岡城作戰期間在這裡被屠殺的七名加拿大軍人。

2 譯註：亞波，德軍對戰鬥轟炸機（Jagdbomber）的簡稱。

後於夜間進行大膽的躍進開往前線。

「亞波」攻擊了修道院，但沒有造成損害。擲彈兵們咒罵這些麻煩的傢伙，希望他們全都下地獄去。但，那個是什麼？！我看錯了嗎？一輛敵軍戰車正在通過孔泰斯（Contest）的果園！現在這輛戰車停在那裡了，車長打開頂蓋，向四周掃視觀察。這傢伙瞎了嗎？難道他沒有發現自己距離第二營的擲彈兵只有兩百公尺遠，而戰防砲的砲管已經指向他了嗎？顯然沒有。在一片寂靜中，他掏出一根菸點著，看著吐出來的煙。沒有人射擊，該營維持著良好的射擊紀律。

啊哈！現在一切都搞清楚了！這輛戰車乃是為執行側翼掩護而推進至此，敵軍戰車部隊正從比隆向烏提（Authie）迫近。老天爺！這可是個多麼好的機會！戰車向著第二營正面開去！該部的側翼正處在缺乏警戒的狀況下。我向各營、砲兵以及待命中的戰車發出命令：「不准射擊！只有在我的命令下開火！」

戰車團團長的指揮車就停在修道院的花園裡。與戰車的有線電聯繫很快建立起來了，敵情狀況透過麥克風從鐘塔傳送到所有戰車。一個連進駐修道院周邊地區，另一個連位於弗蘭克維爾（Franqueville）以南的反斜面上。敵人戰車似乎有些顧慮，但還是穩步駛入了烏提，他們穿越村落，向著弗蘭克維爾的方向推進。

敵方指揮官似乎只關心機場——就在他們正前方。他的火力已足以掌控機場了，但他卻未預料到，後方的斜坡上正潛伏著厄夢。他的戰車剛穿過岡城—巴猶（Bayeux）公路，就撞上了待機中的第二營戰車連——與這鋼鐵怪獸只隔著數百公尺的距離。

我們目不轉睛地注視著這一奇景！戰車團團長溫舍正悄悄地向所有戰車傳達敵方戰車移動的訊息。沒有人敢大聲說話。

我想到了師的攻擊命令以及古德林的原則：「一鼓作氣，不可節約分散！」現在必須立即採取行動了。然而第二十六團仍在奧恩河以東，第十二戰車團一營更在奧恩河東邊三十公里處，因缺乏燃料而滯留該處。

由於敵機的空中活動，燃料無法前送。我下定了決心，一旦敵人的前衛戰車通過了弗蘭克維爾，第二十五團三營與位於反面坡上的戰車連即發動攻擊。攻抵烏提之後，其他營即加入戰鬥。攻擊目標：海岸。

即刻向二十一裝甲師師長簡報有關狀況，並請求他的支援。

巨大的壓力如今落在我們身上了。現在就要動手。敵軍前衛已經通過弗蘭克維爾，即將越過公路。我向溫舍發出攻擊的信號，只聽得他命令道：「注意！戰車前進！」緊張感頓時消失了。弗蘭克維爾一帶充斥著爆裂聲與火光閃爍。敵人尖兵的戰車正在冒煙，我看到戰車乘員匆忙下車。更多的戰車因遭命中而四分五裂。一輛四號戰車突然停止，起火燃燒，火焰自頂門竄出，噴得老高。加拿大步兵試圖到達奧蒂村，繼續在那裡戰鬥。但這是徒勞的。第三營的擲彈兵為雄心所驅策，他們可不想讓戰車衝在他們之前，他們要突入烏提。第二與第一營開始攻擊，擲彈兵幾乎攻抵了烏提。現在，我們攻入了敵人的縱深側翼。以猛烈的攻擊奪取弗蘭克維爾和烏提，孔泰斯與比隆也必須要一併攻下。敵軍似乎遭到了完全的奇襲，雙方的砲兵都是一砲未發。

攻擊進展迅速。戰俘被集中起來，高舉雙手往後方行進。

第三營向比隆推進。第二營已經突穿了孔泰斯，並與敵方戰車交戰。

我跳上一輛機車，駛往第三營所在位置。第一個傷員向著我走來，前往開設於修道院的裏傷站。在庫西（Cussy）的一處果園裡，大約五十名被俘的加拿大人舉手站在那，由幾名擲彈兵看守。我讓他們將手放下，下令立即後送到修道院去。庫西村空無一人，但才剛經過了最後一座農莊，那裡卻人潮滿滿，這可不是我所想要的。當我差不多進抵了一處開闊地時，加拿大人的「問候」直面撲來。一輛自比隆村南緣開來的戰車正對著我射擊。但要擊中可不容易啊——我以最快的速度沿著田野狂奔。

現在我被逮住了！不知道怎麼回事，我竟然倒在一名加拿大士兵身旁。在我周圍，爆炸與煙硝此起彼落。我和加拿大人躺在同一個彈坑裡，驚訝地看著對方。我們把自己置身於彈坑的邊緣，不讓對方離開自己的視線。我們正處於加拿大軍的砲擊之中，當艦砲大群大群射來時，我們壓低了身子。我的機車倒在土路上，成為一堆廢鐵。

不知道我在這該死的洞裡躺了多久。只看到擲彈兵們即將突入至比隆村。雙方被擊中的戰車起火燃燒。

我可不能永遠呆在這個洞裡——於是我跳起身來，向著第三營奔去；加拿大人則消失在前往庫西的方向。現在比隆陷入了火海。一個機車兵沿著小路奔馳而來，他認出了我、停下來，然後繼續前駛。

我在比隆和烏提之間趕上了米留斯（Milius），他得意地報告了他的營是處於士氣高昂。截至目前為止，該營的傷亡很小。比隆現正處在最嚴重的毀滅性火災之中，已經無法辨識村莊的原貌了。煙硝、爆炸以及搖曳的火舌，標明了村莊的位置。敵人的砲兵集中轟擊在布隆之上，用巨大的鋼鐵力量將其粉碎。我從未經歷過如此集中的砲擊，不禁讓我想起了凡爾登。第三營的一個連被籠罩在砲火中，其他各連則向布于松推進。米留斯跟隨他率領的連前進。

我乘坐另一輛車前往第二營。在孔泰斯只發生小規模的砲擊，該營已經通過了砲擊區域，並繼續向北攻擊前進。營長斯卡皮尼（Scapinie）就陣亡在他的弟兄面前。一枚直擊彈結束了這位軍人的生命。

到達第一營後，我驚恐地發現，第二十一裝甲師並未依計畫採取行動支援我們的攻擊，他們的戰車止於庫夫勒薛夫（Couvre Chef）。因此，本團的右翼是洞開的，敵軍戰車正在向第一營的側翼推進。就在這時，第一營發生了致命的危機。擲彈兵們開始猶豫不前，我看到第一個轉身向後跑，繼之是一群擲彈兵跟著，都朝著馬隆（Malon）方向往回奔去。命令在這裡沒有任何作用，必須採取不一樣的行動。我跑向孩子們，指著敵人的方向。他們站定腳跟，看著我，然後返回到原來的位置。一輛四號戰車駛進了我軍的反戰車壕，無法動彈。敵軍戰車現在位於反裝甲排的火力範圍。第一輛M4薛曼戰車（Sherman）停止前進、開始冒煙，第二輛轉了一個圈，幾秒後，也炸得四分五裂。我方的戰車抵達了，且控制了局勢。

回到了團指揮所，大約一百五十名戰俘站在修道院的院子裡。他們屬於加拿大第九旅，該旅是加拿大第三步兵師的單位。這些戰俘分別屬於北新斯科夕亞高地團（North Novo Scotia Highlanders）的步兵，以及第二十七戰車旅薛布魯克斯燧發槍團（Sherbrooks Fusiliers）的人員。我和一些加拿大軍官交談，然後爬回教堂鐘塔。

前進觀察員不斷傳送新目標的參數，指示砲兵連射擊火力。在營的左翼方面，我仍然看不到有任何動靜。在第二十六團方面，只有偵搜連抵達了戰鬥區域。這些營仍然被空襲所困，因此還很難指望該團能投入戰鬥。

偵搜第十二營尚未與師左翼的敵軍接觸。該營正在巴猶方向執行偵察。

就在師後勤參謀（OI）黨衛軍中尉麥策爾（Bemhard Meitzel）向我報告之際，我們觀察到了慕克（Muc）以西有強大的敵人動靜，一支裝甲部隊正向布雷特維爾推進。慕克是一條小溪，岸邊林木繁茂。在羅鎮一帶，兩側河岸高起，如從西向東攻擊時，將構成天然的反裝甲障礙，反之亦然。一個八八砲連自弗蘭克維爾周邊對該區實施掩護。

我激動地看著慕克以西揚起的漫天塵埃，一輛接著一輛的戰車從高地朝向布雷特維爾行進。該地區沒有德軍部隊能夠阻止該批敵軍。敵軍裝甲部隊如果繼續越過岡城－巴猶公路，就會直接衝進第二十六裝甲擲彈兵團的集結區。在布雷特維爾當地，目前僅有七一六步兵師少數殘破的步兵。通往縱深側翼的道路已經門戶大開了。

觀察到的敵軍動靜，後來證實為加拿大第七旅一部：雷吉納步槍團（Regina Rifles）以及加拿大蘇格蘭團（Canadian Scottish）。

在這種情況下，必須立即停止第二十五團的攻擊。無視側翼暴露並冒著來自陸上與海上武力空前猛烈的砲擊而繼續攻擊，並非負責任之舉。

攻擊暫停了，第一營撤退到第二十一裝甲師左翼方面的高地。師部下令確保目前所占之線，以待後續部隊到達。

受傷的戰友們還在修道院的果園裡包紮。年輕的擲彈兵並排躺著，相互打氣鼓勵。加拿大士兵就躺在德國人一旁，醫官與醫務兵並不看制服決定實施救治與否。這裡不再講更多的「區分」，這裡關注的是拯救生命。

欲撤離傷患已是不可能的事了，「亞波」攻擊所有的救護車。團部醫官向我報告，分配給我團的衛生連已無法運作了。衛生連在行軍途中遭到「亞波」的攻擊，摧毀了一些車輛以及車上裝載的醫療器材。不幸的是，一些醫護人員也被炸死了。

紅十字徽已無法有保護作用。

為了更清楚地標記救護車輛，所有的野戰救護車立即被漆成雪白。但這一措施也被證明是無用的。

在法國醫生的幫助下，我們搭建了一座臨時醫院。法國人給予重傷的加拿大人特別的照料。

在黑夜的掩護下，傷患和俘虜被送到後方收容。

第一天戰鬥所蒙受的損失令人痛心。除了第一營營長外，還有多員連長陣亡或負傷。第三營在比隆遭到猛烈的砲擊，傷亡頗重。戰車營則有六輛四號戰車遭到擊毀，其中兩輛為完全損失。

敵人的傷亡要大得多了。根據梅爾戈登中校（Mel Gordon）所述，加拿大第二十七戰車團損失了二十八輛薛曼戰車；北新斯科夕亞高地團共有兩百四十五名士兵陣亡、受傷或被俘。

第二十五團的攻擊嚴重阻礙了敵人對岡城的行動。不幸的是，我們無法在六月七日繼續攻擊。

第二十一裝甲師與希特勒青年師如果在六月七日能按照計畫發起一場協同的攻擊，是有成功的可能，只要將部隊的出擊權限保留給現場的指揮官，就有可能擊碎岡城以北的橋頭堡。然而，這些部隊卻遭到了拘束，只有經德軍統帥部批准之後，才能投入戰鬥。希特勒青年師以及第二十一裝甲師，早在六月六日當時就可以在岡城北部進行協同作戰了。

本日夜間，第二十六團抵達了該區。終於。側翼上的威脅宣告解除了。

第二十六團一營在對諾雷（Norrey）的攻擊中陷入困境，無法取得任何進展。第一連向慕克右側發起攻擊，本應與第二十五團接觸，但被來自於諾雷的側翼火力咬死。

第二十六團二營自梅斯尼帕特里（Le Mesnil-Patry）展開攻擊，在普托昂貝桑（Putot en

Bessin）包圍溫尼伯皇家步槍團（Royal Winnipeg Rifles）的三個連，最後將其殲滅。加拿大第九旅派出加拿大蘇格蘭團反擊，卻蒙受了慘重的損失，不過將第二十六團一營逐回至普托以南的陣地。

第二十六團三營已經在布羅內（Bronay）的鐵路路堤完成防禦之準備。

由拜爾蘭中將（Fritz Bayerlein）所指揮的裝甲教導師，於六月八日到達帝利地區的戰線。該師在行軍途中已經蒙受了相當的損失。四十多輛滿載油料的裝甲車輛以及九十輛卡車遭到摧毀。五輛戰車、四輛牽引車以及自走砲也報銷了。對於一個還未參戰的部隊而言，這樣的損失確實是很嚴重。

午夜過後不久，里賓特洛甫黨衛軍中尉至指揮所報到。諾曼第入侵展開的幾週前，里賓特洛甫被一架低空的飛機擊傷（肩膀中彈）。現在他正站在我的面前，手臂上還吊著繃帶。他已經離開醫院，正尋找他的戰車連歸隊。由於早在以前的作戰中就認識了里賓特洛普，因此我不會將他送回醫院。

當天晚上，我前往各營視導，檢查了各連的陣地。毋庸多言，我對擲彈兵們的態度和士氣相當滿意。當天發生的事情給我們老戰士留下了深刻的印象。大砲的轟擊與敵人的空襲重重地衝擊了所有人，但對於年少的擲彈兵卻非如此。對他們來說，這就是他們預料要面對的戰火洗禮。他們知道，艱難的日月正等待著我們，他們的態度真的值得欽佩。

今天早上，在烏提和弗蘭克維爾附近清掃戰場時，發現了極有價值的敵方文件。所有的無線電文件，都是自第一輛遭擊毀的敵人戰車上找到的。六月八日晚上，自普托出發的加拿大運輸車，駛上了布羅內郊區已埋設地雷的橋梁，但部署在該地的戰防砲砲口已經指向他們了，遂遭到射擊。一輛車起火燃燒，乘員並沒有逃出；另一輛車則無損傷。一名中尉和他的駕駛陣亡，在車裡發現了一張極有價值的地圖。這張圖包含了奧恩河兩側，所有陣地以及武器裝備的詳細情報，細到迫擊砲和機關槍的位置。圖上使用的村落名或地形特徵，是以相同字母開頭的動物相稱。例如，奧恩河取代號奧里諾科（Orinoco）。戰車無法通行的地帶特別做了標記。從一名陣亡的上尉身上，找到了一本筆記本，其中包含關於發布入侵命令的筆記，此外還記載了作戰指引以及與民交往的準則。

敵人的無線電代碼以及無線電指南還有兩天的使用期，使我方的通信情報排能夠監聽和評估敵人的無線電通信內容。

六月八日下午，我隨師長驅車前往本團作戰區域，再赴第二十六團一營。敵機低空追逐我們，很高興將師長安然無恙的送返第二十五團指揮所。

第二十五團接到命令，由甫抵達的第十二戰車團一營一個豹式戰車連，協同第二十五團偵搜連，向西攻擊布雷特維爾—洛格猶斯（l'Orgueilleuse），減輕第二十六團的壓力。攻擊安排在第二天晚上實施。由於盟軍的絕對制空權，晝間攻擊已不可能。

夜幕降臨前不久，來自岡城的豹式戰車連於弗蘭克維爾集結。他們慢慢向前線接近。戰車指揮官接到了詳細的任務提示，連長和排長在下午偵察了現地，了解該區地形乃至每一道地表起伏。戰車連成錐形隊形，準備開進。偵搜連的擲彈兵爬上了戰車。我開車從一輛戰車到另一輛戰車，沿途用幾句話鼓舞孩子們。

連長標特納曾長期擔任我的副官，他突然讓我想起了我在比利時貝伏盧進行戰鬥訓練時，對第十五連所做的承諾。當時我對連隊喊話：「弟兄們，偵搜連永遠帶領團前進。所以你們的責任重大，我向你們保證，我會在你們的隊伍中見證你們接受戰火的洗禮。」是的，現在這個時機到來了，偵搜連即將接受戰火的洗禮，所以我必須伴隨他們攻擊前進。

我的老朋友兼同袍赫爾穆特．貝爾克（Helmut Belke）駕駛著一輛三輪機車前來。他從一九三九年起就一直在我身旁，以機車步兵、班長、排長的身分，伴隨我走過所有的戰場。邊車裡坐著施帝夫特博士（Dr. Stift）。我跳上後座，指引赫爾穆特駛向岡城—巴猶公路。戰車在我們右側隆隆前進，擲彈兵現坐在戰車上，蜷曲於砲塔後方。

孩子們向我揮手，他們拍拍彼此的肩膀，可能還記得我的承諾。他們指著我的機車搖搖頭，我的「坐騎」在他們眼裡真是沒看頭。

戰車團團長溫舍也要隨他的豹式戰車連行動。自一九三九年以來，他也一直在我身邊戰鬥。我們彼此熟識，兩人之間有許多心照不宣的溝通信號。戰車向著黑暗中駛去。

公路左側是一個位在陣地上的八八砲連。幾分鐘後，我們已經通過了最前進警戒線了。戰車正以高速在公路的右側推進。地形全然沒有障礙，戰車駕駛可以大踩油門。在機車後方則是一個機車步兵班和砲兵觀測員的車輛。機車步兵以幾百公尺的間隔跟進。

我們最有力的武器就是引擎。所以，衝啊！速度加快，戰車離得有一段距離了。我想在終昏前穿過羅鎮，這點是跟溫舍協調好的。羅鎮的第一群房舍出現了。戰車位於右後方，我們身處險境，但赫爾穆特毫不畏懼地繼續前進。現在我們緊攀住機車，以盡速通過公路。我們在村口等待戰車跟上，他們在幾分鐘後抵達了。偵搜連第一班下車以徒步方式前進，該村無敵蹤，於是我們很快就穿越了村子。

豹式戰車必須一輛接著一輛穿過村莊。一旦通過了該村，戰車將重新組成錐形隊形。兩輛豹式在布雷特維爾公路上呼嘯行進。其他戰車則在公路的兩側向前。黑夜中，我只能看到戰車閃爍的排氣管。

諾雷幾秒鐘之後已經在後方了，我們即將遭遇加拿大軍的警戒哨。布雷特維爾就在前面幾百公尺外。

轟隆！轟隆！公路上傳出爆炸聲與閃光。兩輛尖兵豹式正從其砲口噴出一枚又一枚的砲彈，為我們掃清進路，然後以最快的速度衝進村子。這就是我們在東線的作戰模式——我們的奇襲戰術在這裡也能發揮嗎？

現在所有的戰車都突入了村莊，敵人以機槍火力回擊。我們緊跟在第二輛豹式之後。現在公路上變得不太安全了，我們向右方行駛，努力前往一道乾溝中。

一名陣亡的加拿大人把我絆倒。在右邊的路堤上，停著一輛小巧的布倫機槍載具，正冒著煙。

我繼續前行，聽到有人在呻吟。留在公路上的人，有一半是傷者——機槍火力在街上咻咻掃過。更多載著擲彈兵的豹式戰車開進入村莊。

我們繼續在乾溝中往前躍進。現在我找到了那個受傷的人——他仰躺著，仍在痛苦地呻吟。我的老天！他竟然是標特納！這位偵搜連連長腹部中彈。我用手尋找，感受到那嚴重的傷口。標特納認出我來，我握住了他的手。作為一名前線老兵，他知道這就是他最後的戰鬥，他的嘴緩慢但堅定地說出：「對我的妻子說，我很愛她！」我蹲跪在他的身旁，同時間醫官正為他進行急救。

赫爾穆特·貝爾克跪在我們旁邊幾公尺外警戒。我聽到公路對面有聲響。一個黑影躍過路面，是敵是友？赫爾穆特．貝爾克開槍了，卻也同時間摔倒在地，他擊中了一名加拿大士兵，對方頭部中彈，跌落至乾溝邊緣。然而我多年的老戰友再也沒有爬起來，他也打完了人生最後一場仗——腹部中了一彈，了結了他的生命。

我保證他絕對沒事，但他很清楚自己的狀況。「不，不，我知道這樣的槍傷，這就是結局。請代為向我的父母問安！」一群擲彈兵衝過去。桑德中士握著赫爾穆特的手，桑德是德騷市（Dessau）市長的兒子。一個小時後，桑德也陣亡了。

我淚流滿面，老戰友們越來越少了。我跳上機車，要趕快與其他人重新集合。幾秒鐘後，我身上突然著了火，油箱遭到擊穿，如火炬般燒了起來。擲彈兵將我撲倒在地面，讓我在夏天的小徑上使勁翻滾。火焰被泥土給壓熄了。不幸中的大幸。

村子裡，每個角落都傳來爆炸聲。我們已經突入到了村子中央，尖兵戰車遭毀。我們攻陷了雷吉納步槍團的指揮所，突襲成功，然而第二十六團的步兵到哪去了呢？僅憑我們是守不住的。我們的兵力太弱了，不但無法徹底占領布雷特維爾，更無法固守該鎮。黎明時分，我懷著沉重的心情，決定將部隊撤到羅鎮以東的高地。

戰鬥至今的結果，是蒙哥馬利並沒有達到他的攻勢目標。根據計畫，盟軍應於六月六日占領岡城。

中午時分，第二十六團一營接掌了羅鎮地區。黨衛軍中校溫舍在本次夜襲中負傷，偵搜連的排長弗斯黨衛軍中尉（Fuss）失蹤。標特納的繼任者也在下午陣亡。二十四小時之內，偵搜連就失去了兩員連長。

在團指揮所，我遇到了我師的情報參謀（Ic）。我們都很清楚，如果要消滅盟軍的灘頭堡，德軍最高統帥部必須迅速採取行動。至目前為止，所有裝甲師一抵達戰區就被投入戰鬥，沒有一個裝甲師可以展開有計畫的攻擊；且幾乎所有的裝甲師都已經處於防禦狀態。我們也缺乏步兵師，這些急需的步兵師正閒置在塞納河以東。接下來的二十四小時將會是決定性時刻。我們一天比一天衰弱，而盟軍則一天比一天強大。

下午，西線裝甲部隊指揮官蓋爾．馮．施威彭堡將軍抵達指揮所。將軍對本師非常了解，因為本師在訓練期間，他經常前往本部視導，故他非常清楚本師的優、缺點。他對本團迄今為止所取得的成就表示讚賞。

我們爬上了阿登修道院的觀測站。將軍要求我對當前情勢作一番評估，我用幾句話解釋了本團的狀況，並對戰爭失利將在未來幾天內發生表達擔憂。施威彭堡很快地看了我一下，說道：「我親愛的麥爾先生，贏得戰爭的唯一途徑是通過政治手段。」

施威彭堡告訴我，他已經決定以第二十一裝甲師、希特勒青年師以及裝甲教導師一起發動攻擊。以這幾個師，他試圖突破至海岸。裝甲教導師將進駐聖芒維厄（St. Mauvieu）—普托—布羅內地區，尚無任務的第二十六裝甲擲彈兵團將往慕克以東移動。預期攻擊將於十至十一日之間的夜晚發動。我認為用上述的兵力實施夜間攻擊是很有成功希望的。無論如何，攻擊必須儘早開始，以便在黎明時分深入敵陣，如此便能夠規避敵軍大口徑艦砲的轟擊。在我看來，鑒於盟軍在砲兵以及空中的優勢，白晝的攻擊幾乎是無望的。按計畫實施之攻擊的準備工作立即開始。然而，困難是無限大。彈藥和燃料補給只能在夜間進行，例如彈藥必須從巴黎北部的森林送來。

第二十五團當面一切尚平靜無事。敵人在七日和八日受到了太大的衝擊，因而無法對岡城實施進一步攻擊。然而，在左鄰部分，攻防戰一進一退著發生。裝甲教導師進占了梅隆

（Melon），並在該處陷入防衛態勢。

——

在入侵展開之際，我就聽說了盟軍並未嚴格遵守《日內瓦公約》（Genfer Konvention）[3]，各登陸師虜獲的人數很少。九日上午，我在羅鎮以南的鐵路線上，發現了一群顯然並非陣亡的德國士兵屍體。他們躺在路邊，頭部中彈。這些是第二十一裝甲師的戰士以及希特勒青年師的參謀人員。事件立即向師部報告，師部則上呈給軍部。

六月八日上午，英軍律師學院團（Inns of Court Regiment）的戰車群突破了德軍防線。陸軍裝甲教導師第一三〇裝甲砲兵團團長與一員營長，連同柴斯勒少校（Zeißler）、克拉里-阿爾德里根伯爵上尉（Graf Clary-Aldringen），以及大約六名士官兵一起被英軍俘虜。

德國軍官拒絕充當人肉盾牌。嚴重負傷的盧森布格上校（Luxemburger）被兩名英國軍官捆起來，打到不省人事，渾身是血，然後綑綁在一輛英國戰車上作為人肉盾牌。在接得相關的命令之後，克拉里伯爵和柴斯勒少校及其他人員，遭到行駛中的英國戰車射擊。

一段時間後，克拉里伯爵被希布肯營[4]的人員發現，將其送往營指揮所。把盧森布格上校綑綁起來充作人肉盾牌的英國戰車，後來被德軍戰防砲擊毀了。幾天之後，盧森布格上校在野戰醫院中死去。克拉里伯爵接受了克洛登醫務兵的急救。

六月七日，在一名加拿大上尉身上發現了一本記載了登陸展開前所下達命令的筆記本。除了戰術指導外，其中還包含有關戰鬥程序的規範。有一段話是這樣寫的：「不接收戰俘。」

該筆記本於一九四四年六月八日由希特勒青年師的作戰參謀（Ia）呈交第七軍團司令多爾曼

上將（Friedrich Dollmann）轉發。

在希特勒青年師接受審訊的加拿大第三師官兵證實，他們接到上級命令，不接收俘虜。另一名士兵作證說，如果敵軍俘虜妨礙作戰行動的話，就可以不收容。

後來於一九四八年十一月針對伯恩哈德・希布肯（Bernhard Siebken）的戰爭罪行舉行的審判中，德國西線總司令倫德斯特元帥的情報參謀麥爾-德特林參謀本部上校（Meyer-Detering）作證時說：「就在入侵剛展開的時候，我兩次經由郵件收到俘獲的文件顯示，入侵戰線的東翼，也就是加拿大軍隊的戰區不接收任何戰俘。」

在同一庭訊中，馮・查斯特羅夫參謀本部中校（von Zastraow），當時是西線裝甲部隊指揮官蓋爾・馮・施威彭堡將軍的情報參謀，他意識到盟軍部隊侵犯了《海牙陸戰公約》（Haager Landkriegsordnung）和《日內瓦公約》。然後他陳述了一起事件，其中一些德國戰俘在被俘後，遭加拿大士兵射殺。查斯特羅夫中校陳述了他審訊另一名加拿大上尉的情形，這位上尉是爾後在索姆河地區的戰鬥中被俘。由於他屬於入侵開始時發出不接收戰俘命令的同一個單位，並且發生了相應的殺害俘虜行為，查斯特羅夫因此指控他違反國際法。當被問及是否聽說過槍殺德國戰俘的消息時，這位上尉回答說：

---

3 編註：一九二九年七月第三次修訂的《日內瓦公約》，內容規範對於戰俘待遇的人道待遇與保護。二戰西線戰場的主要參戰國家都是此公約的簽署國家。

4 編註：第二十六黨衛裝甲擲彈兵團二營。

當時我並沒有參與入侵，只是最近才開始以補充人員身分來到這個部隊。我聽說過存在這類的暴行。然而，隨後發布了嚴格的命令，使得任何這類行為都應受懲處的罪行。

我必須在這裡簡要概述這些事件，因為這些事件昭然揭開了盟軍的戰爭行為，並對我個人的命運產生了決定性的影響。但我想在後面盡可能簡短地談一談「戰犯」這個令人生厭的議題。

——

有關計畫中的攻擊準備工作正全面推展中。對橋頭堡實施一錘重擊只剩下幾個小時可用，如果這一擊無法成功的話，就再也沒有將盟軍趕出歐陸的可能了。同時，這次參與攻擊的三個裝甲師在攻擊後勢必將消耗殆盡，再也無法進行如此規模的作戰了。

在集團軍總司令隆美爾元帥在場的情況下，裝甲兵團下達了攻擊命令。其後裝甲教導師回報敵人已經從西面突破。這份報告發布之後，西線裝甲兵團司令部幾乎被地毯式轟炸給摧毀了。裝甲兵團失去了他們的參謀長里特·埃德勒·馮·達萬斯將軍（Ritter Edler von Dawans）、作戰參謀，以及其他軍官；我們則損失了聯絡官威廉·貝克黨衛軍上尉（Wilhelm Beck）。貝克自一九三九年以來參加過每一場戰鬥，是戰車連連長，在參與奪回卡爾可夫的戰鬥時，他獲頒騎士鐵十字勳章。裝甲通信營也近乎全毀，只有受了輕傷的營長帶著幾個人逃了出來。直到六月二十六日，該營才再次上線。接下來幾天，因為缺乏協調，反擊都是零星展開。由於英軍裝甲師日益增強的壓力，所有裝甲師都不得不陷入防守。

六月十一日，第二十五團左翼的戰線上戰況激烈。我立即驅車趕往第二十六團一營，在該營的觀測哨找到了營長伯恩哈德・克勞什（Bernhard Krause）。我們一起觀察了敵人對位於舍鎮（Cheux）以北高地工兵營陣地的攻擊。高地已經被各種口徑的彈藥所覆蓋，在幾分鐘內變成了一座煙霧翻騰、到處爆炸的山頭。我們透過剪式望遠鏡觀察，儘管用盡辦法，仍看不到任何動靜。現在砲火落在山脊後方，正慢慢向舍鎮移入。加拿大步兵從灌木叢和溝渠中躍出，在戰車的支援下向工兵據守的陣地發起攻擊。伯恩哈德・克勞什立即做出回應。其時，他的重步兵武器瞄準了已經標定的目標，火力正正落在攻擊者之中。這種側翼火力的效力立刻顯現出來。敵軍步兵被釘死在前坡上，蒙受了慘重的傷亡。部分來襲的戰車闖入了本營鋪設的地雷區，在現地無法動彈。加拿大女皇直屬步兵團（Queen's Own）、第一輕騎兵戰車團（1st Hussar）被迫撤回至攻擊發起陣地。加拿大軍並未再發起攻擊。

我取行經布赫—羅鎮（Le Bourg-Rots）返回第二十五團指揮所，去看看布雷特維勒和諾雷一帶的狀況，然後和普費佛黨衛軍上尉碰面。普費佛長期擔任希特勒的侍從官，現在是豹式戰車連連長。他在元首大本營職務的繼任者，是龔學黨衛軍上尉（Günsche），對方此前是第二十五團第三營營長。

在聖芒維厄和羅鎮之間，我遭到了來自諾雷方向的火力轟擊。機槍和戰防砲向著我射擊，我這輛還不錯的ＢＭＷ機車現在成為了一個糟糕的目標。我高速行駛抵達了羅鎮。不過，那是什麼東西？我是在做夢嗎，在眼前不到五十公尺外直朝著我前進的是不是敵人的戰車啊？不幸，這可是真真實實的狀況！兩輛薛曼緩緩移動，停在了道路的左側。砲管對準了我的機車！現在調頭已經是無法了，我無法做到。所以，只好騎車衝過去！我加速衝過兩輛戰車；也許我可以衝到右邊的樹林裡頭去。

突然，右後方傳來一陣爆炸聲，我看到第一輛戰車以其履帶來回擺動，一名乘員像是被狼蛛咬到似的，從砲塔中彈跳出來。我本能地滾進了右邊的溝渠裡掩護，在我搞清楚接下來發生什麼事之前，第二輛戰車又爆炸了。我和隨行戰友們向後猛衝，再次採取掩護。到了這裡，才意識到是怎麼一回事。就在這兩輛戰車被擊毀之前，我們已快速地通過了我方的最前進警戒線。弟兄們來不及警告我們。優秀的普費佛在他的豹式戰車上、距離第一輛敵人戰車不到一百公尺遠，於是他逕直摧毀這兩輛敵軍戰車。普費佛黨衛軍上尉在二十四小時之後陣亡，他遭到砲彈破片擊中，傷重而亡。

在第二十五裝甲擲彈兵團的救傷站，我又發現了一整列的傷兵。在沒有作戰行動仍持續出現傷亡，讓所有人都感到憂心忡忡。在這種類型的作戰中，裝甲師被艦砲火力以及低空飛行的戰機攻擊所摧毀，而他們卻無法發動攻擊。這種狀況不能也不應該繼續下去！裝甲師必須恢復行動自由。

六月十一日，加拿大女皇直屬步兵團，在第一輕騎兵戰車團以及重砲的支援下，攻擊了第二十六團一營的陣地。攻擊遭到逐回。第二十六團二營在陣地上站穩陣腳。敵人在這場戰鬥中損失了十二輛戰車，我方則損失了三輛。

在英軍皇家海軍陸戰隊第四十六突擊營（46th Royal-Marine-Commando）和戰車的支援下，加拿大第八旅攻向了羅鎮，數輛敵人戰車被摧毀。然而在優勢敵人的壓力之下，該村莊遭到棄守。位於蘇勒河畔蒂利的裝甲教導師右翼發生了危機。根據第一黨衛裝甲軍的命令，希特勒青年師將最後的預備隊——本師的警衛連歸裝甲教導師指揮，投入其右翼部分以鞏固該方面的局勢。岡城戰線的局勢一天天變得更加危險了。戰鬥的焦點轉移到了左鄰友軍裝甲教導師方面。在巴勒羅瓦（Balleroy），敵人對考蒙（Caimont）的突破獲得了成功，敵軍第七裝甲師則對著利芙里（Livry）推進。對第一黨衛裝甲軍的包圍，已經是顯而易見了。

我接到命令前往師部，在那裡與第一黨衛裝甲軍軍長迪特里希上將面晤。迪特里希概述了入侵戰線的全般情況，他向我們明白表示，已經沒有任何預備隊了，他不再相信協同攻擊。他咆哮道：「他們想捍衛一切，但用什麼去捍衛？如果你想捍衛一切，你將什麼也捍衛不了。」

腓特烈大帝用一句話總結了這個真理：「駑鈍之人捍衛一切，智者則聚焦於關鍵之處。」

當夜幕低垂之際，我尋找著本團的各營。瓦爾德繆勒進駐於反戰車壕的一處高點，當看到來自英國人的所有關愛都落到了指揮所後方的村莊裡，他頗為得意。村子裡已經沒有我軍部隊了。當我摸黑穿過陣地時，擲彈兵們咧嘴而笑。戰鬥前哨利用被擊毀的敵人戰車建立起來——可憐的傢伙們只能在黑暗中換哨。雙方偵察部隊的活動都頗為順利。第二十五團一營的正面對著英軍第三師的左翼，再過去則是加拿大第三師。

六月十三日早上，第七裝甲師的先鋒營到達了二一三高地，這裡地位於波卡基村東邊二公里處。

虎式戰車第一連連長，就是在俄國擊毀一百一十九輛敵軍戰車，獲頒橡樹葉片的米夏埃爾・魏特曼黨衛軍中尉（Michel Wittmann），他暫時脫離了連本隊，前往偵察地形。在全然未預期的狀況下，他於二一三高地遭遇了一支敵人戰車縱隊。他停了下來，在掙扎考量了片刻，看是要撤退還是攻擊這支優勢的敵軍。幾天下來，他的部隊在炸彈轟炸下損失頗重，故他明瞭每一輛戰車都很重要，他不能輕率行事。但他必須攻擊，否則英國第七裝甲師的先鋒部隊將突入至裝甲教導師的後方。假如英軍成功突破了德國戰線，則岡城的防禦就將會被撬開。

作為第七裝甲師的矛頭，英軍第二十二戰車旅在旅長欣德准將（Robert Hinde）的率領下，未遭遇抵抗就突入了波卡基村；這時魏特曼仍然是孤軍一輛戰車。由於獲得了意料之外的成功，英軍的士氣高昂，領先的戰車群在通往岡城的公路上，向著他們的實際目標二一三高地前進。後續的摩托化步兵連正在路上休息。這時，砲擊的轟鳴撕裂了早晨的寂靜。領頭的英軍戰車起火燃燒，在八十公尺開外，一輛老虎從樹林中轟隆隆地衝上馬路，輾過了一隊半履帶裝甲車，很快的將其一一接續擊毀；接著是團部、砲兵觀察組以及偵搜部隊所屬約十二輛的裝甲車輛也遭了殃。克倫威爾戰車於極近的距離內發射七十五公厘砲彈，遭老虎彈開，絲毫沒有殺傷力。幾分鐘之內，這條公路已經變得有如地獄一般。二十五輛戰甲車熊熊燃燒，這全是這一隻老虎口下的亡魂。

與此同時，在二一三高地上進行警戒的敵人戰車，同樣遭到魏特曼連隊其餘四輛虎式戰車摧毀。魏特曼的戰車履帶被擊中後無法行動，乘員們下車徒步返回連上。波卡基村的敵人遭到肅清，英軍撤退至利芙里。魏特曼在其橡樹葉片之上再被授予寶劍，他現在共擊毀敵方戰車一百三十八輛，戰防砲一百三十二門。

英軍第四十九師所部攻擊了希特勒青年師的左翼陣地。攻擊遭到逐退，陣地位置保持不變。該師向軍指揮部具申，請求將普托和布羅內以南的突出部，撤回到聖芒維厄─楓特內（Fontenay）─蒂利一線。無線電監聽結果揭示了敵人攻擊和消滅這個正面突出部的意圖。惟軍指揮部不許可撤退。

盟軍的橋頭堡正日益增強之中。六月十五日，已有五十萬士兵和七萬七千輛各式車輛送上了法國。我們仍在等待增援，最重要的是等待承諾中的空軍支援。但等待卻是枉然的。我們的裝甲師在敵軍的陣地上流血致死。沒有決定性決策拍板定案，作戰變成戰術上東拼西湊的行動。

六月十六日，師部緊急召見我。師的作戰參謀胡伯・麥爾（Hubert Meyer）正在電話中，表示發生了嚴重的狀況。我無法從他那裡得到確切的訊息後，馬上趕到師部。被擊倒的高大樹木依然擋住了公路，道路兩旁的屋頂都被遮蓋住了，這讓人想起了大約半小時前始停止的猛烈艦砲轟擊。我猜想應該不會有什麼好事發生，卻發現指揮部內人員均非常激動。擲彈兵們臉上的面容告訴了我一切。作戰參謀朝我走來，說道：「師長半小時前陣亡了。按照軍部命令，現在由您負責接掌本師。」我們一言不發地看著對方。握手是一種義務和相互承諾的表徵；而值此當下更是凸顯了這層意義！所有的行動都應榮耀我們的戰友弗里茲・維特和他的成就。

我在一片平靜的草皮上，找到了弗里茲・維特安眠之處，我就站在我曾經忠實的戰友面前。我欲見他最後一面卻遭到拒絕——他早已面目全非了！

弗里茲・維特的陣亡，是因為他要確保擲彈兵們先進入戰壕。正當他自己即將跳進掩蔽壕溝時，一枚榴彈落在他跟前，當場陣亡。這個損失對我們所有人都是重重的一擊。維特受到全師官兵的尊敬。從和平時代到戰爭時期，他都與大多數軍官維持著緊密的戰友情誼。師長之死，或許能將本師更凝聚成一個命運共同體，也更能增強部隊抗敵的決心。

我團的指揮權由米留斯黨衛軍中校接掌，此前他是第二十五團第三營營長。我將第二十五團第三營營長一職，交給施戴格黨衛軍上尉（Fritz Steger）。師部遷移至韋赫森（Verson）。

傍晚時分，作戰參謀向我詳細報告了希特勒青年師的現況與當前情勢。本師的傷亡相當巨大，且有些損失是無可彌補的。最重要的是，軍官和士官幹部的缺員已經到了危險的地步。大多數連長和排長不是陣亡就是負傷。擲彈兵營平均只有兩個連的戰力。用以填補此前損失的補充兵能否到來，仍是未知數。

在這種情況下，你可以預先計算出本師在何時可能遭到殲滅的日子了。敵人不間斷的砲擊，結合「亞波」的襲擊和轟炸機的轟炸，已經吞噬了這個師。

位於希特勒青年師作戰地境內的敵軍部隊有英軍第三步兵師、加拿大第三步兵師、英軍第四十九步兵師以及幾個戰車旅。

本師參謀毫不懷疑，敵人將在接下來的幾天試圖消滅本師左翼正面的突出部，以便為預期的大規模攻勢贏得有利的攻擊躍出位置。

黎明時分，我前往第二十六團二、三營，以及偵搜營的陣地視察，我重新布置了他們的新陣地。擲彈兵的士氣很好。第二十六團二營營長伯恩哈德·希布肯失去了一根手指——陪同我穿越他的防區。他拒絕離開部隊，也不認為失去手指是什麼大事。

在普托（Putot）與布羅內一帶，散布著許多被燒毀的敵人戰車。布雷默的偵搜營俘獲了幾輛敵軍戰車，並將這幾輛戰車使用於防線上。該營傷亡頗重，必須盡快自前線撤下來。軍部准許將戰線撤退到慕克以南的陣地，撤下來的偵搜營置於師的節制。

英軍的重大攻勢行動正在裝甲教導師的作戰地境內肆虐。英國第五十步兵師聯手若干戰車旅，不斷攻擊蒂利以北的陣地。

六月十八日凌晨，克里斯托（Cristot）兩側的大地顫抖著，英軍第四十九步兵師衝進了第二十六團左翼被放棄的位置，我站在第二十六團三營營長旁邊看著砲彈翻攪著昨天才撤守的陣地，慶幸早早撤退、收縮了戰線。

克里斯托很快就被第四十九步兵師所部占領。不久之後，對楓特內的攻擊仍在繼續。大地為之震撼。在我們前方戰鬥的第二十六團三營第十連被大量的鋼鐵砲彈覆蓋。短短時間內，超過三千枚砲彈在該連的陣地上爆炸。該陣地位於布瓦隆德公園（Parc-de Boislonde）的北緣，正在拼死苦戰中。高高的樹木被連根拔起，飛起來砸入守軍的防線。在彈幕之後就是戰車攻擊波，戰車一彈接著一彈對著森林深處發射。敵方步兵緊跟在戰車攻擊波前進——衝過了第十連遭重創的陣地。一些重要據點依然頑強戰鬥，但很快也歸於無聲；我們的砲兵無法阻止敵人的攻擊。英軍四十九師的部隊推進至小樹林的南緣，但在這裡即遭到第九連的攔阻。

在砲兵短暫射擊的支援下，營長親臨指揮第九連發動反攻，一舉推進至樹林的北緣，再次突入至原本的陣地。該連在肉搏戰中席捲了陣地，並將英國人趕回北邊去。森林再次牢牢掌握在第三營手上。然而這次的勝利並沒有持續太久。協同的砲兵火力，與精確瞄準的戰車砲射擊，給該連造成了重大傷亡。該連的倖存者被拉回配置在楓特內北緣的地方。

本師已經站穩戰線，但傷亡卻達到了驚人的程度。師預備隊幾近於不存在。無線電監聽表明，強大的敵軍必然對本師左翼展開新一輪攻擊。英勇的裝甲教導師防線，歷經數日慘烈激戰的蒂利，終於在一番苦戰後失陷了。

六月二十一日凌晨，我離開師指揮所，驅車前往第二十六裝甲擲彈兵團的防區。第二十六團三營指揮所就位於楓特內以北的一座農場，我在這裡遇到了該團團長蒙克黨衛軍上校。莊園的廢墟被高高的樹籬包圍著，傷兵倒臥在一座土堆後方，等著被後送；陣亡的戰友被安葬在果園裡。地面濃厚的霧氣掩蓋了毀滅的痕跡。戰車與戰防砲部署於樹籬之中，砲組員忙著偽裝他們的火砲。敵人的擾亂性射擊遍布整個團的作戰地境，尤以羅瑞（Rauray）—楓特內公路一帶為甚。

經過扼要的簡報之後，我小心翼翼地往楓特內行駛，施帝夫特博士伴隨我同行。城鎮入口被瓦礫阻塞，刺鼻的煙硝與濃霧混雜在一起。突然，第二十六團二營的兩名擲彈兵出現在我們面前。他們手裡拿著飯盒和口糧，想要尋回他們班的其他人。我們穿過村內街道，然後向北潛行。在我們面前的就是歷經苦戰的森林。爬過陣亡的英國人遺骸，終於抵達了第十五連的陣地。擲彈兵們面色憔悴，蜷曲在散兵坑或是彈坑之中。軍官幹部都已經不在了，不是被打死，就是負傷。陣亡的連長遺體，還是在夜間經由一次突擊行動搶救回來的。連長和他的擲彈兵之間，一定存在著相當動人的同袍情誼。即使是他們頭兒的屍首，也不能落入敵人之手。

年輕士兵的態度讓人難以置信。他們用寥寥數語向我講述了先前的奮戰和取得的成就，英勇戰鬥對他們來說是理所當然的。他們談論敵人時並未帶有仇恨，而是一次又一次強調敵人傑出的戰鬥精神。然而，當話題轉向敵人鋪天蓋地的資源時，在他們的描述中也帶有一種深深的苦澀。我一再聽到：「該死，如果我們擁有對手的物資，我們現在會打到哪裡？而我們的空軍又到了哪裡？」一天上，我們一架德國的飛機都看不到。

年輕的擲彈兵哀求我離開，因為天快要亮了，敵人的砲火將分分鐘增強。在村子中央，我們陷入了猛烈的火力襲擊。我跳到石頭階梯後面等待這個令人不快的早安問候。一名弟兄倒在路上、死無全屍，一枚直擊彈將他打得粉碎。我們匆匆穿過村子。楓特內遭到猛烈的砲擊，我們很高興脫離了這座瓦礫堆。砲擊也落到了第二十六團三營的陣地。這難道就是即將來臨的大型攻擊的序幕嗎？

營指揮所就在幾百公尺之外，這樣的距離對我而言卻似乎是無比遙遠。我們躍進與掩蔽交互進行，就這樣抵達了指揮所。

現在天已大亮了，第一份報告也來了。楓特內受到來自聖皮埃爾和克里斯托的攻擊，敵人戰車正推進至一個緩起伏處，準備進犯楓特內。戰車與戰車之間展開了交火。我們偽裝的豹式戰車擁有更好的主砲、更具有優勢。燃燒的敵人戰車留在野地上。要是我們能有更多的彈藥就好了！我們必須非常節約射擊，運補已經幾乎不可能實施了。

感謝上帝，與師部參謀的電話通信完好無損，作戰參謀告知我，我們的右翼很平靜。

我在該營一直待到下午稍晚時分，再次感受到部隊難以言喻的戰鬥意志。對楓特內的所有攻擊在激烈的戰鬥後都被擊退了，英國第四十九師並未能撼動本師左翼的根基。

夜幕降臨，我開車返回師部。燃燒的戰線呈現出宛如鬼魅般的景象。在岡城－波卡基村公路上，一些載重卡車的殘骸還在冒煙——它們本應將彈藥送上前線的，「亞波」卸除了卡車的這項任務。彈藥在前線後方幾公里處被炸毀。

在進行簡報時，我看到了憂心忡忡的面容。用不著說出口，大家都清楚自己正走向一場災難。奧恩河以北吞噬人命的橋頭堡上的僵持戰鬥，必然導致部署在那裡的裝甲師走向毀滅。鑒於敵人在海空軍方面的巨大優勢，我們幾乎可以提前看出防線崩潰的情況。戰術上七拼八湊的行動，讓我們最好的戰士付出了無可彌補的鮮血代價，也消耗了寶貴的物資。我們的生存仰賴這些物資——但到目前為止，我們既沒有接收到填補陣亡或負傷戰士的補充兵，也沒有收到戰車與火砲的補給。

睡了幾個小時後，我們被前方傳來的隆隆聲驚醒了。來自楓特內的示警電話打到了師部。英軍第四十九師在重砲支援下攻擊了裝甲教導師的右翼，泰瑟爾（Tessel）－布雷特維爾以西的森林已經失守，仍無法擋住英軍四十九師的攻勢。

戰況不明朗，我駕車前去楓特內的第二十六團三營。希特勒青年師的左翼正處於危機之中。

猛烈的砲火覆蓋了該營所在的整個區域，近乎看不到楓特內村了，呼嘯而過的榴彈擊碎了最後的一棟建築物。到目前為止，對該村的每一次攻擊都遭到擊退，但與各連的聯繫已被切斷。砲彈爆炸的煙硝遮蔽了視線，已不可能辨別主戰線的位置。砲兵一再實施群射——整個村莊就像一口沸騰的大鍋。大口徑砲彈竄入地下，留下冒著煙硝的漏斗狀彈坑。根據老兵的口耳相傳，「沒有砲彈會重複打在同一個彈坑」，所以我跳進一個漏斗狀彈坑，目睹敵人戰車攻擊楓特內。一面穩定地射擊著，鋼鐵怪獸緩慢但確切地向楓特內的廢墟逼近。戰防砲已在瘋狂的砲擊下被摧毀了，擲彈兵們緊握著他們的鐵拳（Panzerfaust）反裝甲火箭彈。用鐵拳打戰車！這是多麼鮮明的對比！這種對比彰顯了何等的英雄主義！第一輛戰車停擺著冒煙。現在我看到了，戰車是怎樣被擲彈兵擊倒的。敵人砲兵的砲彈在頭頂上呼嘯而過。第一戰車營營長跳進了我所在的漏斗彈坑，回報有一個戰車連正實施反擊。戰車可能在我們身後一百公尺外，現在正向前移動中。戰車砲彈在頭頂發出嘶嘶聲。最前鋒的敵人戰車現正在瓦礫堆中與擲彈兵們搏鬥，而後方的敵軍戰車尚未注意到我方的戰車。為了獲得更好的射擊視角，擔任反擊任務的戰車連，不得不穿越楓特內—舍鎮公路。現在，戰車對戰車的決鬥展開了。雙方都有損傷。濃厚的黑煙在戰場上翻騰。我打算加入在楓特內的擲彈兵，跳進戰車連連長車的後方。

疲憊的擲彈兵向我招手，他們開玩笑時眼神明亮。這些年輕人究竟是從哪裡獲得了能夠在這樣的閃電風暴中生存下來的力量，這真是個謎。他們一直向我保證，將防守這堆瓦礫至最後一槍一彈，而且絕對會堅守陣地。連長的戰車被擊中了，他將戰車向左轉了幾步，頂蓋打開，砲塔裡冒出濃煙，連長從頂門中擠了出來，踉蹌地朝著我們走來，然後摔倒在地。擲彈兵們將他拖到一堵殘餘的牆根後面，在這裡我們看到了盧克・戴薛爾黨衛軍中尉（Ruckdeschel）失去了一條手臂。我們將血淋淋的斷肢綁束起來，然後呼叫醫務兵上前。

最後的攻擊也被擊退了。第二十六團三營在陣地上屹立不搖，準備迎接英軍下一輪的攻擊。在左鄰區域，戰鬥仍在進行中。到中午時分，敵人的先頭部隊已經突進至尤維尼（Juvigny），這裡是位在希特勒青年師的縱深側翼內。在羅瑞，我和二十六團團長蒙克上校在一起，作戰參謀向我簡要說明裝甲教導師當面的狀況，並指出被英軍突破的危險。

一四〇〇時，軍部下令投入第十二黨衛戰車團的一個戰車營，以肅清裝甲教導師右翼的缺口。當下只有偵搜營的殘破兵力能夠在反擊中提供步兵支援。豹式戰車營以其能夠作戰的兵力，與偵搜營一起立即展開反擊。

經過短促的砲兵攻擊準備射擊之後，部隊向前躍出了，他們經由泰瑟爾—布雷特維爾朝村莊以西一點五公里的森林突進。夜幕降臨時，敵人被逐出森林，我方損失了幾輛戰車。然而，還沒有到達舊有的主戰線。英勇的第二十六團三營在戰鬥中傷亡頗重，該營將撤回至羅瑞以北的位置。

當天晚上，軍部下令於第二天早上將最後一個戰車營投入至突破區域，以改善這個飽受威脅的地點的情勢。無論在任何情況下，都必須向裝甲教導師提供支援。

我請求不要執行這道命令，但不被接受。作戰參謀詳盡描述了敵人在二十六團的地段上所部署的強大部隊，尤以戰車為最，此均已透過我方的偵察行動證實。然而，此等情報並無法引起軍部的重視。我提請軍部注意，指稱敵人戰車將隨時發動攻擊，而第二戰車營處於非常有利的防禦位置，也遭到駁回。因此就出現這樣的情況，六月二十六日，在希特勒青年師的作戰地境內，竟然一輛戰車都沒有。

當日夜裡，第二十六裝甲擲彈兵團的官兵們，在前一天的激烈防禦戰鬥中已經筋疲力盡，現在正蜷曲在散兵坑內等候敵人的下一輪攻擊。濃密潮濕的霧氣，籠罩在樹籬和草地上。

天色已經亮了，一切平靜如昔。我和溫舍一起在羅瑞，正完成最後一批戰車的整備以投入作戰。天越來越亮了，不要多久時間，死神就將繼續其死亡之舞。

德軍砲兵連開始群射。英軍低空飛行的戰機在我們頭頂呼嘯而過，對著羅瑞發射火箭彈。消耗戰的地獄大門已經開啟。

第一波戰車向前推進。攻擊在最初取得了進展，但隨後即被英軍的反擊所阻止。作戰隨即發展成一場戰車會戰——一場打得相當艱苦的戰鬥。難以穿透的樹籬地形，使我們的戰車砲無法發揮其較遠的射程，而最重要的是，步兵部隊的缺乏產生了負面影響，敵軍重砲火力讓協同作戰變得異常困難，以致欲遂行有效的指揮與管制幾乎不可能。

在羅瑞以東什麼動靜都沒有，整場戰鬥乃是向著西邊延伸。在西面，敵我戰車犬牙交錯。燃燒的濃煙再次高懸在天空，每柱濃煙都意味著一輛戰車的墳墓。我很擔心二十六團方面的狀況，因在羅瑞右側，沒有聽得一聲砲響。開始下雨了。感謝上帝，我們現在可以規避「亞波」的威脅了。但，那個是什麼？地面彷彿是要吞沒我們所有人般崩裂開來，短短數秒之內化為地獄。羅瑞成了被砸碎的樹木和建築物的大片殘骸。我躺在乾溝裡，聽著不絕於耳的戰鬥聲響。晨霧與燃燒軀殼冒出的濃煙混合在一起。我仍然無法看出所以然——所有的通信網路都遭破壞了，與師部以及前線部隊的聯繫都沒了。第二營的一名傳令朝我衝來，大喊道：「戰車一輛接一輛出現在本營右翼前方！」他的口頭報告被砲彈的爆炸聲給吞沒了。我的耳朵試圖去辨識戰鬥的噪音，但失敗了。我只聽到不斷的嘶嘶聲、砲彈爆裂的撞擊聲，以及推進的戰車喀啦喀啦聲。

這就是預期中的全面攻擊！是針對諾曼第德軍戰線的重心——岡城，本次大攻勢的目標——盟軍將以包圍攻勢攻陷之。攻下了岡城，蒙哥馬利就形同奪下了大獎，因這必將導致德軍戰線的崩潰。我周圍的所有人都目瞪口呆地看著這殺戮的景象。紅灼的鋼鐵砲彈咻咻作響自我們頭上飛過，鑽進了潮濕的泥土裡。

我對溫舍大叫。傳令橫過街道，消失在綠色的樹籬中。不一會兒，溫舍出現在我身邊。用不著我給這位前線老兵過多的解釋。我們經常並肩作戰——他了解我，知道我要什麼。只用簡短的幾句話，他已經知悉了我對情況的評估：「敵人正試圖以強大的裝甲部隊突破二十六團的防區以奪取岡城。」我的命令是：一、立即停止對尤維尼的攻擊；二、羅瑞乃本師的防禦重心，在任何情況下均應固守；三、你負責羅瑞方面的戰事。我再次往楓特內方向行駛，數百公尺後，遇到了第三營的一部。公路已籠罩在敵人戰車火力之下，欲繼續向北行駛已經是不可能了。不過也無必要前往最前線部隊才能探知狀況，因為整個戰場就已經展現在我的面前了——我看得一清二楚。這證實了我的判斷，這就是預期中的總攻擊！戰車和半履帶甲車正朝向第二十六團推進，彈幕如同巨大的壓路機輾過大地，壓碎所有的生物體。我很少看到勇敢的擲彈兵如此矯健的身手。他們死命盤據抓著地面，以近乎絕望的勇氣作戰。從羅瑞竄出了耀眼的閃電，對迎面而來的戰車施以毀滅性打擊，英軍戰車在羅瑞以北起火燃燒。

在我們前面有兩個「湯米」，衝得有點過頭了。他們都被解除了武裝，小兵催促要盡速爬上我的車上，其中一個受傷的英國人必須立刻送往羅瑞的救傷站醫治。

我們現在向韋赫松疾馳而去，我要趕去師部！敵軍越來越猛烈的砲火向南移動，科爾維爾（Colleville）周邊地區已經出現落彈了。砲兵持續對攻擊者猛烈射擊。

幾分鐘後我到了師部。作戰參謀手中還沒放下聽筒，即向我報告：「這是我和工兵營營長的最後一次通話。」工兵營長在電話中回報：「群射火力已經摧毀了我的戰防兵力，本營已遭英軍戰車衝過，舍鎮及周邊仍有個別的抵抗陣地尚在堅守中。敵人戰車正試圖推進至我的地下掩體。我們的戰車在哪裡？我需要一次反擊……」就在此刻，電話線遭截斷了，無線電通信也被破壞了。

第二十六團一營也發出緊急報告，稱該營遭到強大敵軍部隊的攻擊。到目前為止，所有對聖芒維厄的攻擊都被擊退了。越來越多的報告如潮水般湧進來，整個戰線均在熾烈地燃燒。

當前能做的，就是將師部所能發揚的全部火力，集中於已經達成突破的敵方單位之上。可用的預備隊，只有師警衛連以及第二十五團受創嚴重的偵搜連。我正將所有資源投入在拱衛維赫松之上。無線電截聽和審訊戰俘的供詞均表明，本次攻擊是由一個裝甲師和兩個步兵師實施，攻擊正面寬五公里，每個步兵師都有一個戰車旅支援。這些單位此前從未投入作戰，所以是全然養精蓄銳的部隊。這些新銳的師挾著六百輛左右的戰車，進攻我師所轄的三個戰鬥力大大降低的營。敵人的主要優勢在於他們規模龐大的砲兵，以及大量的戰車。

遭到突破的危險是顯而易見的。懷著絕望的情緒，作戰參謀指出了無望的情勢，但軍部只給出了一個答案：「陣地務必防守到最後一彈！必須要爭取時間，第二黨衛裝甲軍正在開往前線的路上。」

一如往常，這裡使用了戰術性而非戰略性思維來考慮全局。必要的決策沒有定案。彈性的作戰指導原則遭到了揚棄。

所以別無選擇，只能盡可能以高代價付出我們的生命。

天空似乎也配合地面上所發生的這一切。傾盆大雨時刻伴隨我們。

我在維赫松東北的師警衛連陣地上看到無數的英軍戰車向格朗維爾（Grainville）方向推進。前線已經被突破了，只有少數抵抗據點在敵人的洪流中艱苦支撐。

慈悲的老天啊，我師必須停止攻擊，全力避免敵軍作縱深之突進，以為最高統帥部爭取時間！

我再次衝回師部，試圖和溫舍通話，這次接通了！通信營英勇的戰士，剛才又重新修復了電話線路。這些人多少次在地獄間來回穿梭？「拉線者」這個名詞，隱含有何等的無名英雄氣概啊！

溫舍報告稱，羅瑞兩側都有強大的裝甲部隊。到目前為止，對羅瑞的每一次攻擊都被擊退，敵人傷亡慘重。本師的基石堅不可摧。

數分鐘之後，我又回到了師屬警衛連的陣地。任何命令都不可能執行了。現在我只能當戰士們中的一名戰友。我從一個班到另一個班，擲彈兵們認出我時，他們的眼睛都亮起來了。這些戰士不受危機影響，他們絕不動搖，也絕不退讓。

很快就不再會有一塊沒有被砲彈擊中、爆裂的地方了。敵人的穿甲彈射入我們的隊伍中。防線僅有一兩輛戰車和戰防砲增強，我們緊握少數的鐵拳貼著自己身上。

一輛四號戰車被炸得四分五裂，數輛薛曼戰車也在我們面前燃燒中。大量的敵方戰車給了我一種難以形容的恐懼感。只用一小群戰士和幾門大砲來阻止這支鋼鐵大軍，這不會很瘋狂嗎？但在這裡，所有的深思都已經太晚——這裡只有一條法則適用：戰鬥到底！

兩輛薛曼自溝壑中現身，數名擲彈兵隱藏在黑莓灌木叢後面，拿著他們的鐵拳熱切地等待。

他們幾乎緊緊貼在地面。

我屏住呼吸。突然間，爆炸的砲彈不再讓我感到恐懼了，我們全神貫注看著這幾名準備跳出的擲彈兵。

領頭的戰車在溝渠中越來越深入，另一輛掩護戰車則在後方緩緩跟進。這時候，第二輛戰車剛好駛過了擲彈兵的所在位置，其砲管是指向維赫松，尚未擊發。一名擲彈兵像是從繃緊的弦上射出的箭，撲向第二輛戰車。就在他彈跳起來的同時，鐵拳火箭彈已經咻的一聲，穿入了薛曼戰車的側面裝甲。戰車仍向前行駛了幾公尺，然後就停擺開始冒煙。第一輛戰車也完成了最後的旅程。地雷扯裂了這輛戰車的履帶。只有兩名倖存的戰車兵向德軍投降。

到了這時候，大家都鬆了一口氣。看到這些鋼鐵怪物被個別的勇氣所摧毀，是一種令人振奮的感覺。過沒多久，那兩輛戰車的事情也就被人遺忘了。

在我右前方，偵搜連正在為自己的生存而戰。一陣狂亂的砲擊將泥濘的濕土拋旋入空中，已經無法辨識出他們的陣地在哪裡了。戰防砲仍然佇立著，一發接一發向英軍第十一裝甲師的一支裝甲縱隊射擊。然而新一輪的火力襲擊，卻將這些戰防砲變為一堆廢鐵。再也沒有反裝甲武器可用了。該連被戰車穿甲彈撕碎，第一個散兵坑被掀翻了過來。隨處都有擲彈兵試圖使用鐵拳終結這些鋼鐵怪物——但都沒有成功。伴隨的步兵擊退了所有意圖對戰車的攻擊。

我試圖為警衛連提供砲兵支援，可惜這是空想。「缺乏彈藥」的鬼魅已糾纏我們許久，德軍的少數幾發砲彈根本阻擋不住敵人的進攻，英軍戰車繼續大肆破壞。

這是第一次在我內心充滿了強烈的空虛感，詛咒這些年來的殺戮。我現在所經歷的已經不再是一場戰爭，而是赤裸裸的屠殺。

我認識每一位年輕的擲彈兵，其中最大的只有十八歲。年輕人還沒有學會生活——然而，天曉得，他們卻知道如何死去！

喀啦作響的戰車履帶終結了他們年輕的性命。我淚流滿面——我開始厭惡戰爭。

雨下個不停。厚重的雲層在飽經折磨的大地上空翻騰。英軍戰車正向我們的陣地席捲而來。逃跑是不可能的，我們必須留下，緊握鐵拳的發射管——我們可不想不做抵抗而就此死去。

突然，地獄的交響曲融入了一種新的音調。一輛落單的虎式戰車為我們爭取到了喘息的空間。虎式的八十八公厘戰車砲彈毫不含糊地制止了薛曼戰車的推進。英國人轉頭離開了——他們暫停了向穆昂（Mouen）的攻擊。

在返回維赫松師部的路上，我們遭遇到了兩輛英國戰車，師部的傳令使用鐵拳火箭彈摧毀了它們。殘骸距離師部還不到兩百公尺。參謀們甚至已經組成刺蝟防禦準備要投入自衛作戰了。

艱苦的戰鬥造成了無可彌補的重大損失。如果不送來全新的部隊，將無法阻止敵人的突破。我們上頭的軍部，期望明天能獲得來自第二黨衛裝甲軍的支援。軍部表達迫切希望，要我們將師部往回搬。我拒絕了這個要求，胡伯．麥爾支持我。在如此危急的狀況下，指揮官的所在位置必須是在第一線。

據第二十六團一營告訴我，自凌晨開始，該部就一直受到攻擊。該營殘存的戰力相當低。在夜間，該營殘部一路奮戰打到了卡赫皮各機場。晚上，位於城堡花園（Chateau Garden）裡的兩輛戰車，被年輕的艾米爾．第爾黨衛軍下士（Emil Dürr）使用吸附手雷（Hafthohlladung, HHL）爆破了。襲擊第二輛戰車的手雷先是掉了下來，他再次衝向戰車，執起已經啟爆的手雷壓向戰車。戰車遭到摧毀了，然而他也受到了致命的重傷，最後被追授騎士鐵十字勳章。他的舉動為該營的其餘人員打開了進路。

英國人仍然沒有停止攻擊。我從格朗維爾方向聽到友軍戰車射擊的聲響。由希格爾黨衛軍上尉（Siegel）指揮的一個四號戰車連，在第二砲兵營脫離陣地時實施警戒。英國人已經突入了一個砲兵連的陣地。該營將通過薩爾貝地區（Salbeyabschnitt）回撤。第二營營長穆勒在近戰中陣亡。

時間對我們已經沒有意義。燭光下，我們正在調整狀況圖並準備新的防禦陣地。我急切等待新的增援到來。

到了午夜，我迎來了一次驚喜。我忠實的小哥薩克米歇爾，突然站在我的面前咧嘴大笑。我送他去度了幾天假，現在他為我帶來了妻子的一封信，告知我們第五個孩子的誕生。

米歇爾曾在前線管制點被攔住，因為他看起來像俄羅斯人——非常可疑。但，誰人能阻止我勇敢的米歇爾？我問他：「你是怎麼到達這裡的？」他回說：「一言難盡啊。」

就在天亮之際，敵人再次以戰車和步兵向格朗維爾方向發起攻擊。〇九〇〇時，希格爾的戰車連擊退了四次攻擊。數輛敵軍戰車停擺在現場燃燒。不幸的是，希格爾的座車也被擊中了，他的臉部和手部嚴重灼傷。我軍戰車向舍鎮方向的推進也以失敗告終，因為敵人的反裝甲戰力相當強大。然而，攻擊雖然失敗了，但工兵營的二十人小隊，在黨衛軍少校繆勒的帶領下，由尖兵部隊從敵軍手中解救了回來。這就是該營最後的殘存人員了。

幾分鐘後，繆勒站在我的面前。從他深陷的眼神與外觀似乎已經清楚述說這段經歷。他衣衫襤褸，膝蓋撕裂傷，盡是血汙。塵土覆蓋，幾乎看不到臉，一隻手臂還吊在臨時繃帶上。

他簡要說明了他的營的戲劇性經歷。在一次可怕的砲擊之後——對希特勒青年師左翼的攻擊，是以六百門火砲齊射作為開場——該營被英軍第二裝甲師的戰車衝垮。戰鬥直到該營近乎全滅的地步，只有少數人從這場屠殺式的戰鬥中倖存。

繆勒挺身捍衛自己的營部，抵禦敵人步兵的攻擊，但他對於集中攻擊的戰車則無能為力。到了中午，他和少數官兵被包圍在營部內，戰車開始對著地堡掩體開火。其他戰車試圖推倒掩體，所幸沒有成功。這得力於工兵構築了一座精巧的工事，足以抵禦各種攻破的意圖。

最後，一名被俘的工兵被送入掩體內，勸告他的戰友們投降。不過這名信使情願和他的戰友們待在一起，與他們共進退。

英軍試圖爆破掩體，經過猛烈爆炸之後，整個掩體就像一座集體墳墓，英軍繼之進攻席捲了營部。直到午夜時分，最後的倖存者才突圍而出，回到了友軍戰線。他們在勒歐底巴斯（Le Haut du Bosq）被人發現時，已經精疲力竭了。他們方才在那裡休息了一下。

白晝時分，羅瑞失守了，砲兵第二營打光了所有的彈藥，敵軍得以在午後跨過奧登河，在比隆形成橋頭堡。我們的無線電情報單位截聽到以下這個問題：「你還是否堅持要向韋赫松實施一次迅捷的行動？」顯然敵人對師部的位置瞭如指掌。不過，我們並沒有聽到答覆。師部所有尚可調度的官兵，均轉進到楓丹（Fontaine）了。

當我進入師部時，一名陌生男子向我走來。他自我介紹是外交部長的幕僚，要求針對情況確實說明情勢概述，因為部長並無法理解何以我軍不斷的撤退。我還沒來得及玩味這個意料之外的同時，戰車砲彈就竄入了我們的廢墟之中。敵人戰車再次出現在我們的指揮部面前。即刻，掩體內空無一人，所有人都拿鐵拳反裝甲火箭彈進入散兵坑，等待應對更多的意料之外。

我再也沒有見到那位所謂外交部長特使！他要向他的委託人回報些什麼呢？情況越來越惡劣了。

英國人成功在加魯（Garrus）搭建了另一座便橋。敵人正緩慢且穩定地向南摸索推進。到目前為止，我們只能動用第十二戰車團與第十二偵搜營的裝甲偵察部隊，針對敵人的兵力執行警戒。所配屬的多管火箭團的一個連，在近接戰中成功擊毀了兩輛試圖衝垮砲陣地的戰車。

很明顯，蒙哥馬利打算在聖安德烈（St. Andre）渡過奧恩河，之後或許會循法萊斯－岡城公路向前進擊。藉由實施這次的推進，激戰連連的岡城如同探囊取物，落在蒙哥馬利的手裡。必須打破他的這個意圖。我們必須再堅守幾天，第二黨衛裝甲軍正在接近中。該軍甫自東線前來。

戰車團接到命令，要占領一一二高地並阻止敵人突破奧恩橋，一個殘破的戰車連是僅存能夠擔負這個任務的部隊；若干輛戰車以及第二十五團偵搜連殘部，將在楓丹警戒。

師部從維赫松轉移到岡城。六月二十八日，維赫松－一一二高地－艾弗雷希（Evrecy）一線，將由第二黨衛裝甲軍接管。

現在，有四個黨衛裝甲師可供運用，然而他們僅僅在名義上是裝甲師。這四個師每一個都不足一師的戰力。第九、第十黨衛裝甲師接到部署至諾曼第的命令時，還在波蘭進行激烈的攻勢作戰。現在他們自波蘭的泥濘中，捲至西線的消耗戰。ＬＡＨ師於六月二十八日抵達前線。這個師也只剩昔日光輝的影子，幾週前該師剛從俄羅斯前線撤出，在比利時整補，無論是人員還是裝備都未達滿編狀態。第二黨衛裝甲軍軍長豪塞黨衛軍上將，將於六月二十九日運用這幾個師實施反擊。各師在夜間進入他們的集結區。

希特勒青年師的作戰地境內一片平靜。卡赫皮各周圍的陣地由二十六團一營的殘部予以加強。

六月二十九日早上，我們被主力戰艦的猛烈火力給驚醒，岡城再次受到攻擊。「亞波」像黃蜂一樣盤旋在晴朗的天空，朝向每輛車俯衝攻擊。〇七〇〇時，我臥倒在維赫松的街上，一架「亞波」攻擊一輛自走砲車，將其打爆。爆破彈現在飛遍了整個城區。因為道路過於狹窄而無法繞越通過，必須讓車輛留在原地燒光為止。要是能走出這座巢穴就好了！我們像是掉入陷阱被困在這座古老的城牆內。一輛救護車著火了，無法前往拯救上面的傷者，他們就在我們眼前活活燒死。

敵人砲兵火力掃遍了維赫松，還有一一二高地及其周圍地區。不久之後，一一二高地遭到了集中的火力攻擊。英國人是否已經預料到我們的企圖，而搶先發難，以破解我們的攻勢？我不安地看著英國第二裝甲師的戰車爬上了奧登河以南的斜坡，向一一二高地展開雙鉗形攻擊。已經看不到山頂了。重砲彈的衝擊，一尺又一尺地掘開諾曼第的土地。用不著再懷疑，英國人阻止了豪塞的攻勢。我們各攻擊師在他們的集結區，對抗著敵方粉碎性的砲兵火力與空中力量的反覆轟炸。

第二黨衛裝甲軍丟掉了一一二高地。英軍第十一裝甲師的戰車已經奪取了對奧恩橋進一步行動的鑰匙。

從一一二高地可以展望整個區域，沒有任何動靜能逃得過英國人的金睛火眼。要不了多久，我們就發現上面有了砲兵前進觀測站，第十二黨衛砲兵團重野戰榴彈砲營向前推至高地的英軍開火。這裡的視野非常好。我們位於高地的北邊，能夠俯瞰從奧登到山頂的整個上升斜坡。

希特勒青年師當面異常安靜，只有少數的艦砲砲擊對著道路交叉口轟擊過來。隨同我的戰車被直接命中。第二發射來的三八〇公厘砲彈打死了正在做急救的醫官。

下午稍晚時分，我們已經確信，第二裝甲軍計畫中的進攻失敗了。面對如此的優勢火砲，再加上英軍的絕對制空權，根本不可能往前獲致進展。攻擊之無法成功，就是因為想以不適當的資源來達成不可能之事。

晚上我們為岡城全城防禦進行準備。預計英軍將自西面突破城區。

在準備的過程中，接到來自第二裝甲軍軍部的命令，繼續向英國第七裝甲師占領的一一二高地實施攻擊。

沒有什麼能撼動我們了。溫舍將在幾分鐘後與我共同接受攻擊的命令。他的戰車和偵搜營殘部必須展開攻擊。我們開始像是在孵雞蛋那樣呵護我們的戰車。還沒有接收到補充戰車，然而我們的戰車部隊每天都在不斷的消耗。戰術上一貫的東湊西拼手法，像是瘟疫那樣擴散。大規模戰車攻擊的時代不復存在了嗎？

破曉時分，砲兵集中火力對一一二高地轟擊。我們的戰車穿越薄霧緩緩向高地推進，在展開最終躍進前隱伏自己。幾分鐘後即將發起攻擊，溫舍和我抽完了最後一根菸，然後握手致意——舞會即將開始！

按照以往的慣例，戰車衝向一度被樹木覆蓋的高地，並向著一團搞不清楚的敵軍發射高爆彈。敵軍砲兵試圖以密集的轟擊來擊垮我們的攻擊，但沒有成功。我們必須奪取高地。

很快就抵達了山頂。一連搭乘布倫機槍履帶載具的英軍，退路遭到我們切斷。他們全數被俘。雙方都有戰車在起火燃燒。那裡幾乎沒有一寸的土地沒有遭到砲彈或炸彈炸翻。

一一二高地的攻陷，帶給了第二黨衛裝甲軍一些喘息的空間。現在敵人的砲兵已無法實施直接觀測了。

岡城的最後一戰

英國第八軍所屬第十五蘇格蘭步兵師、四十三師、四十九步兵師，以及第十一裝甲師，在最近的戰鬥中削弱了希特勒青年師的核心戰力。第二十六裝甲擲彈兵團的戰力已經縮減至一個虛弱的營。戰車團也損失慘重。偵搜營只有一個混編連；工兵營幾乎全軍覆沒。由於艦砲岸轟以及不間斷的「亞波」攻擊，我師失去了砲兵團的一個營。

希特勒青年師已不再是一支戰力完整的師了。本師的殘部，至多只有一個戰鬥群的戰力。儘管在最近的時候，年輕的擲彈兵承受了巨大的壓力，且蒙受慘重損失，但本師仍被上級視為完整戰力的裝甲師，並被指派防衛岡城的使命。

英國第八軍現在位於希特勒青年師的縱深側翼上。蒙哥馬利的鉗形攻勢顯而易見，即使是軍事門外漢也能看得清楚，岡城將是盟軍的下一個攻擊目標。

為了不冒與本師官兵分離的風險，同時為避免岡城被包圍時，被排拒在包圍圈外，我將師部遷移到市中心。我要與我的擲彈兵們同生死、共進退。

我和作戰參謀均不抱任何幻想。我們知道，服從元首的命令：「岡城將守到最後一彈！」即意味本師的覆滅。我們要戰鬥，我們準備好要做最後一搏了——然而這最後的戰鬥必須要有意義。我拒絕讓年輕士兵在城市廢墟中流血而亡。部隊必須採取彈性原則的戰鬥指揮。

本師的戰鬥地境內幾乎沒有戰況。然而，令人震驚的是，加拿大人正積極展開戰鬥偵察。偵察隊不斷在卡赫皮各以及機場的西緣地區進行搜索。

本師的判斷是，加拿大人正計劃攻擊卡赫皮各，以撬開岡城以北的戰線。

卡赫皮各是一座古老的諾曼第農村，房屋是用實心方石建造的。村莊依地理形勢而建，形成了一條長管狀，其一側以岡城—巴猶鐵路線為界，另一側則以機場為界。從阿登修道院的觀測所可以看到整個村莊。

我前往訪視卡赫皮各的守軍部隊。街道和農莊空無一人。道路仍然可以通行，只是偶爾會有瓦礫碎石堆擋住去路。空蕩蕩的村莊看起來很詭異。我在西部邊緣找到了防守部隊。五十名擲彈兵躲在廢棄的地堡掩體中，還有一些是躲在之前機場的守軍所建構的防破片掩體內。這五十名戰士是第二十六團一營的倖存者。該營的其餘部分則占領了機場的另一面，總兵力在一百五十到兩百名士兵之間。

卡赫皮各的守備部隊已無反裝甲武器可用。二十六團一營的戰防砲已在數日前被炸毀。然而，陣地前緣鋪設有雷區。擲彈兵們清楚自己的任務。排長和他的弟兄們應該後退到卡赫皮各的東緣地區，以引誘攻擊的加拿大人進入村莊。卡赫皮各正東是八八砲所布置成的伏擊陣地。此外，村莊的郊區也已成為進入掩體的戰車的射擊區域。

在之前發生的戰鬥過後，欲增援本區的步兵部隊已經是不可能的了。唯一可行的防禦之道，是將所有重型武器集結起來。我們的大砲和迫擊砲已經標定了村莊一帶的射擊目標。

回到師部後，接到報告稱，截聽到加拿大部隊的無線電通信頻繁來往。根據評估指稱，很可能敵軍正在諾雷與聖芒維厄進行攻擊前準備。七月三日，無線電通信流量明顯增加。

〇六〇〇時，砲兵火力集中向該地區開火，目標是盡可能粉碎敵方攻擊部隊的展開，或者至少對可能集中於小範圍內的敵軍造成嚴重損害。我們對集結區實施了有效的打擊。

當火箭拖著長長的尾焰，呼嘯穿過機場時，我跳過機庫的殘骸尋找伯恩哈德．克勞什。伯恩哈德選擇了一座防破片掩體作為他的指揮所，從那裡可以看到機場與包括卡赫皮各的整個區域。

在掩體中，我遇到了第七多管火箭旅的前進觀測員。一些擲彈兵大概在我們前方七十五至一百公尺外。五輛戰車位於機庫的廢墟中。因為「亞波」在附近相當活躍，在這裡必須採取完全的掩蔽。伯恩哈德・克勞什還未開始報告聖芒維厄的戰況，就聽得一聲巨響與嚎叫。我們在掩體入口擠成一團。敵人主力戰艦的三八〇公厘和四〇〇公厘砲彈在附近炸裂，掩體顯得劇烈搖晃。

加拿大第三步兵師展開攻擊，卡赫皮各和機場都是他們的攻擊目標。想要消滅這一小撮擲彈兵沒那麼容易！

集中的砲兵火力粉碎了任何的防禦意圖，敵人很可能投入了數個砲兵團。艦砲還將整個機庫炸上了天。

此刻從村子裡什麼也看不到，西面籠罩在濃煙中。在我們頭頂，颱風式戰鬥機（Typhoon）正在搜尋它們的槍下亡魂。它們發射的火箭彈在重砲轟擊的隆隆聲中，幾乎聽不見。前進觀測員不為所動地站在剪式望遠鏡前，呼叫砲陣地實施攔阻射擊。

加拿大第八旅，在溫尼伯步槍團的增強下，由加拿大「蓋里馬隊堡」（The Fort Garry Horse）戰車團支援，向克勞什營的殘部襲來。

砲火還在繼續。一張張蒼白的臉看向我，無人說話，只聽到砲兵人員的聲音。敵人戰車自馬瑟萊（Marcelet）方向駛出。霧霾相當濃。我們的大砲砲彈落在來襲戰車之間爆炸，卻很難對他們造成干擾；戰車群仍慢慢向著我們推進。在所有防破片掩體內，擲彈兵正待著，準備躍出占領他們的陣地。砲擊中，每個人都在掩體裡採取掩護。現在第一個敵人步兵自森林出現了，我方砲兵當即對森林邊緣開火，造成溫尼伯步槍團嚴重的傷亡。

我方部隊仍然在完全掩蔽狀態下蹲伏著——僅有我方戰車投入反擊。看不到戰車的蹤影，似乎被埋在機庫的瓦礫堆中。現場的緊繃程度以及戰鬥的聲響，令人幾近無法承受，等待部署在最前沿的機槍開第一槍。在城鎮西緣，我看到火焰發射器正在攻擊，他們是將噴火器安裝在小型裝甲車上，然後由薛曼的火力掩護下作業。其中一輛噴火甲車闖入了雷區，爆炸燃燒得通亮[5]。

卡赫皮各的五十名擲彈兵遭到三個戰車營的攻擊，這場局部戰鬥打得很激烈。廢墟瓦礫阻擋了敵人戰車的進路，驅策戰車穿越機場的企圖也失敗了，我們精心偽裝的戰車與一個八八砲連，主宰了整個戰場。不過，這樣的時間並不長。溫尼伯團的戰士前進時猶豫不決，看來他們並不認為這是個無人把守的戰場。他們慢慢朝第一座機庫前進，距離機庫大約還有一百五十公尺遠。他們已經脫離能夠提供防護的樹林，置身暴露的機場。接著，我們期待已久的聲響出現了：啪啪啪啪啪……！MG 42火力掃向敵軍的隊伍。

我飛快跑到一個角落。擲彈兵自掩體中躍出，沒聽到有人說出任何話來，所有人躍出、狂奔，進占之前的陣地。這時，步兵火力交戰主導了戰鬥的主軸。大家捲起袖子，眼睛盯著前方，各自裝彈上膛然後開火。

攻擊者傷亡慘重。他們的攻擊動能被擊散了，戰車試圖尋找掩護。克勞什營也有傷亡發生，傷者被帶入掩體救治。機場對面的狀況看起來不太好，加拿大人正在取得進展，戰鬥已經來到鎮中心了。我們的砲兵完全集中在城西地區。我打電話給作戰參謀，請他為卡赫皮各地失守做好準備。我並不擔心機場南部，二十六團一營殘部尚能維持他們的陣地。跟以往一樣，營長是防禦的骨幹。伯恩哈德．克勞什是他們營內精銳的擲彈兵。他以自己深沉、平和的聲音，像個父親對他的擲彈兵們說話。在戰線的這個部分，不會有什麼預料之外的情況發生了。

我向他們道別，然後穿過破碎的機庫來到機場的東邊。艾里希・霍爾斯騰（Erich Holsten）在這裡等我。數分鐘之後，抵達了師部，大家都鬆了一口氣。駕駛福斯座車穿過敵人的砲火，可是一點都不有趣。

我們的通訊情報小組表現得非常出色，孩子們值得讚賞。多虧無線電監聽，我們對於敵人的動態瞭若指掌。這點在卡赫皮各的戰鬥中尤其如此。加拿大軍蕭迪埃團（Régiment de la Chaudière）團長從鎮中心用無線電向旅部報告，稱該鎮已完成占領。他被命令返回。然而，我們的多管火箭和砲兵的彈幕讓他動彈不得。每當他一宣布準備離開，新的火力攻擊隨之而來。

在頑強保衛卡赫皮各的五十名擲彈兵中，還有約二十人仍在作戰。沒有任何一個士官在戰鬥過程中可以倖免於難。殘存人員接管了八八砲砲兵連的步兵警戒任務；砲連就位在卡赫皮各以東前的射擊陣地。七月四到五日之間的夜晚，黨衛軍的威登豪普特營[6]嘗試對卡赫皮各實施反擊，但功敗垂成。以高爆彈和燃燒彈實施的多次火力襲擊，對於在卡赫提各的敵人造成重大傷亡。盟軍於七月八日對岡城展開總攻時，敵人在卡赫皮各仍然採取守勢。該機場一直堅守至七月八日為止。

在敵人未能擴大他們在奧登河的橋頭堡並突破至奧恩河之後，試圖從西面攻占機場的嘗試也是枉然。因此，我們預想敵人現在打算以正面攻擊摧毀德軍防禦的重點，然後在諾曼第突破縱

5　編註：指的是英軍的胡蜂二型（Wasp Mk II）噴火布倫運載車。
6　編註：即第一裝甲擲彈兵團三營。

深。我們正在為岡城的最後戰鬥做準備。

過去幾天視察了所有堅守崗位的單位，在與擲彈兵、士官與軍官幹部，就岡城的進一步防禦進行了詳細討論後，我終於明白，這座城市必然成為我們這個勇敢的部隊的葬身之地。欲對該城實施防禦已不再可能。力量的天秤太不對等了。微弱的德軍無法在防禦中進行任何縱深配置，也無預備隊可用。

本師提請軍部注意這樣一個事實，精疲力竭的部隊不足以抵禦敵方優勢部隊的攻擊。雖然如此，軍部並不能提供任何額外的部隊。

我們正在做所有必要的準備，以盡可能有效應對預期中的攻擊。但是問題來了：如果空降部隊於本師後方地區投入戰鬥，侵入了我軍未占領的市郊，我們該如何處置？答案是未知。我師確信，對岡城的主要攻擊將在城市以南實施的空降行動做為開端，同時從奧登河橋頭堡渡河，然後朝岡城—法萊斯公路推進。德軍戰線的徹底崩潰將無法避免，屆時通往巴黎的大道將暢通無阻。

七月七日夜間，我們知道接下來的二十四小時將決定岡城的命運。大約五百架蘭開斯特（Lancaster）和哈利法克斯（Halifax）轟炸機在稍晚實施轟炸，於城區北郊投下了兩千五百噸炸彈。防空砲火並未對轟炸機的緊密編隊造成值得一提的損失。我們其實也沒有任何藉口可以抱怨。部隊本身絲毫未受到轟炸的影響。然而，岡城的道路被阻塞了，平民又再次付出了無謂的犧牲。醫院裡人滿為患。

在此必須明確指出，德國軍隊與法國人民之間的關係其實相當友好，也有意願相互幫助。到目前為止，法國方面都沒有發生任何爭端甚至敵對行動。他們疑惑地搖頭，看著自己的家園淪為廢墟。他們無法理解為何他們的城市要遭到破壞，因為他們很清楚，無論是在六月六日還是今天，岡城的城牆內都沒有德軍部隊。在岡城周邊地區的所有戰鬥行動中，部隊都不必指派任一士兵執行警戒，因為法國人很注重他們自己的紀律和秩序。

空襲在我們看來是一場重大攻勢的前奏。所有的官兵都做好了準備。砲兵待命中，一待命令下達，即在我方戰線前方布下彈幕。我們正等待中，電話寂靜無聲。我們緊張地在暗夜中聽著，等待敵人地面部隊的進攻。幾分鐘過去了，寂靜仍未被打破。讓人無法理解，但盟軍並沒有利用這次的大規模轟炸。

我再次駕車去各部隊長那裡去，了解空襲對部隊所產生的影響。意料之外，自己高估了轟炸對於士氣的影響。與行動遲緩的大傢伙實施的大規模轟炸相比，部隊更討厭「亞波」的攻擊。事實上，前線上人員單薄，地毯式轟炸並不會造成太大的損失。幾輛傾覆的步兵裝甲車就是兩千五百噸炸彈的全部戰果。

部隊等待攻擊到來，並為不可避免的狀況完成準備。對戰鬥結果的預測並沒有誤判，我們再次呈告軍部有關本師毫無希望的狀態。懷著焦慮的預感，我等待這一天的開始。胡伯．麥爾在地圖桌上睡著了。在過去的一個星期，他幾乎沒有闔過眼。他可是我在這群戰友中所能找到最能幹的作戰參謀了！

——

來自陸上和海上的最猛烈砲擊，襲向了希特勒青年師的整個戰線。我們地下室的每一個角落都在搖晃，石灰和塵埃掉落在被牛油燈照亮的地圖上。

砲兵與多管火箭實施了最後防護射擊。幾天以來，我們一直在組織規劃彈藥的使用，現在正努力為激烈接戰的步兵提供一些確實的協助。「亞波」朝向砲兵陣地俯衝，攻擊道路上的每一輛車。敵軍奧恩河渡河點遭到連續轟擊。

第一批報告進來了，各營均陷入最激烈的防禦戰鬥中。敵人在強大的戰車支援下，對全線展開攻擊。

希特勒青年師的右鄰為第十六空軍野戰師，並無法承受如此重擔。該師遭另一次轟炸攻擊而受創嚴重，這個臨時拼湊的野戰師，其抵抗在敵人毀滅性武器的打擊下崩潰了。英國第三步兵師突入了空軍野戰師的防線，很快就深入了我師的縱深側翼。

希特勒青年師的作戰地境現由四個殘破的營防守，敵人則以英國第五十九步兵師和加拿大第三師發起攻擊，皆有戰車旅支援。

英國第五十九步兵師似乎將這次攻擊的重點，放在二十五團一營的正面。該營還遭到英國第三步兵師一部的攻擊。二十五團一營在攻擊的第一個小時內，就失去了幾乎所有的連隊軍官。營長瓦爾德繆勒少校位於他的部隊中間，就是抵抗的精神象徵。第一連在右翼進行掩護，他們的火力擾亂了英軍第三師的推進，這個師對著德國空軍野戰師的戰線，相對輕易地獲得了進展。

勇敢的二十五團一營，就像戰場上的一道防波堤，毫不動搖。儘管面對人員與物資上的巨大優勢，該營抵擋住了每一波的攻擊。敵人在第一次衝鋒中未能壓垮該營。

第二營也施展了英雄式的抵抗。戰防砲早已被重砲火力給摧毀了，該營僅剩下鐵拳反裝甲武器可用。在這裡也是同樣的狀況，所有的連長也都陣亡了。黨衛軍上尉提雷博士（Dr. Tiray），個人就摧毀了三輛薛曼戰車，他在試圖摧毀第四輛戰車的行動中陣亡。

二十五團三營遭到加拿大第三步兵師的攻擊，他們在比隆和烏提的廢墟中奮戰。這裡的戰鬥打得特別艱辛又痛苦。加拿大人並沒有忘記其推進曾在七月七日於比隆和烏提遭到擋下所必須付出高昂的鮮血代價。現在第三營的擲彈兵們緊緊攀伏在廢墟上，為每一寸土地頑強戰鬥。

我不明白為什麼加拿大人不繼續從卡赫皮各的方向展開攻擊，在卡赫皮各對面，我們只有一個八八砲連和二十六團一營的殘部。從那裡對著岡城的奧恩橋猛烈推進，將在數小時之內決定希特勒青年師的命運。一個新到達的戰車連，擁有十五輛豹式戰車，是本師唯一的預備隊。

救急的電話排山倒海而來。第十六空軍野戰師似乎已經從地表上給抹去了。我師立即派遣第二戰車營一部以及師警衛連，前往岡城東北部的卡巴雷（Cabaret）警戒。第十二黨衛戰車團一營正在該區北郊戰鬥中。

「亞波」不斷攻擊位於城內的奧恩橋以及岡城以南的引道，所有通往岡城的交通都停擺了。我們既不能撤離傷患，也無法接收物資。街道已成為死神的競技場。重轟炸機再次在天空中嗡嗡作響，自正北飛來，向岡城接近。簡直不敢相信，這座飽受折磨的城市還要經歷多少的苦難。

敵人為了最終能控制這座城市，竟投入了這麼多的部隊和物資，其付出的努力實在令人難以想像。為何這座未有部隊進駐的城市一定要被夷為平地，只有上帝知曉。除了希特勒青年師的參謀人員曾經來過幾天，城裡根本沒有德軍。第一波轟炸機接近橋梁投彈，在奧恩河以南觸發了大火。市中心再次被炸彈覆蓋，岡城籠罩在火焰、煙硝和灰燼中。

突然間，我們看到最後一波轟炸機朝駐軍教堂（Garnisonkirche）飛去，炸彈投下，我跳進指揮所的地下室入口，飛快衝到地下室的最角落。詭異的撞擊震撼了地下室。牛油燈熄滅，我無法呼吸。由於厚厚的塵煙，幾乎看不到眼前的雙手。胡伯．麥爾打電話給我，我可以聽到更多的聲音了。突然一個擲彈兵喊道：「我們被活埋了，我們被活埋了！」費了一番勁才讓這個孩子平靜下來。炸彈爆炸的衝擊將他從敞開的門口被拋入地下室。

距離師部入口約五十公尺的駐軍教堂被徹底摧毀了。我們只看到一個大彈坑。石塊在空中呼嘯而過，落在無線電通信車所在的偽裝網上，摧毀了一整個無線電網。通信網路中斷很快就獲得了解決，只是平民再次遭受重大傷亡。

轟炸過後數分鐘內，第五裝甲軍團司令艾貝爾巴赫裝甲兵上將（Heinrich Eberbach）出現在師部。艾貝爾巴赫將軍是施維彭堡將軍的繼任者。

軍團司令是利用敵人轟炸暫歇的空檔，設法通過奧恩橋的。司令對本師的表現表達致謝之意，他並未知悉空軍野戰師災難性的狀況。

艾貝爾巴赫將軍立即意識到事態的嚴重，並下令將第二十一裝甲師部署到第十六空軍野戰師的作戰地境內。第二十一裝甲師的一個加強營，是白天期間唯一通過奧恩河的部隊。

軍團司令還在指揮所的時候，一份示警的報告進來了。敵人在二十五團二營與三營防區之間，即蓋曼許（Galmanche）和比隆村之間成功突破，並攻下了孔泰斯，其火力已可以控制通往阿登修道院的道路。

尚未部署至第十六空軍野戰師方面鐵路線以東的第二戰車營部隊，立即投入展開反擊。該營擊退了敵人，但無法再次奪回孔泰斯。本次攻擊被敵人強大的戰車兵力阻擋了。

艾貝爾巴赫將軍向我們告辭。我確信將軍會盡一切努力，以避免岡城廢墟繼續發生傷亡。

戰鬥仍然以類似的殘暴進行著。為什麼加拿大人和英國人如此躊躇不前，對我來說是個謎團。巨大的戰車優勢幾乎沒有發揮作用。他們沒有以戰車部隊的力量與速度對防區進行縱深突破，繼而閃電般的快捷行動在奧恩河上建立橋頭堡，而只是用戰車來支援步兵的攻擊。

除了機動性強的砲兵外，進攻方在戰場上缺乏攻擊動能與主動性。對岡城的整個攻擊，都是按照一戰的戰術在進行。這樣的戰爭只能用以對抗已經大量失血的軍隊。

第十六空軍野戰師師長希弗斯中將（Karl Sievers）出現在希特勒青年師的指揮所，要求了解戰局概況，他已經有幾個小時沒有收到來自他所指揮部隊的報告。我們的說明，對他打擊很大。他立即前往岡城的東北邊緣，以了解現地狀況。他試圖收攏他的散兵游勇，並重建堅實的戰線。然而，這支部隊的士氣實在太糟糕了。緩慢而持續地，戰場地形已經坑坑巴巴了。

午後，經過長時間的血腥戰鬥，敵人占領了格魯希（Gruchy）。防守該鎮的二十五團十六連全軍覆沒。這個由韋納黨衛軍中尉（Werner）指揮的勇敢工兵連遭到殲滅，僅有一名傳令生還，工兵們全都戰死在他們的陣地上。

經過進退拉鋸的戰鬥，烏提與弗蘭克維爾失守了。在立即實施的反擊中，第一裝甲擲彈兵團三營營長威登豪普特黨衛軍中校（Weidenhaupt）負傷。該營殘部阻止了敵人在阿登北部的攻擊。本師的狀況現在極為嚴峻。二十五團各營幾乎完全遭到了包圍，各營在馬隆、蓋曼許和比隆等村進行著激烈的戰鬥。有線電話線路完全被摧毀，現在只能透過無線電聯繫。全師戰線已被撕裂成多個分割點，已無可資動用的預備隊。僅剩下里賓特洛普那個擁有十五輛豹式戰車的連，待機於城北前的反向坡之上。

再也按捺不住了！我必須要前去親自了解情況，並針對戰鬥的風暴中心點做出必要的決心。元首不放棄岡城的命令再也無法執行下去。或許還能再堅持幾個小時，但到了那時候，本師將全軍覆沒。我拒絕讓本師的剩餘人員流血而死。我意圖在不再交戰的狀況下，將這個破敗的城市讓給盟軍，並將本師拉回到奧恩河東岸。胡伯．麥爾支持我的這個想法。

艾里希・霍爾斯騰已經為他的「快馬」備好了鞍——我們那輛優異的福斯座車已完成準備。米歇爾，我那忠實的小哥薩克人，在我上車時已經坐在車裡了。我們都知道前面會有一段「精彩」的車程。幾分鐘之後，我們來到里賓特洛普的戰車連。最前沿的戰車，正與在孔泰斯的薛曼戰車交火。

在我們前面的是阿登修道院。整座建築群都處在砲火之下。高塔已不復存在了，門柱像在指責什麼似的伸向天空。還在反向坡上的時候，我突然感到擔憂，然後由自己駕車。在這種情況下，不能停下來，也不能回頭。通往修道院的土路已被砲彈掀翻，彈坑覆蓋了戰場。

當我們越過最後一個斜坡，砲彈就在我們耳邊飛去。孔泰斯的戰車向我們開火了。恐懼的汗水從每一個毛細孔中滲出。汽車像飛一樣越過野地，只聽得敵人機槍射擊子彈掃過發出該死的咻咻聲！與廢墟之間只有幾公尺的距離了。我們辦到了，直射火力再也打不到我們了。修道院的大果園宛如一座地獄，砲彈一個接一個在團指揮所入口前炸開。在做最後一次突破之前，我們猶豫了幾秒鐘。抓緊停火的時機，衝向建築物。陣亡的戰友倒在指揮所附近，肢離破碎。當跳下車時，我認出了本部連連長的屍體。他被破片打中而陣亡。

我們步履蹣跚、上氣不接下氣地進到這古老建築的走廊。我在這農舍的地窖找到了二十五團團長。他受了傷，目前正在與第三營營長施戴格上尉交談，無線電是與該營唯一的聯繫。

儘管地窖深深地埋在地下，並由巨大的拱頂支撐，但地窖的天花板似乎在砲擊下不停撼動。不斷的轟隆聲傳入我們的耳裡。

我和正位於比隆的施戴格上尉通話。他回報，該營大部分官兵都已陣亡，敵人戰車就在村子前。他急切要求支援。所有可用的戰車都投入到比隆，以在敵人的包圍圈上打開一個缺口。然而攻擊失敗了。在教堂塔樓上，我觀看著拉鋸的戰車戰。雙方損失均重。

敵人戰車從烏提向阿登推進。里賓特洛普連擊毀了這些戰車，保衛了團指揮所的安全。燃燒的戰車位於阿登以西一百公尺處。

越來越多的傷兵自力爬進修道院的大地窖。醫務兵在救治負傷戰友的付出，換取了超乎預期的成果。我的老戰友蓋特尼希醫官日以繼夜辛勞工作，致力於消除傷患的痛苦和困苦。舊地窖中的苦難令人難以忍受。傷員源源湧入，永無止境。

還不能停止戰鬥！必須等到晚上才能在黑暗的掩護下轉移負傷的戰友，讓最前線部隊有機會突圍。

我坐在豹式戰車朝庫西駛去，該村尚由李策爾黨衛軍上尉（Ritzel）指揮的第十二黨衛防砲營一連固守。陣地只是一堆瓦礫而已。三輛薛曼戰車在砲兵連陣地前燃燒。該連的損失很大，一門砲因敵人的砲擊而報銷。李策爾上尉親自接替射手。他承諾將盡其所能守住陣地到夜幕降臨，以便將傷患從阿登撤離。

不久之後，我回到了修道院。敵方步兵和戰車現已衝入比隆。由於煙硝和爆炸，我再也認不出施戴格的營部所在位置了。噴火甲車在二十五團三營陣地中肆虐，渾身著火的擲彈兵躍出，然後倒在原地。噴火車是最可怕的武器。這些小型布倫運載車在老大哥薛曼的火力掩護下作業，幾乎不可能被擊中。

敵方戰車衝垮施戴格的指揮所，二十五團三營營部已經不復存在了。戰鬥仍在村莊的西部進行中。

第二十五裝甲擲彈兵團團長米留斯上校接到命令，在傷患獲得救助後，撤離修道院，並在城郊重新占領陣地。

我打算在夜間將本師殘餘部隊拉回至奧恩河東岸。我的福斯水桶車再次成為目標。霍爾斯騰負責駕駛，我坐在車的另一側。我們相當幸運，平安抵達了城市的廢墟區。

從阿登歸來後，我向軍部報告了危急的狀況，並緊急請求允許將本師殘部拉回到奧恩河東岸。即便本師殘部流盡了最後一滴血，也無法確保岡城。這一點我本人是深信不疑的。

軍部拒絕了這個意見具申。元首已經下達命令，無論如何都必須堅守岡城！所有的抗議，還有我對進一步犧牲均毫無意義的陳述都沒用。我們必須死在岡城！

當我想到勇敢的擲彈兵們日夜奮戰了四個星期，而我現在還要不知為何而犧牲他們時，一股無名火湧上了心頭。

我拒絕執行這道站不住腳的命令，開始撤離市區。重武器立即變換陣地至奧恩河東岸。天黑後，各營撤至岡城郊區，由小股戰車在前頭為各營開路。二十五團三營大約只有一百名擲彈兵與士官幹部。所有軍官都已陣亡、負傷或失蹤。

戰火平息了，我們慶幸加拿大人不再積極行動。如果他們在夜間繼續攻擊，本師的命運將會是全軍覆沒。加拿大人只是突入了阿登修道院，阻止了傷兵的進一步撤離。午夜前，米留斯黨衛軍上校向阿登發動砲擊，換取一些喘息的空間。既然這是為受傷的戰友開闢道路的唯一辦法，我授權多管火箭營向修道院發射兩次齊射。射擊是通過其位於阿登的觀測所指揮的。敵人撤退了。在所有傷患都被運走後，修道院被疏散一空。午夜，米留斯上校撤出阿登。

殘存人員在城郊占領新陣地。在庫西的八八砲連，砲組員戰死在火砲旁。李策爾上尉陣亡於砲陣地上的肉搏戰。這些人的英勇戰鬥使受傷的戰友們得以撤離。

午夜過後不久，我召集了所有指揮官，告知他們在夜間撤離這座城市，並轉移至奧恩河以東新陣地的決心。各指揮官們均鬆了一口氣。他們一致支持本師不續戰且撤離殘破岡城的決定。

○二○○時，我在岡城的東北角尋找二十五團一營。該營的殘部必須突破敵軍兵力而出，歷經腥風血雨。該營的傷亡令人驚駭。需納曼黨衛軍中尉（Schünemann）的排仍然在一座農舍群中遂行自衛戰鬥。這些擲彈兵已無法向後方突破，經由無線電偵聽得知，這遺留的一群人在四十八小時之後仍在戰鬥中，然後被「亞波」的攻擊所殲滅。

我在城郊的一個地堡中找到了二十五團一營的倖存者，過度戰鬥而疲憊無比的士兵們陷入了昏睡，由軍官接掌了衛哨勤務。後到者雙腿發軟、走入掩體，然後倒在還有空位的地方。對我而言相當幸運，加拿大人和英國人並沒有追擊。希特勒青年師的士兵均已達到體力的極致。他們在前線奮戰了四個星期，毫無喘息餘地，並承受了消耗戰的猛烈打擊。

幾週前，他們以嶄新、容光煥發的面容投入戰鬥；今天，污跡斑斑的鋼盔遮住了凹陷的面孔，空洞眼神。這群人深陷苦難——但這一切都無關緊要，休息未過多久，他們必須守在奧恩河東岸。瓦爾德繆勒收到執行防禦的新命令，並將手下自沉睡中拉出來。必須一個接一個將他們叫起床。昏昏欲睡的孩子們踉踉蹌蹌地走出掩體，再次將彈藥掛在脖子上。重機槍彈鏈拉動這些半睡半醒的擲彈兵上前線去。他們一邊詛咒，一邊將兩門重步兵砲拖入陣地，面對燃燒的城市。數輛戰車接管了北面的警戒。

我不在期間，作戰參謀多次試圖取得軍部撤離岡城的許可，但都徒勞無功。終於，○三○○時左右，軍部下令棄城。

由於撤退行動早已開始，重型武器已經轉移到奧恩河以東的砲兵陣地，因此撤離得以在未受敵人干擾下不動聲色地進行。

新陣地將開設於岡城車站至奧恩河畔芙路里（Fleury-sur-Orne）附近的奧恩河灣一帶區域。部隊已經筋疲力盡，還無法開始鞏固新陣地。渡過了奧恩河、到達指定區域後，擲彈兵們陷入昏睡。他們僅依靠城北的戰友把守。

早上，位於岡城西部邊（面對卡赫皮各）的第十二黨衛防砲營二連放棄了陣地。在這裡，即使距離卡皮奎特以東僅數百公尺，仍然沒有與敵人發生接觸。師部於凌晨〇四〇〇時離開了岡城，在加赫塞勒（Carcelle）設立指揮所。本師預計將由陸軍二七二步兵師接替。新的指揮所隱藏在山毛櫸、橡樹和榆樹之間的古老森林內。一座乾淨的諾曼第豪宅若隱若現隱藏在莊園內，讓人可以休生養息和寧靜。不幸的是，我們沒有機會休息。但至少我有幸用上幾桶清水，將自己從頭到腳擦洗了一番。

〇八〇〇時，我和部隊一起回到了岡城南側。擲彈兵和軍官們宛如躺在花園的大體，任意在奧恩河畔陷入死一般的沉睡中。只有指揮官必須抗拒睡眠的誘惑。弟兄們體力已經枯竭殆盡了。

敵人的偵察部隊到了下午才向城區做偵搜推進。一二〇〇時，希特勒青年師和二十一裝甲師的後衛單位越過了奧恩河。就在二十六團三營營長奧爾伯特過河之後，最後一座橋被炸毀了。傍晚時分，奧恩河沿岸才發生了第一次交火。三個盟軍師占領了岡城北部地區。

七月十一日，本師的作戰區被二七二步兵師接管。換防是在沒有敵情干擾下進行的。敵軍各師在本師作戰地境內只實施偵察。正因為如此，精疲力盡的部隊才有建起防線的可能。

從盟軍入侵開始到七月九日棄守岡城，本師在人員和物資上都蒙受了重大的損失。超過百分之二十的戰士陣亡，超過百分之四十受傷和失蹤。

年輕擲彈兵的戰鬥力，以過去的敵人所說的話最能夠體現出來：「保衛這個地區的希特勒青年師，他們以在整個戰役中展現出我們再也未曾遭遇的堅韌和激烈的方式戰鬥。」

從岡城棄守到法萊斯口袋

在岡城周圍的血腥戰鬥之後，希特勒青年師被轉移到法萊斯以北的波蒂尼（Potigny）地區休整。砲兵團和高砲營暫歸二七二步兵師節制。

鑒於不可能在前線附近地區實施長時期的整補，所以擲彈兵團部被轉移到維慕杰（Vimouthiers）附近地區，任務是以即將抵達的補充兵及傷癒歸隊的士兵，再次編成戰鬥連隊。裝甲擲彈兵營的殘餘人員被併編為兩個戰鬥群。一些戰車連被轉移到新堡（Le Neubourg）地區整補。沒有太多療傷的時間。各單位的戰備工作正緊鑼密鼓，對於部隊的補給也在計畫和執行之中。

我奉命向第一黨衛裝甲軍軍部報到。駕駛艾里希・霍爾斯騰在幾天前離開了我去動手術了。孩子們想要找一位老戰友作為艾里希的繼任者，所以他們想出了一個主意，讓在一九四〇至一九四三年照顧我的前駕駛波恩霍夫特從原來的第一黨衛偵搜營調來。我的好孩子們製造了這份驚喜。在傳令們一句「哈囉」聲打招呼後，馬克斯和我熱切握手。經歷了一整年的分離之後，我們又並肩坐在一起了。

在前往第一黨衛裝甲軍軍部的路上，我們被「亞波」追擊。筆直的法萊斯—岡城公路完全在

「亞波」的控制之下。這條公路僅由一些傳令使用，後勤運補則完全停頓。部隊只能在夜暗中運補。

第一黨衛裝甲軍進駐布雷特維爾南部一個茂密的森林地區作為指揮所。比預定時間延誤了一個多小時之後，我向第一黨衛裝甲軍軍長報到。在毫無預警的情況下，我居然站在西線總司令倫德斯特元帥面前[7]。元帥與塞普・迪特里希坐在樹蔭下，措詞嚴厲地談論起國防軍最高統帥部的不斷干預。這位年邁的元帥對希特勒青年師表達了他的特別感謝。他遺憾地點出了本師無可彌補的損失，並再次對年輕擲彈兵的獨特表現表示欽佩。他簡要地將朗格馬克戰役（Langemarck）的青年與岡城作戰的青年相比擬[8]。他說：「你們的士兵有著朗格馬克那些年輕士兵的熱情，但在訓練方面卻遠勝於他們，尤其是由具有前線經驗的軍官和士官領導。可惜這些值得信賴的年輕人都在無望的狀況下被犧牲了。」

午餐時，我清楚聽到元帥和塞普迪特里希之間的談話，對於內容感到十分驚訝，他們譴責了對諾曼第戰役的戰爭指導。在餐桌上的談話過程，很明顯的，元帥、軍長以及我本人都同意，鑒於目前的情況是無法繼續支撐下去的。

七月十七日，本師收到警報，敵人已經突破了位於馬爾托特（Maltot）和旺德（Vendes）之間二七二步兵師的陣地。本師成功在反擊中擊退敵人，阻止其突破至奧恩河。在戰鬥中，我軍俘虜了五十名戰俘。

在下午稍早時候，我接到命令前往第一黨衛裝甲軍向元帥隆美爾報到，確實讓我感到意外。元帥表達了對本師的感謝之意，對沒有時間能夠親自視察部隊而表示遺憾。然後他讓我評估當前情勢。我說：

在接下來幾天，預計英軍將會在岡城以南發動攻勢。這次攻勢的目的是粉碎我們的右翼，亦即諾曼第前線的重心，以便能夠挺進至法國的心臟地帶。部隊將投入作戰，擲彈兵將繼續戰死在自己的陣地內，但他們無法阻止英國戰車輾過他們的身體向巴黎推進。壓倒性的敵方空中優勢使戰術指揮幾乎不可能。「亞波」甚至對落單的傳令兵俯衝攻擊。即使是最小規模部隊的移動，都由於不間斷的空中監視，無法在沒有重大損失的情況下集結。公路網日夜受到控制。幾架「亞波」就足以延遲甚至停止所有的行動。元帥閣下，請為我們提供空中保護傘，給我們己方的戰鬥機部隊！我們不懼怕敵人的地面部隊，但我們對敵人空軍的大規模投入無能為力。

我實在不應該說出最後一個請求。在第一句話中，我已經意識到我觸及了一個敏感的問題。元帥激動地回答：

這些事情你要我跟誰說去？你以為我驅車移動時眼睛是閉著的嗎？我寫過一份又一份的報告。自非洲開始，我就已經指出了「亞波」的毀滅性影響，但那些高階大頭們似乎自覺懂得更多，我的報告根本不再被採信！你等著看吧！西線的戰爭必然會結束！但是在東線上會發生什麼事？

在元帥告辭之前，我們又來回走動聊了幾分鐘。迪特里希提請元帥留意，要避開主要道路。他還建議用福斯水桶座車代替大型的人員座車。元帥微笑、揮揮手，然後駕車離去。不久之後，

7 編註：倫德斯特元帥已於一九四四年七月初被解除西線總司令一職，當時西總是克魯格元帥。唯原文如此。

8 編註：朗格馬克之戰是一九一七年的第三次伊珀爾戰役的一系列戰鬥之一，德軍當時也是作為防守方抵抗西線聯軍的攻勢。

他在芙依戴蒙哥馬利（Foy de Montgomery）受襲、負傷。

奧恩河以南、岡城附近一帶是伏塞爾（Faubourg de Vaucelles）和哥倫貝爾（Colombelles）的郊區。有現代化的工業廠房，周圍環繞著大型的工人住宅區。從這些聚落的南邊開始，是諾曼第富饒肥沃的土地，一直延伸到征服者威廉的出生地法萊斯（Falaise）古城。地勢在兩個城鎮之間緩慢而穩定地上升，波蒂尼兩側的海拔高度約為兩百公尺。高處樹木繁茂，向北有廣闊的視野。在山脊的南部，萊森河（Laison River）穿越景觀而過。岡城與法萊斯以國道一五八號公路連接。這條公路筆直穿過綠色的玉米田，在波蒂尼只有一個小彎道。道路兩旁分布一片片森林。

拿下岡城後，蒙哥馬利打算自橋頭堡躍出，奪取岡城和法萊斯之間的制高點。為了實施這一計畫，英國第八軍部署了三個英國裝甲師；加拿大第二軍部署了兩個步兵師和一個裝甲旅。地面部隊的攻擊將由美國第八航空軍和第二戰術航空軍的「亞波」開路。

與這些優勢敵軍相抗衡的是沒有戰車和缺乏重型反裝甲武器的德國陸軍二七二步兵師、遭受重創的二十一裝甲師、十六空軍野戰師的殘部，還有ＬＡＨ師的一部。我的希特勒青年師的兩個戰鬥群則作為預備隊，在波蒂尼待機。

德軍指揮高層預測，未來幾天敵人將在岡城以南進行大規模攻勢；馬爾托特的行動被認為只是佯攻。為對抗敵人向東的突破，希特勒青年師的一個戰鬥群向利雪地區移動。

七月十七日晚，我前往晉見第五裝甲軍團司令。艾貝爾巴赫將軍確信，預期的攻擊將在接下來的幾個小時內發生。岡城地區的所有單位都進入戒備狀態。

七月十八日凌晨，岡城以南的大地正在顫抖。盟軍空軍投下七千七百噸炸彈，揭開了這次攻勢的序幕。「亞波」攻擊了砲兵陣地以及戰線後方的公路。

第一枚落下的炸彈，敲響了戰鬥群戰備的警鐘。擲彈兵跳上戰車，抹掉眼睛裡最後的睡意。沒有人開口發問，甚至幾乎沒有什麼人在對話。他們為下一場戰鬥做好了準備。

別再自欺欺人了。官兵們都知道，這場戰鬥是無望的。帶著將義務履行到底的意志，我們安靜等待命令的下達。

戰鬥群部署在卡尼－維蒙（Cagny-Vimont）公路兩側，這是在英勇作戰的第二十一裝甲師的作戰地境之內。敵人的戰車在弗雷諾維爾（Frenouville）被阻擊，更進一步的攻擊每次都被擊退，敵人損失慘重。二十一裝甲師的虎式戰車營在這幾場戰鬥中證明了價值。

第二天晚上，希特勒青年師的殘部，不得不接管位於卡尼－維蒙公路兩側二十一裝甲師的防區。

在左鄰地區（LAH師），英國第十一裝甲師損失了一百多輛戰車。約亨．派普用他的豹式戰車挽救了這一天，蒙哥馬利的大攻勢並未能達到目標。他所企求的高地，仍然掌握在守軍手中。

這場戰鬥也和之前的戰鬥相類似。謹慎的計畫和大量的物資投入，繼之而來的是遲疑不決的戰車攻擊，不僅沒有氣勢，也沒有魄力。直到現在，英國裝甲部隊只占領了零星的面積。克里米亞戰爭期間，巴拉克拉瓦（Balaklawa）附近的「輕騎旅衝鋒」（Charge of Light Brigade）精神已不復存在。敵人戰車像烏龜一樣在野地爬行，他們並未善用其集中的力量。

我師的陣地盡速擴大增建。敵人沒有繼續在本師的區域內進攻。七月二十日，我視察了全師陣地，並與偵搜營營長在維蒙－聖希爾萬（St. Sylvain）附近偵察了第二線陣地。新近偵察發現的陣地，立刻建設多個據點來加固。我們再也無法承擔多層次的防禦線。我師最多僅有一個加強團的戰力。

當在一九〇〇時回到師部時，得知了元首大本營所發生的暗殺企圖（爾後宣稱本師是由巴黎軍事行政處告知本事件的說法是不正確的。事實上我們沒有收到任何一方的通知。部隊只是從電台廣播的報導中獲知此訊息）。

暗殺企圖並沒有對國防軍和黨衛軍之間的關係產生影響。在戰鬥部隊中對此沒有分歧——所有單位同樣排拒暗殺企圖。部隊對七月二十日事件的支持者沒有任何同情。部隊渴望結束戰爭，且尋找終結無望戰爭的方法和手段。然而，他們從來沒有打算想要違背其軍人的誓詞[9]。

七月二十一日一大早，瓦爾德繆勒戰鬥群指揮官向我報告，克魯格元帥（Günther von Kluge）幾乎已經越過了戰鬥群所在位置，現正在視察最前線的陣地。

克魯格元帥想要了解部隊的現況，為此他選擇了前往希特勒青年師。

元帥讓我們進行了充分的簡報，他同意我對現勢的評估。他也對年輕部隊令人欽佩的態度表示感謝，並宣稱我們很快就會被一個步兵師所取代。

克魯格採取非常開放的態度，他認為諾曼第的整體局勢非常危急，對此他毫不掩飾。他用尖銳的言辭譴責了那些執著於固守諾曼第宛如星羅棋布的莊園地的政策。

元帥在指揮所停留了幾個小時，然後與在此期間抵達的多位將軍晤談。他們是第五裝甲軍團司令艾貝爾巴赫將軍、第一黨衛裝甲軍軍長迪特里希以及二十一裝甲師師長傅希廷格。

在對最前線進行視察之後，克魯格元帥向希特勒提出前線實際情況的完整報告。

過去一個星期，敵人一直在本師作戰地境內實施小規模突擊行動。根據無線電監聽結果，我們懷疑維蒙公路沿線將發生攻擊行動。

令人相當驚訝的是，西線戰鬥機指揮官佩爾茨少將（Dietrich Peltz）前來訪問了本師，為德國空軍和地面部隊針對敵人最前沿陣地的協同攻擊進行準備。快速戰鬥機部隊（Schnellen Kampfverbände）必須從荷蘭和比利時的駐地起飛，但缺乏飛行管制官。唯一的溝通方式是使用燈號。部隊必須以低空飛行抵達前線。大家對於這項安排的可行性提出了嚴重的質疑。

這次的視察過了幾天之後，第一次有約二十到三十架次的戰機來到前線。部隊簡直不敢置信，自諾曼第入侵開始以來將近兩個月之後，德國飛機出現了。這些戰機以約五十公尺的高度飛過前線。不幸的是，第二波炸彈正好丟在二十五團一營陣地的中央。佩爾茨將軍和我何其有幸，就躺在我軍自己的彈雨之中。幸好沒有造成犧牲。類似任務沒有再次實施。

在八月四日到五日之間的夜裡，我師由二七二步兵師所接替，準備前往法萊斯東南地區整補。然而，由於最新的事態發展，該命令撤銷了，改成在法萊斯以北待命準備。

我們等待更多補充兵的期待落空了，唯一有用的增援是一個戰車獵兵連（部分摩托化）。擲彈兵部隊則未獲得任何一員的補充。

在前往第一裝甲軍軍部訪視時，我意外發現，以前部署在奧恩河以東的所有裝甲師，現在都投入在奧恩河以西。帝國師、第一一六裝甲師、第二十一裝甲師、第九「霍恩史陶芬」黨衛裝甲

---

9 編註：希特勒於一九三四年八月繼承德國國防軍最高統帥的職位後，隨即要求國防軍對其個人效忠，新誓詞的內容為：「我對上帝發誓，我將無條件服從於德國國家和人民的元首、國防軍最高統帥阿道夫・希特勒，並準備好作為一個勇敢的軍人，於任何時候為此誓言而不惜犧牲生命」。此效忠誓言於同年八月二十日制訂成為法律，現存於政治體制中的官員與軍隊成員，均須根據此誓言向希特勒個人起誓效忠。

師以及ＬＡＨ師，都集中在奧恩河西岸。在奧恩河東岸，現在只有我的希特勒青年師的殘部大約五十輛戰車準備就緒。因此，希特勒青年師的兩個戰鬥群，是奧恩河以東唯一的預備隊。岡城以南德軍戰線上的洞開，讓人感到非常不安。當盟軍再次進攻時，德軍戰線的右翼將遭到撕裂，通往法國內陸的道路將開放。以剩餘可用的五十輛戰車，不期待能夠阻擋攻擊我們的加拿大和英國的三個裝甲師和一個步兵師。可以預見到德軍戰線東翼的崩潰，並為最後一戰做好了準備。

八月六日晚，英軍五十九師設法在奧恩河上的蒂里－阿庫爾（Thury-Harcourt）建立了橋頭堡。克勞什戰鬥群立即接到命令，與八十九步兵師之一部協同，消滅該橋頭堡。

從聖洛朗（St. Laurent）出發，戰鬥群設法從敵人手中肅清了格漢布森林（Forèt de Grimbosq）。當他們從樹木繁茂的地區躍進向奧恩河緩緩傾斜的開闊地帶時，部隊即遭到集中的砲火制壓。敵人在西岸的遼闊高地能有極好的觀察位置。

八月七日一早，我驅車前往克勞什戰鬥群。我在格漢布森林的一個護林員辦公室內找到了戰鬥群指揮所。八十九步兵師和戰鬥群的傷患躺在高大的樹蔭下等待後送。敵人的砲火覆蓋在格漢布以南的道路和森林邊緣。儘管敵人擁有巨大的砲兵優勢，他們還是成功突破了格漢布鎮，並壓縮了敵人的橋頭堡。同樣的，損失高得驚人。當我回到克勞什的指揮所時，我幾乎看不到一個沒有受傷的人。砲火在森林中的毀滅性作用奏效。

在橋頭堡被徹底消滅之前，事態發展讓針對橋頭堡的作戰變成了次要的事情，並迫使克勞什戰鬥群必須立即撤離。

當然，盟軍並非不知道德軍裝甲師已經轉向西方，除了希特勒青年師的五十輛嚴重消耗的戰車外，岡城以南只剩下兩個步兵師可以動用。現在已經顯而易見，盟軍如能粉碎德軍東翼薄弱的軍。

戰線，經過法萊斯向南推進，將能夠與美軍的鉗形作戰相配合，共同包圍並殲滅諾曼第的德國大

八月四日，蒙哥馬利命令加拿大第一軍團向法萊斯發起攻擊，加速德軍方面的瓦解。

加拿大第二軍軍長西蒙茲中將（Guy Simonds）受命執行這次攻擊。西蒙茲是加拿大陸軍中最年輕的將領，無疑也是一位非常能幹和具騎士精神的對手。他曾在義大利短暫指揮過一個裝甲師，是一名出色的戰略規劃者和戰術專家，還很可能是加拿大陸軍最傑出的參謀軍官。但是，他是否是一位同樣優秀的前線指揮官，我還不敢斷定。岡城以南的戰鬥清楚表明，加拿大人沒有足夠魄力的裝甲指揮官。這場戰鬥也同樣是以巨大的兵力和物資優勢壓倒對手。但是，部隊指揮官從來不敢下達快速的決策，擴張有利的時機，部隊指揮官缺乏主動性，不會無情地攫取機會，帶領戰車衝向戰場縱深。加拿大人猶豫不前，小心翼翼試探——等待上級的命令，就這樣地向南方前進。

西蒙茲將軍有以下部隊可用於「總計作戰」（Operation Totalize）：

英國第五十一步兵師；

波蘭第一裝甲師；

加拿大第四裝甲師；

加拿大第二步兵師；

加拿大第三十三裝甲旅；

加拿大第二裝甲旅；

加拿大第三步兵師（預備隊）。

西蒙茲將軍試圖憑藉這些部隊擊毀德軍的防線，並在突破德軍陣地之後推進至法萊斯市。根據加拿大第一軍團司令克雷拉爾將軍（Harry Crerar）的說法，一九四四年八月八日對德軍來說，將是比一九一八年八月八日在亞眠以東的德軍更為黑暗的日子[10]。

西蒙茲將軍的攻擊計畫是不採取砲兵準備射擊，在暗夜中以六個縱長又緊密的戰車方陣突破據點的防務。伴隨的步兵將由特種戰甲車在後跟進，攻擊假定的第二道防線。夜間攻擊將使用強大的英國夜間轟炸機編隊。攻擊的第二階段，是從投入美軍第八航空軍開始，以為戰車方陣開路。計畫中轟炸機將在下午稍早時候投入。第三階段將在下午之後，以包圍法萊斯告終。

八月七日當夜稍晚時分，加拿大第二軍按計畫集中兵力。戰車以緊密隊形一輛挨著一輛，成為加拿大指揮官手中的致命長矛。如此集中的裝甲兵力，根本沒有人能阻擋它的前進，勢必將守軍輾碎在地。

加拿大部隊的展開，似乎確保了對諾曼第德軍東翼作戰的勝利，因此克雷拉爾的話是有道理的。然而，戰神卻另有安排。儘管有著物資上的巨大優勢，最終還是要由人來取得勝利。前進的戰車隊被不怕死的一小群人給阻攔了。加拿大第二軍的攻擊目標比計畫晚了八天得手。直到八月十六日，法萊斯廢墟才落入加拿大人手中。八月七日德國方面的情況又如何呢？僅八十九步兵師就面對了擁有數百輛戰車的七個盟軍大部隊，以及數百架大型轟炸機和「亞波」。這個師沒有戰車，缺乏重型戰防砲，也沒有機動預備隊。他們的火砲是騾馬牽引的，因此處在欠缺機動性的無望處境之中。

德軍只有希特勒青年師的兩個戰鬥群作為奧恩河以東唯一可用的預備隊。然而在八月七日當時，克勞什戰鬥群正攻擊蒂里－阿庫爾橋頭堡，因此距離加拿大攻勢行動的位置約有二十公里。希特勒青年師包括虎式戰車營在內，可動用兵力共五十輛戰車，僅此而已。無論如何，八十五步兵師已在路上，其先頭已抵達了特倫（Trun）。不過預計在八月十日之前，該師都不可能投入作戰。

我從蒂里－阿庫爾橋頭堡回來後，本師向軍部提呈一份全面的狀況報告，警示不得讓最後一批戰車撤離岡城以南。我被告知，希特勒青年師的兩個戰鬥群，也將轉向部署至西方。

就在午夜以前，布雷特維爾以北的持續轟隆聲，宣告了預期中的盟軍攻擊到來。大規模的空襲重創了八十九步兵師的陣地，熾熱的餘燼遮蓋了天空。整個前線都在燃燒中！

第一枚炸彈馬上觸發了部隊的警覺。偵察行動向北展開，試圖與遭到攻擊的八十九師各團接觸。一個小時又一個小時，對即將到來的明天，在沉悶等待中溜走了。敵人轟炸機的強大打擊，比任何人都能轉達讓人知道更多狀況。炸彈和砲彈的密集爆炸聲引起了我們的注意。任何試圖逃離這片火海地獄都是枉然，它已經向著我們張開它的血盆大口了。

破曉以前，我帶著數名傳令兵前往布雷特維爾，以了解昨晚事件的全貌。有那麼一瞬間，我

---

10 編註：一九一八年八月八日，協約國聯軍發動亞眠戰役，開始一系列的反攻作戰。由於德軍蒙受的慘重損失與士氣崩潰，德軍將領魯登道夫將其稱為「德軍最黑暗的一天」。

為這片生機盎然的森林感到欣喜，我想及了一九四二年我們曾在這條安靜的林間小徑上散步，當時正隨LAH師在此整編。前線的聲響又將我拉回到現實。死亡和毀滅使人無法回憶起歡樂的時光。戰鬥的轟隆聲聽起來像是末日戰鼓的沉悶低鳴，卻聽不見勝利的號角。

當我在烏爾維爾（Urville）與蒙克交談時，收到了關於當天晚上戰況的第一份報告。八十九師陣地被攻破，差不多幾近全殲，只有幾個據點仍然完好無損。這些失落的小群部隊，在戰鬥中就像閃亮的島嶼，與不斷進攻的加拿大人展開了熾烈的戰鬥。

與前線部隊已不再有任何連繫了。八十九師倖存的抵抗群僅能依靠自身的力量持續戰鬥。勇敢的戰士就像中流砥柱般，在加拿大戰車方陣的狂潮之中，一再迫使這股無可拘束的力量暫停。

幸運的是，我對當地地形非常了解。我在一九四二年秋天與我的老偵搜營在該地區進行了多次演習。所以我知道波蒂尼位處高地，而萊松區（Laison Abschnitt）是一座天然的戰車障礙。必須要在波蒂尼以北阻止加拿大的攻勢，否則第七軍團和第五裝甲軍團的命運就要完蛋了。懷著堅守萊松區的堅定意志，我前往萊茲河畔的布雷特維爾（Bretteville-sur-Laize）。

布雷特維爾已無法通行了，轟炸造成道路堵塞。我們開車穿過開闊的田野，試圖到達桑朵（Cintheaux）。桑朵是一座大型農場，就在岡城—法萊斯公路旁。在主幹道上幾乎看不到任何動靜。還有誰會在那附近走動？八十九師位於桑朵以北。自這個小鎮以南到法萊斯，有一片空曠的開闊地。盟軍覬覦已久的目標毫無防備，其面前再也沒有任何守軍在了。

在桑朵，我發現了來自瓦爾德繆勒戰鬥群的一個戰車獵兵排。有足夠遠見的瓦爾德繆勒，讓這個排於夜間進入陣地。村莊已籠罩在砲擊之中。

我不敢相信我的眼睛。岡城—法萊斯公路兩側，成群的德軍士兵驚慌失措地往南奔去。在漫長而殘酷的殺戮日子裡，我第一次看到奔逃的德國士兵。他們反應遲鈍，穿越激烈戰鬥的火海地獄，步履蹣跚地從我們身邊經過。面容憔悴，眼神中充滿了恐懼。

我驚訝地看著這群無頭蒼蠅。我的制服緊貼著我的軀體，從每一根毛細孔中滲出責任感的可怕汗水。突然間，我了解到法萊斯的命運，以及兩個軍團的安危都取決於我的意志。我坐上了福斯座車，開往岡城的方向。越來越多目瞪口呆的士兵向我走來、往南奔逃。我想讓一條游移的戰線再次固定下來的企圖歸於枉然。可怕的轟炸襲擊使八十九師驚惶失措。砲火成群落在公路上，把路面一掃而空；撤退只有在道路的兩側才可能執行。我跳下車，獨自站在路上，慢慢向前線靠近，和逃跑的弟兄們說話。當我手持步槍站在路上時，他們稍微停了下來，以無法置信的眼光看我。孩子們可能認為我瘋了——然後他們認出我來，轉身向他們的弟兄們招手，然後在桑朵布置防線。無論如何，必須要守住村子，才能為兩個戰鬥群爭取時間。一切刻不容緩。

轟炸過後，我找到了蒙克的指揮部。蒙克坐在一輛無線電通信車的殘骸上，相當憔悴，低頭不斷抱怨。他現在什麼也聽不見。他的傳令都受到了相當的損失。

在蒙克那裡，我遇見第五裝甲軍團司令艾貝爾巴赫將軍。將軍想親眼看看，到目前為止盟軍攻擊所造成的影響，並根據前線人員的觀察來做出決策。

司令給予我指揮決策上完全的自由，並接受我對局勢的評估。

與此同時，胡伯．麥爾指示瓦爾德繆勒戰鬥群前往布雷特維爾勒拉貝（Bretteville le Rabet），以便根據狀況所需投入該部。

我發出以下命令：

一、瓦爾德繆勒戰鬥群在第一戰車營和黨衛軍五〇一虎式戰車營餘部（魏特曼）的加強下實施反擊，占領聖艾尼昂（St. Aignan）以南的高地；

二、師警衛連，由第一戰車獵兵連（自走砲車）增援，穿過埃斯特里（Estrees）占領聖希爾萬以西的高地；

三、克勞什戰鬥群，由第十二戰車團二營（仍在攻擊格漢布的敵方橋頭堡）增援，與敵人脫離後，進占波蒂尼西部並在萊松和萊茲之間實施防禦；

四、師部開設於波蒂尼，本人將位於瓦爾德繆勒戰鬥群處。

我在布雷特維爾勒拉貝以北遇見了瓦爾德繆勒，共同驅車前往桑朵了解當面的狀況。魏特曼的虎式戰車已經在桑朵以東的樹籬後面，到目前為止還沒有與敵人交火。

桑朵正處於砲火之下，開闊的鄉野提供了良好的射界。在村莊的北郊，我們看到通往萊茲河畔布雷特維爾的公路以北的密集戰車縱隊。這些戰車成群停在一起。在加赫塞勒南部和村莊東南部的森林邊緣，可以看到相同的景象。看到這些集結的戰車幾乎使我們窒息。我們無法理解加拿大人的行為。為什麼這股壓倒性的裝甲部隊不繼續攻擊？為什麼加拿大指揮階層給了我們時間和機會採取反制措施？最重要的是，可怕的「亞波」不見了。僅以「亞波」實施有計畫的攻擊，就可以讓希特勒青年師的殘部於國道一五八號公路上失血致死，並使加拿大第二軍達成突破。沒有人能阻止加拿大人於當晚占領法萊斯。只有老天知道這事為什麼沒有發生。

瓦爾德繆勒和我很清楚，不能讓戰車部隊向著我們輾來，不能讓敵人戰車再次發動攻擊。在公路的兩側，各有一個敵人裝甲師完成攻擊準備，一定不能任其展開攻擊——我們必須設法爭取主動。

我決定使用已經部署在桑朵的兵力防衛該村，並以我所能動用的所有戰士，以閃電般的速度向道路東側攻擊，對敵人造成擾亂。我選定了加赫塞勒東南部的森林作為我的攻擊目標。

桑朵以南是一座巨大採石場，戰車不可能從那裡實施攻擊，所以我並不擔心那個位置。我們必須放膽攻擊，為萊松地區爭取時間。攻擊定於下午一二三〇時展開。

在與瓦爾德繆勒和魏特曼的最後一次會晤中，我們觀察到一架單獨的轟炸機在該區上空來回飛行了數次，並且投擲了照明彈。這架轟炸機在我們看來像是一座飛行指揮所，我下令立即擊落，讓部隊脫離轟炸區域。我再次與米夏埃爾．魏特曼握手，向他點出極其危急的狀況。我們老好的米夏埃爾帶著他孩子氣的笑聲，爬上了他的虎式。到目前為止，已有一百三十八輛敵軍戰車記在他的戰績。他會繼續增加這個擊殺紀錄？還是說他也將成為犧牲者？

戰車迅速向北推進。他們以極快的速度穿越曠野，並利用地形中的小褶皺向敵人射擊。戰車攻擊帶動擲彈兵向前，他們以疏散隊形朝攻擊的目標邁進。我位置在桑朵的北緣，敵人的砲兵則向攻擊的戰車投射致命的火力。米夏埃爾．魏特曼的戰車衝入了敵軍火力之中。我看出了在這種情況下他採取的戰術。意思是：衝過去！不可停頓就是了。進入野地以獲得遼闊的射界。所有戰車都衝進入這座鋼鐵地獄。你必須阻止敵人攻擊，你必須破壞他的預畫時間表。瓦爾德穆勒率領他的步兵向前。勇敢的擲彈兵跟隨他們的軍官前進。

在猛烈的砲火中，一名機槍射手衝著我大喊，並指向西北方。我被盟軍壓倒性的兵力給震撼住了，我看到一長串的重型四引擎轟炸機正逼近我們。幾名擲彈兵諷刺的笑聲，讓我們一瞬間忘記了巨大的危險。一個來自的柏林男孩喊道：

「好榮幸啊，邱吉爾為我們每個人都派出了一架轟炸機！」的確，這個孩子說的沒錯。飛過來的轟炸機比臥倒在野地上的德國擲彈兵人數還多啊！

現在只有一個方法自救了：離開村莊，進入開闊的野地！桑朵的守軍衝向北面的草地，等待炸彈投下。我們猜的沒錯：一個村莊接一個村莊被夷平。用不了多久，大火就會衝向天際。我們懷著愉悅的心情，看到美軍的轟炸機隊也攻擊了加拿大軍。由於導航員的失誤，炸彈落在了攻擊部隊的身上。加拿大第三步兵師師長凱勒將軍（Rod Keller）在轟炸受了重傷，不得不離開他的部隊。

最後一波轟炸機飛過了艱苦攻擊中的瓦爾德繆勒戰鬥群頭上，但沒有向戰車投下一顆炸彈。轟炸機無視戰況的變化，僅攻擊了他們指定的目標。顯然，加拿大裝甲師在戰鬥中並未配置空地聯絡管制官，因此無法指引攻擊的轟炸機。現在我明白了，為何加拿大地面部隊沒有繼續攻擊了，我們因此獲得了採取反制措施的必要時間。由於對形勢的判斷完全錯誤，各師的攻擊拘泥於加拿大第二軍的預畫時間表，因此與勝利擦身而過。戰車戰根本無法在辦公桌上指揮——負責的部隊指揮官應位於他的攻擊部隊的最先頭，以作出合乎狀況的決策，並排除具毀滅性的錯誤。戰車攻擊應區分為幾個階段，類似於騎兵衝鋒，衝一段、停一段。

美國第八航空軍的投入，對於反擊並沒有造成影響。瓦爾德繆勒戰鬥群正接近樹林中，並且已經與波蘭步兵交戰了。激烈的戰車對決，發生於加拿大第四裝甲師的戰車和米夏埃爾．魏特曼的虎式戰車之間。猛烈的砲擊密集落在虎式與豹式戰車之上，有時幾乎看不到虎式戰車的蹤影。我們現在已經在桑朵的廢墟中進占了我們過去的陣地，該鎮現在正受到來自正北的攻擊，並承受加拿大戰車的直接火力襲擊。魏特曼群的數輛虎式戰車的側翼行動，迫使薛曼戰車遠離桑朵。在我們前方一公里外，可以觀察到強大敵人向萊茲河畔布雷特維爾的行動。一次又一次對著防線的攻擊都被擊退，我們非常幸運，對方並沒有發動過一次協同攻擊。師警衛連在聖希爾萬以西報告稱，該連正與波蘭第一裝甲師的尖兵戰鬥中，摧毀了數輛敵人戰車。波蘭人不再冒險離開克拉姆尼爾森林（Wald von Cramenil）。直到後來，我們才知道這是波蘭第一裝甲師的第一次實戰行動。

戰鬥已經持續了幾個小時。負傷人員被送往桑朵村的南部集中，他們將在敵人的砲火下後送。下午稍晚，我確定無論是軍還是軍團，都無法派遣援軍支援。然而，還有幾輛虎式戰車位於視線之中。我希望克勞什戰鬥群能夠及時抵達波蒂尼地區組成阻塞陣地。當此之時，我迄未收到來自克勞什的任何報告。

戰鬥偵察報告稱，下午稍晚時分，萊茲河畔布雷特維爾已經失守了。由佛克斯少將（Charles Foulkes）指揮的加拿大第二步兵師，在布雷特維爾壓倒了八十九步兵師的殘破部隊。有組織的防禦已經無法實施，守軍既沒有戰車也缺乏火砲。

桑朵北部和東部的戰鬥一直打到黑暗降臨。壓倒性的優勢並沒有在更早以前壓倒我們，這幾乎是個奇蹟。我們的戰車像大海上的戰艦，在厚重的黏土地上推犁出一道土溝。他們的戰車砲一定會讓敵人攻擊部隊感到敬畏。基欽將軍（George Kitching）指揮的加拿大第四裝甲師，無法擊潰零散的德國擲彈兵，桑朵仍然掌握在數十個無名的擲彈兵手中。在丟失了萊茲河畔布雷特維爾之後，敵人已經位於瓦爾德繆勒戰鬥群及其英勇守衛的桑朵村之縱深側翼。因此，希特勒青年師決心在夜暗的掩護下，將戰鬥群撤回至萊松地區，然後堅守該陣地直到八十五步兵師到達。桑朵的守軍以及瓦爾德繆勒戰鬥群的戰車順利與敵人脫離。戰車掩護了脫離行動，然後部署至基內堡（Chateau Quesnay）附近的森林中待機，供師部調遣。

在桑朵以南，我遇到了八十九師師長，將軍可能經歷了他軍旅生涯中最艱難的一天。他簡直不敢相信，他的師僅殘存少數分散的官兵。午夜過後不久，我們和擔任掩護的戰車一起離開了布雷特維爾勒拉貝村，我們是八月八日最後一批離開戰場的德國部隊。

胡伯．麥爾在師部向我報告，克勞什戰鬥群直到八月八日下午稍晚，始能和格漢布之敵脫離接觸，現在才抵達了指定的陣地。

擲彈兵與軍官的狀況，提供了一幅深刻描繪人類苦難的畫面。從六月六日開始一直不停歇的猛烈戰鬥，讓戰士們的體力已用到了盡頭。瘦弱的身軀在堅硬的諾曼土地上，試圖獲得幾個小時的睡眠時間。

最近幾週，我們經常談論到這場戰鬥令人絕望的地方，並詛咒這場戰爭帶給他們的各種恐懼。但是我們為什麼不結束戰爭呢？我們為什麼要繼續這場瘋狂的戰鬥？我們迫切需要一個答案。軍官和擲彈兵清楚預視到敗亡。但是儘管體認到了這一點，沒有人會想要丟下武器，讓自己置身於安全之境。盟軍的政治目標被認為要比最殘酷的死亡還更可怕。死亡早已失去了它的恐怖——我們認識到這是上帝創造的一部分，因此是自所有苦難中得到救贖的途徑。懷著正義的信念，即使在這種絕望的情況下，我們也必須履行對祖國的責任，繼續戰鬥。我在燭光下給小女兒寫下了生日祝福——再過幾天她就滿一歲了。

為了保衛萊松區，本師頒布以下命令：

一、克勞什戰鬥群固守馬濟埃（Maizières）以及盧浮（Rouvres）以北的高地，含一三二高地；

二、瓦爾德繆勒戰鬥群固守法萊斯—岡城公路段從一四〇高地至一八三高地之間的區域；

三、二十六團三營（奧爾伯特）固守波蒂尼西北兩公里處的一九五高地，並集結與組織所有八十九步兵師的離散兵員；
四、所有希特勒青年師以及軍直屬第五〇一重戰車營的戰車，均歸第十二黨衛戰車團團長（溫舍）指揮，於基內附近的森林中待機投入；
五、砲兵於萊松南部進入陣地，以對全師作戰地境發揮作用；
六、師警衛連在波蒂尼由師部節制；
七、師部在波蒂尼以東一公里處，位於瑪莉裘莉墓（Tambeau de Marie Joly）下方開設。

八月八日下午，奧爾波特戰鬥群於一九五高地進入陣地執行防禦任務，八十九師的離散人員增強了該部的兵力；砲兵當日二二〇〇時進入陣地。凌晨〇三〇〇時，戰車團團長回報，戰車正在基內堡集結。尚未收到瓦爾德繆勒戰鬥群和師本部連的報告。

天亮之前，我爬上了瑪莉裘莉墓的高地，迎接黎明的到來。萊松區仍然很安靜，一切都還只是寧靜與美麗的景緻。我用望遠鏡搜索對面的高地。甫甦醒的綠色玉米田躺在後坡上，山脊上細長的雲杉樹朝第一縷金色的陽光舞動。就連草葉上閃閃發光的露水，也閃耀著如此美妙的光芒，讓你有幾秒鐘忘記了戰爭。太陽升起，從上千隻小鳥的歌喉中升起清晨的第一聲問候。

但這種平靜是個假象；雖然我看不到任何動靜，但我知道虎式和豹式戰車已經在基內森林裡準備好，要在這場死神的狂亂戲劇中粉碎年輕的生命。此刻，弟兄們在麥田中的某個地方躺臥著幾乎筋疲力盡的身軀，等待敵人的進攻。在我的右前方，後坡上一門八八砲的細長砲管，已經在等候它們的祭品上門了。

很可能在山的另一邊，砲口以及迫擊砲，已經瞄準了我師疲憊的士兵。或許敵方戰車隊的引擎一整天都在隆隆作響，或許這一秒就會發出第一道開火命令來奪走我們的生命！是的，這種平靜是個假象——死亡之舞很快就要展開。

一輛小型裝甲車從山谷中出現，緩緩駛向一四〇高地。很快，這輛裝甲車到達了稜線的最高點。這是一輛繳獲的英國裝甲車，現在作為偵察報告之用。

一聲巨響劃破了清晨的寂靜。裝甲車遭到一輛戰車開火射擊，戰車位於一堆樹叢的射擊陣地上。

我屏住氣息觀看這場遭遇。偵察車轉向南方，以驚人的速度穿過田野，傾斜的地形讓他很快脫離了敵人戰車的射程。我全程目瞪口呆地目睹了這次的遭遇。我很困惑。這輛敵人戰車是如何現身的呢？這一定不是什麼好事，我衝向電話，即刻與溫舍通話。

溫舍已經下令他的戰車警戒，等待麥策爾黨衛軍中尉返回。位於繳獲裝甲車上的麥策爾，本應與瓦爾德繆勒戰鬥群聯繫。麥策爾報告說：「高地上沒有德軍，高地已經被敵人戰車占領了。」

一股冰冷的衝擊穿過我的骨頭。如果麥策爾的報告是正確的，包括師警衛連在內的整個瓦爾德繆勒戰鬥群都已經消失了。這不可能啊，也不會是真的。但可以確定的是，尚未收到來自該戰鬥群的任何報告。

麥策爾駕駛他的偵察車返回前線，以便獲得更準確的敵情。當駛過了高地的稜線，他遭到敵彈擊中，麥策爾自敞開的砲塔中飛快脫身，立刻被敵方步兵包圍，淪為戰俘。

戰鬥偵察很快釐清了狀況。敵人戰鬥群占領了高地，並用他們的武器控制了萊松低地。現在八十五師正逐漸接近中，如果我們要守住這處指定給該師的地區，就必須立即消除這個明顯的危險。萊松區是法萊斯以北唯一的防禦地點。所以，這座高地必須再次屬於我們！

除了克勞什戰鬥群外，高地上沒有其他德國兵力。而克勞什戰鬥群那甚至不到一連的兵力，現正占領一四〇高地與一八三高地以東的陣地。從岡城到法萊斯的主要公路，僅由基內附近的幾輛戰車進行掩護。同樣的，法萊斯並未有足夠的防務兵力。

溫舍對他的戰車老兵們喊了幾句，然後指指一四〇高地。我們的意圖是用數輛虎式戰車從西面攻擊，另以十五輛豹式戰車從東面攻擊。當老虎慢慢爬出森林向著山脊迫近時，豹式戰車轟隆隆地沿山谷公路，往克勞什所在區域的方向前進，以便在那裡轉向。這兩個戰車群行進期間，高地正處於迫擊砲和砲兵火力之下。我們唯一的八八砲連徒勞地等待獵物，敵人戰車不敢越過山脊。兩輛老虎開進至相同的高地進入射擊位置，並未引起敵人的注意。它們穿過灌木叢，潛行至敵人的側翼位置。首度射擊的八八砲彈自砲管中竄出，兩輛薛曼被炸上了半空。敵人戰車現在向著被發現的虎式戰車猛烈射擊。五輛虎式戰車投入戰鬥，將敵人釘死在現地。虎式戰車選擇了火力戰術，他們充分利用了虎式更具優勢的火力。越來越多的敵人戰車停擺、起火燃燒，大家熟悉的濃煙直上天際。

我和虎式戰車群在一起，突然辨識出于根森營（Abteilung Jürgensen）的豹式戰車。現在敵人戰車正處於兩面包抄之下。德軍自東方和西方，將死亡和毀滅推送進他們的隊伍中。射擊戰術必然為我們帶來勝利！從一個樹叢到另一個樹叢，每一處被發現的點都遭到射擊，整個高地斜坡被有組織的火力覆蓋了。一叢叢的煙柱相互融合，是以我們已無法藉由濃煙來判斷擊毀戰車的數量。由於擲彈兵無法滲透至被樹木覆蓋的北坡，因而沒有參與戰鬥。來自八十五師的兩個自行車連將隨時抵達。

這種時候，我們看到天空中的「亞波」是試圖攻擊我們，還是有其他目標？我頗擔心位於開闊地上的戰車，他們就像在校閱般排列著。「亞波」一瞬間就飛到了我們頭上，轉了個彎然後撲向加拿大戰鬥群。沒有一名飛行員攻擊虎式或者豹式戰車。幾分鐘後，爆炸產生的煙硝和燃燒戰車的濃煙，籠罩著這座高地。虎式與豹式戰車充分利用了這場混亂占領了高地。山脊斜坡就像一座戰車墳場。

一二〇〇時，我看到兩輛半履帶裝甲人員運輸車衝出森林向北疾馳。位於我近旁的虎式戰車由於樹木遮擋，僅能向較大的那輛開火。那兩輛半履帶車逃走了。根據後來戰俘的供詞，其中一輛車上載著阿爾恭昆團（Algonquin Regiment）負傷的海依中校（A.J.Hay）脫險。戰鬥群指揮官沃辛頓中校（D.G.Worthington）在下午稍晚陣亡。

隨著八十五步兵師的自行車連到達，戰車開始沿通道前進，逐步向加拿大人壓迫。值加拿大軍此一危急的當下，趁遭到空襲誤炸的機會，被俘的黨衛軍中尉麥策爾建議放棄戰鬥。麥策爾在砲塔脫出時，摔斷了手臂，現在正處於北側斜坡陷入混亂狀態的加拿大人陣中。加拿大人用繃帶為麥策爾包紮，並以騎士精神對待他。他的第一次建議被禮貌性地回絕了。然而，當空襲和砲擊對加拿大步兵造成越來越多的傷亡時，這個提議被接受了。

麥策爾帶著二十一名加拿大士兵和兩名軍官，前往克勞什戰鬥群的陣地。一五〇〇時左右，他與這二十三名加拿大人一起向師部報到。戰俘中有二十八戰車團（卑詩團，British Columbia Regiment）的倫威克上尉（J.A. Renwick）。我和倫威克聊了半個小時，談到了戰爭的瘋狂。他給人留下了很好的印象。他沒有就直接的戰鬥事件發表任何陳述。對戰俘的審訊，以及加拿大人先前詢問麥策爾所提出的問題，對於狀況的描述呈現了如下概況。

我軍於八月八日中午的反擊，阻止了敵人的進攻。敵人於是在聖西爾萬（波蘭第一裝甲師）和桑朵（加拿大第四裝甲師）進行防禦。為了奪回主動權，加拿大第四裝甲師派出第二十八戰車團（卑詩團）和阿爾恭昆團的兩個步兵連，對波蒂尼西北部的一九五高地實施夜襲。這應該會打開萊松和萊茲之間的狹窄通道，並能夠快速突破到法萊斯。由於夜間定向錯誤，戰鬥群進占了未遭占領的一四〇高地而不是一九五高地。麥策爾被加拿大人問及一直在尋找的「大柏油路」。但在夜間，敵人的裝甲戰鬥群已經迂迴了瓦爾德繆勒戰鬥群，該戰鬥群甫自桑朵撤退，將前往占領一四〇高地。瓦爾德繆勒往東推進，然後等待暗夜降臨以掩護其戰線。被波蘭人超越的師警衛連也有類似的經驗。

夜間，加拿大戰鬥群的倖存者一路戰鬥回到了波蘭第一師的位置，二十八戰車團留下了四十七輛被摧毀的戰車，全部均遭虎式或豹式的戰車他擊毀。我方本身並沒有損失任何戰車。

過去四十八小時的防衛成功，讓他們付出了慘重的傷亡，儘管遠低於我軍的傷亡。直到八月九日，我們才確知勇敢的戰友米夏埃爾．魏特曼，發動了他人生的最後一次戰車攻擊。他帶領他的戰車出動，他和他忠實的乘組員在桑朵以東摧毀了數輛薛曼，然後帶領戰車群向北推進。這次狂暴的戰車行動，很可能削弱了加拿大第四裝甲師的攻擊動能，並為我們組織萊森防禦戰爭取到了時間和空間。魏特曼以他一貫的行事作風逝去——勇敢、鼓舞人心，並為他的擲彈兵樹立了榜樣；他在履行真正的普魯士責任義務中戰鬥至死。老虎燃燒的火焰標示著這場最後的戰鬥，以及一個傑出的戰友和軍人的結局。然而，這位勇敢軍官的精神卻長存於他的年輕戰車兵的身上，這些年輕人將本著老戰友的勇敢美德進行戰鬥、死亡，直到這場民族奮戰的最後終結。

克勞什戰鬥群在消滅蒂里－阿庫爾橋頭堡的戰鬥中蒙受了嚴重的損失。該戰鬥群的戰力僅剩相當於一個微弱的擲彈兵連。

夜間，瓦爾德繆勒戰鬥群和師警衛連抵達了各自的防線，並進占了所指定的區域。這個戰鬥群也只相當於一個微弱的連而已，如果八十五師能夠先行接管這個區域就好了！我們這群希特勒青年師的倖存者很難站穩陣腳，加拿大人的另一次攻擊必然導致災難性的後果；我們再也承受不起。過去經歷的十個星期，已經吸光了我們骨骼中的骨髓。精疲力竭的擲彈兵們，沉陷在這片撕裂的大地上試圖睡上一覺。但即使是這個夜晚，我們也無法休息。火海風暴掃過了一九五高地，席捲了奧爾伯特的位置。擔任警戒的戰車發出曳光彈，射向了敵人發動攻擊的步兵之中。手榴彈沉悶的轟鳴聲和守軍狂怒的吼叫聲，將我們從沉睡中驚醒。加拿大步兵阿蓋爾暨薩勒蘭高地團（Argyll and Sutherland Highlanders）攻向了一九五高地。

當我到達山頭上時，奧爾伯特站在他的擲彈兵中間，率領他們反擊。敵人已經突破了防線，即將占據整個高地。擲彈兵們以突擊隊的模式，攻擊敵人最前鋒的尖兵，並在黑夜中逐退他們。在戰車群的支援下，高地守住了，敵人傷亡慘重。黎明時分，敵軍踏進在基內森林進入射擊陣地的戰車的側射火力。加拿大人對於這座關鍵性高地的攻擊失敗了。在這裡，少數也能夠對抗多數。

數小時之後，波蘭第一裝甲師在瑪濟埃（Maizieres）附近繼續對一九五高地發動夜襲，波蘭裝甲師試圖渡過龔代（Cond）附近的萊松河，意圖繞過克勞什戰鬥群。

戰車矛頭於前一日被一門戰防砲阻止了。九輛波蘭戰車仍然停擺在德軍戰防砲陣地前，殘骸燃燒閃耀著，直到新的一天早晨到來。不幸的是，一枚厄運的直擊彈殺死了這門戰防砲勇敢的砲組員。

在摧毀掉這一門戰防砲之後，波蘭師的進路開放了。基本上沒有更多的兵力可以阻止敵人渡過萊松河。但波蘭人也缺乏最後的動力，他們向北撤退了。

我軍戰車以最快的速度，從一九五高地投入至本師右翼，阻止波蘭人向我軍之縱深側翼推進。六輛戰車沿堅硬路面的公路從西向東疾馳。他們能夠成功嗎？

我們很幸運。由胡德爾布林克黨衛軍中尉（Georg Hurdelbrink）指揮的驅逐戰車連新近抵達戰場，正與波蘭師的尖兵單位遭遇。該連車輛為四號戰車底盤配備豹式戰車之七十五公厘戰車砲，這是他們首度投入實戰[11]。在很短時間內，波蘭第一裝甲師的四十輛戰車遭到摧毀。胡德爾布林克中尉個人擊毀了十一輛戰車。突破被阻止了。

本師右翼於八月十一日被八十五步兵師一部接管。克勞什戰鬥群終於可以撤出他們的陣地了。

在瓦爾德繆勒戰鬥群放棄其責任區域之前，加拿大第八步兵旅攻擊了基內森林的戰車群。這次攻擊也被擊退，加拿大人損失慘重。

八月十二日，希特勒青年師將波蒂尼移交給八十五步兵師。

幾百名精疲力竭的年輕擲彈兵，頂住了壓倒性的人力和物資優勢，兩個養精蓄銳的裝甲師和

11 編註：即四號驅逐戰車。

一個步兵旅，均無法摧破這些十七至十八歲戰士的抵抗，更無法打敗他們。

在戰後文獻中，加拿大第二軍將失敗歸因於皮克特中將（Wolfgang Pickert）指揮的第三防砲軍（3. Flakkorps）的多個連續陣地群和大型防空單位的存在。這個陳述是不正確的。在聖西爾萬－萊茲河畔布雷特維爾之間，是準備了一道由散兵坑、地堡所組成的「陣地」，以作為八十九步兵師進行有計畫撤退時的收容陣地。八月八日的戰鬥過程顯示，即使是外行人也能意識到不可能利用這些預置陣地。由誰來進駐這道陣地呢？是瓦爾德繆勒戰鬥群的那幾百個人？這個所謂的「陣地」，對戰鬥過程絲毫沒有影響，根本沒有足夠的兵力可占據這樣一個主要用來對付敵轟炸機中隊的陣地。其次可以確定的是，第三防砲軍分散部署在防線各個位置，其火砲是部署在第一線用來對抗敵人轟炸機中隊。從登陸入侵一開始到法萊斯口袋，在希特勒青年師的作戰地境內，都沒有部署第三防砲軍的火砲用於對付敵人戰車。八月八日早上，我在萊茲河畔布雷特維爾以南觀察到了防砲軍的最後一個砲兵連，該砲兵連進占了法萊斯以西的陣地。

八八砲無疑可以很好地用於反裝甲防禦，但該砲是由德國空軍的司令部指揮，而非各戰鬥師的師長。

由於兩個攻擊師師長的經驗不足，並且零碎且優柔寡斷地運用他們的戰車，加拿大第二軍未能取得全面的成功。若是一位經驗豐富的戰車指揮官帶領加拿大第四裝甲師，在「總計作戰」攻擊的第一天中就能取得勝利。八月九日和十日的局部攻擊，與八月八日的猶豫不決一樣令人費解。

本師在貝利耶赫（Perrieres）和法萊斯之間進入防禦陣地。來自黨衛軍第五〇二虎式戰車營的幾輛虎式，被分配到八十五步兵師，部署在波蒂尼的兩側。

我並不完全了解諾曼第戰線西段的情況，但似乎不可避免的是，戰線很快將不得不撤回到塞納河段。西線總司令既沒有部隊，也沒有足夠的物資來進行持久戰。用筋疲力竭的騾馬牽引著的步兵師對抗現代化的裝甲師，根本是不可能的事。

就在這一切都尚未發生的情況下，希特勒青年師的所有指揮機構，以及殘破單位的骨幹，還有所有的補給部隊，都轉移至埃夫勒（Evreux）和伯奈（Bernay）周邊地區。現在將開始準備，以將非戰鬥部隊轉移到塞納河東岸。

瓦爾德繆勒戰鬥群的倖存者被分配給克勞什戰鬥群。八月十三日，我師的兵力為：

二十輛戰車（包括驅逐戰車）；

由步兵裝甲車裝載的一個裝甲擲彈兵排；

一個裝甲偵搜小組；

三百名擲彈兵；

一個八八砲連（四門）；

一個三十七公厘自走防砲車連（九輛）；

一個二十公厘自走機砲車連（二十六團十四連）；

三個重野戰榴彈砲連；

一個一〇〇公厘加農砲連。

由於缺乏牽引車輛，火砲的變換陣地只能以蛙跳方式為之。從前一日開始，砲兵就沒有再收到彈藥補給了，因此無法盡情發揚火力。

希特勒青年師的總兵力，仍然是五百名擲彈兵、士官與軍官。

我們都很清楚，戰鬥的結局只會是以陣亡或被俘告終，但沒有人願意停止戰鬥。要求德國無條件投降的卡薩布蘭卡決議一次又一次催促我們向前。德國當然輸掉了戰爭，但必須堅守前線，必須讓盟國看到「無條件投降」這個驚世駭俗的決定是不會有好結果的，必須找到另一種和平談判的基礎。

我的戰友中沒有狂熱分子，他們想活下去。如果可能的話，平安無恙地回到家鄉。不，不是那樣的，並非敵人經常指稱的狂熱驅使我們繼續戰鬥！我們不會扔掉武器，只因仍然相信我們必須為家園而戰。

八月十三日，本師對於當前情勢取得概略的了解。德軍的狀況已經無法再支撐下去了。在阿襄當（Argentan）、法萊斯、特倫和襄波瓦（Chambois）的山脊之間，被擊潰的德軍各師顯然形成了一個大口袋。徹底殲滅的包圍雙鉗已顯而易見。死神之爪已定。唯一仍然可以使用的主幹道是通過特倫，然後從狹窄的蜿蜒彎道上坡。但即使是現在的狀況，這條公路也不適合部隊從那裡撤離。殘缺不全的步兵師及其騾馬牽引單位，構成了機動的摩托化裝甲部隊的最大障礙。災難繼續發展中。

八月十四日晚上，終於可以睡上一覺了。對於許多忠實的戰友來說，這是他們與同袍們待在一起的最後一個寧靜夜晚。西部戰線肆虐的戰鬥，讓我們長時間保持警覺、清醒，但終究是隨後借來的，老天爺還是會要討回去的。

十四日上午，我與溫舍、克勞什，以及奧爾博特一起駕車來到法萊斯西北的地段，以建立新的抵抗線。法萊斯以北的一五九高地掌控了該區域，我們立即占領該高地並建立據點式防禦。從一五九高地以東到約赫（Jort）附近的第夫河（Dives River）的一些顯著的要點，標誌出了我們的「戰線」所在。

我們不相信加拿大人方面的「和平」狀態，因此立即開始擴建據點。在評估全般情勢之後，由於地形的特性，盟軍必須在約赫和法萊斯之間進行攻擊。加拿大人形成包圍雙翼的北鉗，而南鉗則由美國人在阿襄當構成。一旦雙鉗會合時，兩支德國軍團就將開始他們的生死搏鬥。了解到這一點之後，我為這個我們一度引以為傲的裝甲師的擲彈兵和軍官們，開始準備面對最後一戰的到來。我勇敢的弟兄們認為我的評估是不言而喻，對此我並不感到意外，他們置身在如是的狀況中，非常了解最後的結果。

一四〇〇時，我們再次體驗了熟悉的場景。數百架哈利法克斯和蘭開斯特轟炸機，將八十五步兵師的陣地化為墓地。越來越多的轟炸機和「亞波」襲擊了該師的部隊，擊斷了防禦者的脊梁骨。砲兵和反裝甲防禦被炸彈摧毀，或被煙霧所障蔽。對八十五師的攻擊，由波蘭第一裝甲師、加拿大第四裝甲師，以及加拿大第三步兵師執行。

加拿大第二軍的戰車擺出宛如閱兵隊形，組成了龐大的方陣駛抵戰場，它們一輛挨一輛停著，正等待指揮官的信號，這種壓路機戰術旨在為加拿大第二軍在防區內打開一條進路。我無法理解為何加拿大人會選擇這種彈性不足的戰術。加拿大人並未將他們的戰車以疏開隊型前往接敵，也未盡所能為部隊創造機會，讓戰車得以發揮主砲的威力，透過火力的戰術與機動的戰技粉碎敵人的陣地，然後高速突入戰鬥區域的縱深處。結果加拿大人的鋼鐵怪獸卻是笨拙且緩慢地在野地中行進。戰車在穿越萊松區時耗費了寶貴的時間，其鈍重的戰鬥隊形並無法克服沼澤地帶。

在攻擊的第一天晚上，裝備齊全、配備精良的加拿大各師，仍位於他們的作戰目標以北。在本攻擊階段，加拿大戰車一樣被用作步兵戰車。戰車強大的火力和隊形的機動性都沒有被發揮。

加拿大的部隊指揮官並沒有深遠的規劃。沒有一次加拿大人的攻擊，顯示出具有偉大指揮官的卓越特質。他們的計畫總是停留在消耗戰。對各個德軍陣地各師所造成的毀滅，從未用於有效的突破上。一旦攻擊矛頭在毀滅區之外遭遇到遂行戰鬥的對手，其先頭單位就會失去動能，並開始陷入躊躇不前的窘境。戰鬥的過程證明了我的判斷是正確的。

下午稍晚，第一批加拿大戰車攻擊了法萊斯以北人員稀少的抵抗線。加拿大第四裝甲師和第三步兵師的攻擊，並未擊潰我們曾經強大的希特勒青年師的殘部。由於五百名擲彈兵的鬥志，敵人兩個師的攻擊都失敗了。一五九高地仍然掌握在少數德國士兵手中。

晚上，我駕車前往第一線上的各個據點，向弟兄們解釋我軍兩個軍團的狀況。他們現在知道自己正在固守法萊斯口袋大動脈的北側翼，他們的持續堅守將使得精疲力竭的友軍部隊得以撤退。

黎明時分，來自八十五步兵師的二十到三十名士兵抵達了一五九高地的據點，並主動要求加入防禦。這群人在天黑時偷偷溜過敵人的警戒線。我們在駕駛福斯水桶座車行駛途中，也遇到了一些離散人員，其中包括一名傷者。他們感激地與我們握手。

加拿大人繼續攻擊。一五九高地在短時間內成為沸騰的山峰。一枚又一枚砲彈鑽入地下，翻攪出山頭的五臟六腑。我們的戰車以疏散隊形待命中。他們等待即將從煙硝形成的黑暗障壁中湧出的黑影。第一批敵人戰車在野地中燃燒，敵人步兵則被精準的機槍火力壓制在地上。我們是否還保有任何理性，還能配得上被稱為人嗎？我們的視線一次又一次游移在這堵由彈幕形成的鋼與火的牆上。我們不再聽到砲彈的嘶嘶聲、爆裂聲、咆哮聲和嚎叫聲。但是彈幕牆每一次的移動，都會讓你窒息。是否還會有一大群戰車突然間自火牆中衝出來呢？昨天的劇情會重演嗎？在接下來的幾分鐘，我們是否會被輾壓在喀啦喀啦作響的戰車履帶下？一切都沒有發生。敵人戰車尚保持著相當距離——並不會輾壓到我們。它們停在了一五九高地前方。

敵人反覆攻擊約赫和貝利耶赫，試圖強渡第大河。少數仍可作戰的戰車被投入至最具威脅的地點，讓敵軍每一次攻擊都無功而返。

第三砲兵營在我們的堅持中做出了不小貢獻，該營無意間在法萊斯附近發現了一座小型彈藥庫，終於不用勤儉節省彈藥了。法萊斯以北的陣地仍在德國擲彈兵手中。

早在日出之前，我們預期法萊斯以東會有新一波攻擊。我們並不懂敵人為什麼要浪費這麼多的炸彈和砲彈，只為殲滅希特勒青年師僅存的殘部？曾經多次，優勢的戰車只需全速衝過來，我們就結束了，結果什麼也沒有發生。每次攻擊都在下午遭到擊退。在一五九高地的苦戰中，第十二黨衛戰車團二營營長普林茲少校（Prinz）陣亡。我又一次目睹了老戰友打完他人生的最後一仗。自一九四〇年以來，普林茲一直陪伴我走遍了所有的戰場。他是火砲下的亡魂。

「亞波」對著國王森林（Bois du Roi）俯衝，向早已被摧毀的森林發射火箭彈。一些戰車在一五九高地以東遭到颶風式戰鬥機摧毀。在維赫桑維爾（Versainville）和一五九高地之間，我遇到了溫舍，他向我描述了高地上令人絕望的現況。這時，敵人戰車正對我們衝來，砲彈頓時撕裂了路面。溫舍瞬間不見了。灼熱的疼痛貫穿我全身，血順勢從臉流下。我潛入小樹籬去，砲彈破片撕裂了我的頭骨。我魂不守舍地看著馬路——福斯水桶座車不見了，也看不到波恩霍夫特了——我落單了。但我一刻也沒有被遺棄的感覺，我知道我的戰友不會離開我。

戰車越來越近。我沿著乾溝爬行，脫離敵人的攻擊方向。這輛薛曼現在正與一些戰車交戰，我軍這些戰車位於反向坡上一處良好的陣地。這無疑是溫舍的成就了，戰車砲砲彈自我頭頂上呼嘯而過。

我不敢相信我的眼睛，波恩霍夫特回來了。在戰車掩護下，他自公路衝下來找我。我拼命向他揮手。這條公路是可以被敵軍一目了然的，並且還跨越敵人的戰線。砲彈在波恩霍夫特前後的道路爆炸，但馬克斯並不就此被阻擾，牢牢地將方向盤握在手中。我躺在溝裡，當座車接近時，已準備自溝底一躍而出。經過了快速疾馳，我們終於抵達了反向坡。溫舍出來迎接我們，他正指揮戰車開火射擊。我的頭髮被削去了一半，頭皮上縫了幾針，但還是繼續戰鬥。

一五九高地在如此頑強的防守之下，仍然在下午失守，倖存者被撤回轉去奧迪（Aute）區。裝甲偵察隊隊長浩克黨衛軍中尉（Hauck）回報了波蘭第一裝甲師在約赫的攻擊。波蘭人正試圖攻占第夫河渡河點。截至目前為止，所有的攻擊都被逐退了。下午稍晚，加拿大第二步兵師進入了法萊斯。由楊恩准將（Hugh Andrew Young）指揮的加拿大第六旅終於征服了「征服者威廉」之城。在完全殘破的城區廢墟中，戰鬥仍在繼續。

入夜後，本師離開了防線，返回至奧迪區。新的防線通過莫赫杜（Morteaux）—達姆朗維爾（Damlainville）—法萊斯。

八月十七日，波蘭第一裝甲師對約赫發動了進一步的攻擊。第十二反裝甲營三連幾乎全軍覆沒，連長哈特維希黨衛軍少尉（Hartwig）重傷而亡，砲連殘部往東移動。

敵人越過了第夫河，向東南前進。從現在開始，波蘭第一裝甲師面前已沒有任何完整的部隊。波蘭人通往特倫和襄波瓦的道路已經開放了。法萊斯口袋即將閉口。

浩克的偵察隊在下午稍晚被摧毀。浩克負傷被俘，後設法脫逃，向師部報告了位於本師右翼縱深處的威脅。敵人正以強大的裝甲部隊向特倫推進。

在法萊斯，本師大約六十名擲彈兵仍在進行艱苦卓絕的戰鬥。這六十名疲憊而憔悴的擲彈兵，從六月六日開始就不停在戰鬥，他們是加拿大第六旅的對手。而兩輛虎式是這些已經奄奄一息戰士的支柱。傍晚時分，由於大家都不願意遺棄戰友而去，於是兩名年輕士兵被挑選出來，負責傳遞這群勇士的最終訊息和最後祝福。午夜過後不久，他們全都戰死在「大學區」（Ecole Supérieure）的廢墟中。

本師殘部在第夫河和內希（Nécy，位於法萊斯—阿襄當公路上，法萊斯東南八公里處）之間堅守反擊。在內希，兩輛傷痕累累的虎式戰車阻擋了英國五十三步兵師的裝甲矛頭。八月十九日○二○○時，兩輛虎式遭到摧毀，麥策爾中尉與一眾倖存者被俘。虎式戰車的所有乘員均負傷。

在八月十八至十九日夜間，我們與最後一座無線電電台和其他非絕對必要的車輛分開了。只有幾輛福斯水桶座車、步兵裝甲車以及牽引車被留在後頭。

日出前不久，內希附近的師部被敵人戰車和下車戰鬥的步兵攻陷了。我的傳令腹部中了一彈，陷入昏迷。我們帶著那個孩子，趁黑夜與克勞什戰鬥群的殘部一起向南突圍，進入鐵路線東南的新警戒線。

夜裡，溫舍戰鬥群指揮部的車隊衝進了已經達成突破的敵人陣勢之中，幾乎所有人均被俘，其中多半負傷。溫舍和另外兩名軍官，直到六天後才成為俘虜。

我們不經意掉入無名的痛苦之中，對包圍圈內的非人道悲劇已然麻木。

中午時分，八十四軍軍長艾爾菲爾德將軍（Otto Elfeldt）和他的參謀長馮・克里根中校（von Kriegern），出現在本人的師部。我師與上級指揮機構已斷絕聯繫了。

八十五步兵師（菲比希少將Heinz Fiebig）指揮部接到軍團部的撤出命令。艾爾菲爾德軍長只剩下我們希特勒青年師的殘部可供調度了。

發生在我們周遭的苦難，正向老天在吶喊著。難民與戰敗的德軍無助地看向一再出現的轟炸機。對爆炸的砲彈和炸彈進行掩，已經毫無意義了。擠在一個無比狹小空間裡的人們，為敵方空中武力提供了顯著的目標。樹林裡到處都是被撕裂的馬匹和受傷的士兵。每行進一步都有死神相隨。我們在這裡就像是活靶子，加拿大第四裝甲師和波蘭第一裝甲師的火砲可以直接射擊我們，很難不擊中任何目標。

我們偶然間在特倫西南幾公里外的一處果園裡，找到了第七軍團司令部。八十五師師長和我向軍團報到。道路無法通行，路面被摩托化部隊以及步兵師騾馬牽引縱隊給占滿了。新一波砲擊的落彈就在其間爆炸，燃燒的車輛和爆炸的彈藥，預告了這條公路的命運。

我們連跑帶跳、跌跌撞撞地朝著司令部躍進。當地不斷籠罩在砲擊之中。天空充斥了大量尋找目標的「亞波」。

我們在農場後面的一條壕溝裡找到了第七軍團的參謀人員。我們尊敬的豪塞將軍就坐在壕溝邊研判地圖。陪同司令的是他的參謀長馮．格爾斯道夫上校（Rudolf Christoph von Gersdorff），馮．克魯格中校（von Kluge）以及古德林少校（Guderian）等幕僚。

一輛爆炸的彈藥車向我們頭上「灑下了祝福」，格爾斯道夫上校受了傷。這不礙命令的持續下達，格爾斯道夫仍然留在司令身邊。

豪塞上將下令於本日夜間突圍。ＬＡＨ師的戰車群將在天亮時於裏波瓦強行突破；午夜過後第三傘兵師將在聖蘭伯特（St. Lambert）突圍，突圍時將不主動開火射擊。在此期間，希特勒青年師的殘部將堅守包圍圈的西北緣，然後加入第三傘兵師一起行動。我們做了最後一次的握手，與司令告別。他用那一隻還可以看見的眼嚴肅地瞧著我們，他在莫斯科市郊的戰鬥中失去了另一隻眼。

我們再次躍過了砲彈的咻咻聲和咆哮聲。在採石場，我們首先採取掩蔽。無數士兵在陡直的城牆陰影下或躺、或蹲、或站。他們聚集在一起，等待黑夜到來，然後在夜色保護下，從地獄中脫逃。

一枚砲彈直接命中了我們旁側的一群步兵，有幾名弟兄陣亡。一名中士失去了到膝蓋的右腿下肢。大家七手八腳將他拉到牆邊。砲彈的巨響掩蓋了對醫務兵的呼喚聲。

在一間小屋裡，我們與第二傘兵軍軍長曼德爾將軍（Eugen Meindl）以及第三傘兵師師長勳普中將（Richard Schimpf）會面，討論了晚上即將展開的突圍行動。兩輛虎式將掩護第三傘兵師的突圍。

我們抵達了希特勒青年師的指揮所，已經完全筋疲力竭了。由於所有道路都被完全封鎖，沒有可供使用的通訊手段，因此在突圍期間無法實施指揮管制，本師編組為兩個群獨立行動。

砲兵團團長德雷希斯勒（Oskar Drexler）指揮僅存的摩托化部隊，將隨ＬＡＨ師之後，經由裏波瓦突圍。

有艾爾菲爾德將軍加入的本師師部，將與克勞什戰鬥群的殘存人員一起，跟隨第三傘兵師之後行動。我將我們這群區分為幾個小組，以便在必要時可以獨立行動。缺乏牽引車的火砲，將在午夜實施爆破。

午夜時分，我在一群農莊周圍集合仍在包圍圈中的所有部隊。一支聯絡偵察小隊派往第三傘兵師先期行動。由於該偵察隊並沒有返回，而聖蘭伯特方面也沒有任何戰鬥聲響，於是假定傘兵的突圍已經成功，我們開始行動。

艾爾菲爾德將軍、克里根中校以及胡伯・麥爾將在先遣小組之後行動。我要前往襄波瓦。假如想要突圍順利，必須越野行進。少數的道路和小路都無法穿越通行，這些路被無望地封鎖了。敵方砲兵實施干擾射擊，到處都是熊熊大火——彈藥爆炸時火光耀眼。疲憊的士兵來回徘徊。包圍圈內的混亂，想要釐清狀況根本不可能。

天亮時，我們在襄波瓦以西遇到了ＬＡＨ師的戰車群，他們即將發起攻擊。我們作為伴隨步兵加入該部的行動。我跳上一輛戰車的後部，抓住一位躺在砲塔後方戰友的腰間皮帶，把自己完全拉到戰車之上。我一放手，當即嚇了一跳。這名弟兄被砲彈破片擊中，已經死了。戰防砲、戰車以及砲兵火力，猛烈地射進了攻擊者的行列。我沒有可以下達命令的手段——戰車猶豫不前，然後在敵人的火力下撤退了。

我們再次聚集在第夫河侵蝕河床上的一些柳樹叢後面。該河床大概有兩公尺深，約三至四公尺寬。我們正目睹一場可怕的悲劇。騾馬拖曳的車隊中的人們和馬匹奔跑，並跌落至致命的深溝裡。馬匹和馭手在幾乎沒有水的溪流泥濘中翻滾。驚惶失措的人們爬過這片瓦礫，下一分鐘卻被加拿大戰車火力擊成碎片。數百名戰俘無助地處在友軍的砲火中，已無法及時脫離包圍圈了。

越過第夫河後，我在襄波瓦和特倫之間收攏步兵群。整個地區到處都是死去的和垂死的德國士兵。敵人位於山坡上，不斷向包圍圈內開火。大多數受害者屬於步兵師的後勤補給部隊，他們的馬車縱隊留在口袋裡，在缺乏指揮的情況下，僅為了自己的活命而奔逃。

艾爾菲爾德將軍和克里根失蹤了，他們錯過了集合點。現在隊伍的人群越聚越多了，為了要重新掌握秩序，我在一座農莊的掩護下讓眾人們編排隊伍。附近一隊沒有了武器的士兵正朝敵人的方向過去，準備逃離包圍圈，許多軍官和無武裝的士兵加入了我的隊伍。只有那些再次拿起武器的人才被允許與我們同行。大多數人遵循了這個要求。

我熟悉特倫和襄波瓦之間的每一棵樹和每一叢灌木，因為我手下各團部隊在登陸入侵開始之前就位於這兩個城鎮——我帶領先遣部隊，波恩哈德．克勞什則指揮我們這群的另一半人。我們總共大約有兩百多人。

胡伯．麥爾、科隆黨衛軍中尉（Köln），還有忠實的米歇爾待在我身邊。我們必須越過特倫—襄波瓦公路。敵方戰車在公路上來回奔馳，我軍現存於包圍圈中的戰車，無法為我們提供支援，因為戰車無法跨過第夫河的深河床。

果園內，無數戰死的戰友倒在樹籬和牆壁後面。他們正正撞上了加拿大第四裝甲師待命中的武器。我們能突破囚禁的鐵環嗎？敵人已經占領了高地，其火力正覆蓋了平原以及各道路的節點。

米歇爾解開我頭上的白色繃帶。這位來自聶伯佩特羅夫斯克（Dnjepropetrowsk）的勇敢哥薩克人說：「這繃帶不好，我晚點再包過新的！」他認為白色繃帶對我似乎很危險。

我緊握手槍，從一處掩蔽跳到另一處。在一個戰壕段裡，填滿了陣亡的德國士兵。他們一定曾遭遇到戰車的輾壓。

遭劫掠的車輛停在草地和樹籬後面。我們離斜坡越來越近了，機槍的槍聲在頭頂響起。現在我們被包夾在兩輛戰車之間！兩車之間差不多相距一百五十公尺，向著被包圍的口袋射擊。一輛布倫機槍履帶載具在我們右前方來回行駛，突然，這輛小型步兵甲車消失了。我們在兩列樹籬之間向東衝刺，彷彿是枚射出火箭般快速。機槍火力射進我們隊伍之間，但不能再停頓了。在幾秒鐘內穿過了加拿大步兵。一切都發生得幾乎悄無聲息，只聽見砲擊聲和砲彈落下的呼嘯聲。現在我們必須盡快突破封鎖線。我再也受不了了，汗水流入了我燒灼的眼睛裡，頭上的傷口又撕裂了。但絕不能停頓，一定要突破封鎖線。

一輛薛曼戰車突然出現在我們右前方三十公尺外。胡伯．麥爾衝著我大喊，我幾乎是衝到戰車的砲口前了。大家像黃鼠狼一樣在野地中狂奔、躍進。幸運的是，樹籬的障蔽使敵人無法看見我們。我體力不行了，過去這幾天已經透支太多。現在由胡伯．麥爾接手，帶領戰友們繼續前進。大家很快超越了我，只剩科隆黨衛軍中尉和米歇爾還在我身邊。機關槍的槍聲仍在我們耳邊響起。米歇爾自覺無法讓我快速脫身，淚水從他的臉上流了下來。他就像母親對著孩子般激勵我，我一次又一次反覆聽到：「師長，來吧！師長！只剩一百公尺了，師長加油啊！」

我們一行人獨自越過了一片野地，我已經放棄了採取掩護或快速通過，只是笨拙地向東走去。我掉進壕溝裡，戰友們已經在那裡等我了。我們跳著越過了道路，爬上從襄波瓦向東北延伸的山脊。我們一言不發地看了看身後的包圍圈，詛咒那些無謂犧牲掉兩個德國軍團的人。

自從岡城淪陷以來，我們就在談論將戰線縮短至塞納河的議題。我們認為，儘早撤離法國西部是可行的，並且建構一條塞納河防線更是可能。在塞納河後方，即便是在戰鬥中被人不在意地犧牲的步兵師，也能證實其價值，並為裝甲師爭取到更多休息整補的時間。

我們循著山脊前行。在這裡，仍然遭到若干砲擊。在完全不了解周遭的情況下，我們不期待會在過河前追上部隊，預料會在渡過塞納河後再返回我軍的部隊。

在維慕杰（Vimouthiers）以南地區，遇到了帝國師第二黨衛裝甲偵搜營的警戒部隊。在德意志團的團指揮所內，聽說了該團正在攻擊襄波瓦，與其他部隊一起試圖打開包圍圈。最初僅由少量部隊進行的攻擊陷入停頓，八月二十一日始成功為眾多摩托化和非摩托化部隊，打開了自包圍圈脫逃的進路。我得以從該團接收到有價值的攻擊狀況報告。

八月二十日下午，本師摩托化群一部人員也成功脫出包圍圈，次日其他部分也順利逃出。然而，砲兵損失了許多門重型火砲；三十七公厘機砲連幾乎完好無損殺出重圍。通信營營長潘德爾黨衛軍少校（Pandel），在嘗試搶救一輛寶貴的通信車輛時陣亡。

諾曼第戰役結束了。德國軍人再次在戰鬥中做出了超人的壯舉。他們不應該在法萊斯口袋裡遭致慘敗。軍官、士官和擲彈兵直到最後一刻都在履行職責。

戰敗不是因為前線士兵的失敗。這杯苦酒是牌桌上的賭徒遞給他們的。

德國軍人在諾曼第的不凡表現，將使他們永載史冊。

對於希特勒青年師的年輕擲彈兵們，可以借用我們昔日敵人的評斷來表達對他們的看法：

「在這場戰爭中唯一真正能贏得動章的人，」這名步槍兵說道：「是那些黨衛軍的菜鳥們。他們每個人都應該得到一枚維多利亞動章。他們是一群壞蛋惡棍，但他們卻都是戰士！他們讓我們這群傢伙看起來像是混飯吃的。」

「很少有其他師能超越希特勒青年師在諾曼第的戰鬥表現，無論是盟軍還是德軍。」

——

我經常根據不同的情況指出，加拿大軍的部隊指揮在實施機動時極為猶豫，只以強大的優勢兵力進行攻擊。這點在加拿大軍「總計作戰」和「溫順作戰」（Operation Tractable）時尤其如此。在這兩次作戰中，加拿大人不僅失去了戰場主動權，而且浪費了徹底殲滅支離破碎德軍的大好機會。

從八月四日起，加拿大第二軍只與勉強說得上只有營級兵力的希特勒青年師作戰。在這裡浪費了寶貴的時間。一個加拿大師就足以控制包圍圈的北翼，並持續施壓集結的德軍。剩下的三個師，包括兩個裝備精良的裝甲師，最遲應該在八月十六日之前在特倫和裏波瓦封閉口袋。德軍不可能突破這樣的封鎖線。

如果加拿大部隊指揮階層以這種方式做出應對，那麼就永遠不可能會發生阿登攻勢作戰[12]。作為阿登攻勢主力的所有裝甲師，之所能夠在如此短的時間內獲得整補，在於作戰經驗豐富的部隊骨幹，設法突破了特倫和法萊斯之間的封鎖。在我看來，這些部隊的逃脫只能歸咎於加拿大軍隊猶豫不決、優柔寡斷的指揮。

我相信盟軍是從加拿大第四裝甲師的戰鬥風格中得到了教訓，所以撤換了加拿大第四裝甲師的指揮官。但是否所有責任均該由基欽准將來承擔呢？加拿大人並非在戰況不明的狀態下作戰——他們的通信機制良好，空中偵察不斷在我們頭頂上飛行。

擔任先鋒的營長居禮少校（D.V. Currie）獲頒維多利亞十字勳章。八月十九日，居禮少校一直推進到第夫河畔聖蘭伯特，有效封鎖了一條主幹道。這個營確實有一些出色的表現，他們的戰士無論陣亡的或者存活的，都值得我們尊敬。

———

八月二十日下午，我帶領本師突圍後的部隊，向第一黨衛裝甲軍指揮所報到。我們這群被認定已陣亡的人，受到愉悅又充滿感激的祝福。當我開始要匯報時，不禁淚流滿面。數以千計的戰友長眠在諾曼第的大地上。

狀況報告顯示，塞納河以西沒有穩定的戰線，塞納河以東也缺乏現成的防禦工事。前景是災難性的，我們現在寄望於西線長城[13]。

當聽到我師為實施整補而先期撤出的一部分部隊，於萊格爾—韋內伊—德魯（Laigle-Verneuil-Dreux）一線擊退了敵人，我感到非常欣慰。他們阻止了在塞納河以西形成另一個新的包圍圈。這些部隊完全靠自己自主行事，布雷默黨衛軍少校為此成就而在鐵十字勳章上加飾橡樹葉片。

本師各參謀通過新堡到達盧維（Louviers），再從那裡接掌本師仍在作戰之部隊的指揮權。從德魯和維內伊向北推進的美軍裝甲部隊，遭遇本師殘部迅捷的後衛作戰，在此同時，從口袋包圍圈裡衝出來的部隊，則在魯昂（Rouen）下方越過塞納河而去。師部人員在艾爾伯夫（Elbeuf）渡河，沒有任何人員傷亡。

在魯昂，我向西線總司令莫德爾元帥（Walter Model）報到。元帥並不抱有幻想，他說如要加強西線的戰力，需要三十五至四十個師。大家都知道不存在立即可動用的四十個師，所以我們持續向西線長城撤退。

本師的一個臨時戰鬥群控制了艾爾伯夫，直到八月二十六日始撤離，之後該戰鬥群在隆德森

---

12 編註：即一九四四年十二月德軍所發動的反攻作戰「看守萊茵」（Wacht am Rhein），希特勒青年師也參與了該次作戰。

13 編註：盟軍稱齊格菲防線（Siegfried Line），是德國對應法國馬其諾防線的工事。

林（Forêt de la Londe）封鎖了魯昂以南的塞納環形公路，我們才得以與敵人脫離接觸。

在隆德森林，我們的擲彈兵最後一次與加拿大部隊交戰，於此阻止加拿大第二步兵師，直到八月二十九日下午，蒙克指揮這支戰鬥群撤離為止。

在博韋（Beauvais）一帶停留兩天後，本師轉移到依赫松（Hirson）附近，因為不可能在鄰近前線的地點實施整補。我們在暗夜掩護下，穿過了一戰的血腥戰場，沿著我們在一九四〇年西線海峽衝刺時的相同道路前進。我們的行軍縱隊看起來弱不禁風，車隊在夜間行進，一輛妥善的車輛必須拖曳其他車輛。

在依赫松，本師轉由西線裝甲部隊司令施棟夫將軍（Horst Stumpf）指揮，他親自點閱了本師的人員和裝備狀況。施棟夫將軍告知我即將獲頒騎士鐵十字勳章橡葉附加「寶劍」的消息。

本師立即開始重組與補充被擊潰的單位，並從凡爾登和麥次取得裝備。

人員和物資的損失令人震驚。戰鬥部隊已經失去了超過百分之八十的原始參戰兵力。補給部隊也因敵方的空襲而遭受了異常高的損失。

本師在戰鬥和撤退中損失了超過百分之八十的戰車，大約百分之七十的裝甲偵察車和步兵裝甲車，還有百分之六十的槍械以及百分之五十的機動車輛。（損失參考資料：請參見附錄一！）

巨大的損失不可能在幾天內獲得補充。但我們別無選擇——部隊必須能夠盡快再次投入作戰。

對於依赫森周邊地區以及整體的態勢並不樂觀。補給部隊以及所有非戰鬥部隊，立即轉移到馬士河以東地區。

八月三十一日，美國人到達了蘇瓦松、拉翁，並向東北推進。本師的一個戰鬥群在唐鎮

（Thaon）阻止了美國人一直到九月一到二日之間的夜晚。與此同時，蒙克戰鬥群與本師會合。

由於本師的後方地區遭受威脅，部隊旋即向東北方轉進，並在阿諾赫（Anor）進駐阻塞陣地。必須爭取時間讓步兵渡過馬士河。在轉移至這個陣地時，二十六團三營營長、騎士鐵十字勳章授勳者艾里希．奧爾伯特，駕車觸壓到了一枚游擊隊鋪設在路上的地雷。他的兩條腿都被炸斷，當晚在夏勒維爾（Charleville）的醫院去世。我再次失去了一位從一九三九年以來一直並肩作戰的老戰友。他是一個真正的幹將，也是一位足堪表率的指揮官。九月二日晚上，我們與一一六裝甲師的殘部一起進駐位於包蒙（Beaumont）的防禦陣地。在敵人的壓力下，本師經菲利普維爾（Phillippeville）撤退到弗洛雷納（Florennes）。就在弗洛雷納之前不遠，二十五團二營營長海因茲．施洛特黨衛軍上尉（Heinz Schrott），被潛伏的狙擊手射殺。

所謂游擊隊的「光榮」戰鬥，無非是卑鄙的、陰險的謀殺。游擊隊戰鬥的始作俑者，無疑是這場戰爭的真正戰爭罪犯。這是違反人性，且只求最基本的殺戮功能。我此前從來沒有經歷過游擊戰，也從未如此頻繁地感受到法國人或比利時人的怨恨。相反，我總是能體察到部隊與被占領區住民間的良好關係。這點對於諾曼第遭難的人民尤其真切。

所謂的游擊隊員只有在沒有生命和具體危險的情況下，才會抬頭挺胸。他們並不從事戰鬥，而是從背後謀殺軍隊中的個別成員。從軍事的角度來看，游擊隊的活動對德國軍隊指揮並沒有影響。但是這種違反國際法的鬥爭，使得未與戰爭有所牽涉的民眾，由於德國軍隊的報復而蒙受最深切的痛苦。游擊隊的活動長期有系統地挑起和激化了國與國之間的仇恨。也不容否認，盟軍通過「游擊戰政策」在西歐積極推動共產主義。如果沒有陰險地使用「勇敢」的游擊隊，就沒有理由在盟軍占領區上進行「戰爭罪行審判」。

九月四日，我們在依芙瓦（Yvoir）越過馬士河，撤退至本區域後方的防禦陣地。本師接管了戈丁內—烏鎮（Godinne-Houx）地區，而帝國師則接管了第南（Dinant）兩側地區。

本師的戰鬥兵力約為六百名擲彈兵，分為兩個戰鬥群。已沒有戰車可用了，剩餘的戰車都在列日維修。尚能作戰的重型野戰榴彈砲缺乏彈藥。一個八八砲連在斯龐當（Spontin）西北的十字路口，充當防砲戰鬥部隊投入地面戰鬥。

美國人立即試圖在戈丁內和伊芙瓦越過馬士河，他們在蒙受傷亡慘重的狀況下遭到逐退。另一方面，他們成功在烏鎮建立橋頭堡，然後深入森林以穩固自己的腳步。在一次反擊中，橋頭堡遭到壓縮，於九月六日夜幕降臨前被消滅。

我統管整個戰線，與米留斯和希布肯討論進一步要如何防禦馬士河。在森林地區，我們的車輛經常遭到游擊隊伏擊。雖然沒有傷亡，但我們發現在列日警備營的六名士兵被謀殺了，他們在未值勤的休息狀態下遭到槍殺。

偵搜營的一支偵察隊在斯龐當和第南之間遭到射擊。對方逃逸無蹤。

在九月五至六日夜間，美國人在那慕爾附近渡過了馬士河，並修復了未完全爆破的橋梁。那慕爾的地區指揮官向東逃逸，沒有知會鄰接部隊。美國人通往馬士河防線後方的道路已經開放。

一一〇〇時，偵搜營的偵察隊在那慕爾—西尼（Ciney）公路上，遭遇美軍先遣隊。當這個壞消息傳來時，我剛從希布肯的指揮所回來。這個消息對我而言相當難以置信。然而在一一一五時分，該報告得到了另一支偵察隊的證實。

部隊立即收到戰備警報，並下令自戰鬥中脫離，撤至歐赫特（Ourthe）後方。撤退只能在黑夜中進行。現在是快速行動的時候了！必須阻止美國人靠近那慕爾（Dürnal），只剩幾分鐘他們就將到達那慕爾的十字路口。然而師部如要避開美軍，就必須使用這個十字路口。

千鈞一髮之際，師部朝那慕爾方向疾馳而去。我帶領參謀沿陡峭的草地小徑前進，欲穿過一片林地以到達那慕爾。

在抵達那慕爾之前，胡伯．麥爾要求我將帶領尖兵的任務交給海因策曼黨衛軍上尉（Heinzelmann）。當我的座車接近那慕爾的第一座房子時，我向海因策曼揮揮手讓他的部隊超過我。

村子位於一個很深的窪地裡。一堵一點五公尺高的牆，沿街道向左側延伸，一直到村落東方的街道轉角。

和往常一樣，我站在車上試圖眺望高地的彼處。這樣我就可以越過牆壁的障蔽，看到通往那慕爾的主幹道。

我對海因策曼叫喊，對他提出示警，但為時晚矣！一枚砲彈呼嘯而過，將第一輛車炸成粉碎。美國尖兵戰車駛入了轉角處，開火射擊。

狀況急轉直下。駕駛幾輛福斯座車對一列戰車衝去可一點都不好玩。

我們已無法回頭了。我看了一眼戰車——該車正在慢慢前駛。根據自己類似情況下的經驗，我認為戰車指揮官大可利用這難得的機會，毫不猶豫地輾壓整個師部，或者逕直發砲將之摧毀。所以，趕緊自街上溜之大吉吧！

我潛行通過庭院大門，再越過隔開庭院與花園的鐵絲網圍籬。真意想不到！我帶著自己走進了一個可惡的陷阱中！躲在一排房子後面是不可能的，院子建在向上升起的坡地上，四周是高牆。當走近時，我意識到如果不想被美國人當作目標，就不要翻牆過去。

首先我必須尋求掩護。雞舍是唯一的出路！咻！一個身體飛越鐵絲網。波恩霍夫特一把抓住了我。現在我們都被困住了。無論如何，棚子暫時讓我們脫離了敵人的視線。希望在夜暗降臨後，能夠找到路與戰友們會合。

街道上傳來了響亮的呼喊聲，民眾正為美國人歡呼。戰車隆隆駛過。在隔壁的房子裡，我聽到了激動的交談聲，並聽到了科隆這個名字。此後我再也沒有看到過科隆中尉，他被列在傷亡名單上。

現在已是一四〇〇時，棚屋的屋頂正滲漏著小雨。再也不能忍受了，我需要知道街上發生了什麼事。我在地上匍匐，攀爬過鐵絲網，走到棚子的角落，之後即體驗了本次戰爭中最驚心動魄的時刻。

一些游擊隊員來到柵欄前詢問一位老農夫。他們可能想知道農夫是否在院子裡有看到德國士兵。農夫搖搖頭。我咬緊牙關，在離游擊隊只有幾公尺遠的地方趴下。他們靠在柵欄上，用眼睛掃視斜坡。這會是我這一生中的最後幾分鐘嗎？手中緊緊握著手槍握把。他們休想不經一戰就抓住我。蕁麻叢成為我的藏身之處。

哀鳴聲以及槍聲將幾個傢伙引到了附近的院子裡，一個戰友的生命就此走到了盡頭。我們是安全多了，因為這座院子現在已經被搜查過，我們也希望雨天能讓任何好奇的人走遠些。幾分鐘變成幾小時，落在屋頂上的雨越來越大聲。我們對現在的天氣感到高興。但突然間發生的事卻讓人傻眼。雞群聚集在棚子前，等著要進去。牠們可不想和我們分享雞舍，牠們要趕我們出去。故事沒能圓滿結束，所以該發生的事還是發生了。老農不明就裡地站在柵欄旁，試圖將他的雞群驅趕進棚子裡。但是這些禽類很固執，牠們可不希望與人分享自己的「王國」。

好奇的農夫把頭伸進了棚子裡。他實在不應該這樣做，因為在他吃驚張開大嘴之際，人倒坐在黑暗角落的一個木桶上。現在他成為無辜被捲入的第三者，恐懼地盯著我們的手槍。情況變得更加棘手，照這樣下去，農夫的妻子很快就會加入我們。她肯定馬上就會發現她的一家之主不見了，而跑來尋找。

我們決定釋放這個老頭。他承諾閉嘴不說，也不會去告訴游擊隊。他邁出輕快的步伐一溜煙不見了。

當然，我們不會僅憑一面之詞就確信了老農的承諾。等他一走，我們就翻牆而去，當落地之際，這才發現來到了游擊隊的指揮所前面！

我真的沒想到會有這個意外，這個驚嚇不可能更大了。游擊隊員就住在教堂的鍋爐間裡，一個小男孩站在地窖門口享受著他的第一支美國香煙。全副武裝的游擊隊員走上樓梯。我們像黃鼠狼一樣在墓地裡跳躍、潛行、衝刺。古老的墓園，保護了我們免於被游擊隊發現。

我們最後來到了墓地一角的肥堆。由於暫時無路可逃了，我用舊花圈蓋在馬克斯之上，要他注意盯住教堂的入口。我自己則打算躲在灌木叢之後。

一聲叫喊響徹了墓地。那類叫聲顯示我們處於最大的危險之中。一個轉身我瞥見了樓梯上的兩名警察以及他們的槍口。警察一時間愣住了，這時他們還沒有發現麥克斯。剎那間，我把手槍指向他們的方向並做出示意射擊的動作。一切都發生在幾分之一秒內。警察趕忙躲避。走、快走！我跑向墓地的南邊，再次看到步槍的槍口。一名槍手站在門口，我直接衝向他，用手槍指著他，這人溜之大吉。結果我們被包圍了，老頭通報了所有人。我翻過墓園圍牆，跳落在四公尺下的街道上。馬克斯在我身後喘著大氣。

天哪，在生死交關的當下，一個人能有多快！這條路順斜坡上升，我的肺似乎要炸裂了。槍聲在我們耳邊響起。當我拔腿狂奔時，聽到了馬克斯的叫喊聲。馬克斯倒在地上，他們擊中他了。我轉身對著街上開了幾槍，射擊迫使「勇敢的自由戰士」掩蔽自己。我轉向村莊的出口，正好瞥見了另外兩名把守出口的游擊隊員。要往哪走？我的目光落在一扇小門上，一塊大石頭將門壓在牆上。游擊隊員並未注意到我的蹤影，我在門後掩蔽。

筋疲力盡的我蹲在馬廄的一角，透過門縫瞇眼睛觀看。游擊隊員過了一會兒就到了。他們激動地來回奔跑。每個灌木叢都搜查過一遍。他們不了解我為何失蹤不見了，開始互相指責。一名游擊隊員對我大聲喊話，要我離開我的藏身之處、放棄戰鬥。同時，他承諾會遵守國際公法，把我交給美軍處置。但我沒有回應。

握在手上的手槍越來越重。我們曾經一度發誓永遠不會活著成為俘虜，俄羅斯的殘酷經歷說服了我們這樣做。現在是時候了！一顆槍彈在槍膛裡，而另一發仍在彈匣中。我現在應該兌現我的誓言嗎？還是這只適用於東線？這裡的現實條件不是完全不同嗎？時間一分一秒過去了。我的眼光一次又一次地望向手中的手槍。我很快地想到了家人以及自己的孩子。下定決心是困難的，非常、非常的困難。游擊隊離我藏身之處只有幾公尺遠，我甚至可以端詳他們的長相。有些人有著頑強、野蠻的特徵；而另一些人則看起來像是無害的市民，不過幾分鐘前才拿到發給他們的槍枝。

游擊隊首領再次要求我投降。一個十四歲左右的男孩站在他旁邊，顯然是父子二人。小鬼頭手裡拿了一把短步槍。

突然，男孩亢奮起來，指著門和已經搬開的石頭。他明白了。石頭方才所在的地方，地面是乾的，所以這塊石頭肯定是在幾分鐘前才被搬開來的。父親再次要求我投降。

一顆子彈穿門而過，又叫人拿來了手榴彈。接著又開了兩槍打碎了門板，把我逼到了角落。我衝著這個父親大喊：「我的槍正指向你的孩子！你會遵守諾言嗎？」他立即抱住孩子，重申會遵守承諾善待我。

一切都結束了。我唯一的希望來自我的戰友能反攻打回來。我把彈匣扔到一旁，把手槍扔到另一個角落。成為俘虜的感覺竟是如此悽慘！

我慢慢打開門，走向游擊隊首領。有些人想馬上撲到我身上，幾把手槍和步槍指著我。沒有人說一句話。我並不在意這些武器的威脅——我在搜尋那個父親的眼神。他手一揮，要求他的夥伴放下武器。雖然抱怨連連，他們還是遵從了他的要求，然後伴隨著我們走進教堂。

游擊隊首領告訴我，戰爭期間他曾在德國當過工人，在那裡只有美好的經歷，因此他沒有理由領導一幫殺人犯。然而，他坦言要阻止這些年輕人謀殺或濫殺是非常困難的。

波恩霍夫特仍然臥倒在街上。他的大腿中了一槍，挨槍處相當尷尬。我們把他帶到了警察局，在那裡他立即注射了破傷風針。村上的醫生很願意幫忙，還祝福我們能早日返鄉。

兩名警察現在從口袋裡掏出兩具手銬，戴在我的手腕上。手銬緊緊扣上了我的關節，鏈節越來越深地切入肌肉，我幾乎痛得跪在地上。他們興趣盎然地看了看我，游擊隊員也對我咧嘴笑。那些傢伙一定曾經嘗過這種折磨，因為很明顯地，他們在等待我痛苦的叫喊。麥克斯看著我叫道：「噢！這些混蛋！」

游擊隊首領又回到了房間，下令帶我離開。我們踉蹌地走過了墓地，最後來到了鍋爐間，也就是游擊隊的藏身之所。

麥克斯躺在草蓆上。我驚呆地看著兩個警察打開鍋爐門，從那裡拿出他們便服。不久之後，他們裝扮成游擊隊然後消失無蹤。我暗地裡詛咒德軍的野戰憲兵，他們的崗哨就位在教堂旁邊。那些傢伙一定是睡著了；前線部隊現在必須為憲兵的無能付出代價。麥克斯很痛。他一直要求如果我能夠存活下來，要我跟他的父親聯絡。他覺得自己存活的機會渺茫了。

在地下室的時間慢慢地流逝。游擊隊首領給我們帶來了一些麵包。他自己也不確定該怎辦，因為他知道德軍仍在村子的西邊，很可能會在夜間通過那慕爾。

我仔細聆聽每一個聲響。從與游擊隊員的談話中，我可以推斷出美國人正繼續向第南進攻，目前那慕爾並沒有美國人。一個話不多的游擊隊員看守著我們。要是這傢伙不這麼隨意的擺弄他的槍就好了！每次我幫助馬克斯改變姿勢時，他都會對我大喊大叫，並用手槍指著我。這個小夥子非常害怕。幾個小時後，我才知道他為什麼這麼焦慮。

午夜時分，所有游擊隊員突然消失，只剩下看守我們的小伙子。離開前，他們在我們與這名守衛之間放了一張又大又重的桌子，把房間一分為二。這小夥子一直拿手槍指向我，我一度感覺到，那個傢伙想要幹掉我。

有車輛駛過村莊。是德軍還是美軍？答案離我們並不遙遠。又過了一個小時，我聽到槍聲，然後是砲彈爆炸的聲音，子彈在空中劈啪作響。很可能一輛德國車輛起火燃燒了。

破曉時分，一聲巨響傳遍各個角落。我們焦急地聆聽著戰鬥的聲響，可以清楚區分是美軍或是德軍的機關槍在射擊。我們的那名看守越來越焦躁了，他的槍不斷地指向我。他甚至拒絕給馬克斯喝水——他害怕轉身背對我們。

突然，窗戶玻璃飛濺到我們臉上，機槍火力像鞭子一樣穿過窗戶。美國人要求我們投降。嗯，這實在很有意思。守衛焦急地站在角落，繼續用手槍威脅著我。我對著他大叫，要他去把門打開，別再讓美國人持續那愚蠢的射擊。美國人還在肆無忌憚地開火。我們的這名游擊隊員終於把門打開了，他向著美國佬叫喊，機關槍仍對著教堂的牆壁掃射，第一個美國兵衝進地下室朝我們前來。出乎預料的，我們這名看守的臀部被無埋地重重踹了一腳，把他踢到了房間角落。這名「游擊隊員」原來是來自洛林（Lorraine）的逃兵，對美國人把他當作小混混對待感到相當喪氣。驚訝很快就消失了，現在有一把衝鋒槍的槍口對準了我。這時第二名美國兵說話了：「別擔心。我的戰友想要你的勳章作為紀念品！」儘管十分憤怒但卻無能無力，自一九四一年四月以來，一直陪伴著我的騎士鐵十字勳章，就這樣給搶走了。

這第二名美國佬說得一口流利的德語，他的母親出生在德國。過了一會兒，他告訴我：「看在老天的份上，不要說出你是誰。你的隊友們在後方遭到惡劣的對待！」二十四小時之後，我才明白他話裡的意思。

我們爬上樓梯，在墓地遭到德軍機槍掃射。我認出了森林中的射擊位置，距離教堂僅一百五十公尺。我們躺在墓地之間，等待火力間歇時刻。在我知道發生了什麼事之前，我的手錶和戒指都被偷走了。我落到了一群歹徒的手中。

在教堂後面，我的錢也不見了，另一名美國大兵接管了我，他很不高興，因為在我身上已經搜刮不到任何東西，他用槍托重擊了我的背後幾下。走了幾公尺後，他才覺得心滿意足。我們剛經過了幾個女人，她們正焦急地站在自己的房舍大門前，我的後背又被敲擊了一下，踉蹌地向前顛了幾步，這才一轉身，又挨了一記正面重擊。槍托打中了頭部左側，然後滑到肩膀上，接著我摔倒在街上。就在倒下時，我聽到比利時婦女在尖叫抗議。

又是一陣毒打逼我站了起來，然後腳步不穩的穿過了街道。女人們的尖叫聲在我耳邊迴響。再往前幾步，這個惡棍把我推進了一個小花園，鮮血黏在我的眼睛上，左耳也噴出血來。我已經沒有時間思考了。面前是一株高大的醋栗灌木，我被壓在裡面。所以，這就是我生命的盡頭！一瞬間，看到我的家人在眼前。「作戰失蹤」將是這場謀殺的官方說辭，而以無名屍埋葬，會是我真正的結局！

當他舉起他的卡賓槍對準我時，我帶著強烈的蔑視瞪他。我再也不會見到他了——我已經在另一個世界了。突然，他放下了卡賓槍，留下一句「媽的！」就離開跑走了。

救我的人是個年輕少尉，他的母親是個德國人。他在最後一秒插手干涉，阻止了這個步兵的暴行。

少尉試圖為士兵們的行徑開脫。他將這些暴虐的行為歸咎於美國國內有關機構所炮製出來的不負責任仇恨宣傳。

為了不弄髒他的座車，我坐在前擋泥板上。不過幾分鐘後，擋風玻璃上就染成一片紅了。迎面的風把我的血都吹到玻璃上去。

驅車一小段後，我們在一個美軍補給車隊處停下。在這裡，我被交給了補給車隊的指揮官。他下令把我被送去野戰醫院。

該車隊由大約十二輛卡車和參謀車組成。每輛車上都配備一挺機槍，由一名駕駛和兩名助手負責。我既驚訝又羨慕地看這支運補車隊。一個由一個戰車營和一個步兵營所組成的聯合兵種先遣隊，像是在集市那樣在空曠地上集結，一輛戰車接一輛戰車，一輛車挨一輛車。這支部隊竟是在沒有地面或者空中掩護的狀況下，正在接受油彈補給。

只要有五輛虎式戰車衝出森林，即足以摧毀這整支先遣隊。然而在馬士河與德國邊境之間，已不再有虎式戰車存在了。在這個區域，只有久戰疲倦和隨波逐流的人徘徊其中。西線長城能擋住美國人嗎？我認為這是不可能的，因為我知道已沒有多少能夠作戰的師了，而西線長城並未完成，且長期受到忽略。

事實上，魯爾區在盟軍的矛頭面前毫無防備，沒有什麼能阻止蒙哥馬利攻占這座德國的軍火工業區。十到十五個盟軍師向德國西北部的強力推進，即足以摧破德國抵抗的支柱，然後在幾個星期內結束戰爭。歐洲之戰已輸掉了。

受傷戰友的呻吟聲將我拉回到現實，他躺在鄰車上，腹部中了一槍。突然，我認出第三輛車上有一隻正在揮動的手。馬克斯躺在一輛加油車上。空油桶成了他的擔架。

與此同時，大約有六十名德軍戰俘被聚集起來。其中有傘兵、警衛營的成員，也有我師約十五名戰士，正在分配載運的卡車。

下午稍晚時刻，車隊向那慕爾出發。我仔細觀察穿過麥田的行駛路線。我能成功逃脫嗎？我肯定是有脫逃的念頭。我輕推一名年輕的傘兵，示意他跟我一起逃跑。他點點頭，朝卡車邊緣移動。

美國人很小心。每輛車都由次一輛車上備便發射的機槍進行警戒，駕駛室裡坐了一名配衝鋒槍的美國兵。在這種情況下，只有一條蜿蜒穿過森林的道路才是逃亡的選擇。我們的運氣不夠，抵達那慕爾的路程比我們想像的要短。所以就沒有逃亡的機會了。但是我們一直保有脫逃的想法——我們想要重獲自由。

那慕爾生氣盎然。美軍工兵沒耗費多少力氣就修復了馬士河上的橋梁。當地住民不是冷漠地看著我們，就是採取敵視的態度。車隊穿過市中心，停在一座大型建築前，我後來才知道這是一座監獄，就位在火車站附近。好奇的人圍了上來，有女人對我指指點點，因為我渾身血汙，看起來很可憐。

數分鐘後，我看著波恩霍夫特被抬下車、進入大樓內。游擊隊和警察在入口處迎接他。周圍的平民圍著這群人。然後不可思議的事情發生了——一聲槍響劃破寂靜，平民化身成為嗜血的暴徒。街頭爆出喧囂、嘲笑和狂熱的掌聲。就這麼一瞬間，我多年的同袍，一位勇敢的軍人和好戰友，就這麼被一個懦弱可悲的生物給屠殺了。伴隨我們的美國人對這種殺戮的渴望搖搖頭，然後將騷擾我們的暴徒趕走。

車隊再次向前移動。這就是被俘二十四小時之後的狀況！竟然殘暴地殺害一名失血過多，奄奄一息的士兵！天啊，我們是一群多麼無助的傢伙。沒有人預知半小時後又會發生什麼事。

我們這趟路程在駛進警察局的院子後告一段落。車站在那慕爾的中心，我清楚記得入口大門。入口旁邊有一座古老的哥特式教堂。

穿過大門時天已經黑了。游擊隊把守入口。這是一個不祥的徵兆。車子一開出，我們就被一個仗勢欺人的小伙子大喊大叫，要我們整隊。最後下車的戰友遭到了一記槍托捶擊。我站在隊伍右邊，看到一個美國人一邊指著我一邊跟游擊隊說話。游擊隊員點點頭，要我跟他們去。他們把我帶到了警察局，把我和一名國防軍中士綁在一起。在綑綁時，我聽到戰友們痛苦的慘叫聲。游擊隊正在瘋狂的毆打一群士兵。我問道：「發生了什麼事，為什麼要打他們？」中士回答：「為了把黨衛軍和傘兵的所有成員都鑑別出來，然後幹掉他們！」說完最後一句話，院子裡響起了第一聲槍響。一九四四年九月七日，大約二十名德國士兵在那慕爾遇害。他們不是死於比利時士兵之手，而是死於那些將紅領巾視為珍寶般炫耀的流氓之手。

晚上二二〇〇時左右，我被兩個游擊隊員架著，穿過空蕩蕩的街道。我們的腳步在沉睡的城市中迴盪，彷彿是死神的沉悶鼓聲在我耳邊響起。我再次等待我的結局到來。但這一次我錯了，一個同行者突然開口說話。他遞給我一支美國香煙，問我是否感到很痛。「你知道，」他說，「你的顱骨破裂了，還能夠這樣走路，真是太神奇了。我們被指派要在幾分鐘內帶你去看醫生。」我希望事情是照這樣發展。美國佬告訴比利時人，我的頭骨破裂了，根據一名美國軍官的命令，我需要送去給美國醫官救治。「顱骨破裂」倒是確定的，因為我的左耳不斷出血。好吧，希望這個故事能有一個圓滿的結局。當然我知道我的顱骨沒有破裂，但我也無法解釋這血是從哪流出來的。直到後來才發現，那個美國兵擊破了我的一根靜脈。

走了幾百公尺後，我被帶到了看起來像是學校的地方。游擊隊員和菜鳥衝著我喊：「SS、SS……？」陪同我來的人平靜地回答：「不是，不是！他是第二裝甲師的上校，美國人要我們帶他去醫院。」菜鳥們半信半疑的將我推上了救護車，送往了天主教醫院。在路上，一位修士和一名隨行人員告訴我，凡是黨衛軍和傘兵都會遭到立即射殺。

我冷淡地聆聽著這些令人髮指的事情。許多年輕的戰友在沒有自我了斷的情況下，落入了這幫兇手的手中。這些戰友很多都是最近幾天才配發到部隊來的，他們還未滿十八歲，就淪為被煽動的暴徒的槍下魂。

再一次，我又將面臨生命結局的可能來臨，在我被指認出來之前，只剩下很短的時間，我瘋狂地思考可以將我的軍人身分補給證藏在哪裡。我不能把補給證扔在車上，至多只有幾個小時就會被查到。

我被帶到手術室，躺在木板床上。一位講德語，非常友善的護士照料我。這菜鳥與護士竟是姐弟關係。游擊隊員第一次在燭光下看到我，以非常懷疑的眼光瞪著我看。現在你有問題了。他們似乎對我身上的迷彩服很眼熟，認為我是黨衛軍的一員。

是丟棄會揭發我真實身分的補給證的最後關頭了。但該怎麼做？這群傢伙用狐疑的眼神看我。在最後一刻，我要求護士讓我離開。猶豫片刻後，她允許了我的請求，我踉踉蹌蹌地走過了幾扇門，一名游擊隊員跟在我身旁。我立刻將補給證丟入水管，補給證瞬間消失，當注意到水管塞住時為時晚矣，這可能只不過為我真實身分被發現多拖延了幾個小時。醫生決定先給我張病床，然後安排拍X光片。我的膝蓋很無力，跌跌撞撞走進了病房，在游擊隊員的攙扶下，躺上了病床。失血使我筋疲力盡，現在我真的走到窮途末路了。

污跡斑斑的制服被游擊隊帶走。就在我們要離開的時候，我看到他們在搜查我的口袋。果不其然，現在他們在搜查我的證件。我還會繼續走好運嗎？沒過多久，我就被問到補給證的下落。現在很重要！這個答案一定要很有說服力！我慢慢睜開眼睛，用堅定的語氣說道：「在美國人那裡。」有那麼一瞬間，我屏住呼吸，但發現我的守衛接受了這個答案，他們和我握手後就一溜煙走了。夜晚，我因為大量失血，所以換了一個新枕頭，然後在昏睡了過去，想起了我的家人。我在醫院住了兩個星期，醫生有好好治療我。修女們偷偷給我香煙，女孩們也偶爾給我帶來一些好東西。每天我都感到更自在，只是覺得我在醫院的日子快結束了。

我還是熱切懷抱著逃亡的念頭。我住在三樓，只能從窗戶逃出去，所以須要一些床單，然後才能綁成繩索。但在想法付諸行動之前，我被送去了阿爾伯特軍營（Albert Barracks）。

阿爾伯特軍營位於火車站附近，提供給準軍事單位使用。我是這裡的唯一戰俘，獨自一人生活，被遺棄在軍營房間的角落裡，這種感覺實在不太好過。

我的新住所幾乎不適合逃亡。高牆和嚴密的衛哨阻擋了通往自由的道路。四十八小時後，我的孤單生活結束了。那天下午，游擊隊帶來了一位難友，奧繆勒少尉（Aumüller）在那慕爾以北與一群德國步兵試圖抵達德國邊境時被俘。這群人在三個星期的時間裡，穿越了北法和比利時的森林和鄉野。僅依靠民眾的救濟，已經跋涉了數百公里，卻在抵達邊境前被俘。

現在我們一起坐在房間裡，思索著如何改善我們的狀況。到目前為止，我們一直忍受著令人痛苦的條件！我們很快解決了供暖問題。我們拆掉家具，把桌子、椅子和櫥櫃，投入煙囪裡。但是對於食物卻無法可想。我們每天都喝著同樣的湯。幾天後，又增加了一名步兵師的排長華格納中尉（Wagner），成為本組的第三位成員。和奧繆勒一樣，華格納向東行進了數個星期，卻在馬士河畔被俘。我們真是需要華格納啊。他不知用什麼方法藏了幾百塊法郎，現正幫助我們改進伙食。按照計畫，從現在起，要開始與警衛們攀交情，以獲得他們的信任，如此有利於我們目標的達成。我們高興地注意到，一名比利時前軍校生曾經當過德軍的戰俘，後在比國國王的調解之下於一九四三年提前獲釋，他是我們最好的盟友。M.G.是一名比利時老兵，行為舉止得當。他證實了德國士兵被謀殺的事實，對此表達了厭惡之情，並且指責共黨游擊隊的惡行。一名一九四二年被德軍俘虜，一九四四年春自比利時礦井逃脫的俄兵，也協助對我們友善的比利時士兵改善我們的伙食。這兩位真誠的自由戰士出於真正的理想主義為祖國奮戰，且都曾在蓋世太保的監獄中度過了很長一段時間，隨時間的推移，他們加入了協助我們的行列。

只有在這些人的幫助下，我們才能保持自己的體力。他們也只負擔得起一些麵包、馬鈴薯、胡蘿蔔和水果。他們自己幾乎也沒有足夠的食物，而且還依賴配給。這些比利時人樸實、正直的態度，協助我們度過了一些困難時期。這些日子為了爭奪亞琛市（Aachen），美德雙方正進行艱苦的戰鬥，我們衷心感謝協助者所帶來的每一條訊息。

那名前紅軍近衛部隊的官兵，當向他說明德國，尤其是東線的當前局勢時，他聽來一點也不開心。看來他並不渴望俄國獲得勝利。

這位純樸的俄羅斯士兵似乎比創造出卡薩布蘭加會議結論那些毀滅性想法的締造者們，更了解俄羅斯政治的意圖。無論如何，他的直覺要較山繆爾．霍爾爵士（Lord Samuel Hoare）更為準確。霍爾爵士在一九四三年二月二十五日回覆西班牙國家元首佛朗哥的警告信中這樣說：

> 我不能接受俄羅斯將在戰後對歐洲構成威脅的理論。同樣，我反對俄羅斯在戰爭結束後，將對西歐發動政治運動的想法。……他們說共產主義是我們歐洲大陸的最大危險，俄羅斯的勝利將導致它對全歐洲的掌控，對此我們有完全不同的觀點。……這場戰爭之後，一個國家能完全靠一己之力統治歐洲嗎？俄羅斯將忙於自我重建，很大程度上依賴於美國和英國的幫助。俄羅斯在爭取勝利的鬥爭中並未處於領先地位。各盟國所付出的軍事努力完全一致，勝利將由盟軍共同贏得。戰爭結束後，美國和英國的大軍將占領歐陸。他們由第一流的戰士組成，並不會像俄國部隊那樣曾經受到重創且嚴重消耗。我大膽地預言，英國人將成為歐陸上最強大的軍事力量。英國在歐洲的影響力將與拿破崙時代一樣強大。基於軍事實力，我們的影響力將遍及整個歐洲，將參與歐洲的建設。

這就是英國重要的政治人物山繆爾・霍爾爵士的說法。我認為歷史進程已經證明我們的俄羅斯警衛的擔憂。他的預言成真了，最終是俄羅斯成為歐洲的強國，不是英國。

一個個轟炸機中隊在馬士河高地上低空掠過，將致命的炸彈丟擲至燃燒的家園，迫使我們必須制定逃生計畫。然而還是沒有辦法冒險找到走向自由之路，我們被看管得太嚴密了。

一天，比利時人給我們帶來了幾件德國庫存的舊制服，以補充我們的衣物。我拿到一件上衣和一件外套。我們現在已經可以禦寒了。不過，我們看起來更像是一夥強盜，而不是德國軍人。

十月初，一群美國人在一名憲兵少校的帶領下出現，將我們裝上卡車。守衛還是非常嚴密，沒有逃跑的機會。

傍晚時分，來到了憲兵進駐在蘭斯（Reims）的警察局。牢房裡充滿了狂暴的黑人，他們因勝利醉酒而胡作非為。第二天早上，我們越過蘭斯舊戰場向西行駛。到目前為止，我們花大部分時間忙於制定逃生計畫，並留意關鍵的地形特徵。但現在坐在卡車的角落裡，異常沮喪且驚訝地看著盟軍龐大的後勤補給設施。數量驚人的彈藥、燃料和其他給養堆積在公路兩旁。一座又一座的營地排成數公里長。介於兩座營地之間的是野戰機場以及儲放補充戰車和大砲的大型營地。公路上和各個營地的交通都是一幅與戰事毫無關係的運作，沒有空中掩護、偽裝或防空準備的徵兆。在這裡，我們看到的景象就像個大富人家的宅邸。美國人是否知道當他們站在德國邊境時，究竟手上握有了多麼巨大的武器和裝備優勢？

下午稍晚時候，我們開車經過貢比涅（Compiegne）。從一九四〇年的貢比涅，到一九四四年的貢比涅，是一條多漫長的道路。現在我們正被載往一座大型的戰俘營。而下一步，又將帶我們往何處去？

這座戰俘營給人留下了深刻的印象。放眼望去，僅是無窮無盡的鐵絲網。在進入營區之前，必須通過兩座由煩人的美國衛兵看守的外門。我們立即被帶到營區指揮官面前，他對我們進行一對一的詳細盤問。我被登記為第二裝甲師的麥爾上校，我的軍人身分補給證被那慕爾的美國人以不知去向的說法結案。營區指揮官原來是一位老柏林人，他在選帝侯大街（Kurfüstendamm）經營一家律師事務所，一九三〇年代才移民美國。

就在我們把該講的都講完之後，指揮官任命我為營地管理的助手，讓我監督軍官營舍。我與華格納和奧繆勒被分到了一個小房間。我們很高興能有一個屬於自己的小空間。第二天早上，有許多勘查工作要做。營地區分為三個區塊，內含數千人。作為營地管理助手，我可以毫無困難地從一區移動到另一區四處尋找戰友。

在第一次去到士兵營區時，我遇到了第一傘兵師的一名中士，他讓我了解營區的內情。營區裡到處都是間諜和告密者。所以謹慎是首要的保命符！用不了多久，就已經將我們的人滲透到了營區的每一個角落。逃生用口糧按計畫安排並分發到各個營區。

儘管進行了各種搜查，華格納中尉還是設法保留了一隻指南針。所有的一切都要為逃亡做準備。現在連繃帶都可以取得。一員傘兵醫官加入了我們的隊伍，想和我們一起逃跑。

一天，來自亞琛戰場的數百名戰俘抵達了戰俘營，為我們帶來了家鄉的最新消息。俘虜當中，有一些ＬＡＨ師的擲彈兵，他們告訴我有關我師的消息。聽到我忠實的戰友瓦爾德繆勒遭到謀殺的消息，讓我感到相當震驚。九月九日，在菲爾桑姆（Vielsalm）西北十公里外的下波杜（Basse-Bodeux）附近，瓦爾德繆勒少校成為法國馬基地下軍（Maquis）的受害者。法國人在街對面拉了一根繩索，把他和他的駕駛從機車上攔阻下來。兩人都受了重傷，然後像隻老鼠般被淹死在注滿水的護城河裡。勇敢的浩克中尉，不慎闖入了一處雷區，然後遭到法國地下軍伏擊，遭到嚴重燒傷。

根據擲彈兵提供的進一步消息，希特勒青年師正在紹爾區（Sauerland, Plettenberg）的普雷騰堡附近一帶整補。值此當下，我們的逃亡計畫全速啟動。我們很清楚，如果計畫要成功，必須要與伐木隊合作。時間很緊迫，我們將在接下來的幾天內被運走，以便為新來的戰俘騰出空間。

十一月七日一七〇〇時，我與營區指揮官進行了一次非常奇特但卻非常不愉快的談話。我在營區的走廊遇見了他，他以非常友善的態度把我拉到一個角落，開始了以下對話：

「上校，我有一個不請之情。我現在的處境很不好。」聽罷我感到很意外，我保證會竭力幫忙，但至現在為止，我還不知道到底發生了什麼事。「哦，上校，那真是太好了！根據最新收到的報告，營區內肯定有一員高階黨衛軍軍官，如果這傢伙真的在營地裡，我就很麻煩了！」

好吧，這事終於發生了。感謝上帝，當時燈光太暗了，所以這位美國新移民看不到我的臉色。驚訝的情緒影響了我。我的舌頭打結，就像嘴裡含了塊鉛。先不要馬上回答，爭取時間。冷靜、冷靜、冷靜！在長長吸了一口氣之後，我向指揮官保證會盡力協助，然後問他這位黨衛軍軍官的名字和長相。獲得的答案：「是這樣的，我不知道他叫什麼名字。也不知道他長什麼樣子。我只知道他在營區內很受歡迎，每當他走過時，每個人都會對他微笑。」

我再次保證無論如何都會調查此事，平靜地說了聲再見，然後奪門回我的房間去。

當我向華格納與奧繆勒說明，剛才已經答應要尋找出自己，並將自己交給戰俘營當局時，兩人相當震驚。

行。

我們很快同意明天就開始實施逃亡計畫。繆勒中士、華格納中尉以及奧繆勒少尉將一起同行。

十一月八日，我們站在營地門口，等著分發加入伐木隊，然後就此展開從貢比涅森林到德國的漫長旅程。

然而我們走霉運了，當日並不需要任何伐木工人。我們帶著不知所措的表情偷偷溜回營區。到了一一〇〇時，我被叫到營區指揮官那裡。我向熟識的人道別，然後跟著兩位憲兵走了。

指揮官面無表情地坐在辦公桌後頭，耍弄著他的棍子。他的表情告訴了我一切。但是，我立即注意到他也不是絕對確定。所以，保持冷靜！

高大的美國憲兵站在我的兩側，他們的警棍鬆鬆地放在手中。氣氛越來越沉重了！美國新住民衝著我大喊：「脫掉你的襯衫！脫掉襯衫！」我站在那裡，光著上身。「抬起你的手臂！」我的上帝！營區指揮官臉色大變，重重喘了幾口氣，激動地抓著辦公桌。他用英語咒罵了幾句，然後問我為什麼會有血型印記[14]。

直到現在，我才意識到為什麼要我裸露上身。我真的沒有想到那個明顯的印記。我必須要爭取時間，找到一個合理的答案。只有當被問及第二個問題時，我才回答，並且反問回去，非常有禮貌地要求這個美國新住民給出解釋。這很快就讓這個好人失去了理智。他持續對我大吼大叫，指責我就是那隻SS豬，就是那個營區要找的高階黨衛軍軍官。

該是我出手的時候了。我笑看著怒目圓睜的指揮官說：「你搞錯了，血型印記也許是黨衛軍引入的沒有錯，這種作法已經在黨衛軍裝甲師中證明有效率，因此陸軍裝甲部隊也將印記引入其戰車乘員。你必須接受一個事實，所有裝甲部隊學校的學員，都會帶著血型印記回到野戰部隊去。」

這個解釋有效，似乎向憲兵丟了一枚震撼彈。我被允許重新穿上衣服，離開房間。營區指揮官依然坐在座位上，一幅絞盡腦汁、不知所措的樣子。

半個小時後，整個營地都被翻了個底朝天，憲兵大肆搜尋無線電設備——營區的戰俘將利用這些設備為十一月九日的脫逃做準備，並請求在夜間空投武器。我們被美國人豐富的想像力感到開懷大笑。

我們突然被要求列隊成行軍隊形。運輸工具已經備便。不到一個小時，我們行經市區，爬上了等待中的貨運列車。

華格納和奧繆勒同在一節車廂。瓦格納坐在地板上，試圖鑿開一個洞。這節車廂是用硬木材建造的，幾乎不會損壞，華格納對此永生難忘。我們根本沒有辦法挖開地板，但這兩個頑固派不以為然，就是想要逃跑。

就在火車開動前，聽到有人呼喊我的名字，我被要求離開火車，坐上了一輛等候中的吉普車。所以終究還是發生了。

我們高速駛返營區。在行政大樓前，我認出了一名穿著像個流浪漢的德國少尉，他正準備帶美國人到營區附近快速巡視，我對此感到非常驚訝。他羞愧地朝反方向看去。雖然對他沒有

14 編註：SS blood group tattoo，所有黨衛軍成員都在左臂有一個驗證血型的印記。雖然如此，包括高級軍官和那些在戰爭後期才加入的成員不見得都有。一般都是在黨衛軍的基礎訓練時會紋上。同時，如果曾在黨衛軍的野戰醫院接受過治療，非黨衛軍官兵也會印上血型印記。

用——我怒喊道：「可憐的渾蛋！」——這仍然傳到他的耳中。那是我遇到的第一個穿了德國軍服的懦夫。他是戰俘營中的告密者，原是某步兵師的年輕少尉。

指揮官現在強迫我只能用手指尖觸牆，雙腳站在離牆約一點二公尺的地方靠牆站立。我只要稍一移動，就有槍托砸在我的背上，並被惡狠狠地告知，要維持姿勢。

一切終有盡頭。沒過多久，我就被帶到了一個特殊的房間。在這裡，總會有兩個持槍的美國兵看守著我。

第二天一早，我們乘飛機經貢比涅飛往巴黎，然後從那裡轉赴城西的一座機場。

一四〇〇時，我坐上了飛機，不久就經過一九四〇年的戰場。我們通過敦刻爾克離開了歐陸，直到現在我才屈服於命運，放棄了所有逃亡的念頭。戰爭對我來說已經結束了。我身後是滿目瘡痍的歐洲，無數傷口在流血——英吉利海峽在下方經過，在我面前出現了朦朧的英國，那個想要解放歐洲但實際上卻把它扔進共產主義虎口的英國。

第三部　戰俘歲月

在英格蘭的囚禁歲月

飛機在朦朧的天氣中安全滑翔，飛越多佛（Dover）附近的英國懸崖。很快，我們在倫敦南部的一個機場上轉彎，優雅地滑翔降落於指定的跑道上。這就是英格蘭！我站在跑道上凍僵了，等待該來的事情的發生。顯然，巴黎－倫敦間的聯繫並不順利。打了幾通電話之後，預計要來的汽車這才停在停機坪上，載我前往下一個審訊營。一路上，我意外發現，根本看不到轟炸造成的損壞，倫敦郊區給人一種絕對平和的印象。我們穿過保存完好的街道和燈火通明的社區，迅速駛向營地。

當我被護送穿過一道門，進入一個獨立的房間時，一種神秘的寂靜籠罩著整個建築物群。全副武裝的英國人擔任衛兵。一份調查問卷送來，我立即填寫，以便獲得屬於我的寧靜。但是一個歇斯底里鬼吼鬼叫的小伙子衝進房間，站在我面前揮舞著握緊的拳頭。他把眼睛藏在又大又黑的太陽眼鏡後面，像個狂徒般衝著我吼叫，假裝憤怒地把我的野戰帽摔到角落去。這個年輕人似乎太急切於想要別人相信他是來真的，不過他的表演糟糕得很。我將被安置在一個單人的牢房裡。

第二天早上，幾塊麵包透過牢門遞了給我，之後被帶到戶外放風二十分鐘。散步過程不太可能認出其他囚犯——大帳篷將我們彼此隔開，阻止任何的眼神交會。經過幾天的獨處後，我很高興將再次被傳喚審訊。

一個新打造出來的美國人（本身原是德國人）在等著我。他開始和我展開一段對話，談論德國的軍事形勢，以及德國被摧毀以後歐洲的和平前景。在他看來，歐洲期待在英格蘭的領導下迎來美好的時光。當試圖解釋我無法苟同他的信念，而且盟國正在徹底摧毀舊歐洲，並為共產主義大開門戶時，他打斷了我們的談話。我拿俄軍士兵與盟軍士兵做對比的說法惹怒了他。他說了聲再見，並宣布要將我轉移到所謂的「將軍營」。

在之前的運輸中，我在出發前並不知道自己的目的地是哪裡，但現在我得到了最準確的訊息，並被告知我將與我的司令艾貝爾巴赫將軍會面。我在審訊營的後幾個小時，對終於與戰友團聚的期待感到高興。

下午稍晚時分，我被帶到恩菲爾德的將軍營區，這是一座被高高的鐵絲網包圍的別墅[1]。十餘員德國將軍和參謀人員已經住在那裡了。里特・馮・托馬將軍（Ritter von Thoma）是這裡的總管。托馬早前在北非被俘，在英國人心中享有很高的聲譽。他和看守我們的警衛關係很好。

在向將軍報到後，就被帶到我的房間，在那裡結識了艾伯丁將軍（Knut Eberding）。他是第六十四步兵師師長，該師在斯海爾德群島（Scheldt Islands）頑強守衛，最終不得不在布雷斯肯斯（Breskens）停止戰鬥。我感激地與我的老司令艾貝爾巴赫將軍握手，並一一問候施里本將軍（Karl-Wilhelm von Schlieben）、蘭姆克將軍（Hermann-Bernhard Ramcke）、霍提茲將軍（Dietrich von Choltitz），以及在裏波瓦即告失蹤的艾爾菲爾德將軍。

第一天晚上我們的談話不僅涉及戰俘營的情況，還討論到德國最新的政治發展。後一個話題一再引發辯論，尤其爾後成為聯邦部長的維爾德穆特上校（Hermann-Eberhard Wildermuth）。我觀察到有一組人並不相信現實已經發生變化。他們堅守自己的信念，將監禁及帶來的影響視為是一時的。另一方面，有些人已經失去了所有的幻想。對於這些人來說，他們所認知的世界已經崩潰，不知道該用什麼來填補。

在這段時間，我們發現最令人無法忍受的是無以倫比的轟炸機流持續的嗡鳴聲。我們被迫眼睜睜看著死神從我們頭頂飛過。

當送來了一些書籍的時候，真是心存感激；西洋棋引起了大家極大的興趣，隨之舉行了數小時的棋藝切磋以及競賽。當然，也有一些報紙送進營區裡面來。一份報紙因其針對德國的仇恨文章、令人髮指的謊言和無中生有，而變得特別不受歡迎。當這家報紙報導了德軍在十二月阿登攻勢中的「奇蹟」時，我們都很高興，尤其考量到過去幾年的巨大壓力，以及德國士兵所表現出持續高昂士氣之後。

這次攻勢完全出乎我們意料之外，因為我們知悉部隊的情況，也知道敵人的實力。令我無法理解的是，我那個勇敢的師在損失了一萬多名士兵（僅僅是指揮官就有二十一員傷亡）後，又作為一個師級單位再次參戰。在這種情況下，攻擊的結果是可以預料的，鑒於敵人在物質上的巨大優勢，只能以德國陸軍的又一場浴血而告終。

一九四五年春天，我被帶到倫敦接受持續數日的審訊。這是根據加拿大人的命令進行的，由巴爾克少將（Barker）主持。除巴爾克外，博拉斯頓中校（Boraston）、佩奇中校（Page）和麥克唐納中校（MacDonald）也出席了會議。此外，另有來自倫敦戰俘牢房（London District Prisoner-

---

1 編註：位於倫敦北的特倫特公園（Trent Park），是英國情報單位ＭＩ６專門用來關押二戰德國高階戰俘的設施，通過監聽戰俘的日常對話，收集最真實的情報。

of-War Cage）的蘇格蘭上校（Alexander Scottland）。

蘇格蘭上校後來在對待德國戰俘方面有了極富爭議的名聲。他竟然對於搧了勇敢的蘭姆克將軍一巴掌這件事，一點都不表示歉疚。關於蘇格蘭的宣傳炒作是無止境的，甚至還將他標誌為英國間諜機構中的英雄人物。直至今日仍有人聲稱，蘇格蘭在戰爭期間曾在凱瑟林元帥（Albert Kesselring）的總司令部偽裝成參謀軍官，為盟軍收集了重要的情資。當然，這不過是個虛幻的故事，但全世界卻都相信了。順道一提，蘇格蘭上校後來前往維爾（Werl）探視了所謂的戰犯。在那裡，凱瑟林元帥立即詢問蘇克蘭有關他在自己總司令部的經歷，他得到的只有冰冷的沉默不語。

與對待蘭姆克將軍不同，蘇格蘭上校對我頗為友好。在返回營區的路途中，他甚至帶我參觀了倫敦的風景，還給了我一些煙具。

我的審訊首先是純粹的軍事或政治的問題，繼之轉向諾曼第的事件。從這個問題我很快就認定，諸位先生想讓我對戰場上所發生的一切擔負責任，我應該是要被捏造成為替罪羔羊了。

在岡城以北的戰鬥中，盟軍的宣傳機器操作過了頭，將我師描繪成一群年幼的狂熱納粹分子。現在必須為當時的新聞宣傳提供證據，並且必須為復仇的「慶典」做好準備。

鑒於戰爭仍在繼續，對我仍在戰鬥中的部隊可能造成有那麼一丁點牽連的問題，我決定都給出否定的答案。

在審訊的第三天，我被帶回了原來的營區，幾週後被轉移到溫德米爾營區（Windermere）。我們搭上穿梭於鄉村幾個小時的特快列車，直到下午稍晚時候才到達溫德米爾。一輛汽車將我們帶到了第七號營區，這裡的風景如畫，四面環山，戰爭爆發前曾是一家大公司的療養院。穿過外門後，又被帶進了兩道鐵絲網，來到了一棟老宅的前院。大家個別前往登記，在那裡確認了個人的詳細資料，並再次搜查了私人物品。

一位曾在柏林長期居住的英格蘭新移民在我的行李箱中翻找著，好像他發現了槍支走私者的蛛絲馬跡似的；我可憐的隨身物品被以高弧度飛過房間。他將《騎士、死亡與魔鬼》（Ritter, Death and the Devil）的復刻畫從畫框上取下，然後將已經全然撕碎的畫作重新丟回盒子裡。

完成了這個程序後，由巴歇勒上校（Bacherer）把我帶到他的房間，讓我熟悉營區的情況。巴歇勒上校被英國人任命為營地自治幹部，直到他被亞琛的保衛者維爾克上校（Wilk）取代。我很高興聽到巴歇勒說，溫舍已經在營區內等著我了，大家在前一天得知我的到來。我很高興看到軍官們的士氣都沒有減損，他們對未來充滿信心。

當我離開巴歇勒的房間，去到分配給我的房間時，對於眼前出現的一大群軍官感到十分意外。他們在巴赫勒不知情的情況下，聚集在一起歡迎我的到來。溫舍很高興見到我，告訴了我他在法萊斯以南的經歷，以及隨後被俘的過程。

營區裡有各個軍種兵科的軍官，他們總是在動腦筋想看怎麼捉弄我們親愛的衛兵。兩名戰友因企圖脫逃而目前被拘禁在禁閉室。很不幸，他們只享受了幾天的自由，沒有多久就被重新抓獲，然後被拘禁了幾個星期的時間。

四月底，我奉命向指揮官報到，下令傳達與護送我的方式，讓我覺得大事不妙。溫舍與林格納（Lingner）也遭到傳喚，前來和我一起。令我驚訝的是，指揮官並不在場，而是一個穿著制服的人衝著我吼叫，他顯然不知道一個穿制服的軍人應如何表現其舉止，以免成為周遭人的笑柄。

奧托・約翰博士（Dr. Otto John）[2]，爾後的憲法保護局主席，是個牆頭草，為自己作為英國人的「法警」而感到榮耀。他口沫橫飛地對我吼道：「不要擅自離開這個營地！如果您試圖逃跑，送回來的將是你的屍體。反正你再也不會見不到你的家人了！」

如果那個可憐的傢伙知道了我聽到他這番可恨的胡言亂語所表現出的蔑視態度，肯定不會像一隻開了屏的孔雀般，繼續在營區裡昂首闊步，而該羞愧地找個洞鑽下去。

同時我被告知，不再能參加集體的放風散步，只允許在看守的情況下四處走動。溫舍和林格納兩位戰友也受到同樣的待遇。

英國人的這種安排並沒有對我們造成影響，營區裡流傳的謠言也沒有動搖我們。擔任營區助理的艾克海軍上尉（Heinz-Wilhelm Eck）和營區醫官衛斯普費尼希（Dr. Walter Weisspfennig）提醒我，英國人是把我當作死囚來看待。然而這兩位戰友自己不知道，他們也被列為「戰犯」，幾個月後在漢堡付出生命代價[3]。

在接下來的放風散步，我們像三隻害群之馬被分開關照，如同危險的罪犯被押著行進。兩個湯米帶我們穿過營區大門，然後爬上了附近的山頭。我們一離開營區，戒護人員就將衝鋒槍掛在脖子上，幾乎懶得看守我們。

下回我們再被帶出去散步時，出現了一個意外驚喜。休夫麥爾海軍上將（Friedrich Hüffmeier）突然從戰友人群中走出來，要求和我們一同前去散步。他用這樣的話來表明他的要求：「我是一員德國軍官，希望得到和我的同袍同等的待遇。」休夫麥爾海軍上將對此事感到非常憤恨不平。不幸的是，他只被允許陪同我們幾次——湯米並不喜愛這種袍澤情誼的展現。

一天，我遇到了我的老指揮官普福魯格中將（Kurt Pflieger），一九二九年我在他的部隊接受了我的入伍訓練。對我們來說，這是一次既快樂又悲傷的重逢。當年的大多數戰友已不與我們同在了。

我們帶著一顆淌血的心，追蹤家鄉的戰鬥敵對行動。我們無法理解戰鬥竟然仍在繼續，而對抗的是西方盟國。不知何故，我們相信歐洲人民有可能恢復理智，起而阻止紅軍對德國東部和中央地區的軍事占領。但我們錯了。命運引領中亞人走到易北河和歐洲的心臟地帶。

祖國的徹底崩潰正擊中了我們的心智。其實已經等待這個消息好幾個星期了，這消息給所有人帶來了沉重的打擊。關於俄軍占領區所發生的恐怖事件的報導，幾乎讓人發狂。幾個月來，沒有家人的消息，誰也無法肯定，家人到底在哪裡，究竟是死是活。

我的第五個孩子還活著嗎？是我們期盼已久的男孩，還是我現在有了五個女兒？思念日日夜夜追尋我們飽受折磨的家園，但是所有的沉思都是無用的——我們找不到答案。生活受到了越來越多的制約，很快就要被限制在鐵絲網之後了。放風散步被暫停了——現在得依循新的國際法規——勝利者的正義已經越來越清晰形成了。

新一波的運輸將克萊斯特元帥與施貝勒元帥（Hugo Sperrle）送至我們的營區。聽聞了來自飽受摧殘家園的第一手目擊者的陳述，讓人震驚。關於結束戰爭、政治錯誤、準備不足和各條戰線缺乏資源的辯論從未停止過。領導失敗的議題被討論得最是痛苦。大多數軍官都無法接受一九四四年七月二十日的暗殺企圖。我還沒有遇到一個公開宣稱自己是該案的參與者。

---

2 編註：德國律師，曾參與一九四四年七月二十日的暗殺希特勒行動。事敗之後，逃往英國，協助英國情報部門的宣傳工作。

3 編註：兩人都因希臘籍珀琉斯號（*SS Peleus*）攻擊事件，而遭法院判處槍決。

五月底，驚喜發生在我身上。自英格蘭南部一個營區轉運過來的新戰友中有一位上校，他和我的空軍中尉妹夫同住了幾個星期，於是聽說了我家人的最新消息。

自八月以來，我與家鄉斷絕了聯繫，對親人的下落一無所知。對妻子和孩子是否還健在是懷疑又擔憂，這是最令人難以忍受的。痛苦幾乎沒有影響到自己，戰爭使我們變得過於強韌，但對親屬下落了解的迫切需求，卻逼使人近乎崩潰。因此，很難描述上校的幾句話對我的情緒造成的波動。這段話讓我成為營區裡最幸福的戰俘，「我替你的妹夫向你問候，他說你的家人逃到了德國西部，你的兒子於二月十五日出生。」

六月，我和一百名戰友被調到費瑟斯通（Featherstone）第十八號營區。這種變化意味著從嚴苛的監禁中，得到了一絲令人愉快的喘息。我們被裝在巴士上穿越英格蘭。新營區位於泰恩河（Thyne）上，曾作為美軍的營房。它由無數的營舍組成，這些營舍被規劃成許多複合的營區，由不負其名的鐵絲網牆包圍起來。整個建築群給人陰森的印象。我們根本不喜歡這次的迎接方式。巴士的車輪一停下來，一個穿制服的人用手勢示意我們下車、小跑步到接待營房。這位來自柏林的英格蘭新移民，舉止一點也不紳士。他那群持著棍棒的守衛，像等待祭品的狼群圍著我們打轉。

我們被引入至一座軍營內再次接受全身檢查。這段煎熬結束之後，我們再也不用煩惱行李的問題。我們辛苦重新籌獲、用工資購買的個人物品全都沒了，然後才被允許入住營舍。

在接下來的二十四小時，感覺守衛已不再把我們當成戰俘，而是以罪犯來對待。從此刻起，這還是第一次將我們，以白、灰或者是黑等級的納粹分子做了分類。我被分類在我覺得還不錯的群體中。傘兵、潛艇軍官和大約二十名黨衛軍軍官與我一起，被歸類為黑級納粹分子。在這個群體中，被俘生涯還算是可以忍受的。我們立即開始組織了進一步的培訓課程，並很快組織了學習小組。馮・費邦上校（von Viebahn）為此做出了許多貢獻。

我們在夏季迎來了新營區指揮官，他採取了令人歡迎的措施。由於我們向紅十字會代表投訴，原先的指揮官遭到了撤換。鐵絲網後面的生活現在變得較為容易忍受了。維克斯中校（Vickers）當然不僅給予我們相當符合人性的自由，而且他知道如何馴服躁動不安的情緒，並讓我們抱持能盡快回家的希望。

九月中旬，我接到了一道令我猝不及防的命令，要我在半小時內完成出發準備，克羅將軍（Kroh）和溫舍陪同我到了大門口。指揮官通知我，倫敦區戰俘牢房指名要我，必須立即啟程。

在一個美麗的夏日，由一名海軍上校和兩名士官戒護下，我乘坐一節特殊的車廂前往倫敦。這趟旅程對我來說頗多趣味。沒過多久，我的這「三劍客」就睡得像木頭似的。一直到倫敦以前，一切都很順利。即使在政治態度上，我們也持有相同的觀點，但是當我被交給倫敦的辦公室時，良好的關係很快就發生了變化。一個曾經住在柏林的中士用仇視的眼神接待我，要我交出鞋帶和腰帶。這傢伙毫不掩飾地開心看我穿著敞開的鞋子爬樓梯。他那句：「他，就快完蛋了？」（He, will soon be finished?）直到今天還在我耳邊迴響。

我先上到四樓，然後穿過一條長長的走廊走到最後一間房間。在這裡，已經有一位奧地利的戰友。這個可憐的傢伙幾個星期前一直在義大利，瘦得幾乎是皮包骨。義大利戰俘營中的待遇，一定枉送掉很多戰友的性命。

第二天早上的二十分鐘放風時間，我發現了更多的戰友。我的鄰房是馮・曼陶菲爾將軍（Hasso von Manteuffel）以及辛普夫將軍（Schimpf）。幾天後，辛普夫解決了房間之間的隔牆，這樣就可以更好的交換訊息了。

有一天，我經歷了這樣的一個驚喜，讓我一度以為自己產生了幻覺。我無意中瞥見了一間敞開的房間，認出了失蹤的麥策爾和據報已死亡的施戴格上尉。不到二十四小時，我就與所有戰友團聚了。他們告訴我，加拿大人打算將我送上法庭，以戰犯罪名審判我。自戰友們處得知了這些消息之後，對於那些審訊的出發點我不再懷疑了，我要為即將到來的審判做好準備。

在很短的時間內，我被數百個問題疲勞轟炸，我很樂於回答這些問題。首席審訊官是麥克唐納上校（B.J.S. MacDonald），由坎貝爾（C.S. Campbell）從旁協助。我認識了能幹的口譯員斯通貝洛少校（J. J. Stonborough），他通過巧妙的提問，支援了他的上司及其工作。據稱後者來自維也納，因此可能是麥克唐納最熱心的助理之一。我從麥策爾那裡得知，斯通貝洛先生已經宣稱了我的死刑，並且在加拿大戰俘營中公開表達了這個態度。所以我的死刑在審判的第一天開始之前就已經被決定了。

當這些看似堅定不移的究責要落在我身上時，我還是努力不懈。我請求允許會見馮・德・海特上校（von der Heydte）以及我的老長官艾貝爾巴赫將軍，向他們尋求建議諮詢。該請求於數日後獲得批准。

迄今為止，我對每一個可能對我的部隊造成絲毫指控的問題，都做出了否定的答覆。我也認為沒有理由讓勝利者有機會來評斷德國軍人。勝利者無權評斷失敗者！即使是中立國也很難有立場這樣做。還是任何了解戰場真實情況的人都相信，戰鬥的一方是正義之師，而另一方必然是邪惡大軍？我們都置身於殺戮戰鬥的熔爐中，而雙方都有人在事件的巨大衝擊下失控犯錯。

戰敗者被特別法庭根據特別法律審判，不是因為他們被指控的罪行已經受到證實，而是「將被證實」。這些定罪只是來自勝利者的仇恨和報復情緒。「戰爭罪審判」變得片面而武斷，只針對德國人。這違背了所任何純正善良的正義感。

回到德國

在十一月的一個朦朧清晨，在沒有事先通知的情況下，我被銬上手銬、帶到了一座機場。我們默默坐車穿過尚未甦醒的倫敦，然後越過英吉利海峽飛往德國。我並不知道目的地是哪裡，但是景觀的特徵很快就告訴了我。我們在東弗里斯蘭（Ostfriesland）上空飛越了數百公尺。筆直的街道、閃閃發亮的運河，以及幾座風車向我們致意。一座機場在朦朧的景色中突然出現。一大群士兵、記者和攝影師在等待「岡城的野獸」到達。如果故事沒有那麼血腥嚴肅，我也許會放聲大笑。這支由記者、警衛人員，以及被動員而來的群眾所組成的隊伍，高度讚賞麥克唐納檢察官——要為這齣鬧劇負責的首要宣傳第一把手。

在錄音設備的嗡嗡聲中，我是最後一個離開飛機的。兩名軍官在階梯上等我。我以國際通行的軍禮向他們致意，但他們沒有回應。將手放下後，我很快就被銬在了一位高個子軍官的手上。當亞瑟・羅素少校（Arthur Russell）接掌了警衛排的指揮時，我和斯圖特上尉（W. H. J. Stutt）登上了一輛安排好的裝甲車。在裝甲偵察車和機車手的陪同下，這段行程帶我們越過了被封鎖且經常有人把守的街道，往奧里希（Aurich）的方向行進。整個過程有點像輕歌劇，尤其當我發現斯圖特上尉總是把右手放在口袋裡時，我就有這種感覺，他那手槍的輪廓清晰可見。

很快的，我們到了奧里希。我被帶到前海軍通信學校營區，並立即接受了徹底的脫衣搜查。也沒有什麼尷尬不尷尬的了。所謂的「搜身」過程，是在檢察官和一些官員在場的情況下眾目睽睽進行的。

對我的住宿有做了一些特殊的安排。在一排長長的牢房盡頭，兩間牢房被一扇厚厚的鐵門隔開，形成了一道安全隔間。一間牢房作為審訊室，而另一間充作「我的家」。這個牢房專門為我「現代化」了。「床」是用沉重的橫梁製作的，根本無法移動，這是一名德國木匠師傅及時做好的。床既沒有釘子也沒有肘釘，加上兩床的毯子，就是我全部的家當了。門上開了一個四方形的大口子，一名守衛不間斷把頭自這個方洞裡探出來，密切注視著我。

毫無疑問，我現在不僅僅是戰俘，更被囚禁起來了，勉強熟悉牢房環境後，我被上銬送回了斯圖特上尉那裡，由三名警衛押解前往皇家溫尼伯團團部。團部位於教學大樓內。在這裡，我終於被告知了我被捕的原因。在我面前的是克拉克中校（R.P. Clark），他向我宣讀了起訴書，然後讓口譯員翻譯給我聽。

起訴書包含兩個要點，上面寫到：

被起訴的庫特．麥爾少將，為前黨衛軍軍官，黨衛軍乃德意志國防軍的一部分。現在由加拿大陸軍海外占領軍（Occupation Force, Canadian Army Overseas），加拿大陸軍皇家溫尼伯步槍團第四營負責監管：

一、麥爾在比利時王國和法蘭西共和國犯下戰爭罪行，其於一九四三年期間和一九四四年六月七日之前，作為第二十五黨衛裝甲擲彈兵團團長，違反戰爭法暨慣例，煽惑和鼓動他指揮的部隊，拒絕赦免盟軍部隊。

二、麥爾於諾曼第犯下了戰爭罪行，作為第二十五裝甲擲彈兵團長，他應對在其指揮所附近的阿登修道院殺害七名戰俘一事負起責任。

所以，現在知道了我遭指控了什麼罪名，以及為什麼我應該被定罪。儘管令人不安，但我在上述這些事被揭露之後反而感到某種解脫，因為現在我可以為指控做好準備，並用適當的證據進行反駁。

手銬又喀啦一聲套在手腕上，我們的腳步聲在空蕩蕩的大樓長廊上迴盪。營區內為數不多、為加拿大軍工作的德國人好奇地看著我。

幾分鐘後，回到了牢房，試圖與看守的士兵套交情，還算有效。這個孩子曾與我的部隊作戰，對我非常友善。在這裡我要聲明，加拿大的士兵與軍官一向正直待我，我未曾受過一次虐待。第一線打仗的戰士和「只會紙上談兵的戰士」之間的區別顯而易見。不幸的是，其中一名年輕士兵因提供報紙給我，而沒幾天之後被調走了。

傍晚時分。北岸團（North Shore Regiment）的普勞德上尉（F. Plourde）以及萊曼上尉（Wady Lehmann）來探視我。萊曼介紹說他是辯方的口譯員。普勞德上尉則是副辯護律師，而首席辯護律師尚未確定。最初指派為我辯護的彼得・賴特上校（Peter Wright）拒絕了這項任務，因為他認為這是未審先判，公平辯護是不可能的。珀斯團（Perth Regiment）的莫里斯・W・安德魯上校（Maurice W. Andrew）爾後被指定為我的辯護律師。上述的三位先生非常認真工作並展現軍人精神，為我的名譽挺身而出。

在拘禁於奧里希的第一個晚上，我與普勞德和萊曼討論了指控的內容以及證人等相關材料，並指定了辯方的證人。根據現有材料，特別是證人的證詞，沒有一位先生相信對我的控訴。順帶一提，我的守衛也有同樣的看法。我經常聽到他們這樣說：「如果你被定罪了，那麼我們的軍官也必須要被定罪。在我們這方也發生了同樣的事情，只追究失敗者的責任是不對的。」嗯，得了——這是前線士兵的意見，一九四五年卻未採納這樣的聲音；他們已經打完了他們的仗，現在沒有他們插嘴的餘地。現在當道的是「紙上談兵的戰士」、拿錢辦事的再教育家以及其他寄生蟲。

狹窄的牢房，恆常不斷的警衛看守讓我感到心神緊張。即便是做最私密的事，我也必須在另一個人的監督下進行。謝天謝地，士兵們對人類尊嚴的理解，顯然與他們的指揮官不同。我發現來自強光源的持續照明，特別使人困擾。但在這裡，隨時間的推移，也找到了補救措施——光照被指向了角落。

我終於有機會和我的妻子聯繫。我仍然完全不知道我的家人在哪裡，他們靠什麼謀生。我請求萊曼上尉向我的妻子說幾句話。他確定我的家人在赫爾姆斯塔德的奧夫勒本（Offleben, Helmstedt）。我的妻子與我的母親住在一起。

我焦急等待萊曼的回音，終於可以得到關於所愛的人過得如何的消息。兩天後，他再次站在我面前，帶著我妻的問候以及我兒的第一張照片歸來：一個金髮小男孩朝著我微笑——眼淚瞬間順臉頰流了下來。萊曼上尉帶著我的妻子和二女兒一起來了，她們現正住在旅館裡。加拿大陸軍已下令要辦好這件差事。我非常感激負責此事的先生們，他們為真誠的人性做出了表率。

萊曼上尉所描述的我家生活狀況是很不堪的。五月初，妻子帶五個孩子從路德維希斯路斯特（Ludwigslust）前往海德（Heide）。就在呂北克（Lübeck）前不遠處，她們幾次遭到低空飛行的飛機襲擊，造成兩個孩子走散。一家人在海德偶然間才再次團聚在一起。在人滿為患的海德市中，妻子和孩子們住在一間鋪了稻草的空房內，直到我的母親於九月把他們接回家去。

與此同時在奧夫勒本，愚蠢與無情竟相得益彰，那些扮演「精英民主主義者」的人士，急切於不給我的孩子們留下生路。首先，這些「英雄」剝奪了我的孩子的配給卡以及所謂的遷徙權。我的家人之所以能夠倖存，我實在虧欠那些熟識的友人甚多，其中包括許多的礦工。

反而是昔日的敵人萊曼上尉，透過他個人的介入改變了這種狀況。赫爾姆斯塔德的地區辦事處不得不向奧夫勒本的「先生們」發出必要的指示。

萊曼告訴我，已安排我明天與妻子會面。想當然爾，興奮之情讓我根本無法入睡——於是被列為違禁品的報紙，助我打發了這漫長的夜晚。

在第二天早上的散步中，我向戰友們打招呼，他們站在窗邊向我揮手。我知道施威彭堡將軍和艾貝爾巴赫將軍也在那裡。可靠的戰友們就在我身邊，這讓我非常安心。

下午，重要的時刻就要來臨了，時間一分一秒過去。我在牢房裡踱步，等待斯圖特上尉帶我去會客室。我在鐵窗前轉身，突然看到一輛停下的吉普車下來了一位女士和一個小女孩。兩人的身影因我的眼睛迷濛而模糊了，我認出了妻子和女兒，兩人被帶進入了教學大樓。

不久之後，斯圖特上尉帶我走出牢房。冰冷的金屬再次銬住了我的手腕，我們大步離開。我加速前進，脈搏加速跳動。斯圖特打開一扇門，將我先推進了房間。但是這樣的禮遇有什麼用呢，我們可是被銬在一起啊。我做了個無奈的手勢，對妻子點了點頭，迫不及待等著手銬被解開。我終於自由了！默默地，我們一言不發走近彼此，把不愉快的一切都拋到了一邊。我們的女兒看著我，又是笑又是哭。時間頓時停滯了——渴望、恐懼和絕望都從我們身上消散了。我們重逢，感覺上更堅強了。我們的信心比我們敢於承認的要大得多。不幸的是，會客時間一晃而過，給我們的二十分鐘真的是太短了，甚至無法言及最重要的事情。僅知道從現在開始，我們將被允許每隔一天即可會客一次，這才讓我們的離別更能坦然接受。當看到手銬扣上自己時，我反而笑了。第一次會客結束。

安德魯上校終於點頭擔任我的辯護律師。在向我解釋沒有德國律師同意為我辯護後，我很高興至少有一位加拿大軍人能站在我這邊。直到後來我才意識到這個訊息是錯誤的，根本就沒有諮詢過德國律師。

安德魯上校是一名律師，以預備役軍官身分在加拿大軍隊服役。他的意志無疑是真誠的。然而，他在宣判後很快就起身告辭，只留下普勞德上尉以及萊曼上尉和我在一起。

我們逐點審視起訴書，確定了我的證人和反方證人。不幸的是，我們是處在不對等的情況下。我的關鍵證人直到宣判之後很久才被找到，儘管他們是被西方拘留，並且很容易能聯繫上。我在奧里希只見過本人能夠提供明確下落的目擊證人。最主要的辯方證人G博士和St博士，直到一九四六年三月才接到檢察官的傳訊。這樣審訊出來的結果，正反映了時代以及法律的混亂狀態。

審判

一九四五年十二月十日上午十點三十分，我的起訴案在前德國海軍通信學校的營舍中開庭了。在進入法庭前，我必須要面對在場記者的圍追堵截。基於好奇，他們試圖打聽那位被稱為「野獸」的罪犯。他們是否成功為讀者描繪了他們所想要的畫面，這我就不清楚了。三流作家的無禮好奇心也無法再引起我的注意——我已經站在我的法官面前了。我整個人已為了檢察官和我之間所預期的對決而做了調整。

手銬在法庭前落下，我的雙手自由了——我的心也自由了，我是以一名軍人而非一個抑鬱的被告身分走進屋內。我要在法庭上證明自己，並在這裡為我的弟兄們立下典範——懷著如此的堅定決心，我穿過等候的觀眾來到審判席。

我面前坐著審判我的法官，五位將軍。我搜尋了一下，找到了福斯特將軍（H. Foster）的眼神，他是我在一九四四年戰場上的對手，現在被任命為主審法官來審判我。這是兩名軍人之間多麼奇怪的遭遇啊！歷經了數個月的全副身心的戰鬥，勝利者注定要在被征服者身上伸張正義。僅僅在選擇主審法官和陪審團成員上，就不可能依據國際法來進行。所有參與的先生們都曾經與我交戰過。從福斯特的眼神，我認為我看到了同情和理解。無論如何，我有一種站在一個軍人面前的感覺，而非僅僅是一個穿了制服的傢伙。在完成了通常的手續之後，向我誦讀了針對我個人的指控，然後請檢察官發言。

檢察官試圖證明在一九四三年秋天，當在比利時進行訓練時，我就已經下達了格殺勿論的書面命令。作為這一指控的證據，他把聲名狼藉的「命令」的複本件呈給了法庭。檢察官將這份「命令」當作是「證據」，不知道是無知還是無理？將這堆廢紙提交給法官來檢定「命令」的真實性，是對他們的一種侮辱。以下的這段廢話被提呈給法庭。

證據T3

第十二「希特勒青年」黨衛裝甲師

密令

一、對被占領地平民的態度：如果他們蔑視黨衛軍士兵或向他們吐口水，得毆打以及逮捕當事人。如果審訊過後得出被捕者敵視德國的印象，應加以秘密處決。

二、任何企圖獲取有關武器或彈藥訊息的人，都將被逮捕並受到嚴厲的審訊。如果審訊得出被捕者敵視德國的印象，他將因間諜罪加以處決。提供安全保障相關訊息的士兵亦將受到同樣的處分。

三、衛哨兵在執勤期間，不得離開崗位，亦不得吃、喝、睡覺、抽煙、躺下、放下武器。不得在正式下哨前離開崗位，或將口令洩露給民眾，否則將處以死刑。口令是衛哨勤務中最重要的一項。

四、在前線的態度：黨衛軍部隊將不收容戰俘。戰俘在審訊後將予以處決。黨衛軍戰士不得投降，如果別無選擇，則必須自殺。根據軍官的說明，英國人不接受任何黨衛軍戰士俘虜。

五、有關敵軍部隊行蹤的訊息應盡快通報，同時也要記住撰寫書面報告。一旦士兵處於危險之中，所有文件都必須予以燒毀或吞食。除了士兵名牌外，不允許攜帶任何物品。無論如何應嚴守緘默。叛徒將被處決，即使在戰爭結束之後。

六、從前線返回的偵察人員以及隨行軍官，不應選擇與前往前線時的相同路徑返回。

這份狗屁不通的胡言亂語從哪裡來的？檢察官發表了以下陳述：

托巴尼需二兵（F. Tobanisch）是第二十五團第十五連的成員，該員於一九四四年四月自這支部隊叛逃，後來加入了比利時地下組織。托員是捷克人。托員作證說，該命令在全連集合時進行宣達，連上所有成員必須簽署確認他們所聽到的內容。連上官長也會警告所有人，並要求全連記住他們讀到的內容。證人乃根據他在比利時地下組織時的記憶，將這份命令口述了出來。比利時人當時使用佛蘭芒語記錄，我再把這份命令翻譯成英文。

因此，這份「證據」是一份英文翻譯的副本，原件卻是由德語—捷克語講述，以佛蘭芒語記錄的文章。當這份有分量的「證據」出現時，感到啼笑皆非。這麼一張紙，怎麼能稱之為「證據」呢？只不過看起來很正式，在一大張白紙上複印出來，給人一種文件式樣的感覺。

這份「命令」出自這名士兵在上連排長的教練課程時，未及消化整理的記憶，再添加了惡意毀謗而成。尤其荒誕的，是假設「在最壞的情況下，黨衛軍士兵不能被俘，而需自殺」。發出這樣的指示，可是會折損部隊的士氣。更有甚者，部隊是不被允許審訊戰俘，他們並不知道該如何對戰俘審訊。關於所需的簽名，必須說每個德國士兵都應書面認證，連長已經詳細說明有關於逃兵和間諜活動的相關教導。這個簽名也是由托巴尼需給出的。部隊成員沒有被要求做出其他認證。我的印象是，檢察官毫不懷疑「證據三」的真實性，並且非常清楚，這種胡編亂造的文字是來自一名逃兵和兇手（托員殺害了一名德國軍官）的幻想。但麥克唐納關心事實嗎？他已經在歐洲和美國進行了一年的訊問，就是要把我打倒。現在他提供證據的能力真的讓我折服。他欣喜若狂地把「證據三」放在桌上，不由自主地給了我一個得意的眼神。「證人」托巴尼需無法出庭作證，因為找不到這個人。不得不說，在「取證」的第一幕之後，我已經對公正判決不抱任何希望，於是我急不可耐等看第二幕的展開。

控方的下一位證人是第二十五團第十五連的擲彈兵阿佛雷德．哈策爾（Alfred Hazel）。哈策爾也住在捷克共和國，並於一九四三年以德裔人士身分成為一名士兵。與托巴尼需不同的是，哈策爾是一名勇敢的士兵，他在一九四四年六月的布雷特維爾攻擊中負傷，三天之後被俘。哈策爾是一位高大、結識的人，在審判期間剛滿十九歲。

正如我已經點出的那樣，麥克唐納先生駕車或從一個營地飛到另一個營地，以收集對我不利的證據。在魁北克的赫爾（Hull），麥克唐納找到了哈策爾，把他帶到了奧里希，作為控訴我、可以引人關注的證人。哈策爾一抵達奧里希之後，麥克唐納立即訪視了他，並再次指出他的供詞的重要性。麥克唐納對哈策爾的印象非常好，決定讓他先行出庭作證指控我，以便一開始就能將我定罪。

在他於加拿大所做出的證詞中，哈策爾這樣指稱，我於一九四三年秋天在比利時曾這麼說：

「本團不收容戰俘！」

麥克唐納是這樣描述哈策爾出庭以及審訊的情形：

當我向證人詢問他此前所做出的陳述時，哈策爾正坐在證人席上。他迴避回答問題，臉色一變，在椅子上越陷越深。他需要有一個藉口，突然間他卻什麼也記不起來了，最後否認麥爾曾經說過這樣的話。

我對證人的行為感到震驚，特別是因為他在加拿大時有極高的意願作證。我有一種預感，其他的證人應該也會撤回他們之前的證詞。

對於這樣的開場，我感到相當沮喪，我環顧庭內，突然間我看到了證人不願作證的原因了。坐在證人席斜對面的麥爾，用我從未見過的銳利目光注視著哈策爾。你幾乎可以看到眼光射出的火花橫過整間法庭。這位不幸的證人坐在扶手椅上，有如陷入毒蛇投射出的催眠目光中的一隻鳥，驚慌失措。高大的身軀已經沒有任何意義，他之前的陳述像是在烈日下蒸發的露珠般化為烏有。這是令人難以置信的表明，這位軍官仍然對他過去的士兵擁有權威上的巨大影響力，而他的現身則引起了恐慌情緒。我決定使用過去的策略，將自己置身於麥爾和哈策爾之間。但即使這樣也沒有用——法庭已不採信他的陳詞了。

第二天，不經意的發展，讓我明瞭了一些事情。我的辯護律師要求發言，他告知法庭，昨天斯通貝洛少校試圖影響證人證詞的陳述，斯通貝洛與哈策爾談了十多分鐘的話，並曾衝著哈策爾憤怒吼叫。法院於是命令斯通貝洛離席，然後指派另一名口譯暫代幾天工作。

我到底說了什麼，我和哈策爾在法庭上發生了什麼狀況？

在比利時貝佛盧部隊訓練營受訓時，軍官們自然而然會利用一切機會，將我們的經驗傳授給交到我們手上的士兵，部隊正在為投入東線戰場做準備。讓這些年輕孩子不清楚在俄羅斯寒冷的大草原上將會發生什麼狀況，才是一種罪過。讓他們將心思專注在我們通過痛苦獲得的經驗，並告知那些不幸被俄軍俘虜的戰友所遭遇的可怕殺害下場，這只是展現了同袍情誼的溝通。我在貝佛盧對年輕戰士們的原話：「孩子們，我團不能有人成為俘虜。相信我，戰鬥到底的結果會更好！」

我不予評論麥克唐納在法庭上的觀察。然而，我可以對麥克唐納先生說的一件事是，戰爭之前或戰爭期間，我所指揮的任何部隊，還沒有遇到過任何一位懼怕我的戰士，或者是因害怕我而迴避我的官兵。是的，這就是麥克唐納先生搞錯的地方！

我只是弟兄們中的一位戰友，從不依靠懼怕來訓練或者領導。我的戰友們尊重我，但從不懼怕我。希望麥克唐納中校能夠看到，即使在戰爭結束十年後的今天，這份同袍之情是如何一次又一次在我們之間展現。

接下來數日，前戰俘出席作證，講述了他們在戰鬥中以及被俘後的經歷。北新斯科夕亞高地團團長查爾斯．佩奇中校（Charles Petch）指稱，C連與A連遭到第二十五團第三營擊潰之後，只剩一員軍官與二十五名戰士，或者是一員軍官與二十三名戰士返回。其他所有官士兵要麼陣亡，要麼被俘。里蒙特少校（Learmont）與二十名C連的倖存者一起在比隆為第三營所俘。他看到他們那一群人中的一位戰士梅克斯卡夫（Mexcalfe）被俘後遭到射殺，只因他的口袋裡還有一顆手榴彈。在後送的途中，戰俘們遭遇加拿大軍的砲擊，二等兵哈格雷夫斯（Hargraves）腿部負傷，無法行走，於是就被一名德國士兵射殺。

所有這些事件都發生在前線以及年輕士兵的第一次戰鬥行動。他們剛剛經歷了地獄般的消耗戰，海軍重砲彈削弱了他們的部隊，「亞波」仍在冒煙的戰場上俯衝。在血腥戰鬥的最初幾分鐘，發生了上述個別士兵的違紀事件。不是因為上級要他們這麼做，甚至也沒有下達如是的命令，實在是因為這些年輕孩子的負擔實在是太大了，不能單憑法律來定罪。當然，譴責這些肇事者很容易，但只有真正在第一線打過仗的人才有這個權利，因為他們親身經歷過，了解在戰鬥過後需要多久才能恢復「正常」。A連的成員也講述了他被俘的情況。例如，一名士兵理查茲（Richards）意外中彈，隨後被一名醫護人員包紮、後送。他在法庭上也承認，德國士兵為他提供了飲水。

最後，我被指控於六月七日在前進指揮所下令射殺七名加拿大士兵。這項指控是基於波蘭人耶席翁內克（Jesionek）於一九四五年春天為了加入在義大利的波蘭軍隊，在沙特爾（Chartres）所作的陳述。耶席翁內克來自上西里西亞，一九四三年加入黨衛軍。在此期間，他的父親是關在德國監獄裡的囚犯。

耶席翁內克的陳述如下：

「六月八日早上，我在第二十五裝甲擲彈兵團的前進指揮所附近，我的座車觸壓到了地雷，我和我的戰友並沒有受傷。上午一〇〇〇時左右，一名德國士兵押著七名加拿大人進入修道院的院子。」耶席翁內克跟著俘虜進入院子，聲稱聽到一名士兵向團長報告戰俘一事。據說我轉向這名士兵說：「我們要如何處置這些戰俘？他們只是在吃我們的口糧。」然後，耶席翁內克聲稱，我與一員軍官在交談，然後大聲命令道：「以後不要再將戰俘帶到這裡！」後來他目睹了戰俘是如何被一名德國士官一一射殺的。

當然，波蘭人的惡意指控對我的打擊很大，我必須證明自己的清白，而法庭不必定我有罪，因為我從一開始就被認為是有罪的。現在將由我自己來證明我無罪。

我指名要求的關鍵證人未被採納。當時的說法是：「找不到這名證人，我們不知道他是否還活著。」然而，有趣的是，就在我被宣判之後，這些人立即出現了，並且是經由檢察官給隱藏的。

我不想拿一問一答的遊戲來煩擾讀者，總共有四千多條問題被提了出來。我引進加拿大一家報紙記者的話來說明，這位記者後來寫了一份關於審判的詳細報導。他寫道：

儘管耶席翁內克對於陳述的要點從來都無法確定——他被詢問過無數次，應該對於自己的故事一字一句知之甚詳，然而在不同版本的故事中，他卻發表了前後不一致的陳述。例如，在沙特爾所做的陳述中，他說親自聽到麥爾下令射殺七名加拿大人。而在其他版本中，耶席翁內克卻並未提到明確的命令這一部分。在許多細節上，他的證詞與其他證人的證詞也不一致。他說他在上午一〇〇〇時左右在修道院教堂看到了麥爾。麥爾則堅稱此時自己正在外視察，直到中午時分才返回，然後立即登上塔樓觀察戰區狀況。兩員德國軍官證實此點。耶席翁內克說，麥爾在修道院教堂裡穿著一件橡膠製長大衣。麥爾則說，在那段日子中，除了該師慣常穿用的迷彩服外，他未穿過其他任何制服。耶席翁內克關於他的排的陣地位置以及當天車輛停放的陳述，與其他證人的陳述相互矛盾。耶席翁內克故事的整體內容受到了直接的挑戰。一切都取決於他聲稱透過那扇門，看到了七名加拿大人走上了他們的死亡之途。住在修道院的十六歲法國少年丹尼爾．勒謝夫累（Daniel le Chevre）作證說，大門被防空洞擋住了。耶席翁內克說他看到七具屍體倒在血泊中，這些屍體在十個月後在同一地點被發現，勒謝夫累和他的兩三個朋友，卻沒有看到任何能引起他們關注的東西。耶席翁內克提到了大門旁邊的一些台階，但同樣是前修道院居民的尚-馬利・維科（Jean-Maris Vico）先生說，這些台階是他自己在一九四四年七月修築的，比耶席翁內克聲稱看到台階的時間整整晚了一個月。

耶席翁內克進一步聲稱，說他看到了我忠實的哥薩克人和這七名戰俘。這種說法可以立即加以推翻，因為當時小哥薩克根本不在法國，他在德國休假。耶席翁內克說我的駕駛波恩霍夫特也在那裡，這是一個很容易拆穿的謊言。波恩霍夫特是在我接掌師長後，才加入希特勒青年師的。同樣荒謬的是，他說他和乘員們（福斯浮游車）被困在我軍自己的雷區內，因此目睹了修道院內發生的事情。每個士兵都清楚，若福斯汽車闖入了反戰車地雷障礙中，是不會留下太多東西的。耶席翁內克還試圖解釋，乘員們都沒有受傷，車輛也沒有完全損毀。耶席翁內克的這個瘋狂故事，即使是法官們聽來都覺得過了火。他的陳述經法院審理後被駁回。隨著對耶席翁內克的審訊，取證工作暫告一段落，我的辯護律師安德魯中校取得了發言權。我決定在宣誓後發表我的陳述。同一天，加拿大軍報《楓葉報》（*Maple Leaf*）刊登了以下文章：

一九四五年十二月十八日 星期二

《楓葉報》第五卷第三十二號

致加拿大軍隊：

施暴的故事並沒有動搖裝甲麥爾。前黨衛軍少將裝甲麥爾表面上看起來仍然平靜，但因神情緊張而抽搐著，藍色眼珠的眼神冷漠，在檢方完成對他的起訴時，以緊繃的姿勢坐在法庭上。他在受審的第一週認真傾聽，但對那些試圖證明他之前指揮的團是一群年輕的、狂熱的殺人犯，他們以射殺加拿大戰俘為樂的指控，他卻無動於衷。即使是目擊者對他的手下所犯暴行的描述，也未能改變他板著的那張臉。他每天早上進來，在兩員軍官和溫尼伯步槍兵的戒護下，在主審法官福斯特少將面前站定，簡短鞠個躬，然後被要求就座。

當人們回想起一年多以前，福斯特少將和麥爾少將是在戰鬥中面對面的指揮官，這一短暫的片刻並非沒有戲劇性。當時，福斯特將軍指揮第三步兵師第七旅固守布雷特維爾，而布雷特維爾正遭到麥爾少將的部隊攻擊。

除了他所尊重的福斯特將軍之外，麥爾幾乎不在乎庭上的其他成員。

上週帶了女兒烏蘇拉（Ursula）來到奧里希的麥爾夫人，對她先生進行了幾次會客。每當麥爾早上和下午進入法庭時，一般都會先看看妻子是否在場。

麥爾雖然身著灰綠色的士兵制服，但幾乎不用看他的將官金質肩章就知道他是一員高階軍官。用狂妄或暴虐來形容他並不恰當，但他是一個習慣於發號施令、而非接收命令的人。因此，聽到他在所有戰區都被稱為幹將、強悍的指揮官以及強硬的上級，也就不足為奇了。

簡而言之，這個人被指控應為那些射殺加拿大戰俘的人負起責任。在辯護開始的前夕，他以冷酷以及顯然毫不動搖的信心來面對檢方。

安德魯上校於十二月十八日一四〇〇時開始為我辯護，並要求我站上證人席。我不得不再次描述一九四四年六月七至八日的整個戰鬥行動，並確定我個人在戰鬥中每個時刻的確實位置與行動內容。

安德魯上校竭盡全力反駁那些牽強附會的證據。他能夠從在場的證人那裡證實很多事情，但他無法移除「文件」的效力。這份「屠殺命令」就在桌上，這份放在法官桌上、由白紙黑字寫成的文件，得要是真的才行啊！

安德魯上校對我的質詢持續了一天，之後由麥克唐納上校盤問我。檢察官的質問持續了一天半。一小時又一小時在不間斷的盤問中過去。幾個中士速記每個問題與答案。我一個人坐著。數百隻眼睛盯著我的一舉一動，我的每一個表情，一刻都不得鬆懈。現在是一群人對抗一個人。擁有絕對權力的一組人，受到榮譽與職業上野心的驅動下，對抗一個被剝奪權利的人。問題接著更多的問題——關於部隊教育和訓練的準則，關於我多年前發表演說的內容及其意涵，關於在法國壁爐周圍聊天的對話及其性質，等等等等。毀滅之火！毀滅之火要打倒某個單一個人，挫折他的精神並徹底毀滅之！戰線後方的毀滅之火——沒有砲彈，沒有暴力的戰鬥，只有惡意的言詞、扭曲的表述、問題、暗示、扭曲過去時代的形象，但卻一樣具有毀滅性——這就是麥克唐納試圖從我身上強取得勝的方式。但我拒絕投降，我絕不會在這種訟棍的戰爭中被征服。麥克唐納試圖用一種敘事方式來困住我，那就是在第一次審訊中，我否認知道在修道院內發現了死去的加拿大人，但卻在後來證實我承認知道這件事。他處心積慮想讓我看起來是個騙子，甚至譴責我是共謀者。這位「紙上談兵的戰士」並不明白，在戰爭的最後幾個月和審判即將到來之間，我沒有理由定罪任何德國士兵。我從來不承認這種自以為是的盟軍戰犯法庭為合法的正義審判。對我來說，他們從來都是名符其實的「勝利者的法庭」。

麥克唐納寫道：

麥爾大部分時間都彬彬有禮，舉止端正。但在第一天的盤問之後，我堅持要他對自己的證詞作出解釋，他在證詞中否認對發現加拿大死者一事知情。當我問出這個問題時，麥爾情緒失控，粗暴地瞪著我。現在我領悟到了第一名證人所曾感受到的催眠效應。我並不知道麥爾是作為普魯士軍官還是一介平民才學會了這種技巧，但我知道我在他那令人驚訝的狂暴和可怕的目光下暈眩了（！）我過去沒有經歷過這樣的事情，必須迅速採取行動以克服尷尬的場面。麥爾要求複述他之前的部分證詞。然後我提醒他，這只不過是在拖延時間。當他回覆第三一九〇號提問時，他的目光達到了狂暴的頂點：『我不需要花時間來回覆你。』對此我回應道：『你的狂暴眼神影響不了我，我可以跟你保證。』然後我朗讀了必要的證詞。麥爾現在遠視法庭外，彷彿有道帷幕籠罩了他的眼睛。

好吧，我不會對一個成年人的幼稚想像力做任何評論。也許這位優秀的中校操勞過度了。但我可以確認一件事：我對他的指控感到非常震驚，以至於我實際上懷疑他的理智，因此在法庭上投以質疑的目光。

在交叉詰問之後，其他證人輪番被詢問，以支持我的證詞或提供新的觀點。

有幾員軍官能夠嚴重動搖麥克唐納的陳述。最重要的是，他們確認我大部分時間都待在最前線的部隊中，當然沒有時間關切對被帶進來的戰俘的審訊事宜。

施戴格上尉用盡一切手段證明，我不可能要求部隊不收容俘虜，甚至我還曾指示不得對無武裝的士兵進行報復。施戴格是國防軍軍官，自一九四三年十月起擔任第二十五團的連長。為了闡明我的性格，否定關於我暴行的傳說，他作了如下報告：

在比利時訓練期間，一架美國轟炸機被德國戰鬥機擊落。一些機組人員跳傘逃生，降落在貝佛盧訓練場。當時麥爾上校下令立即救治受傷的美國人並將其送往醫院。一名未受傷的美國人在這團混亂中，還能夠取暖，並與本團的一些軍官喝杯咖啡。麥爾與美國人交談了大約一個小時，這名俘虜後來被移交給陸軍野戰憲兵。麥爾對被俘美國人的態度印象深刻，他立即下達了一項特殊命令，讚揚那位美國人為一名出色的軍人，足堪本團學習仿效。這道特殊命令，在第二十五裝甲擲彈兵團各連集合時公開宣讀。作為一位軍官，我從麥爾那裡學到了很多東西，並尊重他的指揮官特質。麥爾受到他的弟兄們的尊敬與熱愛。他對別人的要求，從未超過他所願意給予的東西。

艾貝爾巴赫將軍是下一位證人。他說：

我必須強調，我對於一位軍人犯下的任何暴行深表遺憾並予以強烈譴責。不管肇事者是誰，他們玷污了吾等軍人的榮譽，我絲毫不會同情他們。但我認為所有不加區別的枉下定論都是錯誤的。總體而言，第十二「希特勒青年」黨衛裝甲師並不劣於任何陸軍師。我相信，在他們所在區域內的暴行，只是少數不法之徒所為。順帶一提，該師約有四分之一的軍官來自陸軍軍官團，因為黨衛軍並沒有足夠的軍官來組建該師。這些軍官都是品格端正之士，如果該師存有任何損及榮譽的行為，他們將不會留在該師，他們都有機會能夠申請調離。我在一九四四年三月的一次視察中，認識了希特勒青年師。從一九四四年七月六日到七月底，該師在諾曼第也歸我指揮。在此期間，該單位的表現一直高於平均水準。我對士兵的印象最好，對軍官也是。我在諾曼第的前任是蓋爾・馮・施威彭堡裝甲兵上將，他是天主教徒，一位老派的軍官，他絕不可能是黨衛軍的朋友。基於希特勒青年師的效能、表現以及紀律，他對於該師的評價是在所有其他各師之上。該師達成任務的次數是第二十一裝甲師的三倍。以我的經驗，一個行為不正的師是無法維持這樣的功績。出於這個原因，我也相信，違法行為只會是個人的行為。加拿大人是勇敢的士兵，但也是粗暴的男人。我一再被告知他們不接收俘虜，德國戰俘隨即遭到射殺。我也有關於這方面的書面報告。順帶一句，在我被監禁期間，我也從對方的一本小冊子上讀到了類似的陳述。麥爾從一九二九年到一九三四年是麥克倫堡州警察局的成員，然後轉而加入希特勒親衛隊，以專業軍職為生。麥爾娶了一位性格無可挑剔的女子，育有四個女兒和一個兒子。麥爾是一位非常優秀的軍人，非常關心他的部屬，部屬們也非常尊重及愛戴他。同樣，麥爾是一位出色的訓練者，傑出的戰術家。他個人的勇敢是使人讚美不盡的。仇恨加拿大人遠非他的本性。虐殺戰俘，或者下令這樣做，完全不符合他的性格。以上對麥爾的評斷，乃由我與施威彭堡裝甲兵上將共同確認。

有關案件的事實

首先，我必須要指出，在第十二「希特勒青年」黨衛裝甲師歸我指揮的期間，該師擄獲、交付了最多的戰俘。我可以引用蓋爾將軍、夏克將軍、奧布斯特費爾德將軍、勳普夫將軍以及希佛斯將軍諸氏作為見證，希特勒青年師在紀律方面享有盛譽，並且沒有關於該師的殘暴或過分嚴酷的傳聞謠言。

戰鬥期間，該師的通信營發生了一件駭人聽聞的姦殺案，涉案女孩死亡。麥爾將犯罪者送上了軍事法庭，法庭判處該員死刑。判決是在市長和法國神職人員在場的情況下進行的。我希望盟軍在德國的類似案件中，也能對他們的士兵採取同樣強有力的行動。

必須承認，在這種情況下對下屬採取如此嚴厲行動的指揮官，不可能是在其他場合會鼓動甚至縱容殘暴行為的人。即使在最嚴重的危機中，麥爾也總能保持冷靜。從我的戰爭經驗來看，這是對正直人格很好的衡量標準。

據說加拿大人的射殺事件發生在入侵的最初二十四小時。麥爾當時還是一名團長，所指稱的殺害戰俘是在其指揮所附近發生的。麥爾本人幾乎從未在指揮所內，而是與他的部隊一起待在最前線。

當得知所發生的事情後，他展開了調查，並將團副官調往第一線，該員於數日後陣亡。儘管缺乏直接證據，但團副官在槍殺事件發生時在場，因此被認為負有責任。

此外，同時發生的大量人員傷亡和戰鬥，也嚴重阻礙了調查的進行，以致無法確定誰是犯罪者。不久之後，麥爾接替陣亡的維特將軍成為師長，他承擔著持續不斷的激烈戰鬥，即使是有意介入，也無法如願顧及調查的進行。

我不相信麥爾犯下了罪行，或者參與其中，因為這與他的個性格格不入。首先我強調，麥爾是一位出色的戰術家，不會發起這樣的行動。作為一員受過戰術訓練的軍官，麥爾非常清楚，由於我們完全缺乏飛行員或任何其他情報來源可以了解敵人，我們完全依賴戰俘的供詞。他知道，通過迅速後送俘虜，讓指揮高層能及時了解敵人的最新情資，這對於指揮高層是相當重要的。麥爾太聰明了，他不會不清楚此點。根據加拿大方面的資料，在麥爾接任該師指揮權之後，即不再發生殺俘事件。如果他必須為已經發生的殺俘事件負責，那麼人們不得不假設在他接掌該師期間，此類事件應會更頻繁地發生才對。

審判由於聖誕節之故而一度叫停，一直到十二月二十七日再次開庭。我被銬起來帶往牢房，在沒有酒吧和霓虹燈的荒蕪環境中，慶祝了我的三十五歲生日。我被告知，妻子將於十二月二十四日前來會客，她每日都會參與庭審的旁聽。

一九四五年十二月二十三日，這天有了難忘的經歷。加拿大士兵給我帶來了戰友們的生日祝福，他們也將要出庭作證。一張小卡片作為生日禮物送給了我，這張描繪北德風景的小幅鋼筆墨畫當然也不被允許留在牢房裡。一個加拿大士兵轉交給了我女兒。

十二月二十三日上午，我忍受手腕上令人厭惡的枷鎖下，以最深切的喜悅迎接了神榮耀的世界。在大樹下，清新的冬日空氣中，我忘記了在前方等待我的命運。我對這三十五年來感到滿足，並高興自己得以一個知足的人體驗過那一切。每封郵件都給了我稍許的快樂，然而最大的驚喜還在晚上。

天黑以後，牢房走廊裡的鑰匙出乎意料地嘎啦嘎啦作響。敲門聲在陰森森的大樓裡迴盪。幾員軍官突然站在我的牢房前，用嚴厲的話要求我走進過道。在我完全清醒之前，我又被銬起來了，在黑暗中小跑步前進。我前面是兩名攜帶上了膛衝鋒槍的士官，後面也有同樣的「儀仗隊」。我們偏離了平常會走的路線，穿過了開闊地，突然發現自己來到了一座軍官營房前。陪同的警衛被令至門窗外，在外面站崗。到目前為止，一句話都沒有說。我不知道有什麼在等著我，而這整齣馬戲團在搞些什麼名堂。我想應該不會有什麼好事，接著又被帶進一間燈火通明的房間。一員軍官走到面前，解開了我手腕上的手銬，冰冷的鋼鐵落到了瓷磚上。我大吃一驚，試圖摸清軍官們的神秘行徑，我還是沒有頭緒。在場的兩位先生自我介紹，並要求我以自己的榮譽發誓，保證不會試圖逃跑。我做了這個宣示。然後他們叫我去浴室梳洗，完成了這個程序之後，兩位先生把我帶到一扇門前，打開門，一把把我推進了房間。我是在做夢嗎？在我面前是一張喜慶的餐桌，簡直不敢相信竟然有如此豐盛的飲料和食物。燭光給房間帶來了真正的歡慶氣氛。我不敢置信地往前走了一步。大約六名軍官站在我面前，開口為我唱了生日歌。我的敵人在為我慶生！感動到說不出話來，眼前的這幅景象觸動了我，我不能自已，眼淚止不住的從臉上滑落。從監牢到生日派對的轉變讓我一時無法接受。當這些軍官們自我介紹，說自己是加拿大第三師的部隊指揮官時，我尤其感動。所以這些人是一九四四年六月到八月期間與我作戰的敵手，據說他們的弟兄是由於我的過失而被射殺的。

那天晚上我們有了開誠布公的談話，且詳細討論了有關整個戰爭罪行的問題。談話的結果是，這些紳士們向我解說道：「如果你被定罪了，這個判決被攤在世界和歷史面前，那麼明天起加拿大軍隊就一個將軍都不剩了。因為那樣所有的將軍都必須步上你的後塵。」聽到我的起訴檢察官在每天聽證會結束後，跑去酒吧以威士忌一解怨情，這對我來說很是有趣的事情。這些在前線打過仗的軍官無法苟同麥克唐納中校。午夜時分，我們決定結束派對。不一會兒，牢房的門又砰的一聲關上了。我又恢復了囚犯的身分。

十二月二十四日，有幸迎來了妻子和女兒烏蘇拉。我們被允許手拉手坐下來，談談孩子的狀況近三十分鐘。妻子向我告別，這次沒有流淚。女兒則期待參加加拿大人邀約的聖誕宴會。

十二月二十七日，審訊繼續，一六一五時，法官們起立作出第一次判決。經過整整三個小時的商議，福斯特少將宣布了以下判決：「麥爾少將，法庭已裁定對您的第二項和第三項指控無罪，請再次坐下。」

這意味著法院沒有要求我對戰場上的戰鬥和相關殺俘事件負責。此外，庭上認為耶席翁內克對我的指控無效。法庭確信我在六月七日或八日，並沒有發布任何處決命令。

十二月二十八日，以艾貝爾巴赫將軍和我的妻子的證詞作為開場。

《楓葉報》寫道：「過去幾天為麥爾出庭的辯護證人中，最高貴的是他嬌小的金髮妻子凱特（Käte）。她努力控制自己的情緒。她瘦削、蒼白的面容，顯示了為期十四天的審訊過程中所經歷的緊張與勞累。她在法庭上講述了她與這位前將軍的幸福婚姻，以及他是一個多麼好的丈夫與父親，也談及他們的五個孩子是多麼熱愛他們的父親。『我只能這麼說，我們很快樂。』她說道，嘴角擠出一絲緊張的笑容。她留下了一個驕傲、勇敢的女人形象。」

一九四四年八月九日被俘的第二十八戰車團倫威克上尉作證如下：「我被守方的士兵俘虜，被帶去指揮所。麥爾親自審問我，向我展示了一份《楓葉報》的複印本，內中包含有關克雷爾將軍對加拿大戰俘被射殺的指控。麥爾說，這不是指揮作戰的方式。他也無法理解，加拿大人為什麼要與德國人作戰。我對麥爾的印象是，他是一個非常能幹的軍官，他知道自己為何而戰，我在那裡時從未受到威脅或恐嚇。他的舉止非常合宜，始終符合軍官和紳士的身分。」

在審問完倫威克上尉之後，證人陳述告一段落，我被允許講幾句話作為結案陳詞。我說：

在審判過程中，我聽到了一些我完全不知道的事情。然而，這些罪行並不能歸咎於年輕士兵。我相信，犯罪者是那些經歷了五年戰爭、在某些方面變得冷酷無情的士兵。作為指揮官，我努力教育年輕士兵，將他們塑造成有用的人。為此，我毫不猶豫地對士兵和軍官施加最嚴厲的懲罰。我願意為我所下令的、縱容的，及鼓勵的任何事情負起責任。你可以決定指揮官是否需要為個人的單一行為負責。我等待你的判決。

一一二〇時，法庭退庭審議，我被帶到隔壁的房間。伴隨我的軍官希望我能被判個一年刑期，以安撫情緒被煽動的大眾。我的律師也持同樣的觀點，認為沒有必要讓我妻子離開法庭。他覺得那是她可以承受的宣判結果。但，感謝上帝，我最終還是說服了妻子離開法庭。

就在一一四五時，僅僅二十五分鐘後，法官們進入了法庭。一片令人窒息的寂靜，主審法官顯然努力在控制他的情緒，他的宣判如下：

庫特・麥爾將軍，本庭已裁定對你的第一、第四與第五項指控之罪名成立。你將被處以死刑，由行刑隊執行。這在定讞之前非最終判決。審判結束。

我的起訴檢察官對這一時刻的描述如下：

判決宣讀時，麥爾站直了身子。他咬緊牙關，眼神冷峻，但沒有任何其他情緒表達，他微微鞠躬，轉身大步走出了房間。

庭審至此告一段落了。

離開大廳後，我才意識到，我是根據捷克逃兵所謂的「秘密命令」而被處以極刑，以對修道院內的殺俘事件負責。我帶著對所有法利賽人（Pharisee）[1]的憤怒及咬牙切齒的蔑視，穿過等候的記者和好奇的人群，大步走回我的牢房。

1 編註：有自以為公正善良、偽君子等意思。

死囚之路

當我看著孩子們的照片，想像他們過著沒有我的生活時，窗戶欄杆在牢房的牆上投下了長長的陰影。我的妻子必然在幾分鐘內會聽到了關於我被判死刑的消息。萊曼上尉答應我，由他本人去傳達這個壞消息，而不是讓她從其他管道獲知。

所以我的人生就是以這樣的結局告終。在某處的沙坑內，一陣槍響之後，我的軀體將掩埋在一個無名的墳墓中！當得知死亡已經迫近，並沒有讓我感到沮喪。我不再是孤單一人，而是與我的戰友們一起再次置身於激烈的戰鬥之中。當一個聲音用英文向我喊道：「將軍，不要怕，我們正為你的生命而奮戰！」時，我眼前既不再有窗欄，也沒有了衛兵。多麼諷刺的宿命啊——我的敵人竟成為了我的朋友！這一夜，是我離神明最近的時刻，我與祂對話——這讓我重新有力量迎接明亮早晨的到來。死亡對我來說並非沒有意義。相反，生命的火焰熾烈地燃燒，知道自己來日無多，讓人很難承受。不再有需要跨越的深淵了。我因造物主的神蹟而活著，接受死亡也是造物主的一部分。在漫長的夜裡，祈求能有力量讓我抬頭挺胸去面對死亡。

十二月二十九日下午過後不久，雙手雙腳的鎖鏈再次合上了，我被帶進了會客室，妻子在那裡等我。我很害怕這次相會。命運的打擊一定對我勇敢的妻子造成了很大的影響。多年來，她一直為我擔心，現在卻要關心被定位為死囚的我。看到加拿大官員以手勢示意解開手銬腳鐐，讓我在未束縛的狀況下進入房間，由衷表示感激。

妻子朝我走來時並未流淚。當我們的手相觸時，努力堅持的表情頓時瓦解了。她的眼淚落在我的勳獎之上，這是我要她轉交給我們的孩子的。女兒烏蘇拉淚流滿面地對我微笑，告訴我弟弟也來了。在我的生命中，我從來沒有像現在這樣為我的妻子感到驕傲。儘管她懷有無盡的悲傷，但知道如何讓我堅強地回到我的牢房。

安德魯上校來向我道別，要我寫一份要求特赦的請願書給加拿大第三步兵師師長克里斯·沃克斯少將（Chris Yokes）。我拒絕了這個建議。安德魯上校和我以軍人的身份離別，戰爭對我們來說已成為過去式。

在萊曼上尉以及普勞德上尉的催促下，加上妻子的要求，我還是提呈了這一份特赦請願書。我這麼做是為了履行我對家人的責任。請願書於十二月三十一日提交，內容如下：

閣下：

當我寫下這份請願書時，我為我的部隊的聲譽和我作為一名軍人的榮譽感到自豪。想到我的家人，想起我的妻子，她是我忠實的伴侶，也是我孩子們的好母親。她現在將不得不獨自承擔撫養我們五個孩子的重擔。

我藉此最後的機會給您寫信，因為您是我唯一的指望。不是為了我自己，而是為了捍衛我那些被奪去父親的孩子們的生命。我要捍衛我的部隊以及我作為一名軍人的聲譽。

在這最後一次上訴，我想拋開法庭上所有的慣常程序，與您進行面對面的交談，一次軍人與軍人間的對話。

兩名士兵指責我鼓動下屬不得收留戰俘。這個指控是錯誤的。該陳述是由一名波蘭籍與一名捷克籍的逃兵所發表。其中一人沒有出庭，因為在此期間並無法找到本人。另一名證人，是我單位的前下屬，也是一名捷克斯拉夫的公民，則撤回了原始證詞，這所謂的「秘密命令」內所述之內容，遭到強烈的駁斥。

曾經在我的單位中服役，現仍拘禁於英國、加拿大或美國戰俘營內的所有人中，只有三人願意出庭作出不利於我的證詞。如果我單位中的數百人被問及對我的指控，我堅信他們的證詞必然會駁斥這少數人的說法，因此這少數人的說詞不會被採信。

事實證明，我的部隊從作戰第一天起就俘虜了大量的戰俘。一名退伍回國的前戰俘自願來到德國為我作證。

前西線裝甲兵團司令官在法庭上作證說，我的部隊擄獲的戰俘人數，是其他部隊的三倍。

我明確強調，我是根據國際規範來訓練我的士兵，並依照我所認知的和所信仰的，履行我作為一名軍官的職責。我已竭盡所能完成了一個軍人所能做的最好表現；但我的任務是艱鉅的，我的職責超出了正常範疇。

諾曼第的入侵戰鬥顯示，我的部隊的戰鬥精神極佳。我們在短時間內投入戰鬥，並在去前線的途中被低空飛行的戰鬥轟炸機狂轟濫炸。我們組成了師的先頭，本師的作戰地境異常遼闊。我們的左翼嚴重暴露，得不間斷地對我們上方的空域實施警戒，還須提防隨時可能出現的敵方空降部隊的傘降突擊。

我麾下的十七至十八歲的年輕士兵們整整戰鬥了三個月，沒有任何換防，沒有能從前線抽調下來的希望，甚至連一夜的睡眠都是奢望。經過前四個星期的戰鬥，本師損失了三千到四千人，而作戰區域還在擴大而非縮小。

如果我的部隊是如此能夠承受地面戰鬥和空中攻擊達三個月，那麼大多數的他們必然是訓練有素的優秀士兵。

我只能再次重申，我從來沒有要求我的部隊不接收俘虜！我並沒有在他們的訓練期間做過如此宣示，訓練期間是在入侵展開之前，當時我們都不知道部隊將投入在哪方面的戰線。即便在入侵之後的戰鬥中，我也沒有這樣做。不存在任何的口頭、秘密還是以其他形式頒布的類似命令。我本人的行為或者態度，更沒有使士兵留下戰俘是可以殺害的印象。

無法理解為何我應該為所屬部隊成員的行為負起責任。責任可以是直接的，也可以是間接的。因此，指揮官對他的一名士兵出於一時衝動而採取的個人行動所承擔的責任，在程度上無法與在他身邊一名參謀人員的行為的責任相提並論。責任程度不也取決於情況和大環境的正常或異常嗎？

一名師長指揮一支缺乏戰鬥經驗的年輕部隊，這支部隊在非預期以及異常的情況下，第一次部署至前線，其防區遼闊且側翼洞開，不斷地受到砲擊和空襲，沒有足夠的補給，也沒有後方增援或友軍支援的希望，還經常受到傘兵和空降部隊的威脅。

相對而言，另一名師長則是戰鬥經驗豐富的部隊的指揮官，該師位於正常、平靜的前線，在一般狀況下，這位師長能完全掌控他的部隊，並有能力進行更好的觀察與指揮。試想一下，這兩位師長對於下屬部隊個人行為的負責程度，是否能夠一概而論？

我要重申，殺俘暴行發生在戰鬥的初期階段，當時局勢混亂，於我所在的地區，仍有殘餘的海防部隊存在。事件發生當時，我擔任團長，並沒有被授權掌控除我自己的單位以外的其他所有部隊。

在我被任命為師長，接掌了全師的指揮權之後，情況變得更容易掌握，即不再有虐殺事件發生。

先生，我現在轉向您——一位具有相當長久戰鬥資歷的軍人——提出請求，希望您能了解我在什麼樣的條件下戰鬥，以及我現在的處境。

雖然在上述指控的罪行上被判有罪，但我的責任是有限的。我從不自覺自己是如此罪大惡極及須肩負這些責任，以至於死刑在此有其充分正當的理由。這只是我自己的意見。

因此，請求改判對我作出的判決，使刑罰程度符合今日我實際仍應承擔的責任與罪行。

於奧里希 一九四五年十二月三十一日

在本夜稍晚時刻，萊曼上尉與普勞德上尉前來看我，告訴我請求特赦的結果。沃克斯將軍基於以下理由予以拒絕：

「我已經考慮了這一上訴，但認為沒有辦法減輕法庭判處的刑責。」

兩位軍官對將軍如此迅速做出決定表示驚訝。他閱讀了請願函並寫下了拒絕函。現在我在人世間已沒有任何救贖的機會了。處刑似乎不可避免。

通過詢問警衛，我慢慢發現我可能會在接下來的八天內被處刑。另一個消息來源告訴我，行刑隊已經在奧爾登堡忙著練習——對著啤酒杯墊進行射擊。

幾天後，我被告知，是時候與家人做最後告別了，親戚們已經在等我。儘管這是痛苦的一小時，但我仍深深感到喜悅。很高興要見到兒子了，終於與我兒相聚。在這第一次見面之後，我還有機會再見到他嗎？妻子抱著我們的兒子遞向我，一陣歡呼聲中，小傢伙將金色肩章一把抓入懷裡。他並未把我當作是陌生人，心甘情願地投入了我的懷抱。女兒伊姆特勞德（Irmtraud）為我獻唱了一首聖誕頌歌，大女兒茵兒（Inge）安慰我說：「爸爸，你不會真的死的，你看，弟弟終有一天會和你一樣的，我會永遠珍視他。」

哦，我真為這些孩子感到高興！大女兒才剛滿十歲，但她對媽媽來說已經是一個多麼可靠的同伴了。我也可以和母親道別了，她現在承擔著保護我所愛之人的所有重擔。我的妻子和我的母親在這幾分鐘內更得成熟堅強了。時間過得很快，最後一句話，一個輕輕的擁抱，以及一個擠出來的微笑，結束了這最後一次的會面。我的生命走到了盡頭。

接下來幾天，等待行刑的到來。我驚異地發現，死亡對我而言並不可怕。是否殘酷的戰爭經歷造就了這種想法？每天早上，當門砰的一聲響起，聽到警衛的聲音時，我都會迅速再看一眼我所愛的人的照片。因為每個小時都可能是我的最後時刻。

今天才知道，我實際上應該在一九四六年一月七日被槍決。但英國人想在一月六日再次審訊我有關一九四〇年六月在敦刻爾克附近戰鬥的情形。英軍審訊員用以下的話向我打招呼：「現在你可以告訴我們一切，反正你已經被判了死刑！」這個好人最為苦惱的事情，是他必須再次一無所獲地回家。

當我等待死亡時，外面的世界已為我的生命展開奮戰努力了。萊曼上尉建議我的妻子去找個德國律師，或許可以在請求特赦的努力上為我盡點力。我自己對這些努力一無所知。妻子在奧里希人生地不熟，她一個律師都不認識，身上也沒有一分錢。她從一個地址跑到另一個地址，站在被關上的大門前。在無奈之餘，她無意中來到了恩德納街十一號（Emdener Strasse 11）。這個偶然可說是我們的幸運。在這座俾斯麥曾經居住過的同一棟房子裡，住了一位律師夏普博士（Dr. Schapp），一位高大的弗里斯蘭人（Friesen），和他所有的同胞一樣，充滿了正義感。夏普博士的第一步是，以個人身分對加拿大占領軍最高指揮官沃克斯少將提出特赦要求。一月六日，沃克斯將軍回應了博士的個人請願函。夏普博士因此開啟了第一個希望，儘管此時希望仍非常渺茫。沃克斯少將的回信內容如下：

敬愛的先生！

您於一九四六年一月三日致奧里希區長，關於一九四五年十二月二十八日被軍政府定罪的庫特·麥爾少將一事的信函，已轉交給我，並引起了我的極大關注。

我已閱讀了所有細節，但不得不通知您，我有責任並有義務確保遵守和執行與此事相關的加拿大法律。我相信您會充分了解我的處境。因此，我只能對您適度的請願致謝，並感謝您就此事寫了這麼長的信給我。

夏普博士對這封回信做了如下的註記：「禮貌性回覆，立場不明顯，但也沒有明確拒絕。」與死亡的賽跑仍在繼續。奧里希的紅十字會為這事進行了請願簽名聯署。作為新教教會漢諾威省教區最高權力者的教長霍爾維格（Hollweg），也向沃克斯將軍提交了一份特赦請願書，並抄送了一份給占領軍總部牧師威爾遜牧師（Wilson）。就在這時，萊曼上尉帶來了一個新的可怕消息，我請求特赦的請求書被拒絕了。起初，他只告訴我妻子，因為他害怕夏普博士會因這個消息而氣餒，進而放棄所有進一步的嘗試。但情況恰恰相反：正義之士現在才剛開始起步。他試圖說服馬拉倫斯（Marahrens）新教地區教會的地區主教（Landesbischof）和閔斯特（Münster）的天主教主教克萊門斯・奧古斯特・加稜伯爵支持我。

我母親立即給漢諾威地區主教寫了一封信，並附上了夏普博士的請願書。但主教表示很遺憾他現在的地位並無法為一名前黨衛軍軍官說情。夏普博士的一名助理前往閔斯特，這位年邁的伯爵指著裝滿了各式請願書的字紙簍。但是助理把我的案子遞給了伯爵，然後伯爵突然看了看他的打字機。幾分鐘後，夏普博士的助理拿到了一份重要的文件，踏上往奧里希的歸途。

加稜伯爵寫道：

> 根據我所收到的訊息，庫特・麥爾將軍被判處死刑，因為他的下屬犯下了他既沒有教唆也無法認可的罪行。作為基督教法律觀念的代表，每個人只對自己的行為負責，必要時因自己的行為而受到懲罰，因此我支持麥爾少將的特赦請求，並要求免除刑罰。
>
> 克萊門斯・奧古斯特・加稜伯爵

與此同時，沃克斯將軍決定飛往倫敦尋求他的戰友們的建議。一月九日，他與默奇將軍（J. C. Murchie）、奧德准將（Orde）、布雷汀中校（Bredin），以及正好在倫敦外交部的約翰・瑞德先生（John Reid）交流。沃克斯將軍對死刑判決表達了不滿，表示應該重新量刑。然後飛回德國總部，並於一月十三日將死刑減為無期徒刑。

他為自己所做的決定解釋如下：「我不認為在審判中所確定的『責任程度』，與極刑相匹配。」

十三日上午，這次的開門聲尤為響亮，牢房走廊裡出現了相當程度的騷動，幾個人停在我的牢房前。門打開了，兩名加拿大軍官進入牢房。現在對我來說毫無疑問，我的最後一刻已經來臨。當一名軍官開始向我宣讀時，我全然冷漠地聽著。我以為他只是想讓我瞭解早已確認的判決結果，我的目光一直游移在我家人的照片上，這個宣讀並未引起我的關注。但我忽然間聽到了，「無期徒刑」和「加拿大」這兩個詞彙進入了我耳中。花了很長時間，我才完全理解我所聽到的。我對此事的反應激烈，幾乎整個人跌坐在我的小床上。我根本未預料到會有如此的轉折。在鐵窗後度過一生是一個毀滅性的結果。我還需要花幾個小時的時間釐清新的概況，而求生的意志再次開始激盪。已經是下午了，我為日後的可能獲釋之後的時光進行了規劃，無法想像就這樣在監獄裡了結此生。一月十四日，我將再次與妻子會面，作為分別的致意，她為我帶來了家鄉的第一把春天花朵。

一月十五日，我帶著鐐銬乘坐「達柯塔」（Dakota）運輸機[1]從茨維熏昂泉（Bad Zwischenahn）飛往英格蘭漢普郡的奧蒂漢（Hants, Odiham）。與我同行的是佛爾尼少校（L. M.

1 編註：即C－47運輸機。

Fourney），少校帶我從機場直奔雷丁（Reading）。這是我還是第一次進入民間監獄發霉的建築。這是奧斯卡·王爾德（Oskar Wilde）幾十年前被監禁，寫下他著名詩歌的同一所監獄。該監獄現在是加拿大人的軍人監獄，關押著數百名逃兵和其他罪犯。生命會自尋出路。響亮的命令聲整天在大樓裡迴盪，行進的踏步甚至使得沉重的牢房門為之顫動。在紅色監獄圍牆後面的第一次放風，我在一名中士的陪同下於圍牆周邊小跑步。沒有多久我就發現，旁邊的一棟建築物內有絞刑架，而我們正走過被處決者的屍體。根據英國的慣例，被處決者應埋葬在監獄內的過道下，在哈梅恩（Hameln）也採用了同樣的模式。

不久之後，該座監獄關閉了，我被送往阿爾德蕭特（Aldershot）附近的一座營區，這裡也拘禁了數百名逃兵。營區的住宿條件很好，我甚至被允許修築一座小花圃，享受陽光。守衛是由資深的老兵擔任，他們都曾與我指揮的師對戰。他們的行為舉止合宜，表現出軍人的風範。小伙子們非常了解我的處境，他們甚至在沒有我的暗示之下，打電話到愛爾蘭，讓我有機會聽到德國人的聲音，還和一位年輕的女士聊天。在營區內，我聽到了加拿大輿論在得知赦免我之後的反應。報紙的報導簡直太精采了。把我溺死在哈利法克斯港（Halifax）的要求，還不是送我去另一個世界的最可怕建議。

一九四六年四月底，宣布要將我轉至加拿大本土，同時我也穿上了加拿大的囚服。

夜幕低垂，我離開了營區，坐車朝南安普敦方向駛去，然後被帶上運兵船「阿奎特尼亞號」（*Aquitenia*）。阿奎特尼亞號是「鐵達尼號」（*Titanic*）的姊妹船，鐵達尼號於首航時與冰山相撞，數千人隨其沉入海底。

我被帶進船艙，然後鎖在一間牢房裡，不過時間並不長。即使是船上的軍官，也不清楚這名囚犯到底是誰。我還記得一個有趣的事。我們正在前廳打牌，一位年長的軍官走過來對我們說：「夥計們，不要發出這麼可怕的噪音，讓那個德國佬睡一覺。」按照他的要求，一切都安靜下來了，這位好心人可沒有注意到，他已經瞥見了那位德國將軍手中拿著的好牌呢。

旅途對我來說多采多姿，相當有趣。這艘輪船是所謂的「新娘船」，該輪把大批在英國結婚的加拿大士兵的妻兒帶回加國。沒有人注意到，「納粹野獸」也在船上散步，而沒有待在黑暗的牢籠內。

在距離加拿大海岸幾公里的海上，我被關入牢房，他們告知我那些被煽動憤怒的群眾會有的可能意圖。當輪船停靠時，成千上萬的人在碼頭排隊。新娘與丈夫們團聚的喜悅是難以形容的。有人致歡迎詞，音樂響徹大廳。

福斯特將軍站在舷梯上等候，他是我在諾曼第的死對頭，也是我在奧里希的法官。我被帶到甲板上，為了不引起騷動，我被要求在無人陪伴的情況下步下舷梯，進入等候中的汽車。於是我偽裝成一個無人理睬的加拿大士兵，就這麼踏上了美洲大陸。儘管所有的目光都集中在舷梯上，群眾們並沒有發現「納粹野獸」正在離開輪船。在哈利法克斯傍晚的街道上開了一小段路後，最終到達了一座舊城堡。在這裡，路途過程中所需要的給養已備便，座位也已安排好。我與兩名軍官和一名中士坐一輛車，而三名中士則乘坐第二輛車。我們高速駛離哈利法克斯。黑暗的樹林吞噬了我們，我驚奇地發現，肆虐的暴風雪掃遍了這個國家，造成嚴重破壞。一些斷裂的電線桿倒在路邊。五月一日，這裡還是很冷。當我們上路時，有人告訴我，目的地是新布倫斯維克省蒙克頓（New Brunswick, Moncton）附近的一座監獄。車子在黑夜中穿梭幾個小時，越過新斯科夕亞半島。夜裡很冷，運輸指揮官下令暫停，我們在公路上慢跑以暖和身子。對我來說，側身溜進路旁的灌木叢然後消失無蹤只是小事一樁，但是我為什麼要冒險逃跑呢？這樣我將成一個沒有祖國的人。在一九四六年當時，一名德國士兵應何去何從？負責押送我的隨行人員在各個方面都表現得當，我被當作軍官對待。

凌晨〇四〇〇時，燈火通明的多切斯特監獄（Dorchester）出現在我們面前。這些建築物以其巨大的牆壁和塔樓占據了芬戴灣（Bay of Funday）。巨大石頭和鋼鐵的組合透露出一種令人生畏的氣氛。沒有人再說話了。車子默默開上山。我覺得我是自己葬禮的旁觀者。

車輛在正門前停了下來，鈴聲響起提醒守衛為我們打開外門。在外門和收容所內部之間，必須再經過幾道門。最後，士官們向我道別，他們以正規軍禮行禮，兩名軍官也比照辦理。在與伴隨的同行者握手之後，我單獨面對獄卒。待遇的差別很明顯，最初的幾秒鐘就已經向我表明，從現在開始，我只是無名大軍中的一個數字。沒有來自典獄長或是他的兩個資深官員的接見。在他們眼裡，我不再有權被當作正常人對待。我被帶進一個特別的房間，扔了幾塊舊破布給我做為衣服。費了很大的勁，我才保留了我的矯形鞋。

經過這些場面之後，我開始徒步穿過漫長的監獄，我第一次有了羞辱人格監禁的惡劣印象。一間牢房挨一間牢房，就像是關著掠食性動物的籠子，只不過裡面都是人類。這裡沒有生活隱私。牢房不是用門而是用柵欄封閉著。對囚犯們而言，全然的黑暗是從來沒有體驗過的新經歷——牢房的燈總是亮的。一股噁心的氣味迎面而來。我們又經過了幾個柵門，然後我被告知，面前的這個洞穴就是我的牢房。副典獄長諷刺的說：「來吧，這裡就是你的家了！」一時間，發現自己已經身陷囹圄了。我疲倦地倒在床上伸了伸四肢，下定決心無論如何都不能認輸。

一大早，我就被鄰居吵醒了。他們很失望我不能給他們帶來有關蒙特婁（Montreal）的消息。直到後來我才獲悉，獄友們被告知我是從蒙特婁移監過來多切斯特。沒過多久，就被帶到大浴室和更衣室，房間裡擠滿了一大群囚犯。在這裡，我必須先洗個澡，然後胡里胡塗就坐在理髮椅上了。理髮師當然也是個犯人，急切地詢問我要待在監獄裡的時間，但不知道他在和誰說話。刑期的長度對他沒有什麼特別意義。他因殺害他的叔叔而被判處二十年徒刑。當我剃掉鬍鬚，不再有一把尖刀抵著我的咽喉時，我終於可以鬆一口氣了。我閉眼等待理髮。但突然間我驚醒了，那個傢伙用一把大剪刀掠過我的頭皮，冷靜地剃著我的頭髮。當我的頭髮落到地上時，兩名官員對我嗤之以鼻，我氣得發抖。在這個過程之後，數字二二六五被塗在我的胸前，這個數字就是我的名字了。

左邊牢房的鄰居原來是一名職業慣犯，他自一九一七年以來長時間待在美國和加拿大的監獄，只有極少數的時間在外面。現在他因活活燒死七個人而被判無期徒刑。右邊的牢房住了個性侵犯，這傢伙強姦了他十幾歲的女兒。

我永遠不會忘記我在多切斯特灰牆之後所遭受的羞辱。我驚恐地發現，即使在西方高度發展的國家，罪犯訓練班也是蓬勃發展。年輕的犯人與頑劣的罪犯在同個屋簷下，在監獄裡就只會被教育成罪犯。

在前四個星期結束之時，我被分配到一個藏書豐富的圖書館擔任圖書管理員。在該部門的管理階層中，我結識了一位優秀的人物，帕皮諾先生（J. E. L. Papineau）。這位先生曾經是空軍軍官，他能自各個方面了解戰爭。他的俠義行徑可以說是加拿大第一線戰士的理想代言人，我再次確認了，在第一線打過仗的人，會有一個與其官方發言人所宣傳者截然不同的觀點。對於真實事件了解越少的人，對我的偏見也就越大。

在夏天，我收到了來自家裡的第一封問候。我的家人可以說過得不錯也過得很糟，據說他們僅依靠一百一十九德國馬克的生活補助過活。想及他們的苦難，是我最難忍受的事。在這裡，我要再次感謝具有騎士精神的弗里斯蘭人，威廉・夏普博士，我由衷感激他。出於真正的善心，他不遺餘力地對我的家人施以援手。除此之外，他還承擔了我妻子所有的住院費用。她心力交瘁，最後有了嚴重的心臟問題。一家人幸福的擔子，全都落在了我母親的肩上。

一天接一天，我的處境沒有改變。日子以機器般的精度在運行著。我想讓讀者省去閱讀關於囚禁中的煎熬，因為我這一代的德國人幾乎沒有不知道這種苦難的，有的人還親身經歷過。

有多年的時間，我與教會的代表們進行了一些富有洞察力的對話。無論是主教還是一般的牧師，他們都不吝於發言，為我與他人爭辯。直到今天，我仍與他們其中的一些人保持聯繫。天主教會的代表給人的印象最為深刻。他們無所畏懼地闡述自己的觀點，並且知道如何贏得尊重。

我與哈利法克斯東區指揮部的詹姆斯・米勒少校（James R. Miller）結為朋友。米勒是佛斯特將軍指揮部的軍牧，他每四個月就會前來探訪我一次，且持續與我的家人保持聯繫。我並不知道自己虧欠了米勒先生究竟多少，但我確實知道他不遺餘力改善我的處境。他經常被召喚至渥太華進行報告。他以一位真正的基督徒行事，他用實際行動展現基督教精神教義。他不是那種華而不實、夸夸空談的人。

從那時起，已經過去幾年了，事情也已經平靜了許多。媒體現在也呈現了另一面的聲音，並且不迴避公開發表這樣的聲音。因此有一天，我驚訝地讀到陸軍和空軍的軍官要求恢復我的自由，並對我所受的判決提出異議。福斯特將軍經常寫信向我問候，而其他軍官則致力於安撫我的孩子們。

在蒙克頓，我認識了一位很棒的人物，那就是弗里茨．利希騰貝格先生（Fritz Lichtenberg）。利希騰貝格先生於一九一一年移居加拿大，以建築承包商的身份在加拿大謀生。他的家離監獄只有幾公里，他持續不斷地爭取批准來探視我。一天，時候到了，經過漫長的等待，我們終於面對面了，結果卻衝口說出了德文的問候語。我們沉浸在噓寒問暖的歡樂之中。利希騰貝格先生給我看我孩子的照片，還描述了家裡最新發生的事。這個人對家鄉的忠誠深深打動了我。他自豪地表示自己對於德意志的忠誠，如同我們從小就記得的那樣。

每四個星期，我有幸在米勒少校的陪同下，與這位好心人見面。不久，他為我帶來了以下的消息：哈利法克斯的一間律師事務所接下了爭取恢復我自由的工作。在這裡我必須補充一點，加拿大軍官為此提供了相當的一筆資金。

加拿大律師正在盡最大努力說服政府，對我的判決是無效的。然而，政治現實仍然凌駕於法律之上。

媒體上的贊成與反對之爭永無止境，各方黨派和組織都參與了這場辯論。這並非聚焦於犯人及其家屬基於人性關懷的訴求，而是關乎追捕納粹的「神聖原則」。

在這場「新聞大戰」中，《麥克林雜誌》（*Maclean's Magazine*）的編輯拉爾夫．艾倫（Ralph Allen）於一九五〇年一月一日加入論戰，並發表了以下文章：

加拿大是否應該給予其唯一的戰犯公平的審判？一名在審判現場的軍事記者說：「不！」但是裝甲麥爾正在服無期徒刑啊。

坐在法官席中間的那位先生彷彿慶幸說話間仍有稍停的片刻、帶著遺憾的口吻緩慢說出，

「本庭的判決是槍決。本判決只有在定讞之後才會成為最終判決。庭審在此告一段落。」

站在法庭中央的那個人一動也不動，好像被老虎鉗夾住了一樣。他往後退了一步，微微躬身，等候伴隨的軍官一兩秒，然後轉身向左。當他大踏步走出房間時，他的頭比平常高了幾分之一英寸，他緊繃的臉色比平時蒼白了幾分。他的腳步聲在寂靜中迴盪，有如遙遠的幽靈在叫魂，將人們的注意力導引至可怕的過去和未知的未來。

庫特・麥爾的死刑並沒有執行。

即使是現在，在加拿大軍事法庭作出裁決四年之後，庫特・麥爾過往罪行的程度，及此事對於未來的重要性，都沒有獲得釐清。

在這場加拿大法律史上最離奇、最有爭議、也可能是最重要的審判中，對於正義、非正義以及懷疑的分歧見解，在今天並不像沃克斯少將——當時的加拿大駐德國占領軍指揮官——將刑期減為無期徒刑引發國際風暴時那麼響亮。但對該判決的反對意見仍然揮之不去。數十萬加拿大人認為庫特・麥爾不應該關在監獄裡。

案件事實簡述如下：

身為第十二黨衛裝甲師第二十五裝甲擲彈兵團團長的麥爾，其指揮的德國士兵在盟軍諾曼第登陸後浴血作戰的最初數日中，射殺了戰俘。

他是唯一一位根據加拿大戰爭罪條例接受審訊的敵方軍官。該法令是一九四五年八月成立，旨在為審判敵人戰犯在一九三九年至一九四五年間的行為建立指引。通過參與聯合國戰爭犯罪委員會（United Nations War Crimes Commission），所有盟國人民在歐洲的戰爭結束後不久，就制定了基本上雷同的法令。一九四五年十二月，由一名少將和四名准將在德國奥里希對麥爾進行的審判，是德國前線士兵或指揮官首次受加拿大或其他國家法令約束的審判，因此其重要性遠遠超過了個人的命運或單一國家的法律。

什麼是最主要和最終的事實？最重要的一個事實是關於是否有罪的問題。許久以前，庫特・麥爾是阿道夫希特勒親衛隊的驕傲士兵、狂熱的戰士、無所畏懼而瘋狂大膽的少數菁英，代表國家社會主義的優越性——已經跟隨飽受折磨的納粹神靈逝去了。

庫特・麥爾有罪嗎？

他是否基於訴訟程序和一套法律被判有罪，而該法律可以作為後代加拿大人的實用準則，而不會挑戰他們的盎格魯—撒克遜正義？他有受到公平的審訊嗎？他是按照公平的規則進行審訊的嗎？審訊他的法庭是否公允地適用了這些規則？

作為在現場見證對麥爾審判的記者，我會說：「不！」回到加拿大後，我對任何願意傾聽所有這些問題的人說：「不」。或許這並不奇怪，在四年前人們的情緒中，當回憶像傷口一樣沉痛，死者未獲得報仇雪恨的時候，根本沒有多少人想傾聽。

我剛從渥太華回來，在那裡審查案件檔案；這就是為什麼我仍然說：「不！」在塵埃落定的背後，檔案紀錄似乎陳述了四年前在德國西北部時而寂靜時而喧囂的法庭上所說的話。除其他外，它似乎在說：以加拿大法律之名，麥爾的審判規則違反了加拿大法律的一些基本和最寶貴的原則；儘管法律在措辭上維護了被告無罪推定的基本原則，但它們包含一個推翻的條款，一旦確定犯罪已經發生（並不一定由他本人犯下，也不是經由他的命令或在他的知情或同意之下），即認定他有罪，直到他能夠證明自己的清白為止。

在這些問題上，法院認為自己有權和合法地在審判過程中，制定「指引」，這種指引無所限制，而且往往對被告不利。

控訴麥爾的主要證人，其第一份的證詞是在死亡的威脅之下做出的；而如果缺乏該證人的證詞，則指控會被削弱到無法想像的程度。該證人已在庭審之外接受過至少八次訊問，並且根據法庭的彈性原則，檢察官可以從他的八份陳述中摘錄任何一份，並且得親自出庭作證兩次。

儘管經過數月的準備和檢查，這個證人還是經常在大小問題上自相矛盾。

在最能夠使麥爾被定罪的細節陳述中，他的證詞沒有得到其他任何證人的佐證，但可以被至少六個人程度不等地予以反駁。

應該要有人提出這樣的問題：麥爾是否罪有應得？我不認為答案會是：「有的」。在小小的木鑲板法庭上，陰鬱而令人玩味的聚光燈下所呈現的麥爾，就像一部真實的電影，講述了國家社會主義從興起到毀滅的故事。

逝去的軍團現在再次開拔上路，超人們以不滅的榮耀昂首闊步歐陸地表，一位老戰友用充滿自豪的聲音提醒和頌揚他們，偶爾會因為回憶可能發生的事情而感觸、流淚。

麥爾十八歲時是一名沒沒無聞的警官候補生，而他搭上了通往國家社會主義明星的列車。當他在一九三四年轉而加入阿道夫．希特勒親衛隊時，他的黨員證號為三一六七一四，親衛隊編號則為一七五五九。

當國防軍在一九三九年發動攻擊時，麥爾擔任攻擊先鋒的矛頭。作為一名戰士，他的名聲是獨一無二的，且無疑是當之無愧的。新型態戰爭有一個特殊的名字——「閃擊戰」；與他的英勇部隊一起馳騁的年輕指揮官也有一個特殊的名字：「快捷麥爾」（Schneller Meyer）。沿途的地方市鎮還帶著對「快捷麥爾」的記憶。

在波蘭、荷蘭、比利時、法國、羅馬尼亞、保加利亞、希臘和俄羅斯作戰後，快捷麥爾在諾曼第成為裝甲師師長。他三次負傷，十一次獲得勳獎。

在法庭上，他很願意談及他經歷的戰鬥，也講述得很好。就像一個在廣闊而無法渡過的深淵中呼喊著的孤獨聲音，他一次又一次地呼喚著他消失的戰友，捍衛著「鐵與血」的禁忌信念。

有一次他急切地向前傾身，重複了他曾經對第十二黨衛裝甲師的年輕狂熱分子發表演講的部分內容：

「我們站在諾曼第這裡，手中握著德國人民託付給我們的武器。德國工人用他的汗水鍛造了這些武器，不是要我們膽怯地扔掉它們，而是為了我們拿著它們來戰鬥……如果盟軍穿越了英吉利海峽，摧毀他們的絕不會是大吹大擂的V武器[2]。不要相信報紙的叫囂！認清事實！我們只有攻擊才能殲滅我們的敵人。」

在另一個場合中：

「當戰爭結束時，每個戰俘都應該證明，他之所以被俘並非源於自己的過失……」

審判中最具戲劇性的一幕，莫過於麥爾以一種令人動容且帶著讓人吃驚的姿態，突然無視周圍環境的一切，直接與他的妻子交談。麥爾夫人帶著她五個小孩中的一個前往奧里希，以親近她的丈夫。大多數時候，她一個被無限悲傷籠罩的沉默生命，獨自坐在法庭的後面。她被允許短暫探望她的丈夫，但總是有一名警衛在旁，並指示麥爾不得說出任何可能被認定在意識型態上如何

2 譯註：V武器（V-Waffen），也就是所謂的「復仇武器」（Vergeltungswaffen），指V1、V2導引飛彈等特殊武器。

撫養孩子的期望。

有一天，被告同意解釋他在訓練士兵時使用的準則。當他開始發言時，他時而冷酷，時而充滿愛意的藍色眼珠，尋找並盯住位於第十排的那雙女性的眼神。

他時而自豪並威嚴，時而輕柔並懇切地訴說著，他妻子那張飽經折磨、絕望的臉，則變得開朗且充滿活力。

「我的年輕士兵紀律很好，」他說，「這建立在健康家庭的基礎上。由於他們年輕，指揮階層不得不尋求新的方法來訓練這個單位。官兵之間有著密切的同袍關係，而在相當程度上父母也是訓練的一環。對於年輕的士兵，菸與酒是絕對禁止的。」

麥爾停頓了一下，然後開始變得更為溫和。「從社會的角度來看，母性典範在我的隊伍中受到尊敬，如格言所說：母親為她的孩子而奮鬥、生活、犧牲和挨餓，她為公正的社群生活奠定了基礎。」

「在宗教上，我的士兵擁有完全的自由。我向他們宣達：上帝並無法被證明，但我們必須相信祂。人之所以為人，就在我們透過良知對上帝負責。對上帝無信仰的士兵，是無法戰鬥的，他缺乏只有最虔誠的信仰才能獲得的終極力量。他們被授予要以理想主義為出發點作為他們的軍人典範，簡單來說，他們戰鬥時的箴言就是：『我什麼都不是，但我們可以是一切。』」

麥爾受到麥克唐納中校的質問，並由安德魯上校為他辯護，兩者都是執業律師。每個人都以技巧和活力投入到這個案子。他們倆人，與法庭上的所有官員一樣，發現自己面對自身經驗與加拿大傳統都極度陌生的法律時，遭遇嚴重的障礙。這是勝利者的法律，才剛成形並未經過任何一個先例的考驗。

檢察官無可避免地主張，並且取得了對辯護律師的優勢地位，而若是新法律符合盎格魯—撒克遜法律的基本原則，他將永遠不會要求或期盼獲得這種制高點。

法規規定，法院可以納入所有看似真實的證詞或文件，只要該證詞或文件在法院看來可用於證明或反駁控方的控訴，即使此類證詞或處置的事實，在戰場的軍事法庭並不會被同意作為證據。

法規規定，由盟國或其敵對國或中立國政府所正式簽署或簽發的任何文件，無需審查其簽發或簽字即可作為採信之證據。

法規規定，被告或證人出庭的任何證言，無論是宣誓證詞還是未經事先提醒所作出的證詞，在何時均可採信為證據。

法規規定，一旦確定一個軍事單位的成員犯有戰爭罪，該部隊或單位的指揮官可能會被認定需對這些罪行負責，除非他有理由證明不承擔相關責任。

此外，這些對歷史上加拿大法院判決的特別擴大範圍，戰爭罪行條例以二十一個字的「一切都有可能」條款作為總結。「當這些法令中沒有相關規定的情況下，」第十七條這樣說，「應遵循預期最能夠伸張正義的做法。」[3]

在對麥爾的交叉詰問中，麥爾說了一句話，大意是：在諾曼第戰役開始時，他經過了躺在路

3 譯註：這「一切都有可能」條款即是第十七條條文，該條文在英文原文中共有二十一個單字組成。編註：原文為 In any case not provided for in these regulations, such course will be adopted as appears best calculated to do justice。

邊的六名德國士兵的屍體，他認為這些士兵是被敵軍俘虜後遭到槍殺的。

當時在有關地區作戰的加拿大旅旅長，正是主審法官福斯特少將。

法庭仔細聆聽了麥爾關於福斯特指揮下的加拿大軍隊射殺德國戰俘的證詞，但當檢察官宣稱他需要傳喚證人反駁此點時，法庭認為沒有必要。

「我不認為本席對這一特殊事件有任何疑問。」福斯特將軍這樣說。

庫特．麥爾的案子已經正式結案了，麥爾正在多切斯特服無期徒刑。

並不存在能重新改判此一死刑的程序。唯一能減免無期徒刑的方法，就是向女皇請求赦免。為什麼不讓事情保持原樣，任其結束然後遺忘呢？因為只要人們活在法律面前，除非法律面前人人平等，否則他們就無法自由無畏地生活。

對庫特．麥爾判刑的法律，並非立基於所有法律所仰賴的堅實規則和明確闡述的原則，而是建立在人類全知全能這項不可能實現的前提之上。

如果對庫特．麥爾的審判是不公正的，那麼最大的不公正並不是針對麥爾本人。這是對一系列戒律終極的、超越一切的不公正，如果我們對我們的敵人都否定這些戒律，那麼也可能對我們自己否定了這些戒律[4]。

這篇文章自然是捅了馬蜂窩。幾個星期以來，加拿大媒體針對支持我或者反對我的意見，進行了激烈的辯論。在此期間，加拿大律師準備了詳盡的報告，報告中陳述了我所受到的判決並不公正。這些報告的全部內容從未對外披露過。

一九五一年春天，輾轉得知我的假釋近在眼前，而我留在加拿大的日子將開始倒數。我簡直不敢相信這個消息，真是出人意料。只有當被要求發誓要保密之際，才敢相信我將被釋放，或者至少我會被轉移到德國去。日復一日，一週又一週，我等待假釋的命令到來，然而所有的等待都是枉然的。一段時間後，在一次偶然的機會，我讀到了一份加拿大主流報紙的特別報導。報導的內容如下：

轉移麥爾的計畫

正如我們今天所了解的，國防部擱置了赦免德國將軍庫特．麥爾的請求，至少對此暫時不加以考慮。麥爾現在被關押在多爾切斯特。釋放、改判以及遣回德國的請求，是由他的委任律師起草的。

政府一直有意處理這一要求，直到渥太華面對來自加拿大各地的退伍軍人及其他組織與個人發動了潮水般的抗議。據說政府準備將麥爾轉移到德國並減輕其刑，理由是關於他被指控的罪行（對在法國的加拿大戰俘死亡的責任）盟軍也曾有過類似行為。而且美國已經釋放了案情相類似的被告。

看起來他至少要在多切斯特多待一段時間。政府發言人說，此案似乎已陷入僵局。

4 編註：本文在今日依然可以在《麥克林雜誌》的網站上找到全文，作者僅節錄了部分內容。

從多切斯特到韋爾

一九五一年十月十七日，當我走回牢房時，警衛組長不經意地問起，我的頭部尺寸大小。我完全糊塗了，我還真說不出來我的頭圍尺寸。不久之後，我被正式帶到典獄長那裡，典獄長在幾名官員面前告訴我，我將在黎明時分離開監獄，乘飛機飛往德國。

我懷著複雜的心情度過了一個不眠之夜，過去的經驗讓我並不抱太大的希望。時間慢慢過去了。感謝老天我還能閱讀，由於牢房亮燈總是亮的，我讀著邱吉爾的回憶錄，看他解釋為什麼他要下令擊毀德軍的海上救難飛機，藉此來縮短我的漫漫長夜。時鐘的指針滴滴答答到了第五個小時，而我已經在牢房裡踱步了一個小時。沒有人出現。早上六點三十分，我和犯人一起喝了晨間咖啡，然後被帶回到了我的工作地點。我望向遼闊的海灣，夢想著轟隆隆的發動機——一種無限的失望更加沉重。白色的船帆在遠處閃閃發光，消失在新斯科夕亞省的方向，我幻想它們雄偉的外觀來滿足我對自由的嚮往。

令人慰藉的消息在中午時分到來了。他們用幾句話向我解釋道，濃霧阻礙了計畫中前往蒙克頓（Moncton）的班機，現在我必須坐車去新斯科夕亞省，才能從那裡起飛前往德國。

關於預期中的媒體大戰，竟不見蹤影。我被帶到一輛等候中的汽車車門。我再次穿上了加拿大制服，在兩名官員的陪伴下乘車離開。與我到達監獄時不同，典獄長和其他先生們與我一一握手。

這趟旅程花了幾個小時，穿越了未經開發的遼闊鄉野，直到晚上八點左右抵達了機場，沒有多久，飛機已在跑道上咆哮。這是一架北極星（North Star），專供向韓國運補的交通航班。在跑道上短暫的滑行之後，這隻沉重的大鳥升起，朝向北方猛衝而去。璀璨的燈火是加拿大最後的問候。直到現在我才相信，我終於要回家了。不幸的是，我沒能和我的朋友說再見。我很想與弗里茲·利希騰貝格與詹姆斯·米勒握手。您們的善行義舉將永遠留在我的腦海裡。

巨大的飛機上只有兩名軍官和幾名士官乘客。我們一到大洋上空，就吃了一頓豐盛的晚餐。這個驚喜讓我受寵若驚。在紐芬蘭，由於結冰的危險而必須中途降落。大約兩個小時後，飛機才起飛繼續航程。

不用多久，大家都昏昏入睡了。護送小組在各個方面都表現得很好。他們是曾經與我作戰的前線戰士。午夜時分，我被私底下告知釋放我的事已經在加拿大炸開來了，來自各方的意見領袖要求將我立即遣回。媒體不用擔心缺少頭條新聞了。

我對這趟飛行有點失望。除了雲和霧，什麼都沒看到。就在快到英格蘭之前，可以看到一些軍用運輸機正將加拿大的二十七步兵旅輸送至德國。當我在一九四六年被帶到加拿大時，加拿大軍隊很快進入復員階段。現在他們欲在德國捍衛西方世界的自由，並將德國軍隊整合納入北約。

那些策畫者真的相信可以靠武力保衛歐洲嗎？這既不能保衛德國，也不能保衛歐洲其他國家——歐洲只會被毀滅。

在英格蘭短暫停留後，飛機繼續飛往標克堡（Bückeburg）。在荷蘭，我們飛進入了濃霧中，然後接獲指示改降聞斯多夫而非標克堡。聞斯多夫機場設備較佳，更容易降落。於是我再次看到了我的家鄉！雲霧飄渺，零星的幾盞燈，奔馳而過的車頭燈，是來自老家的第一個問候。

在一片漆黑中，飛機降落並滑進了濃霧。我們根本看不到任何東西。突然，飛機受到了強烈的震動，猛然抬起然後起落架大力著地。機艙內的所有物件都在我們耳邊飛舞。飛機又滑行了幾公尺，然後停了下來，不過危險似乎還沒有過去。這隻大鳥衝出了跑道頭，迅速滑進了旁側的馬鈴薯田。這隻驕傲的鐵鳥現在沒有了起落架，躺在犁溝裡。我很高興再次感受到祖國大地就在我的腳下。遍布的大霧把整個計畫給搞得天翻地覆。本來應該接待我的先生們還在標克堡，現在不得不移駕聞斯多夫。

在場的皇家空軍軍官邀請我去他們的餐廳，沒多久我們就談起了諾曼第的戰事。他們所有人當時都參加了岡城上空的戰鬥，他們的經歷對我來說饒富趣味。例如，我聽到他們說非常懼怕步兵的防空火力，有些戰機因此而損失。

當英國官員在午夜左右抵達了聞斯多夫要伴隨我前往維爾時，角落裡已躺著幾隻空空如也的酒瓶，以慶祝我即將獲得的自由。從牢房到軍官餐廳的轉變帶來了些許的感動，我必須慢慢消化這一切。尤其當你像我一樣必須形單影隻地陪伴自己六年時光，要找回與生活的連結並不容易。

在毫無頭緒中，我走向了等候中的汽車，以便盡快趕上前往維爾的最後一段路程。當司機打開車門時，……真把我給嚇壞了，一句話也說不出來：在我面前的是以前部隊的前黨衛軍中士，他現在以司機為業，為韋爾的英軍指揮官開車，賺取幾個麵包錢。好吧，這還真是有趣！

我們在高速公路上匆匆駛向維爾。我在加拿大讀過很多關於蘭茲堡（Landsberg）的文章，但對維爾一無所知。沉重的大門在身後關上後，我立即被帶入監獄，並送到四樓的牢房。在好奇心驅使下，我掃視了牢房門上的名字。首先發現了凱瑟林的名字，然後是馮・法爾肯霍斯特（von Falkenforst）、馮・馬肯森、加稜坎普（Gallenkamp）、西蒙（Simon），以及馮・曼斯坦諸位。

我長嘆了一口氣，自己終於又回到了軍人的行列之中。

維爾的指揮官是我在英國的第十八號營區的營區指揮官，一九四五年就是他送我去倫敦。與他後來的繼任者米奇上校（Meech）不同，維克斯是一位充滿睿智的指揮官。

我收到的第一個問候，是來自奧里希我的律師夏普博士。我很高興能接到他的電報，這遠遠超出了一般的律師職責範圍。幾天後，我可以和我的妻子會面了。我們已經六年沒有見面了，只靠那些被審查的信件中的單薄訊息度日。這六年的時間都在我們身上留下了印記，不過時間並沒有讓我們疏遠。我很高興聽到孩子的成長歷程，而一個健康的家庭正等著我呢。

維克斯上校向我的妻子表示，一旦完成例行的手續，他願意給我十天的探親假。

他信守諾言。十一月底，我被允許回家探親十天。我迅速穿上借來的西裝，盡快離開這間冰冷的房子。因深怕可能會因特殊狀況，已批准的假期會被取消，所以，走！不要浪費時間了！

我胳膊下夾著舊軍服，第一次在沒有鐐銬，在無人陪伴的情況下，再次走在家鄉的土地上。傍晚時分，我抵達了我的家，一言不發地站在我已經長大的女兒面前。她們已經比我還高了。

幾天一晃就過去了，特別是沒想到有很多戰友來找我，當地民眾也很努力地讓我的假期過得愉快。

一天，加拿大官員無預警的突然跑到我們的公寓。他們前往探訪了兩德邊界，想來向我的家人問安。陪同他們一起來的新聞記者道格拉斯．豪（Douglas How），以我的假期為題材寫了一篇報導，這篇報導產生了炸彈性影響。議會上的質詢以及加拿大媒體的巨大風暴，顯示他報導的成功。加拿大民眾花了很長時間才從此一事件平復下來。

與此同時，加拿大和德國都在努力通過赦免以恢復我的自由。在加拿大，我的好朋友弗里茲·利希騰貝格得到了加拿大官方的大力協助。在德國，夏普博士與他的妻子不辭勞苦地為我的獲釋奔走。

一九五三年六月，阿登諾博士（Dr. Konrad Ademauer）在維爾（Werl）參加了西里西亞的朝聖活動，以作為紀念在上西里西亞的安納貝格（Annaberg）的類似活動。同時，阿登諾博士也獲准前往探視戰爭犯。沒想到，他突然出現在我的牢房裡，他與我握手，承諾會盡一切可能結束我的監禁[1]。

在薛伍德·萊特准將（Sherwood Lett）的建議下，加拿大政府將我的無期徒刑減刑為十四年。這一決定於一九五四年一月十五日向加拿大民眾宣布。我是在十四天之後才正式獲知這項決定。加拿大人忘記將此赦免通知英國人了。

坎貝爾·麥克唐納（Campbell MacDonald）在渥太華CFRA電台發表以下聲明：

前將軍庫特·麥爾將在今年某個時刻獲得自由，可能是十二月七日。他目前正被關押在德國的監獄，他是從加拿大移轉過去的。

在加拿大期間，他以囚犯身分住在新布倫斯維克省的多切斯特監獄。兩年前從加拿大轉移到

1 譯註：康拉德·阿德諾博士，為戰後西德政治家，是基督教民主聯盟（Christlich Demokratische Union Deutschlands, CDU）的成員，為德意志聯邦共和國成立後的第一任總理。

西德，是其通往可能的自由的第一步。

對於熟悉此事的人來說，本日下議院的宣布並不令人意外。庫特·麥爾少將的自由，歸功於一位出生在德國的加拿大公民的不懈努力，許多年前，他確信麥爾的監禁是不公正的。此人正是弗里茲·利希騰貝格，他是一位居住在蒙克頓的退休企業家。利希騰貝格放棄了退休生活，提供必要的資金，以將庫特·麥爾從加拿大帶回德國，最終促使其獲釋。他正在進行一場公開的抗爭。他首先證明了判決是對正義的扭曲，而庫特·麥爾成為這個狀況的受害者，因為麥爾是站在上次世界大戰戰敗國的那一邊。你會記得，麥爾少將曾被加拿大軍事法庭審訊，並以戰犯身分被判處死刑。

他為什麼被判處死刑？因為在加拿大戰俘被虐殺時，他是諾曼第部隊的指揮官。那是在一九四四年的事。

讓我們把這個指控看得清楚些！他並未被指控下令他的下屬射殺加拿大人。審判期間取得的證據表明，他對這起殺俘事件一無所知。他被起訴的唯一原因是，他是加拿大人被射殺發生地點的指揮官。「判決結果：槍決！」

在加拿大這裡，判決結果是符合全民的意志。加拿大人對戰爭仍然是記憶猶新。當得知手無寸鐵的加拿大被俘士兵被冷血射殺時，他們感到憤怒，出於報復的情緒，他們滿意地接受了判決結果。庫特·麥爾是我們的代罪羔羊。

然後，令人震驚的來了！

加拿大將軍，一頭紅髮的克里斯沃克斯，對證據和判決提出上訴，並將死刑減為無期徒刑。

加拿大民眾對此的反應是暴怒與憤慨！

平民百姓不理解的一個事實是，射殺戰俘並非僅發生在德國人身上，這點加拿大百姓至今可能還不理解。我堅信，今晚聽我講話的人中——一戰或二戰的加拿大老兵，有些人曾親身參與了對德國戰俘的射殺，或者知悉他們的戰友曾經在將戰俘從前線後送的路上，射殺一個或者一群戰俘。

在義大利、法國、比利時、荷蘭，當然還有在德國，德軍戰俘在上次戰爭中被加拿大人射殺了。他們被殺是因為在當下被認為很礙眼，他們擋到了路，或者只是多了一張嘴要吃飯，多了一個人要看顧。這就是他們被殺的原因。

不知什麼原因，總之士兵們覺得這麼做是有道理的，以某種令人不解的方式，他們相信戰鬥賦予了他們採取這種行動的權利，而這種權利是上帝所賦予的。

他們認為這樣做是為了讓敵人付出了轟炸倫敦的代價，是為了他們在戰場上戰死的戰友。談論這些事情既不愉快也不容易。這是一場噩夢，現在已是白晝、陽光照耀，而我們平和喜樂。但一名男子仍在獄中，那就是庫特・麥爾少將。一位加拿大將軍，他的部隊在沒有得到他的許可、沒有命令，當然也在他不知情的狀況下，射殺了德國人，他的部隊犯了麥爾部隊所曾幹下的事。麥爾的罪行並不比這個加拿大將軍的罪行還要大。

我並不想為一些加拿大軍隊的所作所為開脫。但是這些行為既然發生了，我們如不去承認，就是偽君子。

加拿大占領軍司令克里斯・沃克斯將軍，在將麥爾的死刑減為無期徒刑時，非常清楚自己在做什麼。很可能他相當清楚，如果是我們輸掉了戰爭而不是德國人，那麼情況就會翻轉過來。

這就是庫特・麥爾來到加拿大和多切斯特監獄的原因。生活對麥爾而言變得艱難了，守衛對他施加壓力，他們要這位驕傲的將軍重複擦拭地板，一遍又一遍。

在此期間，出生於德國蒙克頓的加拿大公民弗里茲．利希騰貝格，一直在為麥爾爭取自由。他放棄了退休生活，重新開始執業，他前往監獄探視麥爾，與他交談，收集證據，然後飛往渥太華，將相關事證提交給加拿大官員。

然後，就在兩年前，取得了巨大的成功！

加拿大政府決定將麥爾轉移至西德的盟軍監獄。對麥爾的判決進行改判也只是時間的問題。本日，國防部長克萊斯頓先生（Brooke Claxton）在下議院宣布，該刑期已減為十四年徒刑了。

加上因良好行為而獲得假釋，將軍可望在一九五四年夏末，再次恢復自由之身。

我對麥克唐納的評論沒有什麼要補充的，全篇一針見血。雙方進行戰鬥的是人，而非天使。

在此同時，維爾的狀況卻發生了根本性的改變。米奇上校認為應該像罪犯一般對待我們，無視他的工作人員的經驗與善意的建議。由於缺乏經驗，他所下的命令使他在短時間內成為大家最討厭的人。他試圖重新引入戰後第一年的風格，而沒有認知到時空背景已經改變了。若干自殺未遂的發生就是他工作的成果。我們在他的幕僚中找到了最好的盟友。事實證明，英國衛兵總是比他們的德國同僚以及他們的上司更為通情達理。

前擲彈兵以及第一線戰士，這些最單純的人，以足堪典範的方式在德國人之中證明了自我。他們全心全力協助那些被囚禁的戰友。遺憾的是，我不能以同樣的話套在那些我不認識的德國上級長官身上，因為他們鮮少關心自己同胞的福祉。

米奇上校，儘管擁有軍階，但充其量只不過是一個穿著制服的人，而非意義上的軍人。二戰期間，他只是一名本土後方地區的行政官員。他的所作所為，最終為所謂的戰犯創造出更深一層的孤立。這座監獄中的監獄，實際上就是為我們所設立的。看守所內的建築群成了我們的家，將我們與外界完全隔離了。德國守衛也被撤換，警衛勤務現在只由英國人執行。

當然啦，我們很想作弄一下米奇先生，然後打破他那險惡設計的孤立措施。於是乎，當戰友們聽到我就在米奇先生的眼皮之下，和我的妻子會晤交談了兩個多小時之後，大家都興趣盎然。

即使是現在，在一九五六年的夏天，米奇先生還是維爾的統治者以及山寨大王。戰友們依然在陰暗的圍牆後方嚮往著自由。在那裡被活生生埋葬的，並不全然是指揮階層的人物。士兵、士官，以及下級文官都在呼喚著自由。但是他們對理性和正義的訴求仍然沒有被聽見。時間在他們身上無情地流逝。

我被釋放的日子訂在一九五四年九月七日。我難以想像自由是什麼滋味，非常不耐地等待著救贖的時刻到來。我將如何適應日新月異的環境？這個想法讓我日夜擔憂。九月七日正是我失去自由的十週年，我已經和家人分開十五年了。

那個時候，大女兒才四歲大，現在等著我的是一個十九歲的小姑娘了。我能夠立即贏得孩子們的心？還是我需要長久經營，才能獲得他們的愛？在這十年的監禁生涯的最後幾週，這些想法折磨著我。對自由的恐懼沖淡了對生命的渴望。

我發現在鐵絲網後面的最後這幾個月特別煎熬，時間對我來說似乎是無止盡的。即將和獄友告別之前，我強烈壓抑自己。當你知道法律還要使他們在孤獨的牢房中關上幾年，與同袍們說再見並不是個愉快的經歷。

我永遠忘不掉，我和一個仍在等待自由的前二等兵握手道別的情形。他的小孩的大眼睛就像在問我：我爸爸為什麼沒有跟你一起回來？

九月六日晚間，是時候了。是我獲釋的時候了，我的行李已經擺在桌子上，一提就走。

儘管是清晨，我的一些戰友們已經齊聚在監獄大門前等著迎接我，要陪同我一起回家。這種忠誠的展現看在英國人眼裡並不太舒服。他們寧願從側門偷偷把我放出來，然後再帶去維爾旅店。

現在向著我襲來的印象是如此具衝擊性，我只能零碎的來描述這段過程。戰友們也在等著我的到來。我的妻子興高采烈地向我走來，帶我去見如父兄般的朋友弗里茲．利希騰貝格。好叔叔弗里茲從加拿大來到維爾，親自帶我去正等待我的孩子們那裡。

我對德國紅十字會北萊茵—威斯特伐爾分會（North-Rhine Westphalia Red Cross Association）副主席艾爾莎．威克斯女士（Else Weecks）送來的鮮花問候感到特別的高興。她以真誠的慈愛與樂於助人的心，減輕了犯人及其家人的困境。戰犯們稱她為「維爾的母親」（Mutter von Werl），這不是沒有充分理由的。

ＬＡＨ師的戰友特拉普（Trapp）開車快速送我到弗里德蘭，在那裡完成了離監手續。在返鄉的路上，我要先去探視家母，然後拜訪一些朋友，最後才繼續前往見孩子們的旅程。

黃昏時分，我離我的孩子們只剩幾分鐘的路程，這時的我在車裡忐忑不安。晚上八點過後不久，到達了小村莊下克呂希騰（Niederkrüchten），我的家人就住在那裡。但是，發生什麼狀況？突然車子前進不得，在前方是黑壓壓的人群，道路左右側的草地上停滿了車輛。一座凱旋門，就像萊茵州的慶典活動般，矗立著迎接我。警察試圖向我解釋發生什麼了狀況，但我只能聽得到幾個字。鼓聲使任何理解都變得不可能。

對於面前眼睛看到和耳朵聽到的事情，我尚且沒有頭緒。當看到我的老擲彈兵和軍官們熟悉的面孔，我才意識到這應該是對我的熱烈歡迎。當地居民排起了長長的火炬隊伍，為我的孩子們照亮道路。

我終於擁抱了我的孩子們，之後聽到了鄰居和歸鄉協會（Heimkehrverband）代表的歡迎詞，讓我深受感動。

我的指揮戰車中唯一倖存者，獨臂的阿爾伯特・安德烈斯（Albert Andres），毫不猶豫從薩爾布呂根（Saarbrücken）一路趕來，我與他熱烈地握手。我對遠道而來迎接我的戰友們表示衷心的感謝，我和他們一起穿越了俄羅斯冰冷的大草原，穿越了諾曼第的彈雨風暴。雖然分開了十年，但我們仍然是戰友。戰爭可怕的痛苦將我們永遠融焊在一起。在當年的戰友，今天的工人、鎖匠、文員和農民的陪伴下，我大聲說：「相信我，我過去的歲月，並未留下對我們昔日敵人的仇恨。讓我們不談昨天，只為未來而努力。我們必須使孩子的未來安心無虞，為他們建設一個強大、有活力的歐洲。」

歷經十五年的飄泊，我終於回到家了。

後記

本書是在經歷了慘烈的戰爭之後寫成的，並不是為了美化個人或者軍隊。寫下這些記錄，是要為死去的和倖存的前黨衛軍戰士伸張正義。

這些人是戰士！他們與國防軍的所有軍兵種單位並肩作戰，並不斷投入至戰鬥的關鍵地點。三十八個師共九十萬人，陣亡三十萬人，失蹤四萬兩千人。

與宣傳的訊息內容相反，黨衛軍的人員與陸軍之間有著非常友好的關係。

聲稱黨衛軍各師單位被指派進行種族滅絕行動，是為了誹謗部隊所進行的誤導行為。

為了真實的歷史之故，任何事情都不應也不得被竄改。戰爭期間發生了一些使德意志民族蒙羞的事件。黨衛軍的前戰士能夠判斷何謂真正的反人道行為，並鄙視犯下這些罪行的人。

將對我們的所有指控，單純視為我們昔日敵人的宣傳捏造是愚蠢的。當然，他們用這些來進行宣傳，把事情離譜誇大至令人完全難以置信的地步；畢竟他們是贏家，而我們是毫無權利的輸家。但罪行確實已經發生。爭論受害者有多少是沒有意義的——已經發生的事實本身即足以證明這是有罪的。

如果我們反向控訴昔日敵人，這也是於事無補。我們知道，他們在將我們的同胞自東部省份驅逐出境，以及對我們的城市進行地毯式轟炸的過程中，犯下了一系列反人道的罪行，造成數百萬人死亡以及巨大的苦痛。盟軍必須自己處理他們的不當行為。衡量與判斷罪責並不是我們的任務。對我們這個時代正在發生的事件的最終裁決，將仰賴於擁抱真相。我們不知道真相是否會被揭露。

今天，黨衛軍因為發生在集中營的事件而蒙羞，這是由於國家領導階層將那些管理集中營的單位跟前線部隊歸類在一起。他們這樣做的結果，使得部隊被視為邪惡單位，讓成千上萬的優秀青年陷入了難以形容的痛苦。

一九四五年之後，世界以一種對勝利者來說並不光彩的方式，對黨衛軍軍人進行了報復。年輕士兵被迫為他們既無責任也無能力阻止的事件，遭受不人道的痛苦。

軍隊對國內發生的事情的了解，相較於大多數德國人並不會更多也不會更少。例如，我本人從未看過集中營，無論是其內部或者外部。不斷在戰鬥中的士兵，如果他們有幸，一年才有十四天的假期，他們不應該為如此政治罪行負責，特別當你考慮到這些人中的大多數，都是介於十八到二十二歲之間時尤其如此。

這些年輕人自願加入軍隊，因為他們相信黨衛軍各師中普遍存在一種有別於過往的全新精神。這些師主要由志願者組成，指揮階層也是如此。志願人員是理想主義者，他們忠於他們所受的教養和他們父輩的傳統，願意讓自己服從於整體的利益。你報名的不是爽差事，而是為祖國而戰。

部隊受到嚴格的紀律約束，並根據良好的普魯士軍人原則進行訓練。直到戰爭爆發，黨衛軍的訓練人員來自於舊帝國陸軍、威瑪防衛軍以及國家警察的軍官。但是，我們都試圖消除過時的戰術理念，戰鬥訓練尤其如此。不斷尋求和發現新的戰術。部隊推動了訓練和部隊領導的革命性變革，而官與兵之間的關係尤其是最為重要的事！如此過程基本上遵循了沿自第一次世界大戰最後幾年，在總體戰趨勢日益明顯下開始的發展，然後於第一線部隊以及後來的自由兵團（Freikorps）之中成形，這對未來的國防建設顯然是具開創性的。

新的德國聯邦軍（Bundeswehr）確認了這套領導、教育和訓練方式是正確的。因為聯邦軍所重視的創新，很大程度上是黨衛軍教育和訓練的核心的一部分。

德國國防軍的效能可能為正確評價判斷這套訓練方式，並且承認盲目服從和單調一致的命令應被排除的充分理由。如果訓練方式和官兵之間的人際關係，無法達到所能想像的最佳極限，是如何能與歷史上公認為優勢武力的盟軍相抗衡長達六年之久？

黨衛軍指揮官的權威，不僅是基於明顯必要且始終存在的紀律，更基於他們有著來自上級各單位指揮官的支持。作為真正領導力的實質權威，乃是基於這樣的一個事實，這些人作為個人或是作為士兵都是真正的榜樣，他們身上散發出的特質，自然而然產生了無條件的效忠。他們首先主要是第一線戰士的同袍，雙方以戰友身分相互緊緊聯繫在一起，無論是邁向勝利或者遭受失敗，至死方休。透過這種方式，他們甚至獲得了每一名擲彈兵的全然信任。

因此這自然地主要包含在任何決定性的戰鬥行動之前，部隊應於時間允許下盡可能仔細地瞭解狀況，以及在該狀況架構下他們自身任務的意義。因此，最年輕的士兵可以有意識地分擔了成功的責任，並在自己的成就中看到明確的意義——即使必要時，在他自己的犧牲中體會得到。這些人的強烈責任感常常會反饋到他們的單位指揮官身上，並幫助他度過內在的危機。一個期待或鼓勵的表情，一個充滿黑色幽默以及陽剛的呼喊，都是最佳的幫助。

這正是真正的戰鬥共同體的本質，不僅是領導者對於被領導者有著約束力，反之亦然。當一個民族必須在與半個世界對抗的總體戰爭中，為自己的生存而戰時，這個真正的共同體就這樣自然而然地建立了起來。

即使在黨衛軍中，也存在著金玉其外、敗絮其中的虛有其表者。但部隊損失的各級軍官特別多的事實，印證了一位年輕擲彈兵的觀點，他說：「我們的軍官不是上級，而是戰士。」雖然黨衛軍在戰爭期間付出了高昂的鮮血代價，在今日似乎還不足以讓該部隊的成員被視作為軍人，那些不是軍人的一般平民是拒絕承認這一點的。

我們昔日的敵人，在他們的文獻資料中，強調我方戰士的戰鬥精神和英勇行為，並向黨衛軍各師致以崇高的敬意。前國防軍的戰士，只要曾經與黨衛軍的各師並肩作戰過，沒有任何一名士兵會對這支部隊口出惡言。我從來沒有發現過黨衛軍各師在前線上是不受歡迎的，他們受到了熱忱的迎接。

就軍事的觀點而論，黨衛軍的創建，以及德國空軍野戰師和海軍師的組建是一個錯誤。國家可以且必須只擁有一支武裝力量。數支特殊軍隊的存在，意味著武裝力量的危險削弱。

然而，讓前黨衛軍部隊為其自身之存在負責，是不合邏輯的。這一責任必須由政治人物來承擔，那些在多年政治鬥爭中失敗的政客們，他們今日經常使用最嚴厲的語言來對待這些過去的戰士。或許各位還記得，在當年政治動盪、做出孤注一擲決定時，黨衛軍的未來成員甚至都還沒有選舉權，而這支爾後成軍的部隊其最年輕的一批，也才只有六歲。

前黨衛軍的軍人拒絕回到過去。歷史的車輪不能也不應該走回頭路。他們支持政府，並在聯邦共和國的所有政黨中都有代表。前黨衛軍軍人之間沒有單一的政治傾向，但他們拒絕激進、短命和善變的群體。他們支持民主，這正是他們為自己的權利而戰的原因。

任何了解戰爭的人，尤其是我們這些已經深刻體驗了戰爭的人，都不希望戰爭再次發生！順便一說，主動挑起戰爭的很少是軍人，幾乎總是政治人物。戰士們總是承受了最大的傷亡。我們比任何人都清楚，我們的人民不能再忍受流血犧牲，他們的子輩必須在和平中成長，成為強大的新世代！

——

就此點延伸，要向在我長期被關押期間，為我的自由竭盡全力奮戰的加拿大士兵和軍官們致敬。感謝我勇敢的擲彈兵以及軍官們，他們在有需要時照顧了我的家人，他們至今仍然凝聚為一個堅實的共同體。

最後，鑒於我們對過去部隊的歸屬感，產生了高於一切的擔憂，那就是一個在我們內心熾烈關切的詞彙——德意志！

我們在戰爭中終究沒有為個別政黨做出犧牲，而是為了我們的家園。我們了解，我們的德意志在一九三三年之前就已存在，並仍將在一九四五年之後繼續存在。正如勞工詩人卡爾・布魯格（Karl Bröger）曾經說過的，祖國最窮困的孩子，在危難時刻也是最忠誠的。即便國家並未履行對我們的承諾，我們也對我們的民族感到有義務感。

我們要團結起來，為戰俘的平等和自由而戰，並且終止誹謗。那些在監獄裡的人，無法為自己辯護。那些無數長眠於墳墓中的人，已經沒有了聲音。但他們的親人，尤其是他們的孩子，仍然在世。他們的未來是我們的責任。

因此，且讓我們溫和且負責地繼續提高我們的聲調。我確信，我們被傾聽的時刻即將到來！

如果這一切發生了，而這裡所描述的戰鬥行動，以及我們令人難以忘懷的部隊精神與活力，充實豐富了戰史，那麼本書的目的即已達到了，那就是：

悼念所有黨衛軍的擲彈兵。

庫特・麥爾

附　錄

附錄(一)

諾曼第登陸後至大戰結束，希特勒青年師的作戰經過

胡伯・麥爾

希特勒青年師失去了師長，師長生死不明對部隊是個重大打擊。這些人不僅聽說過他，也都曾在戰鬥過程中看見過他，尤其是在困難的狀況下。

與美軍遭遇的衝突中倖存的師部與第十二戰車團的參謀，均躲藏在村子外圍的一片小森林裡一直到天黑。游擊隊懷疑他們在那裡，要求官兵投降，但是沒有人敢進入樹林裡搜查。戰友們聽到美軍縱隊駛過村子的聲音，村民們紛紛自藏身之處現身，高興向美軍歡呼。到了晚上，他們目睹了隱藏在村子裡的戰友與游擊隊之間的交火，擔心師長被牽扯其中，當然也不知道具體的事實。由於僅有兩三把手槍可用，他們欲干預亦無能為力。

這一群沒有地圖，只有一隻指南針做為唯一定位手段的九個人，先是於夜間穿越鄉野，然後沿著鐵軌行進，往東尋找自己部隊歸隊。午夜過後，他們遇到了希布肯戰鬥群（Kampfgruppe Siebken）的警戒部隊，該戰鬥群正在黑夜的掩護下變換陣地。一支偵察隊被派往斯龐當，發現該處沒有美軍。一名平民報告說，一員配帶勳章的德國高級軍官受傷倒在街上，被憲兵帶走了。我們完全有理由懷抱希望，師長還活著。

作戰參謀以及偵搜營營部，接掌了師餘部的指揮權。二十五團戰鬥群仍在軍部的指揮下繼續

作戰。本師形同虛殼的殘部撤下來，轉移至紹爾區休整。野戰補充團在克勞什黨衛軍中校的指揮下，甫自凱薩斯勞騰（Kaiserslautern）調過來。戰車團殘部自列日地區前來，所有的戰甲車都移交給部署在西線長城的部隊。

希特勒青年師表定之人員編制，其總兵力約兩萬人（包括補充兵），共損失了一萬人，當中包括二十一名部隊長。

砲兵差不多沒有火砲了，幾乎只剩輕兵器，車輛數量減少到四分之一。情況似乎不太樂觀，重新整編與訓練需要立即開始進行。裝甲擲彈兵和其他兵種自他們自己的補充營中獲得補充人員。我們從海軍、空軍地面人員接收幾乎沒有受過任何步兵訓練的充員，甚至還有來自飛行單位的。要將他們整編入部隊並不容易。

由於第二戰車營遭截留在訓練場，為填補其空缺，將五六〇重戰車獵兵營（陸軍）分至本師作為替代。克雷默黨衛軍准將（Fritz Kraemer）暫時接掌了本師指揮權。到了十一月底，克雷默調至第六裝甲軍團擔任參謀長，本師則由克拉斯上校接掌。

在盟軍於安恆（Arheim）地區實施空降期間，一個相當於一連兵力的戰鬥群暫時派遣出去；幾個星期後，該戰鬥群又重新歸隊。與此同時，本師轉移至威悉河（Weser）下游的蘇林根（Sulingen）附近地區，以備盟軍在海岸登陸時投入。十一月時再調往科隆以西地區。本師似乎將保留為亞琛以東前線的干預預備隊，這時本師正為著計畫中的艾菲爾攻勢（Eifel offensive）預做準備和加緊訓練。

十二月，本師分別於十三至十四日之間的夜晚，以及十四至十五日之間的夜晚行軍，在低雲和大雪的情況下往艾菲爾地區移動。師編組為三支追擊群（Verfolgungsgruppen），在西斯蒂希

（Sistig）以東地區待命。儘管訓練不足，車輛裝備短少，部隊仍堅信即將展開的任務能夠戰勝命運。他們已經做好了全力以赴的準備。

本師接到了以下命令：

「在第一線師突破了美軍陣地後，貴師將編組成戰鬥群，沿著兩條行軍路線實施追擊，並在第一天攻占至少一個列日以南的馬士河渡口。希特勒青年師的左鄰為ＬＡＨ師，右翼則保持開放。」

關於敵情狀況之了解如下：

在本師的攻擊地段上，部署於第一線的美軍第九十九步兵師採取稀疏的據點防務。我方的偵察行動多次成功滲透入敵方陣地系統以內數公里。在薩爾（Saar）前線遭受重創的美軍第二步兵師位於埃爾森伯恩（Elsenborn）訓場，該師非全戰備狀態。在韋爾維爾斯（Verviers）地區，美軍第一步兵師正實施整補，也非全戰備狀態。

一九四四年十二月十六日，攻勢展開。在大規模的砲擊之後，第二七二國民擲彈兵師和第三傘兵師在第六黨衛裝甲軍團（6. SS-Panzerarmme）的地段上發動了攻擊。由於偵察不確實，彈幕僅擊中了少數的敵人陣地。直到砲擊的癱瘓效果消褪之後，第二七二國民擲彈兵師的大部始與敵人接觸。因此，本次攻擊很快就在克林克爾特（Krinkelt）以東的複雜森林地形陷於停頓，部分的攻擊部隊不得不撤回至原陣地。為了讓攻擊再次獲得進展，希特勒青年師第二十五團一營分配給第二七二師，然而仍無法獲取值得一提的進展。敵人在攻擊重點上增加了兵力。十二月十七日，第二十五團全團以及第十二戰車獵兵營，均被分配給二七二師。到了晚上，他們已經進抵克林克爾特以東五公里的溪流底部。十二月十八日，第二十五加強團歸還希特勒青年師之建制。在激戰中，第二十五團挺進至克林克爾特以東的森林邊緣，大約兩百名美軍第九十九步兵師的士兵被俘。第十二黨衛戰車團一營奉命攻取克林克爾特，儘管敵人頑強抵抗，他們還是於傍晚時分強行突入村內，擄獲了美軍第二步兵師的戰俘。與此同時，LAH師在第三傘兵師的作戰地境內取得了突破，擊破了微弱的敵軍，成功占領了比林根（Büllingen），並再次向西往斯塔費羅（Stavelot）方向推進。最後，預定攻向克林克爾特的行動沒有實施，本師奉命前往施密特海姆（Schmittheim）、曼德費爾德（Manderfeld）和比林根。當二十六團於十二月二十日抵達比林根以南時，敵人已經重新占領了這個區域。第一營再次將其奪回。

十二月二十一日，二十六團協同重戰車獵兵第五六〇營，經過標特根巴赫領地（Dom Bütgenbach）攻向標特根巴赫。戰車獵兵營的一個連進入了該地區，但攻擊因致命的防禦火力而陷入停頓，該連爾後撤回。二十一至二十二日之間的夜晚，展開了新一波的攻擊。在取得初步成功後，卻因砲兵火力而在拂曉之際受阻。標特根巴赫領地係由來自韋爾維爾斯（Verviers）的美國第一步兵師二十六團一部所固守。

十二月二十三日，希特勒青年師結合二七二師一部，在該師指揮下再次對標特根巴赫發動攻擊，我師其餘部隊則集結在阿梅爾（Amel）附近。第二十六黨衛裝甲擲彈兵團三營（裝甲）攻入了標特根巴赫。雖然如此，本次攻擊稱不上成功。部隊被撤回至原陣地，且傷亡頗重。

本師重新集中後，於二十六日轉移到拉羅歇（Laroche）東北五公里外的薩姆雷（Samrée）地區，歸第二黨衛裝甲軍指揮。本師的任務是突破薩姆雷以北敵軍控制的森林以推進至杜爾比（Durbui），然後強渡奧爾特河（Ourthe）。攻擊於二十八日入夜後展開。二十五團一部成功突進到薩佐特（Sadzot），在那裡他們與新近抵達的美軍第七十五步兵師一部遭遇。敵軍戰車已經出現，然而我軍戰車卻無法穿過森林跟上。本次攻擊似乎從一開始就沒有成功的希望，儘管我們表達了嚴正的質疑，但還是奉命實施。攻擊被叫停，部隊撤離。本師在這裡第三次遭逢厄運，部隊投入得太遲，以致不得不攻擊一個新近抵達的敵人，且每次都用不足的兵力投入攻擊。

跨年夜，本師被轉移至巴斯通以北地區，歸第五裝甲軍團指揮；自巴斯通攻擊的敵軍突破了該鎮東北部的德軍陣地。希特勒青年師進行反擊以奪回原陣地。一九四五年一月一至二日之間的夜晚，波西（Bourcy）以南的敵軍矛頭被第十二戰車團一營所逐退。一月二日，我師的兵力已銳減至四分之一，仍向巴斯通方向展開攻擊。然而，友鄰部隊並沒有按照命令投入，在一月三日艱苦且代價高昂的戰鬥之後，仍然設法奪取了瑪格里特（Marguerite）。瑪格里特以西的五一〇高地為工兵營附第十二戰車團一營五輛可作戰的戰車，於三至四日之間夜晚所實施的一次猛烈夜間攻擊中所攻占，惟不久後得而復失。敵人（美軍第二一六步兵師、第九裝甲師、第十一裝甲師）用盡一切手段阻止我軍奪取能夠瞰制巴斯通的觀測陣地。波西南部的戰鬥、瑪格里特與五一〇高地的戰鬥，對於過度失血、疲憊不堪的部隊而言，可以稱為是出色的表現。莫德爾野戰元帥予以高度肯定。

阿登的攻勢終歸失敗了。本師於一月十日開始脫離前線，並於二月六日分階段移至科隆以西地區。

這裡將不討論何以部隊的自我犧牲承諾，未能創造出所希望的成功。毫無疑問，本師已盡了最大的努力，但與本師的特性相悖，被迫在固定的狀況下行正面攻擊，試圖扭轉局面。在如此不利的狀況下，本師很不幸每次均遭遇新銳的強大敵軍。

在二月二日至六日之間，本師在科隆以西地區上火車，以鐵路運輸抵達匈牙利。在裝載的車站上，各單位接收了補充人員，其中有些是從野戰醫院出來的傷員，有部分是地面戰鬥訓練不足的海軍與空軍人員。這些人員的最終編組，只能在下車之後進行。海軍和空軍士兵，其中一些已經在戰鬥中獲頒勳獎，後來不得不在缺乏各種準備的情況下進入部隊作戰。我們並非意圖貶抑這些人員，但本師戰力並沒有因人員數量的增加，而獲得成比例的提升。

本師偽裝成訓練單位和工程人員的名義，於二月七日至十六日抵達拉布（Raab）地區。本師將與在匈牙利的各單位共同在第六黨衛裝甲軍團指揮下，摧毀多瑙河以西的俄軍與保加利亞部隊，或者將其逐回多瑙河，以便建立一條更短、更易於防守的戰線，這條防線將確保巴拉頓湖（Plattensee）以西的油田，還因此可釋放出更多的部隊，得以部署至奧德河（Oder）前線。發動計畫中的大攻勢行動的先決條件，是清除格蘭河（Gran）下游的俄軍橋頭堡。

第一黨衛裝甲軍收到命令，希特勒青年師、ＬＡＨ師之戰車團一部以及第四十四「大團長和德意志團長」帝國擲彈兵師（Grenadierdivision "Hoch-und Deutschmeister"）投入戰鬥。二月十四日，希特勒青年師以自身運輸車輛以及陸軍運輸車隊的載運，通過基斯貝爾（Kisber）、可莫恩（Kmorn）進入厄塞庫伊瓦爾（Ersekujvar）周邊地區。二月十六至十七日間夜晚，本師向科爾塔（Kolta）西南和以南的集結區推進，其展開是這樣的：右翼是裝甲群和二十五裝甲擲彈兵團，左翼是二十六裝甲擲彈兵團（缺步兵裝甲車營）。中午時分，本師在朦朧的天氣中攻擊前進。夜幕降臨時，抵達了柯波爾庫特（Kobölkut）以北的地區，敵人在此進行頑強抵抗。左鄰的步兵師只獲得些許進展，其攻擊在巴特（Bart）以北停滯不前。

在十七至十八日之間的夜晚，敵人試圖在來自柯波爾庫特的戰車支援下攻擊二十六團，但遭到擊退，損失慘重。二月十八日中午，戰車團和二十五團自西北方向沿鐵路線推進，進入柯波爾庫特並完成占領。與此同時，第一戰車團的戰鬥群已經到達穆茲拉（Muszla）以北地區。

二月十九日，攻擊沿著柯波爾庫特－穆茲拉公路繼續推展，一一〇〇時攻占穆茲拉。二十六團[1]團長克勞什黨衛軍中校在該鎮遭到砲擊而陣亡。二十五團和四十四擲彈兵師在中午占領了帕克尼（Parkany），二十六團則占領了多瑙河畔的埃貝德（Ebed）。

二月二十日，本師轉移到巴特以北地區，以便在夜間攻擊橋頭堡的其餘部分。攻擊在巴特和貝尼的猛烈防守火力下停滯不前，二十二日和二十三日亦無法繼續取得任何重大成果。因此，二十六團於二十三至二十四日之間的夜晚前去攻擊貝尼，在戰車與步兵裝甲車營的支援下，歷經了該鎮以西堅強防衛的鐵路路堤的艱苦戰鬥後，於二十四日〇七三〇時占領了貝尼，並推進至格蘭河；巴特也於二十四日攻下。於是格蘭橋頭堡完全消滅，這是本師最後一次成功的重要攻勢行動。部分單位損失慘重，部隊指揮官的傷亡再次高得不成比例。

從二月二十五日到三月三日，本師通過可莫恩（Komorn）和班克西（Bankesy）進軍巴拉頓湖和韋倫策湖（Velence-See）間以北的狹窄區域。三月五日晚上，本師完成攻擊準備，其右鄰為第一騎兵師，左鄰為ＬＡＨ師；位於第一黨衛裝甲軍的左側是第二黨衛裝甲軍。二十五團部署於攻擊正面右側，第二十六團在左側。戰車營將在地形條件允許的情況下於第二十六團之後跟進。地面部分仍為雪泥所覆蓋，表面解凍，底部仍然凍結。〇四四五時，二十六團攻擊奧丁－普茲塔（Odin-Puszta），蒙受了極重的損失，二十六團二營的雷歇斯黨衛軍少尉（Rechers）帶著一群弟

1 編註：原文為第二十六戰車團（SS-Panzerregiments 26），應為第二十六裝甲擲彈兵團之誤植。

兄，於午後突入了由五道戰壕組成的防禦系統。三月六日〇五〇〇時，在戰車和步兵裝甲車的支援下，奧丁－普茲塔為我所攻占。一一〇〇時，攻下了普茲塔大部地區，敵人發動的逆襲遭到擊退。三月七日，在突破了一道戰防砲防線之後，進抵了德格（Deg）以北四公里處。二十六團團長寇斯騰巴德黨衛軍少校（Kostenbader）在一次空襲中喪生。

夜間，在戰車與驅逐戰車的支援下，我軍攻占了德格；戰車與步兵裝甲車在夜間衝破數道陣地。我軍追擊撤退之敵，經梅策齊拉斯（Meszezilas）於深夜進向依加爾（Igar）。三月十日，敵人試圖奪回陣地，惟徒勞無功，所有的進攻都被擊退了。三月十一日，本師攻擊了席蒙通亞（Simontornya）並試圖渡過希歐運河（Sio）。與此同時，希特勒青年師、ＬＡＨ師的戰車突入城內；一四三〇時，裝甲擲彈兵抵達了希歐運河。二十六日傍晚，先是成功渡過了運河，在南岸構成了一座小橋頭堡，隨即便遭到猛烈反擊。十二日，通過攻占五〇三高地，終於擴大了橋頭堡。十三日和十四日，敵軍所有的反擊都被擊退。三月十五日，橋頭堡內的二十六團由ＬＡＨ師替換。

與此同時，俄軍在韋倫策湖以北發動了反攻。本師自希歐區域抽出，投入施杜爾威森堡（Stuhlweißenburg）地區。在此期間，俄軍已經突破了匈牙利前線，並透入至骷髏頭師深處。希特勒青年師的部隊馳援骷髏頭師的區域，並立即發動攻擊以阻止敵軍。欲補捉在摩爾達成突破之敵相當不容易。在路面鬆軟、車輛裝備不足的情況下，先鋒部隊進入山區尤其困難。經由督達爾（Dudar）（三月二十一至二十二日），部隊轉換至奇爾克（Zirc）附近的馬加雷特（Margaret）陣地。然而，因為敵人在未遇抵抗的狀況下，已經自我師陣地南北面繞越，在這裡實施防禦是不可能的。本師一次又一次被敵人包抄，威脅側翼和後方，本師在二十七日之前奮力打回到拉布陣地。三十日，抵達了未有部隊進駐的「帝國防禦陣地」（Reichsschutzstellung）[2]，然而其鄰接地帶，均已遭敵人突破。經過一番苦戰，本師於三月三十一日突破了敵人於奧登堡（Odenburg）的包圍圈。四月二日，抵達希爾滕貝格（Hirtenberg）附近的維也納森林，並在那裡費了極大的工夫修築了一道警戒線。

運補單位籌建了自己的戰鬥部隊，在這些部隊的協助下，該線逐步站穩了（當時第二十五團大約僅有六十名裝甲擲彈兵位於第一線上）。阿騰馬克特（Altenmarkt）以東的戰線尚可堅守至三月二十一日，但此後左翼卻遭敵人包圍，於是不得不通過羅爾（Rohr）山區撤回至特拉第基斯特（Tradigist）地區。根據戰俘陳述，敵人也在此轉取防禦，以待美軍前來。

五月五日，本師從東線撤離，以免暴露於投降後被移交給俄軍的風險。五月八日，他們走向戰俘營。就在美蘇兩軍的區隔線之前兩公里處，該線設置於恩斯（Enns）一帶。師長胡果・克拉斯黨衛軍准將，最後一次檢閱了部隊。紀律嚴明，昂首闊步，這支殘兵敗將從他身邊走過，走向未知的宿命，命運之神將以意想不到的方式羞辱這群手無寸鐵之人。他們在這一天仍舊保持著昂首而立的姿態，無視美國人要求在所有車輛上展示白旗的恥辱命令。

關於黨衛軍部隊袖章的問題，應該在此講幾句具澄清作用的話。這與以下事實相對應：根據

---

2 編註：亦稱西南長城（South-east wall）。

希特勒的命令，第六黨衛裝甲軍團部署於巴拉頓湖之各黨衛軍師，其上衣衣袖之繡章遭到撤銷。軍團司令迪特里希上將並沒有傳遞這道命令。當時，出於保密的原因，部隊均未配戴衣袖繡章。該命令乃是依如下狀況而發生：

集團軍總司令沃勒步兵上將（Otto Wöhler），在巴拉頓湖攻勢期間，在戰線後方遇到了LAH師煙幕放射器的組員，正帶著他們的發射器向後撤退中。總司令要求徹查。砲長報告稱，由於引擎發生故障，他們與部隊失去聯繫，現正在搜尋部隊歸隊中。在與參謀總長進行電話交談的場合，沃勒將軍為攻擊失敗辯解稱，即便是黨衛軍也無法固守而實施撤退，這點已由他本人證實。在狀況匯報中，參謀總長作了相應的報告，於是導致了繡章撤銷命令的出現。

迪特里希上將派遣參謀長前往元首大本營報告部隊的實際情況、當前狀況和相關作為，並要求撤銷該命令。希特勒對根據虛假報告而發布了該命令而感到遺憾，他最終撤回了這道命令。

這是攸關真正事實的問題。所有其他陳述均基於不正確的資訊或者別有用心的宣傳。此更正只是為了歷史真相，因為仍有人在試圖竄改史實，用以詆毀前黨衛軍倖存戰士以及其陣亡戰士的遺屬。

胡伯・麥爾

胡伯・麥爾於一九八三年八月提供了關於希特勒青年師損失的補充資料：

一九四四年六月一日當時，本師共有兵力兩萬零五百四十名軍官、士官幹部以及士兵。到一九四四年十月，共損失了八千六百三十六人。由於一些損失列表並不完整，推估總數可達九千人。本師在參與了西線的作戰後，總兵力約為一萬一千五百人。

一九四四年九月初，本師大部分已被轉移到德國境內整補。只有一個戰鬥群仍在戰鬥中，該戰鬥群包括三個裝甲擲彈兵營的殘部，每營有一百五十至兩百人；偵搜營的殘部；師警衛連、兩個工兵排，以及一個混編砲兵連附兩百發砲彈、十具煙幕發射器附兩百五十一枚火箭彈、一門七十五公厘戰防砲和一門八八砲。所有可作戰的戰車與驅逐戰車，均已移交給仍在作戰的各裝甲師。

附錄(二) 紀念作者

胡伯・麥爾，前黨衛軍希特勒青年團第十二裝甲師作戰參謀

裝甲麥爾是一位傑出的軍事指揮官，具有特殊的性格和強大的魅力。每一位讀過他回憶錄的讀者都會這麼認為，即便他並未在戰爭中見過麥爾，或甚至不認識麥爾亦然。我們不禁要問，這種性格是如何發展起來的，而戰友們又是如何看待。

對「裝甲麥爾」一九三七年以前生活的描述，乃是基於不同人所供給的資料，自一九三七以後則主要基於我本人的經歷。在我們共通經歷的過程，彼此都顯現出內在深處的靈魂。因此，我了解作為軍事指揮官以及一個個人的「裝甲麥爾」的真實情況，並在此告知各位。

一九三七年五月二日，自托爾茲黨衛軍軍校（Junkerschule Tölz）結訓，以及完成了初級軍官班訓練之後，我以年輕排長的身分，在阿道夫・希特勒親衛隊第十連開始我的軍旅生涯。出身自親衛隊「德意志」步兵團（SS-Infanterie-Regiment "Deutschland"）的我，對於這個由十七個連組成的團中的約八十員隊職幹部，幾乎一個都不認識。

我注意到的第一批軍官中的一員，是第十四連的連長，庫特・麥爾黨衛軍上尉，他給我留下了深刻的印象。他是一個充滿活力的人，總是以他獨特的魅力凝聚連隊。他尤其重視強調運動的推廣，這並不是要連上的成員都成為運動員，而是要他們具備敏捷、靈巧、堅韌以及無所畏懼的

特質。其中包括全連在連長帶頭之下，自游泳池的十公尺跳台上跳下。曾有一、兩位排長，面對這樣高壓力的操練而提出異議，不過所有人均以屬於本連的一員而感到自豪。

當該連編成時，其名稱還是「戰防砲連」（Panzerabwehrkompanie），後來始更名為「戰車獵兵連」，這個名稱更貼切地描述了該兵科早已存在的功能——麥爾的第十四連並不被動防禦，而是主動獵殺。比起擔任戰車獵兵連連長，他更想要領導機車步兵連，不過既然這無法做到，麥爾就將他的下屬變成了向前推進的獵人，他們搜尋並標定敵人，而不是坐等敵人來犯。

在波蘭戰役之後，麥爾接掌了機車步兵連；西方戰役結束後，他被允許在麥次組建新的偵搜營。如今他在屬意的單位中了。他與選定的年輕連長和排長一起創造了一支在機動性方面幾乎無可比擬的利器，且透過對該營的正確運用，而贏得了「快捷麥爾」的稱號。

是什麼引領著他一直往前，讓他一直在尋求與發現特殊的機會？是不尋常的野心還是對榮耀的渴望？當然，麥爾也懷有正向的抱負，當然他也為所指揮的部隊在成就上，以及他當之無愧的勳獎而感到自豪。然而，決定他人格特質的，乃是其對國家民族的熱愛，那是他竭盡全力做出貢獻所期盼的願望。故他並不需要接受了命令才行動，驅策他的是發自內心的動力。每當戰鬥前命令提示之際，麥爾的內部引擎已經在熱身了，他的出色才能在於搜尋敵人的軟肋，探索出戰機所在，然後以熟練的戰鬥行動實施奇襲，讓有限的兵力產生加乘作用，以攫取重大的勝利。當在行軍時，他像雷達一樣感知地形，以期發現敵人的每一徵候，他在令人難以置信的速度下運用各種方式，整合所有報告和觀察結果。因此，沒有固定依循的預擬路徑，一切都在隨機應變之中，隨時準備適應和利用任何新的情況與一切變化。在往前進軍時，在縱長的行軍縱隊中你是找不到他的；而在攻擊時，你也不會在指揮所中看到他。他總在最前線，只有在最前線才能夠親眼觀察、親身覺察，收得到最新的報告，能直接確認以釐清敵情概況。正是在那裡下達決心並頒布命令。他勇往直前的精神、他的膽識、他必勝的意志，持續影響與激勵著他的連長以及偵察隊長。當有需要進行困難的行動時，他親自樹立榜樣並總是衝在他的部下之前，他們也毫不猶豫地跟隨他。

以下格爾德·布雷默的一份報告，就是一個最典型的案例。布雷默是麥爾偵搜營第一機車步兵連的連長。

當時正是俄國戰役展開之時，我們在烏克蘭西部快速推進中。我收到的命令是我連將占領位於席托米爾以南一片敵人控制的森林，然後向北推進。在成功突入敵人的主戰線之後，敵軍一邊戰鬥一邊撤退進廣闊且難以穿透的森林地帶。當時我尚未全然掌握機車步兵連的運用模式，更要命的是我們營長的快速戰鬥風格。我將部隊部署在道路兩側，於該區展開搜索並實施戰鬥，肅清這裡的抵抗力量。突然，一輛偵察車出現在路上，車上的營長站起身來，把我喊去。我立即做了簡短的報告。麥爾眼睛裡閃爍著光芒，微笑地看著我，然後命令我全連上車繼續向北推進，行進途中同時向兩側射擊。一聲令下，官兵從四面八方衝向他們的車輛，營長還對著他們喊道：「弟兄們，你們對布爾什維克的怒火在哪裡？！」我連才剛排列成一般的偵察隊形、而我的指揮車在尖兵班之後，準備繼續追擊敵人之際，這時營長的車追上了我，以更快的速度超越了我往前衝刺。現在幾乎是我倆之間在賽車——我當然不想錯過駕車超越營長的機會。以這樣的模式，我們成功突穿了森林大部分地區，儘管森林地帶仍由敵軍重兵占領著，但我方並沒有造成嚴重傷亡。

為什麼部下在他們的生命受到威脅時，仍追隨著麥爾？最重要的是他激勵人心的人格特質，而不是像在對麥爾的審判中，檢察官所認為的那樣，是一種眩惑人心甚至令人生懼的影響力。這種人格特質的形象是由許多細節所組成的。麥爾所產生的最大影響是，他總是處於事件的中心點，他不怕以身作則，在關鍵時刻他往往位於最受關注的重點所在。在這種情況下，你還擔憂他會下達不切實際的命令嗎？這點根本不在考慮之列。如此這般，你還會待在你的指揮官身後嗎？沒有人會把自己置於在這種令人無地自容的情境之中。

當然，也正是這樣的成功創造出了信任。麥爾無疑是一個擁有戰爭機運的人，若缺少了些許幸運，即使最聰明、最勇敢的指揮官也將無能為力，正如腓特烈大帝和拿破崙所證明的那樣。然而，只有高效能才得永保好運。部隊裡的所有人員都信任麥爾，知道他不會要求任何不可能或者不必要的事務，在這樣的狀況下，當事人即可以單純依靠他的好運氣，且在危急關頭，對方絕不會讓任何人失望。麥爾會用盡一切手段與資源來支援他的部下，甚至不惜將自己暴露於危險之境。

我想用一個我親身經歷的例子來說明這一點。在本書提到巴巴羅莎行動之後沒有多久的章節，麥爾即簡要描述了如何援助營偵察隊以及我指揮的第十二連。這段聽起來很尋常與無足輕重，但確實挽救了許多人的生命。這是我們在俄羅斯的第一場戰鬥。敵人確實無所不在。克萊斯特裝甲兵團的突進陷敵人於混亂之境，敵軍拼命掙扎欲脫離即將形成的包圍圈。我的第十二連是第三營的前衛。在與鄰接的隔壁營之間，有很大的間隙。我們與到處都是的俄羅斯步兵接觸，第三營不想就此被阻止，因此編組了新的前衛。第十二連的任務改為掩護運補車隊，並將其引導至公路幹道上。

整隊之後，我們帶領運補車隊開上了堅硬路面——一條通往主幹道的道路，繼續往前行駛。

很快我們遭遇到了俄軍車輛的殘骸、毀壞了的大砲，周圍則躺著死人；到處都是戰鬥過的痕跡，但看不到敵人。傍晚時分，布雷默黨衛軍中尉率領他的第二機車步兵連的一個偵察隊趕上了我們。從他那裡得知，克勒旺和奧呂卡仍在敵人手上，分散寬廣的俄軍使該地區變得相當不安全；這時布雷默尚未與敵人接觸。

我決定第二天早上繼續恢復推進，然後將大部分的車輛集中在路側的一座小山頭上。各個方向都布置了防務。布雷默和他的偵察隊以及第三營一門脫隊的五十公厘戰防砲，也與我連待在一起。

夜幕降臨之前，遭到了在我們後方沿著同一條路向北行進的俄軍攻擊，由於道路位置較我們為低，敵彈從頭頂上掠過我們的戰防砲，將幾輛卡車打爆後燒了起來。所幸火砲封鎖了通往南方的道路。我們聽見路上戰車履帶的喀啦喀啦聲，但什麼也看不見。我方的戰防砲進入陣地，監視著向南的道路以及高地。夏季時節，黑夜只有幾小時的時間，明天迎接我們的會是什麼呢？這麼多的運補車輛對我們而言是一個很沉重的負擔。我們的攜行式無線電尚無法與第三營取得聯繫。幸運的是，布雷默通過他的三十瓦野戰無線電[1]，與第三營取得了聯繫，並即刻報告了我們的狀況。

黎明時分，我們看到一長列的摩托化車隊從南方的道路上駛來。最初無法分辨這些部隊是我軍還是俄軍。當車隊接近至前一夜被擊毀的俄軍卡車處旁被殘骸阻擋之際，我軍的戰防砲開火

1 編註：很可能是 FuG 8 或 FuG 10 等一般裝在指揮戰車上的無線電設備。

了，車上乘員立即跳車開始射擊。

很顯然，戰防砲組員的觀察是正確的，因為開火射來的確實是俄軍的機槍。俄軍步兵迅速展開，自道路兩側發起攻擊。兩輛俄軍戰車猝然從西南方向越過高地攻擊，所幸我軍的戰防砲正部署於此。一輛戰車很快被摧毀了，另一個遭命中但仍繼續行駛中。這輛戰車甚至破壞了我方的戰防砲，然後轉身消失在一個斜坡上，再也沒有出現。俄軍戰車是有夠幸運，因為當時裝甲鐵拳或者吸附手雷尚未出現；我們至多只能以集束手榴彈來對抗戰車以自衛。

敵軍步兵通過玉米田越來越靠近，我們遭到來自四面八方的火力攻擊，並且已經出現好幾名傷員了。我的駕駛斯圖爾曼．沃爾夫（Sturmmann Wolf）在他的車輛後方掩蔽，頭部中彈。雖陷入昏迷，但仍在呼吸，於是在壕溝裡開始急救。面對著優勢之敵軍，我們還能堅守陣地多久？

通過布雷默的無線電聯繫，向偵搜營請求盡快來援，因為我們已經遭到一支強大的敵人包圍了。偵搜營很快以無線電回覆，並承諾提供支援。狀況變得越來越危急了。與此同時，天色逐漸變亮。太陽自東北進攻之敵的後方升起，照得我們刺眼，非常不舒服。俄軍掩蔽於玉米田裡，正迅速逼近道路這邊，推估敵人可能隨時突破我們的防線。

突然，聽到沿路從北方傳來劇烈的砲聲和機關槍射擊聲，這是來自那個方向敵人的主攻嗎？未及，辨識出這是德軍機槍在開火射擊。我進入一條壕溝去探查發生了什麼事，這時麥爾也在同一條壕溝中，握著手槍向我走來。我感激地握了他的手，他真的在最後的關鍵時刻來援。很典型是他的作風，他並沒有指派任何一個指揮官，而是親自率領一支小型戰鬥隊前往營救他的偵察隊、我的連以及營後勤車隊。

我們立即實施了反擊，在很短的時間內將敵人驅離。敵人遺留下了許多卡車、火砲和各種武器，顯然遭受到了不小的打擊。我們將傷員送往主救護站，掩埋死者，然後繼續向克勒旺推進。其他部隊，尤其是麥爾自己的下屬單位，時常經歷類似的狀況，有時甚至每天都要來上一回，這也難怪他們近乎不計一切地信任他。然而本人對於親自涉入的描述，是多麼的輕描淡寫啊。這足以作為他整本書的基調。

第十二「希特勒青年」黨衛裝甲師的編成，為麥爾帶來了新的任務。儘管他更屬意接掌第十二黨衛戰車團，但出於可以理解的原因，塞普．迪特里希選擇將戰車團的指揮權交給溫舍黨衛軍上校。溫舍於一九四三年春天在卡爾可夫附近，指揮第一「阿道夫．希特勒親衛」黨衛裝甲師的一個戰車營，而獲得了巨大的成就。

若是由麥爾指揮這個團，他也必然能取得成功，這可從他贏得了「裝甲麥爾」名號這個事實看出。懷著極大的熱情以及許多創新、非傳統的觀念，麥爾著手編組了他的新團。令他感到遺憾的是，該團的編成，並沒有包含配備步兵裝甲車的擲彈兵營（SPW-Bataillon）。他知道如何激勵和引發這些來自希特勒青年團年輕人的興趣，並一步一步為他們的艱鉅任務做好準備。他的傑作之一，是為第二十五黨衛裝甲擲彈兵團制定與測試裝甲擲彈兵現代射擊訓練的基本要則。其主要特點是從一開始就著重戰鬥的攻擊模式，以命中實戰目標為主。其餘的訓練也是完全基於實戰需求，以迅捷之裝甲部隊的精神為本。

在諾曼第登陸首次投入作戰之際，裝甲麥爾就展現了他所能夠指揮的不僅僅是一個加強團。本師接到了高層指揮當局的命令，於法國利雪（Lysieux）周邊地區集結。這道命令實難以理解，並且很快就發現並不正確。隨後本師才接到命令，前往岡城以西地區待機。結果，裝甲麥爾和他的加強團率先抵達了新集結區，也是在當地的唯一單位。他本著身為師長的立場，指揮本師並主動採取行動。在我看來，主要是由於在利雪集結造成的時間損失，致使裝甲麥爾未能在六月六日即發動攻擊。戰後出版品證實了我們的觀點，當時向海岸實施突破是有成功的可能，而沒有人能做得比裝甲麥爾更好。那麼英、加軍登陸地段的情勢將會全面改觀。

入侵開始後不到十四天，裝甲麥爾由於維特黨衛軍准將陣亡，而不得不接掌本師的指揮權。沒有交接儀式，但我永遠不會忘記我們在新戰況底下的首度會面，這是作為朋友一起工作的共同承諾。維特准將擁有傑出的人格特質，得到了全師的信任和愛戴，但整體而言，本師的情況並沒有太多的改變。裝甲麥爾是本師所有成員所熟知與欽佩的指揮官，與維特准將同樣受到信任。

然而，兩人在氣質和領導風格上存在著顯著的差異。隨著岡城淪陷，本師作戰地境內的戰線也開始不斷變化，師部人員之間的合作就證明是特別有用的。即使是以師為單位，裝甲麥爾仍依照全般計畫親自在關鍵熱點位置指揮作戰。他與作戰參謀的聯繫從未中斷，故始終能夠掌握在其餘單位的狀況，就此交換意見或傳達決策、進行評估與觀察。在所有戰鬥中，都開設有一個固定的和一個機動的師指揮所；這個移動指揮所就是裝甲麥爾加上一輛福斯水桶車所形成的，不過這兩個指揮所仍構成了一個整體。這可以視作師長層級上的一個非凡成就。

與此同時，本師已經削弱成一個小型戰鬥群的規模，就人數與武器而言，充其量只不過是一個加強營而已。八月七日至九日，在法萊斯以北的防禦戰中，已經被稱為「裝甲麥爾」的麥爾黨衛軍准將，展示了他指揮部隊的高超技巧。藉由他的指揮藝術以及在戰鬥熱點親身投入戰鬥，他讓精疲力竭但堅定不移的這一小群戰士，仍能將一個遭受重創但仍在戰鬥的裝甲師發揮戰鬥效能。八月七日中午在桑朵附近的絕境中，面對敵軍壓倒性的優勢力量，誰人想得到我們還能夠有轉入攻擊的可能性？裝甲麥爾做到了，他就是有這等勇氣，下令展開攻擊。弟兄們都信任他，其他人認為是瘋狂的事情，但麥爾來做就是合理的。這個大膽決定和攻擊卓越的執行，令敵人非常困惑，並迫使兩個強大的裝甲師——加拿大第四裝甲師以及波蘭第一裝甲師停止了攻擊。

一九四四年八月二十日，當我們衝出法萊斯口袋時，我再次見識到了裝甲麥爾在人格特質上發揮的巨大力量。師部僅存的一小群人，手持手槍，在甫升起的太陽下經過襄波瓦，向第夫河以東的高地前進。無武裝的德國士兵，大群小群不等，揮著白旗向敵人的陣地前進，敵人的所有武器卻持續對著被圍困的人群射擊，以致於死傷枕藉。

我們從一處樹籬躍進至另一處樹籬，觀察並採取掩蔽。手無寸鐵四處遊蕩的落單士兵找不到棲身之處，加入了我們這群人。漸漸地，人數越來越多，結果少數持武裝的人員幾乎無法採取行動。裝甲麥爾停下來喊道：「沒有武器的人是懦夫，我們不想與他們扯上關係。只有攜帶武器並準備與我們一同戰鬥的人，才能加入我們。」大多數士兵都羞愧地接受了這個人的要求，即使這個人已不再有一個師，甚至一個班可供其指揮，他們也都不認識他，但是他卻是一位真正的領導者。這些士兵消失了一會兒，然後帶著各式各樣的槍械回來了。只有少數人——也許是第一次經歷戰鬥，悄悄離開了，試圖加入帶有小白旗的其他隊伍。

有一天，戰爭的機運也拋棄了裝甲麥爾，他淪為戰俘了。這是一個可怕的命運安排，特別是對於這個無限制熱愛自由的人來說。命運同樣可怕的是，現在戰爭必須在他缺席的情況下進行，以及他不再能和他的部下們待在一起作戰了。但即使被囚禁，他也沒有屈服，並且多次以智取得了對看守人的勝利。德國崩潰之後，他即使深刻意識自身陷入的危險，仍問心無愧地站在加拿大軍事法庭面前，因而贏得了他昔日對手的尊重，甚至是好感。

當他們做出了違背了心證的判決，判處麥爾死刑時，這個在戰場上曾經面對千百次死亡，外表堅毅的男人卻承受了下來。但在他驕傲的內心中，造成了一道永遠無法癒合的傷口，並將他過早地從我們身邊帶走。他如此熱愛且需要的祖國如今卻飽受折磨，這件事使他痛苦不堪。有一天，一位名叫弗里茲．利希騰貝格的不知名德裔加拿大人，前往蒙克頓的監獄探望他，將他摟在懷裡說道：「哪裡有德國人的心，在那裡就是德國人的家。」這對他來說是何等難以言喻的慰藉啊！

這位勤奮、傑出的德裔加拿大人，在四十年間歷經了兩次世界大戰，他的新舊祖國相互抗衡，而現在這位在監獄裡的德國人，對他產生了不可抗拒的引力。他做出了很多犧牲，使這個來自過去祖國的受難之人及其家庭，在命運中得到接濟，並致力於恢復他的自由。裝甲麥爾贏得了這位正直之士的愛戴，以及他在過去戰場上的前敵人的深切尊重，這絕非巧合，他們沒有被宣傳抹黑給嚇倒，也不顧這些對他們未來的影響，站出來支持他的康復與釋放。他的勇敢、軍人風範以及傑出的人格，贏得了這些朋友和幫手。他們真的配得上彼此。

裝甲麥爾始終先為整個群體以及更大的群體著想，而非首先考慮自己。即使在戰敗之後被關在監獄圍牆後面，或者是在經濟繁榮時期作為西德的一位自由人，他仍然自視為一名曾經的黨衛軍師長，以及那些非常年輕的戰士們的領導者，並將之作為終生的義務。對黨衛軍的無恥誹謗，發生在國內遠比以前的敵國還要多更多，這促使他採取行動以協助重建真相。

當他還是維爾監獄的囚犯時，我們一起撰寫了一份諾曼第作戰期間我師的戰鬥報告[2]。而在撰寫此書時，他雖幾乎無法回家，忙於新工作的培訓，仍在幾個月內利用晚上甚至無數的夜晚完成了本書。其目的是向國內外讀者表明，黨衛軍不是一群肆無忌憚的狂熱分子，而是一支菁英部隊。在這支部隊中戰鬥過的人，無論是戰死是還倖存，都決非「犯罪組織」的卑鄙成員[3]——

這是四國勝利者在紐倫堡審判所宣稱的用詞。他們嘗試以大眾媒體的巨大力量，將「再教育」（Umerziehung）所創造出的虛假形象強行加諸於我們的孩子，尤其是青少年。這種情況應該要導正過來。

對於黨衛軍陣亡人員與失蹤人員的遺眷，以及那些喪失工作能力的倖存人員，由於在法律上並未賦予前士兵的身分，因而淪為被剝奪權利的次等人。令人難以忍受的，不僅僅這些並不是因為自己的過錯而陷入困境，更糟的是新政府所造成的影響，其制定實施的兩套法律標準，因而破壞了自己國家的基礎。

為了打擊誹謗和不公正、幫助有需要的人，並協助釐清失蹤人員的下落，「前黨衛軍成員互助協會」（ＨＩＡＧ）於一九五〇年成立。麥爾獻身於這個互助組織中服務，忙得幾乎無法回家，他於一九五六年成為該組織的全國發言人。在無數次向他的老戰友發表講話的場合，麥爾鄭重地勸告他們，千萬不要為了不公不義的對待而灰心喪志，要共同努力重建新國家，並致力於達成這個艱鉅的任務。同時他持續多年與重要的政治人物進行對話，力圖克服外界對黨衛軍的誹謗，以實現最終的平等。

一九五七年七月，他在卡爾堡（Karlburg）發表的演講或許最能說明他在ＨＩＡＧ工作的目標與精神。其中有一段是這樣說的：

---

2 編註：請參閱附錄（一）。

3 編註：紐倫堡大審的判決結果，判決黨衛隊犯下侵略計畫及實行罪、戰爭罪、反人類罪，且屬於犯罪組織。該判決書控訴黨衛軍直接牽涉殺害戰俘以及在佔領區所施行的暴行。

……與我們之前的任何一代人不同，我們受到命運的挑戰，因此我們也面臨著一項任務，就是為我們今天生命中的重大問題找到正確答案。這些答案在哪裡？在一九三三年之前或之後，過去並無類似的狀況能夠提供這個答案，所以我們只能在往前突破中去尋找這個答案。

……然而，在這個混亂的年代，人們需要有如指南針般的指引，至少能為我們指明前行的基本方向。因此我們須先重建絕對的價值，並確立具有約束力的承諾，我認為我們首先應貢獻自我於他人，這是我們的使命。

我們，是相信能夠在當代對民族與人類提供幫助的那群人。

我們，是執著於追求某些事物的一群人，追求的原因並不在這些事物看起來能輕鬆帶來利益，而僅僅是因為這是正確的事。

我們，是獻身於有意義的目的，而非僅止於滿足物質慾望的那群人。

提出可以實現這些觀念的組織形式，並非吾等的工作，但每個人都有機會能夠參與其中。我們有義務在專業組織、政黨，以及社會上為公民提供任何機會的每個領域中，去履行我們的責任。

每個人，無論過去他們的政治背景為何，現在都在尋找目標以及實現這個目標的途徑。如果您是第一個得到有效答案的人，我們也會支持您。戰友們，如果我們認為本團體不僅僅是一個協會，那我們就必須要參與這項工作。

心智上的突破總有一天會到來，我們不會袖手旁觀。我們今天已經知道眼前有什麼障礙必須要突破；但我們仍只能看見突破目標的雛型。然而，總有一天，這個目標將清晰地展現在我們所有人面前。為了讓我們的人民有朝一日能夠有尊嚴地參與這一突破，我們必須首先再次成為一個國家。我們每個人都有責任為此提供貢獻，即使只是盡一己之力。

在我們的家庭中，在我們的職業環境中，在我們的戰友圈中，我們必須建起一座座堡壘，品德高尚、性格堅毅以及行為正直的堡壘……

一九六一年初，裝甲麥爾認為他已經達到了「平等權利」的目標。聯邦議院的交涉對象向他承諾，後者將支持聯邦議院就此議題做出適當的表決，而這是即將發生的事情。一九六一年六月二十九日的德國聯邦議院的決議是一次重大的失望，鑒於圍繞著艾希曼審判和柏林危機的國際局勢，親衛隊特別機動部隊（SS-Verfügungstruppe）以及日後的黨衛軍，與前國防軍並未具備平等地位。西德聯邦內政部長只承諾，他將在有需要時支持法案中所涉及的人群。

就在他仍在奮戰之中，裝甲麥爾於一九六一年十二月二十三日於他五十一歲生日時蒙主寵召。麥爾的死訊對他的戰友與朋友們是晴天霹靂般的打擊，所有人都不敢相信。十二月二十八日，所有收到消息以及仍然不願相信的人，都聚集在哈根（Hagen），與他們的裝甲麥爾告別。四千多名忠實的朋友來了。很少會在一座墳墓上看到如此多人聚集在一起，這些人顯然陷入了無限的悲痛。這些歷經多場戰鬥考驗的老兵，曾站在無數處敞開的墳穴之前，並不羞於被彼此看到他們在哭泣流淚。這件事打破了日常自我控制的所有束縛，因為它緊緊地揪住了我們每一個人的心。謹將我於葬禮上的簡短告別詞，收錄於此：

親愛的庫特，我看到許多親愛的、忠誠的戰友們聚集在您的身邊，他們在承平時期、戰時以及戰後期間都與您同在。如果每個與您有聯繫的人都出席，那將是一個巨大的人群。我們有數以千計的戰友久已長眠於地下，特別是許多您的第十二黨衛裝甲師的戰士們，您一年前才前往諾曼第的戰爭墓園探訪過他們。儘管我以您的前任作戰參謀身分致詞，但其實是因為我們曾彼此承諾，留下來的人將把最後的獻詞致予對方。

我想告訴您，我們認為您留給了我們是怎麼樣的遺產，所以您知道您不僅生活在自己的家庭中，而且還生活在您的工作中。您沒有為自己立下石碑，卻在戰友心中樹立了經久不衰的榜樣。就像您的勇敢和忠誠一樣，不顧自己的利益和好處，讓我們努力向您看齊。您將全部的人生都奉獻給了我們祖國的福祉和自由，為此您努力至心跳的最後一刻。我們永遠熱愛著祖國，就像您一樣，尤其是在苦難與不幸的時刻。正如您所關心的那樣，我們希望協助創建一個自由人的偉大社會，讓德國人民的精神和本質能夠在正直、和平的競爭中繼續發展。

無論我們到哪裡，在家裡，在工作中，在公共場合，在海外，每個人應該都能夠自豪地說：裝甲麥爾是我的戰友！因此你將永遠與我們同在，你的影響將延續下去！

庫特，我向您致敬！

附錄(三)

黨衛軍階級

階層	黨衛軍階級	國防軍對應軍階
將官	SS-Oberst-Gruppenführer und Generaloberst der Waffen-SS	一級上將
	SS-Obergruppenführer und General der Waffen-SS	上將（兵種將軍）
	SS-Gruppenführer und Generalleutnant der Waffen-SS	中將
	SS-Brigadeführer und Generalmajor der Waffen-SS	少將
軍官	SS-Oberführer	（無對應）
	SS-Standartenführer	上校
	SS-Obersturmbannführer	中校
	SS-Sturmbannführer	少校
	SS-Hauptsturmführer	上尉
	SS-Obersturmführer	中尉
	SS-Untersturmführer	少尉
士官	SS-Sturmscharführer	一等士官長
	SS-Stabsscharführer	（無對應）
	SS-Hauptscharführer	二等士官長
	SS-Oberscharführer	上士
	SS-Scharführer	中士
	SS-Unterscharführer	下士
士兵	SS-Rottenführer	上等豁免兵
	SS-Sturmmann	豁免兵
	SS-Oberschütze	上等列兵、一兵
	SS-Schütze	列兵、二兵

說明：

1. 黨衛軍在階級制度上使用的是黨衛隊的階級，而非一般國防軍的軍階。由於還有其他組織使用相同的階級制度（如衝鋒隊Sturmabteilung，SA），因此會在前面加註SS以作為不同組織的區隔。
2. 黨衛軍的階級大致上仍可以對應至國防軍的軍階，為方便讀者理解，本書在翻譯上，基本採用「黨衛軍」與「對應軍階」的組合方式。
3. 黨衛軍的將官階層在名稱上，會同時併用黨衛隊階級與加註黨衛軍的一般軍階，以確認與陸軍軍階的對應性。
4. SS-Oberführer為二戰德國國防軍無對應的階級，相當於英美的准將。
5. SS-Stabsscharführer並非正式的階級，而為任務性的職位，通常由單位中的資深士官出任，主要處理行政後勤事務。

擲彈兵：裝甲麥爾的戰爭故事

Grenadiers: The War Story of Kurt "Panzer" Meyer

作者　庫特・麥爾（Kurt Meyer）
譯者　滕昕雲
責任編輯　朱育宏
主編　區肇威（查理）
封面設計　倪旻鋒
內頁排版　宸遠彩藝

出版　燎原出版／遠足文化事業股份有限公司
發行　遠足文化事業股份有限公司（讀書共和國出版集團）
地址　新北市新店區民權路 108-2 號 9 樓
電話　02-2218-1417
信箱　sparkspub@gmail.com

法律顧問　華洋法律事務所／蘇文生律師
印刷　成陽印刷股份有限公司

出版日期　二〇二三年〇二月／初版一刷
二〇二三年十一月／初版二刷
定價／五五〇元

讀者服務

ISBN　978-626-96377-9-9（平裝）
9786269762521（EPUB）
9786269762538（PDF）

擲彈兵：裝甲麥爾的戰爭故事 / 庫特．麥爾 (Kurt Meyer) 著；滕昕雲譯．-- 初版．-- 新北市：遠足文化事業股份有限公司燎原出版，2023.02
480 面；17×22 公分

譯自：Grenadiers : the war story of Kurt "Panzer" Meyer

ISBN 978-626-96377-9-9 (平裝)

1. 麥爾 (Meyer, Kurt, 1910-1961.)　2. 第二次世界大戰
3. 戰史　4. 傳記　5. 德國

592.9154　　112000351